FLOYD

디지털공학실험

Lab Manual for Digital Fundamentals:
A Systems Approach, 1/e

지음 **David M. Buchla, Douglas Joksch**
옮김 **김정식, 김응성, 김진홍**

PEARSON

차 례

저자 머리말 ● v
역자 머리말 ● x
실험 개요 ● xii
오실로스코프 안내 ● xix

실험 1 실험 기기 사용법 ● 1
실험보고서 1 ● 15

실험 2 논리 프로브 구성 ● 19
실험보고서 2 ● 25

실험 3 수 체계 ● 29
실험보고서 3 ● 35

실험 4 논리 게이트 ● 39
실험보고서 4 ● 47

실험 5 추가 논리 게이트 ● 51
실험보고서 5 ● 57

실험 6 데이터 시트 해석 ● 61
실험보고서 6 ● 69

실험 7 부울 법칙과 드모르간의 정리 ● 73
실험보고서 7 ● 79

실험 8 논리 회로 간소화 ● 83
실험보고서 8 ● 89

실험 9 연필 자판기 ● 95

실험 10 당밀 탱크 ● 101

실험 11 가산기와 크기 비교기 ● 107
실험보고서 11 ● 113

실험 12 멀티플렉서를 이용한 조합 논리 ● 119
실험보고서 12 ● 125

실험 13 디멀티플렉서를 이용한 조합 논리 ● 129
실험보고서 13 ● 137

실험 14 D 래치와 D 플립플롭 ● 141
실험보고서 14 ● 149

실험 15 상자 검출기 ● 151

실험 16 J-K 플립플롭 ● 155
실험보고서 16 ● 161

실험 17 단안정 및 비안정 멀티바이브레이터 ● 163
실험보고서 17 ● 169

실험 18 시프트 레지스터 카운터 ● 173
실험보고서 18 ● 181

실험 19 시프트 레지스터 회로 응용 ● 185
실험보고서 19 ● 191

실험 20 야구 스코어보드 ● 195

실험 21 비동기 카운터 ● 199
실험보고서 21 ● 207

실험 22 디코더를 이용한 동기 카운터 분석 ● 211
실험보고서 22 ● 219

실험 23 동기 카운터 설계 ● 223
실험보고서 23 ● 229

실험 24 교통 신호 제어기 ● 233
실험보고서 24 ● 239

실험 25 반도체 기억장치 ● 243
실험보고서 25 ● 249

실험 26 직-병렬 데이터 변환기 ● 251

실험 27 D/A 및 A/D 변환 ● 257
실험보고서 27 ● 263

실험 28 인텔 프로세서 ● 267

실험 29 버스 시스템 응용 ● 281
실험보고서 29 ● 287

부록 A 제조업체 데이터 시트 ● 289

부록 B 실험 부품 목록 ● 323

저자 머리말

본 실험 교재는 Thomas L. Floyd의 Digital Fundamentals; A Systems Approach의 내용에 부합하는 29개의 실험 실습들로 구성되어 있다. 전자 공학에서 실험 과정은 전통적으로 이론을 강화하고 학생들이 실제 확인할 수 있는 의미 있는 과정이다. 본 교재의 실험을 수행하기 위한 각 실험실은 이중 가변 정격 전원 공급 장치(dual variable regulated power supply), 함수 발생기(function generator), 멀티미터(multimeter)[1]와 이중 채널 오실로스코프(dual-channel oscilloscope)가 준비되어야 한다. 만약 실험실에 로직 애널라이저(logic analyzer[2], 또는 논리 분석기)가 준비되어 있다면, 더욱 유용하지만 반드시 필요한 장비는 아니다.

실험들은 데이터, 실험 결과 및 질문에 대한 답변의 지속적인 기록을 학생들에게 제공함으로써 실질적인 검증을 할 수 있도록 설계되어 있다. 각 실험들은 다음과 같은 항목들을 포함하고 있다.

- **열람** : 각 실험의 머리글에는 'Digital Fundamentals: A System Approach'의 내용에서 참조할 수 있는 장이 표시되어 있다.
- **실험 목표** : 학생들이 실험을 완료한 후에 학습하게 되는 내용을 요약한 부분이다.
- **사용 부품** : 이 부분은 구성 부품과 필요한 소형 기기의 목록이다. 대부분의 실험은 사용하기 쉽고, 저렴하며 브레드보드에서 잘 동작하는 TTL 논리를 사용한다.
- **이론 요약** : 이론 요약은 실험 실습 이전에 핵심 내용 살펴보기와 더불어 교재에서의 중요한 개념을 강화하기 위한 것이다. 대부분의 경우, 실험에 필요한 특정 실질적인 내용이 제공된다.
- **실험 순서** : 이 절은 실험을 수행하기 위한 과정을 상대적으로 나열한 내용으로 실험 과정을 자세하게 제공한다.
- **추가 조사** : 이 절은 실험과 관련된 창의적 처리 과정으로 추가적인 특정 문제를 제시한다. 이 부분을 통하여 실험 과정을 향상시킬 수 있다.

대부분의 실험은 필요한 데이터 표, 회로도와 그림을 갖는 보고서 부분을 포함하고 있다. 모든 보고서는 다음과 같은 내용을 포함한다.

---

1) 역주) 전압, 전류, 저항 등의 많은 전기량을 측정하기 위한 다목적 계측기.

2) 역주) 마이크로프로세서 등의 논리 회로 동작을 조사하는 시험 장치.

- **결론** : 학생들이 실험으로부터 얻어진 주요 결과를 요약한다.
- **추가 조사 결과** : 학생들이 직접 추가 조사에 대한 결과를 요약한다.
- **평가 및 복습 문제** : 이 절에서는 학생들이 실험 작업으로부터 결론을 도출하고 개념의 이해를 확인하기 위한 필요 문제들이 포함되어 있다. 해결해야 하는 문제에 대한 질문이 여러 개 존재한다.

연필 아이콘이 표시되어 있는 네 개의 실험은 보고서 부분이 없으며, 학생들이 실험 결과를 작성하는 형식으로 되어 있다.

실험 25와 26은 베리로그 및 회로도 설계(Verilog and Schematic capture) 기반의 소프트웨어인 VHDL을 이용한 PLD 프로그래밍을 소개한다. 컴파일러(compiler)는 (쿼터스 II (Quartus II)를 위한) 알테라(Altera), 자일링스(Xilinx) (프로젝터 네비게이터(Project Navigator)) 그리고 모델-심(Model-Sim) 등의 다양한 업체에서 사용할 수 있다. 실험에 사용되는 다양한 프로그래밍 소프트웨어는 제조업체의 웹 사이트로부터 다운 받을 수 있는 무료 웹 버전이다. 입문자용 PLD 개발 지침서(tutorial)는 VHDL, Verilog, and schematic capture techniques 표제의 책으로 www.pearsonhighered.com/floyd/ 사이트에서 제공된다. 또한 실험을 위한 프로젝트 파일도 이 사이트에서 제공한다.

인텔 프로세서 제목의 실험 28은 인텔 프로세서의 구조에 대한 지침서로 제공되며 디버그(debug) 프로그램을 이용하여 간단한 어셈블리어(assembly language)를 입력하고 실행시키는 명령어를 사용하게 된다. 이 실험에서는 마이크로프로세서의 구조를 분석하기 위한 PC가 필요하며 마이크로프로세서 과정으로 넘어가는 '다리(bridge)' 역할을 제공한다. 이 실험의 실험 순서 부분에는 학생들이 답변과 실험 내용을 작성할 수 있도록 빈 공간을 남겨두었다.

대부분의 실험에서는 실험에 대한 복습과 오류 해결 문제들이 포함되어 있는 파워포인트 슬라이드를 제공한다. 파워포인트 슬라이드는 본서로 강의하는 교수들에게 http://pearsonhighered.com/floyd/ 사이트를 통해 제공하며, 직접 다운로드 받기 위해서는 교수용 접속 암호가 필요하다. 먼저 www.pearsonhighered.com/irc에 접속하여 교수용 접속 암호에 대한 등록을 하고, 등록 후 48시간 안에 교수용 접속 암호가 포함된 확인용 이메일을 받게 된다. 접속 암호를 받는 즉시, 사이트로 이동하여 로그온하고 사용하고자 하는 내용들을 다운로드 받으면 된다.

이 교재의 또 다른 특징은 일정한 양식의 보고서 작성과 아날로그 및 디지털 오실로스코프에 대한 지침서의 설명이다. 데이터 시트에 대한 이해의 중요성으로 인하여, 실험에 사용되는 다양한 IC들에 대한 간략화 된 테이트 시트를 부록 A에 포함하고 있다. 완전한 데이터 시트는 IC 제작사의 웹 사이트를 참조하기 바란다. 부록 B는 실험에 사용되는 부품 목록을 모두 정리해두었다.

본 저자들은 Pearson Education사의 Dan Trudden과 Rex Davidson 그리고 원고 작성에 많은 훌륭한 조언 및 원고 편집에 힘써준 Lois Porter에게 감사를 드린다. 마지막으로, 본 저자들은 아내의 지원에 상호 감사의 마음을 전하고 싶다.

David Buchla

Doug Joksch

Floyd's Digital Fundamentals: A System Approach 교재와 각 장 비교

Digital Fundamentals: A System Approach	디지털 공학 실험: 시스템적 접근
Chapter 1 디지털 시스템 개념	실험 1 실험 기기 사용법
	실험 2 논리 프로브 구성
Chapter 2 수 체계, 연산 및 코드	실험 3 수 체계
Chapter 3 논리 게이트와 게이트 조합	실험 4 논리 게이트
	실험 5 추가 논리 게이트
	실험 6 데이터 시트 해석
Chapter 4 조합 논리	실험 7 부울 법칙과 드모르간의 정리
	실험 8 논리 회로 간소화
Chapter 5 조합 논리의 기능	실험 9 연필 자판기
	실험 10 당밀 탱크
	실험 11 가산기와 크기 비교기
	실험 12 멀티플렉서를 이용한 조합 논리
	실험 13 디멀티플렉서를 이용한 조합 논리
Chapter 6 래치, 플립플롭, 타이머	실험 14 D 래치와 D 플립플롭
	실험 15 상자 검출기
	실험 16 J-K 플립플롭
	실험 17 단안정 및 비안정 멀티바이브레이터
Chapter 7 시프트 레지스터	실험 18 시프트 레지스터 카운터
	실험 19 시프트 레지스터 회로 응용
	실험 20 야구 스코어보드

Chapter 8 카운터	실험 21 비동기 카운터 실험 22 디코더를 이용한 카운터 분석 실험 23 동기 카운터 설계 실험 24 교통 신호 제어기
Chapter 9 프로그램 가능한 논리	쿼터스 II(Quartus II) 소프트웨어 소개 (웹사이트의 지침서(Tutorial) 참조)
Chapter 10 메모리와 저장장치	실험 25 반도체 기억장치
Chapter 11 데이터 전송	실험 26 직-병렬 데이터 변환기
Chapter 12 신호 인터페이스 및 처리	실험 27 D/A 및 A/D 변환
Chapter 13 데이터 처리 및 제어	실험 28 인텔 프로세서 실험 29 버스 시스템 응용

역자 머리말

디지털 공학은 전기/전자/정보통신 및 컴퓨터 등의 공학 분야를 전공하기 위해 가장 필수적인 학문으로서 휴대전화를 비롯한 무선 휴대 단말기, 멀티미디어 시스템, USN 단말기, 공정 제어, 지능형 로봇, 자동차 관련 전자 장비와 가전제품 등과 같은 민수 산업 분야뿐만 아니라 군사 및 항공 우주 산업 등에 모두 적용되고 있는 기술이다. 따라서 디지털 공학을 활용한 디지털 시스템은 현대 사회의 모든 분야에 걸쳐 없어서는 안 될 필수적인 요소로 자리 매김하고 있다. 이와 같이 대부분의 제품들이 기존의 아날로그 방식에서 디지털 방식으로 넘어오면서 그 제품이 가지는 품질이 좋아지게 된 것은 디지털 기술이 가지는 능력 때문일 것이다.

기초 디지털 이론을 배움으로써 가장 기본적인 가산기부터 시작하여 계산기의 원리, 메모리 장치와 컴퓨터 프로세서까지 디지털 장비에 들어가는 기본 기술을 이해할 수 있으며, 이론으로 배운 디지털 이론에 대해 실제 IC와 기타 소자들을 이용하여 회로를 구성해보고 테스트하여 책으로만 봤던 내용을 직접 다루어 봄으로써 이론적인 내용이 실제 어떻게 동작하는지, 응용에서는 어떻게 활용되는지를 알아볼 수 있는 계기가 될 것이다.

많은 학생들이 이론으로 배운 디지털 공학의 내용을 직접 실험실에서 각종 소자들을 이용하여 브레드보드에 실험함으로써 이론을 더욱 확립할 수 있을 것이다. 물론 실험 중 한 번에 결과가 나오는 경우도 있을 수 있고, 여러 번의 실험을 해서 결과가 나오는 경우도 있을 것이다. 하지만 결과를 얻어내는 것이 중요한 것이 아니라, 결과가 나오기까지의 원인을 찾고 이해하는 것이 더욱 중요하다고 생각한다. 왜냐하면 엔지니어란 어떤 문제점이 발생했을 때 해결할 수 있는 능력을 가진 사람이어야 하기 때문이다. 즉, 아무리 작은 규모의 디지털 회로 실험이라고 하더라도 문제가 생기면 자신이 알고 있는 이론적 내용과 제작한 회로를 보면서 원인을 분석하고 해결책을 모색하는 작업이야말로 디지털 관련 기술 능력을 업그레이드시킴과 동시에 진정한 엔지니어가 되는 첫 걸음이라고 생각한다.

본 실험 책은 29장으로 구성되어 있다. 실험실에서 기본적으로 다루는 장비 설명과 동시에 디지털 이론의 기본 개념에서부터 인텔 프로세서 및 버스 시스템까지 거의 모든 영역을 포함하고 있다. 대부분의 디지털 실험 책과 유사하게 실험 목표, 사용되는 부품, 이론적인 배경을 먼저 알아보고, 이어 실험 순서에 맞게 세부적인 내용을 지시하고 있다. 또한 추가 조사 부분이 첨부되어 해당 실험에서 미처 생각하지 못했던 내용이나 좀 더 탐구해야할 내용도 다루고 있다. 마지막으로 실험 내용에 대한 보고서를 작성하고 평가 및 복습 문제를 통해 해당 실험에 대한 지식을 평가하고 확고히 할 수 있다.

이 책의 원저자인 David M. Buchla와 Douglas Joksch도 머리말에 언급했듯이 이 책은 Thomas L. Floyd의 Digital Fundamentals : A System Approach의 내용과 부합하는 주제들로 실험이 구성되어 있다. 본서에 나오는 실험 25와 26은 Quartus II 프로그램 시뮬레이션을 이용하는 실험으로 생략하고 수업을 진행해도 별 무리가 없을 것으로 생각된다.

이론으로 배웠던 디지털 공학의 개념을 본서의 실험을 통해 완벽하게 이해하는 데 많은 도움이 되기를 바라며, 끝으로 본서가 출간되기까지 물심양면으로 도움을 주신 도서출판 ITC의 최규학 사장님, 고광노 실장님 등 많은 분들에게 서면으로나마 감사의 말씀을 드리는 바이다.

2014년 2월
역자일동

실험 개요

◈ 회로 결선

전자공학 기술자로서 갖추어야 하는 중요한 기술은 작업용 기판에 회로를 구성하는 것이다. 이 책에서의 회로는 여러 전자 장비 업체로부터 구입이 가능한 납땜이 필요 없는 브레드보드(breadboard)를 사용하여 구현할 수 있다. 브레드보드는 #22- 또는 #24-굵기의 단선 끝에서부터 절연 피복을 1cm 정도 벗겨낸 선을 사용한다. 브레드보드에서의 회로 결선은 어렵지 않지만, 회로 연결에 실수를 범하기 쉬우며 이러한 실수를 정정하는 데에도 시간이 오래 걸릴 수 있다. 그러므로 선은 깔끔하고 보드에 가깝게 연결해야 한다. IC 위로 가로질러 선을 연결하거나 필요 이상으로 길게 선을 연결하는 것은 피해야 한다. 스파게티처럼 서로 엉킨 결선은 상태 확인이나 고장 진단을 어렵게 한다.

특히 큰 회로에서 오류를 피할 수 있는 한 가지 유용한 방법은 결선 목록을 만드는 것이다. IC의 핀 번호를 지정한 후에 회로에서의 각 선이 어디로 연결이 되었는지를 보여주는 표를 작성해둔다. 또 다른 방법으로는 회로에 선을 연결할 때마다 회로도에서 그에 해당하는 선을 지우는 것이다. 논리 회로도에서는 전원(power)과 접지(ground) 연결이 자주 생략된다는 것에 주의해야 한다. 마지막으로 전기적 성질이 같은 것끼리 연결된 선들은 같은 색으로 연결하여 결선하는 것이 좋다. 이에 대해서는 그림 I-1에서 설명하고 있다.

◈ 고장 진단

선 연결이 완료되면 회로를 테스트해야 한다. 만약 정상적으로 작동하지 않는다면 전원을 끄고, 회로 결선을 점검해본다. 회로에서의 오류는 일반적으로 IC와 같은 회로 구성 요소의 문제라기보다는 회로 결선이 원인인 경우가 많다. 각 IC에 전원과 접지가 제대로 연결되어 있는지 점검해야 한다. 만약 전기적인 잡음(noise)이 문제라고 하면 전원과 접지 사이에 디커플링(decoupling) 커패시터를 연결하면 된다. 회로의 고장 진단을 능숙하게 하기 위해서는 회로의 목적과 정상적인 동작에 대해 명확하게 이해하는 것이 필요하다. 진단은 입력에서 시작하여 출력 방향으로 진행해 가거나, 출력에서 시작하여 입력 쪽으로 진행하거나, 회로를 반으로 나누어 진행할 수도 있다. 진단 선택한 방법이 무엇이든지 간에 회로가 어떻게 동작하도록 되어 있는지에 대한 이해와 체계적인 방법으로 자신의 지식을 관찰된

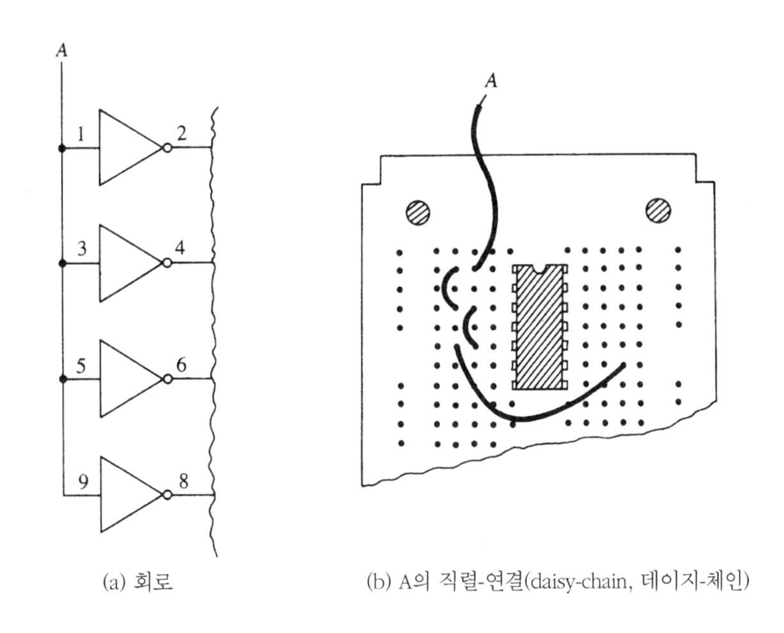

(a) 회로 (b) A의 직렬-연결(daisy-chain, 데이지-체인)

그림 I-1

상황에 적용해야 한다.

실험 노트

실험 노트의 목적

실험 노트가 필요한 경우에는 실험실 작업의 진행 순서에 따라 기록하는 방식으로 형성하여 구성할 수 있다. 노트는 제본되어 있는 형태로서 실험실 작업에 대한 일련번호의 날짜별 기록이다. 데이터는 관찰된 내용으로 기록되어야 하며, 각 페이지에는 실험 날짜와 특허 출원의 근거 자료나 다른 법적인 목적을 위한 공식적인 실험을 나타내는 실험자의 서명이 있어야 한다. 페이지가 백지로 남아 있거나 페이지를 제거하는 일이 없어야 한다.

일반적인 정보

실험 노트의 형식은 변경이 가능하지만, 기본적으로 지켜야 하는 요구 사항들이 있다. 각 페이지의 상단에 실험자의 성명, 날짜, 실험의 목적을 적어 놓아야 한다. 실험의 재구성을 손쉽게 하기 위해 모든 테스트 장비들의 기능과 제조업체 명, 일련번호를 기입해두어야 한다. 테스트 장비는 장비 목록보다는 블록 다이어그램이나 회로도로 나타내주는 것이 좋다. 실험을 준비하면서 사용한 책이나 논문, 그 외 다른 모든 자료들에 대해서도 기록을 해둔다. 실험 절차에 관한 간단한 설명이 필요한데, 여기서 실험 절차는 실험 책에서의 실행 순서를 다시 적어 놓는 것이 아니라 실험에서 무엇을 실행하였는가에 관한 짧은 내용을 말하는 것이다.

데이터 기록

실험에서 얻어진 데이터는 곧 바로 실험 노트의 표와 같은 형식으로 기록되어야 한다. 기록된 데이터는 다른 처리 과정을 거치지 않은 관찰된 그대로의 데이터이어야 한다. 메모지로부터 옮겨 적어서도 안 된다. 계산이 필요한 데이터의 경우, 어떤 처리 과정이 데이터에 적용되었는지를 명확하게 하기 위하여 계산 과정이 포함되어야 한다. 만약 기록에 실수를 하게 되면 실수한 곳에 줄을 긋고 간단한 설명을 해 놓는다.

그래프

그래프는 변수들 사이의 관계를 쉽게 전달해줄 수 있는 시각적인 도구이다. 일반적으로 표 형식의 데이터보다는 그래프에서의 기울기나 크기가 좀 더 쉽게 인식될 수 있다. 그래프는 수평축(가로 좌표)을 따라 독립변수, 그리고 수직축(세로 좌표)을 따라 종속변수로 구성된다. 데이터의 경향에 따라 부드러운 곡선으로 그래프를 그릴 수 있다. 데이터 점들은 (보정의 경우를 제외하고) 선으로 반드시 연결해야 하는 것은 아니다. 한 변수가 다른 변수와 거듭 제곱 관계를 갖는 경우에는 한 축 또는 모든 축을 로그(log) 척도를 이용하여 데이터의 관계를 보여줄 수 있다. 로그 척도를 이용하면 일반적인 그래프 용지에 적합하지 않는 넓은 범위의 데이터 값들을 보여줄 수 있다. 데이터를 가장 잘 보여줄 수 있도록 하는 척도 유형을 결정했다면 쉽게 읽을 수 있도록 범위 값을 선택해야 한다. 척도에서의 데이터 자체를 사용하는 것보다는 가장 큰 데이터 값이 그래프에 잘 맞춰지도록 범위 값을 선택한다. 데이터의 제한이 영을 배제하지 않는 경우에 일반적으로 척도는 영에서부터 시작한다. 그래프 상에서 원형이나 삼각형과 같은 기호의 중심에는 점을 찍어 표시한다. 그래프는 본인이 알아 볼 수 있는 방식의 이름을 붙여야 한다. 설명 작성 중에 참조용으로 그림이 사용될 수 있도록 그림 번호를 붙일 수도 있다.

회로도와 블록 다이어그램

회로도, 블록 다이어그램, 파형 등과 같은 설명 부분은 실험의 사실적 내용을 표현하는 중요한 도구가 된다. 회로를 이용하는 실험의 경우에 구성을 보여주는 최소한의 회로도가 필요하고 목적에 따라 그 외의 설명 부분들도 도움을 줄 수 있다. 항상 그림은 단순할수록 좋지만 필요하다면 회로를 재구성할 수 있도록 충분히 상세하게 보여줘야 된다. 독자에게 목적이 명확하게 전달될 수 있도록 하기 위해서는 설명 부분에 적절한 정보가 포함되어야 한다.

결과와 결론

결과와 결론을 논의하는 부분은 실험 노트의 가장 중요한 부분으로서, 실험 중에 찾아낸 핵심 내용이 포함되어야 한다. 각 실험은 실험에서 얻은 중요한 결과에 대한 특별한 내용의 결론을 포함하고 있어야 한다. 실험에 의해 검증되지 않은 보편적인 내용으로 되는 것에 주의해야 한다. 결론을 쓰기 전에 실험 목적에 대하여 다시 검토해보는 것이 좋다. 실험 목적에 대한 답이 좋은 결론이다. 예를 들어, 실험 목적이 필터의 주파수 응답을 결정하는 것이었다면, 결론은 주파수 응답을 설명하거나 응답에 대한 참조 설명을 포함하고 있어야 한다. 그 외에도 결론에는 실험에서의 어려운 점, 색다른 결과, 수정 사항, 회로를 개선하기 위한 제안 등이 포함될 수 있다.

제안 형식

앞서 논의한 내용을 기반으로 다음과 같은 형식을 제안한다. 이 형식은 상황에 따라 수정될 수도 있다.

1. 제목 및 날짜
2. 목적 : 실험의 결과로 알아내고자 하는 내용을 기입한다.
3. 실험 장비 및 부품 : 결함이 있거나 보정되지 않은 장비가 사용되었는지 조사가 가능하도록 실험 장비의 모델과 일련번호가 포함된다.
4. 실험 순서 : 무엇을 했는지 어떤 측정을 했는지를 기술한다. 회로도에 대한 참조 내용도 포함한다.
5. 데이터 : 처리를 거치지 않은 그대로의 데이터를 표로 작성한다. 데이터는 그래프 형식으로 나타낼 수도 있다.
6. 계산 예제 : 많은 계산이 필요한 경우, 원본 데이터를 처리된 데이터로 변환하기 위해 적용되는 식을 보여주는 계산 예제를 기입한다. 계산이 실험 순서로부터 명확히 알 수 있다거나 결과 부분에서 논의할 사항이라면 이 부분은 생략할 수 있다.
7. 결과 및 결론 : 실험상의 오류를 포함하여 실험 결과를 검토한다. 결과에 대한 핵심적인 내용과 이들 결과의 중요성에 대한 분석을 포함해야 한다.

앞서 얘기한 바와 같이, 실험 노트의 각 페이지에는 날짜와 서명이 있어야 한다.

기술 보고서

효과적으로 작성하는 방법

기술 보고서의 목적은 독자가 이해하기 쉬운 방법으로 기술적인 정보를 전달하는 것이다. 효과적으로 문장을 작성하기 위해서는 독자들에 대한 이해가 필요하다. 자신이 말하려는 내용을 독자들이 이해하도록 하기 위해서는 독자의 위치에서 바라보고 어떤 정보를 전달해야 할 것인지를 미리 고려할 수 있어야 한다. 자신과 같은 분야에서 일하는 기술자와 같은 사람을 위한 실험 결과를 작성할 때에는 문장에 일반인들에게 낯선 용어나 개념을 포함시켜도 된다. 만약 자신과 다른 분야의 사람들을 위한 보고서를 작성하는 경우에는 기초 정보를 제공해줄 필요가 있다.

단어와 문장

일반 독자들에게 명확한 의미를 갖는 단어를 선택하고 잘 정립된 의미를 갖지 않은 용어들에 대해서는 정의를 해줄 필요가 있다. 문장은 짧게 유지하고 요점이 있어야 한다. 문장을 짧게 하는 것은 독자들로 하여금 문장을 이해하기 쉽도록 해준다. 일련의 형용사나 수식 어구들은 피하는 것이 좋다. 예를 들어, '연산증폭기 정전류원 회로도' 와 같은 그림 제목은 수식 어구가 좀 애매한 경우이다. 이 경우, '..의' 나 '..를 사용한' 과 같은 자연스러운 연결어를 추가하여 '연산 증폭기를 사용한 정전류원의 회로도' 와 같이 사용하면 뜻을 더 명확히 할 수 있다.

문단

문단은 견해에 대한 한 단원을 포함하고 있어야 한다. 너무 긴 문단은 문장을 지나치게 길게 함으로써 생기는 약점과 같은 문제를 갖게 된다. 긴 문단으로 인해 독자는 한 번에 너무 많은 양을 소화해야 하며, 이는 이해력을 떨어뜨리는 원인이 된다. 문단은 논리적인 형태로 자신의 생각을 구성해야 한다. 자신의 생각에서 자연스러운 분기점을 찾는다. 각 문단은 하나의 중심이 되는 개념을 가져야 하며 전체 보고서 내용에 영향을 주어야 한다.

잘 작성된 보고서의 비결은 좋은 구성이다. 미리 초안을 잡아보는 것도 자신의 생각을 조직화하는 데 도움을 준다. 문단이나 절에 표제나 부제를 사용하는 것도 독자들이 보고서를 읽는 데 도움을 준다. 부제 또한 독자에게 뒤에 어떤 내용이 있는지를 미리 알 수 있게 함으로써 보고서를 이해하기 쉽게 해준다.

그림과 표

그림과 표는 정보를 표현하는 효과적인 방법이다. 그림은 간단하며 요점이 있어야 한다. 때로는 그래프가 데이터에 대한 관계를 명확히 해줄 수 있다. 하나의 그래프에 같이 작성한 데이터에 대한 비교는 독자에게 결과를 더욱 명확히 알아볼 수 있게 해준다. 그림에는 그림 번호와 간단한 제목을 붙인다. 그래프 양축에 축 이름 기입을 잊지 말아야 한다.

표는 데이터를 표현하는 데 유용하다. 일반적으로 그래프나 그림으로 표현된 데이터는 표에 다시 포함시키지 않는다. 표에는 표 번호와 짧은 제목을 붙여야 한다. 표에는 명확한 의미의 충분한 정보를 포함하도록 하여 독자가 문장을 더 이상 참조하지 않도록 해야 한다. 만약 표의 목적이 정보에 대한 비교라고 한다면, 데이터를 행보다는 열로 구성되도록 한다. 열로 구성된 정보가 비교에 더 용이하다. 표에 각주를 사용함으로써 데이터에 관한 부분을 명확히 하는 데 도움을 줄 수 있다. 각주가 어디에 적용 되었는지를 위한 기호와 함께 표의 아래에 위치하도록 한다.

보고서 전체에 존재하는 데이터에는 일관성 있는 측정 단위를 사용해야 한다. 대부분의 과학자는 미터법을 사용하지만 아직도 여전히 영국 시스템을 사용하기도 한다. 미터법은 cgs(centimeter-gram-second)나 mks(meter-kilogram-second)와 같은 유도 단위(derived unit)를 사용한다. 보고서 전체에 일관성이 있는 미터 단위를 사용하거나 변환 표를 포함하는 것도 좋다.

10의 멱수를 사용하여 숫자를 표기하면 표와 관련하여 문제가 발생할 수 있다. 표 I-1은 표 형식에서 숫자를 생략하는 네 가지 방법을 보여주고 있다. 첫 번째 열은 일상적인 방법으로 표현되는 수로서 모호하지는 않다. 하지만 이는 과학적 표기법으로 표현하는 것보다는 많은 공간을 필요로 한다. 두 번째 열은 단위로서 미터법 접두어를 사용하여 같은 데이터를 나타낸 것이다. 세 번째 열에는 10의 멱수로 데이터를 나타내고 있다. 이 세 열들에 대한 첫 행에서는 측정 단위를 보여주고 있으며 이에 대한 오해의 소지는 없다. 반면에 네 번째 열은 잘못 된 것이다. 이 경우 열에 입력된 값을 얻기 위해 어떤 연산이 수에 적용되었는지는 보여주고 있다. 하지만 열의 제목에는 열에 입력된 숫자에 대한 측정 단위를 표기해야 하기 때문에 이는 잘못 된 것이다.

표 I-1 표 데이터에 대한 숫자 표기

1열 저항 (Ω)	**2열** 저항 (kΩ)	**3열** 저항 ($\times 10^3$ Ω)	**4열** 저항 (Ω $\times 10^{-3}$)
470,000	470	470	470
8,200	8.2	8.2	8.2
1,200,000	1,200	1,200	1,200
330	0.33	0.33	0.33

올바름 (2열, 3열) 잘못됨 (4열)

제안 형식

1. 제목 : 보고서를 연구해볼 필요가 있는지를 결정하기에 충분한 정보를 독자에게 제공하는 핵심 단어를 사용함으로써 보고서의 요점을 전달할 수 있는 좋은 제목을 사용한다.
2. 차례 : 보고서 전체의 핵심 제목들에 대해 페이지 번호와 함께 목록을 만든다.

3. 요약 : 요약은 주요한 사실과 결과를 함축된 형태로 표현하는 작업에 대한 간단한 내용이다. 독자가 보고서를 더 읽어볼 필요가 있는지를 결정하는 데 핵심 요소이기도 하다.
4. 서론 : 서론은 독자에게 보고서의 방향을 제시해준다. 무엇을 실험했는지를 간단하게 서술해야 하고 독자에게 보고서의 목적을 알려주어야 한다. 독자에게 무엇을 기대할 수 있는지와 보고서의 구성이 어떻게 되었는지를 알려준다.
5. 본문 : 보고서에 표제와 부제를 사용하면 독자에게 보고서에 대한 이해를 더 명확하게 해줄 수 있다. 표제와 부제는 보고서의 윤곽을 보고 붙일 수 있다. 그림과 표에는 제목을 붙이고 본문에서 참조되어야 한다.
6. 결론 : 결론에서는 중요한 내용이나 결과를 요약한다. 중요한 요점을 강조하기 위하여 앞서 본문에서 서술된 그림이나 표를 참조해도 된다. 때로는 보고서에 대한 주요한 동기를 본문에 포함시키고 결론은 필요치 않은 것으로 간주하기도 한다.
7. 참고 문헌 : 참고 문헌은 보고서를 작성하는 데 사용한 정보나 보고서에 도움을 준 연구를 독자가 찾아 볼 수 있도록 해준다. 참고 문헌은 원본에 표시되는 순서대로 모든 저자의 이름을 포함하고 있어야 한다. 논문지의 내용이나 책의 장과 같이 전체 문헌 중 일부분에 대해서는 주위에 인용 부호를 사용한다. 책이나 논문지, 혹은 다른 완전한 문헌에 대해서는 밑줄을 사용해야 한다. 마지막으로 발행자와 도시, 날짜, 페이지 번호를 열거한다.

오실로스코프 안내
아날로그 및 디지털 오실로스코프

오실로스코프는 회로에서 전압을 시간의 함수 그래프로 보여주기 때문에 가장 널리 사용되는 다용도 측정 장치이다. 많은 회로들이 2-채널 오실로스코프로 쉽게 측정될 수 있는 특정 타이밍 요건이나 위상 관계를 가지고 있다. 측정되는 전압은 화면상에 나타나는 눈으로 볼 수 있는 화면 표시로 변환된다.

오실로스코프에는 두 가지 종류, 즉 아날로그와 디지털 오실로스코프가 있다. 일반적으로 이들 각각은 고유한 특성을 가지고 있다. 아날로그 오실로스코프는 CRT(cathode-ray tube)로 파형을 보여주는 고전적인 '실시간(real-time)' 계측기이다. 디지털 오실로스코프는 파형 저장 기능, 측정 자동화, 컴퓨터와 프린터의 연결과 같은 많은 다른 기능들로 인해 빠르게 아날로그 오실로스코프를 대체해가고 있다. 저장 기능은 매우 중요하기 때문에 디지털 저장 오실로스코프(digital storage oscilloscope, DSO)와 같이 이름에서 저장이라는 말을 사용하기도 한다. 어떤 고급 기종의 DSO들은 두 가지 유형 사이의 차이를 또렷하게 하지 않는 방법으로 아날로그 오실로스코프처럼 동작하기도 한다. 예를 들어, Tektronix는 아날로그 오실로스코프처럼 강도 변화 형태로 파형을 보여줄 수 있고, 측정 자동화에 대한 디지털 오실로스코프의 장점을 제공할 수 있는 DPO(digital phosphor oscilloscope)라 불리는 오실로스코프 계열을 가지고 있다.

두 오실로스코프 모두 유사한 기능들을 가지고 있으며 향상된 기능이 일부 있기는 하지만 기본적인 제어 방법은 본질적으로 같다. 여기서는 기본적 제어에 익숙해질 수 있도록 아날로그 오실로스코프를 먼저 소개하고, 그 다음에 기본적인 디지털 오실로스코프에 대해 설명한다.

아날로그 오실로스코프

블록 다이어그램

아날로그 오실로스코프에는 그림 I-2에 나타낸 것과 같이 네 개의 기능 블록이 있다. 이들 블록 내에 보이는 것들은 거의 모든 오실로스코프에서 볼 수 있는 가장 중요한 전형적인 제어 기능들이다. 각각의 두 개의 입력 채널은 CRT의 수직 편향판에 적절한 전압 레벨을 공급하기 위하여 입력 신호를 감쇠하거나 증폭시키도록 설정할 수 있는 수직 부로 연결된다. 가장 일반적인 형태인 이중-궤적(dual-trace) 오실로스코프에서는 두 채널 중 한 채널을 화면 표시 부로 보내기 위해 전자 스위치가 채널들

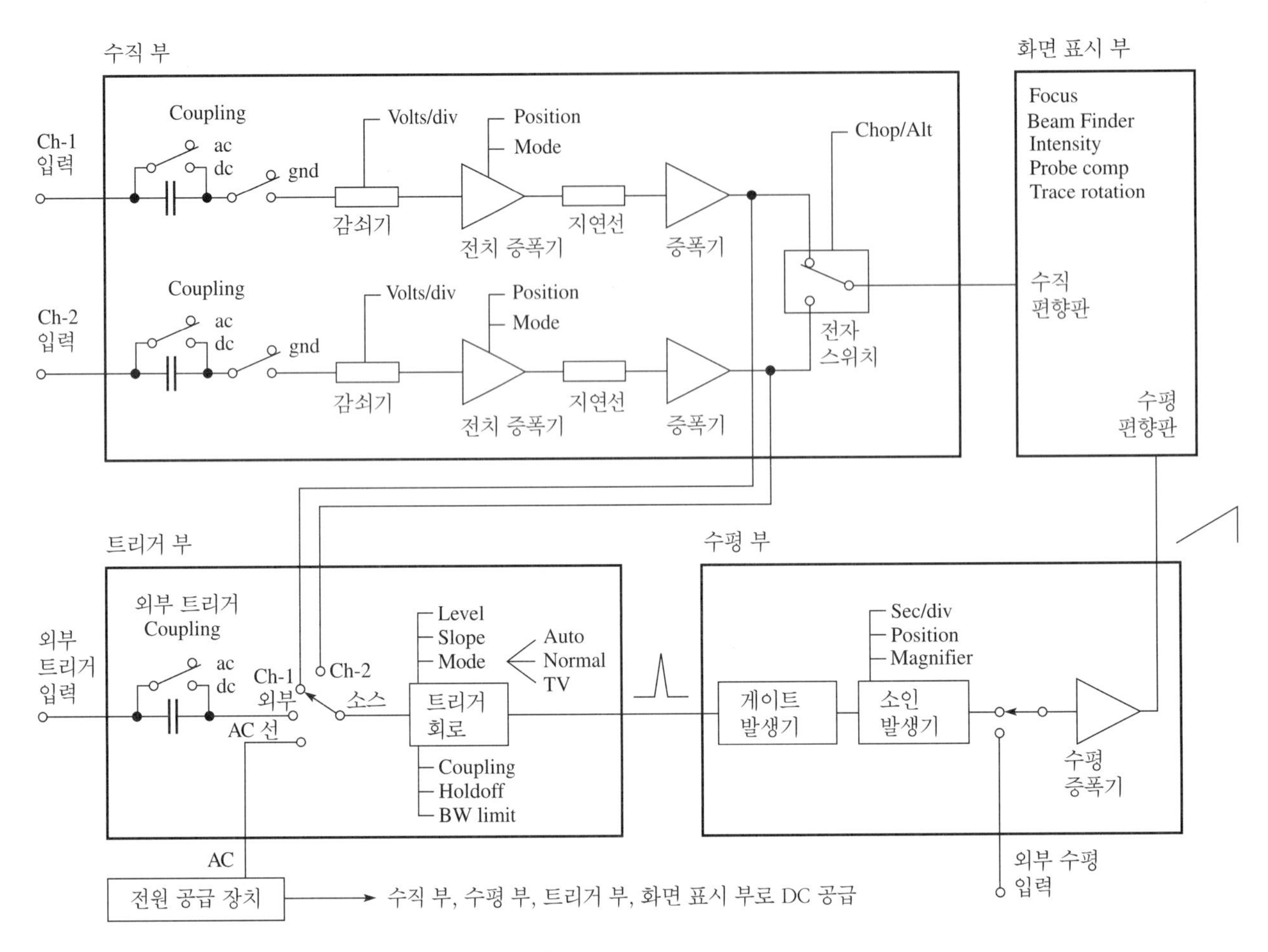

그림 I-2 기본적인 아날로그 오실로스코프의 블록 다이어그램

사이를 빠르게 스위칭 한다. 트리거 부는 입력 파형을 샘플링하고 적당한 시간에 수평 부로 동기 트리거(synchronizing trigger) 신호를 보낸다. 트리거는 동일한 상대적 시간에 발생하므로 이전의 기록에 다음 기록을 중첩시킨다. 이러한 동작은 신호가 정지되어 보이도록 하여 신호를 조사해볼 수 있도록 해 준다. 수평 부에는 빔(beam)이 화면을 가로질러 움직이는 비율을 제어하도록 선형 경사(linear ramp) 또는 소인(sweep) 파형을 만들어 내는 시간축 발생기(또는 소인 발생기)가 있다. 빔의 수평 위치는 소인의 시작으로부터 경과한 시간에 비례하는데 이는 수평축에 시간 단위의 눈금 조정을 가능하게 한다. 수평 부의 출력은 CRT의 수평 편향판으로 인가된다. 마지막으로 화면 표시 부에는 CRT와 빔 제어가 포함되어 있다. 이는 사용자가 적절한 강도로 명확한 표시가 될 수 있도록 해준다. 화면 표시 부에는 언제나 프로브 보상 잭(jack)과 빔 탐지기(beam finder)와 같은 다른 기능들도 포함되어 있다.

조절 장치

일반적으로 오실로스코프의 각 부분에 대한 조절 장치는 기능에 따라 함께 그룹으로 모아져 있다. 조절 장치 그룹은 흔히 색깔별로 구분되어 있는데 이렇게 함으로써 사용자가 각 조절 장치를 구별하는 데 도움을 준다. 이들 조절 장치의 자세한 내용은 오실로스코프의 사용자 매뉴얼에 설명되어 있다. 하지만 여기서는 자주 사용되는 조절 장치들에 대해 간단하게 설명한다. 중요한 조절 장치는 그림 I-2의 블록 다이어그램에 나타나 있다.

화면 표시 조절 장치 화면 표시 부에는 FOCUS(초점)와 INTENSITY(강도)를 포함하여 전자 빔을 조절할 수 있는 조절 장치들이 포함되어 있다. FOCUS와 INTENSITY는 선명한 초점으로 보기에 적당한 레벨로 조정되게 한다. 또한 화면 표시 부에는 화면상에 궤적이 보이도록 하기 위해 수평 및 수직 POSITION 조절기와 함께 사용되는 조절 장치인 BEAM FINDER가 포함되어 있기도 하다. 빔 강도에 대한 다른 조절 장치로서 z축 입력이 있다. z축 입력의 조정 전압은 빔을 켜고 끄거나 밝기를 조절하는데 사용될 수 있다. 또한 어떤 오실로스코프에는 화면 표시 부에 TRACE ROTATION 조절 장치가 포함되어 있다. 이 TRACE ROTATION 조절 장치는 소인(sweep)을 수평 격자선에 정렬하는 데 사용된다. 일반적으로 이 조절 장치는 실수로 조정되는 것을 막기 위해 스크루 드라이버로 조정하도록 되어 있다. 항상 하나의 PROBE COMP 연결 포인트가 화면 표시 조절 장치 그룹에 포함되어 있다. 이는 프로브-오실로스코프 시스템의 주파수 응답에 대한 빠르고 질적인 체크를 할 수 있도록 하는 데 목적이 있다.

수직 조절 장치 수직 조절 장치는 VOLTS/DIV(수직 감도) 조절기와 이 조절기의 보조 조절기(vernier), 입력 COUPLING 스위치, 수직 POSITION 조절기를 포함하고 있다. 채널이나 다른 수직 동작 모드를 선택하기 위한 여러 스위치들과 각 채널에 대해 이들 조절 장치의 같은 세트가 존재한다. 수직 입력은 선택 가능한 감쇠기를 통하여 높은 입력 임피던스의 DC 증폭기로 연결 된다. 각 채널의 VOLTS/DIV 조절 장치는 수직 감도를 결정하기 위해 감쇠/이득의 조합을 선택한다. 예를 들어, 낮은 레벨의 신호는 큰 레벨 신호보다 이득은 더 크지만 감쇠는 더 작게 해야 할 필요가 있다. 수직 감도는 사용자가 보정된 전압 측정이 가능하도록 고정된 VOLTS/DIV 증분으로 조절된다. 부가적으로 동심의 보조 조절기가 감도의 연속적 범위를 허용하도록 항상 제공된다. 전압을 측정하기 위해서 이 노브(knob)는 보정 완료를 나타내는 보정된(calibrated) 위치에 있어야 한다. 이 위치는 사용자가 노브를 돌리다 보면 이 위치에서 노브가 걸리는 느낌이 있기 때문에 쉽게 찾을 수 있다. 어떤 오실로스코프에서는 보조 조절기가 보정(calibrated) 위치에 있지 않을 때 경고 램프나 메시지를 표시해 준다.

입력 커플링 스위치는 때로는 50 Ω 위치가 있는 AC나 GND, 또는 DC로 설정될 수 있는 다중 위치 스위치이다. 스위치에서 GND 위치는 내부적으로 신호를 오실로스코프로부터 차단하고 입력 증폭기를 접지시킨다. 이 위치는 파형의 DC 성분을 측정하기 위하여 화면에 접지 참조 레벨을 설정하려고 할 때 유용하다. AC와 DC 위치는 전형적으로 15 pF 커패시턴스로 분류(分流)된 1 MΩ의 높은 임피던스 입력이다. 높은 임피던스 입력은 약 1 MHz보다 낮은 주파수에서의 일반적인 측정에 유용하다. 보다 높은 주파수에서는 분류된 커패시턴스가 신호원에 과다한 부하를 일으켜 측정 오류가 발생할 수 있다. 감쇠 분할 프로브는 매우 작은(2.5 pF 정도) 분류 커패시턴스의 매우 높은 임피던스(일반적으로

10 MΩ)를 가지고 있기 때문에 높은 주파수 측정에서 좋은 도구가 된다.

커플링 스위치의 AC 위치는 입력 감쇠기 앞에 직렬 커패시터를 추가하여, 신호의 DC 성분을 차단한다. 이 위치는 전원 리플(ripple)과 같은 큰 DC 신호 상단부에 겹쳐진 작은 AC 신호를 측정할 때 유용하다. DC 위치는 신호의 AC와 DC 성분 모두를 보고자 할 때 사용된다. 이 위치는 입력 RC 회로가 미분 네트워크를 형성하기 때문에 디지털 신호를 보고자 할 때 가장 좋다. AC 위치는 이러한 미분 회로 때문에 디지털 파형을 왜곡시킬 수 있다. 50 Ω 위치는 접지에 정확히 50 Ω 부하가 걸리게 한다. 이 위치는 50 Ω 시스템을 측정하는 데 적당한 종단부(termination)를 제공하며, 높은 임피던스 종단부에서 발생할 수 있는 가변 부하의 효과를 감소시킨다. 50 Ω 입력을 사용할 때 신호원 부하(scource load) 효과를 고려해야 한다. 저항은 보통 단지 2 W에 불과하기 때문에 50 Ω 입력에 과부하를 걸지 않는 것이 중요한데, 이는 최대 10 V의 신호를 입력에 인가할 수 있다는 것을 의미한다.

수직 POSITION 조절 장치는 수직 편향판에서의 DC 전압을 변화시켜서 화면의 원하는 위치에 궤적(trace)이 보이도록 한다. 각 채널은 자체의 수직 POSITION 조절 장치를 가지고 있어 화면에서 두 채널을 분리할 수 있다. 화면상의 임의의 레벨을 접지 기준으로 설정하기 위해서 커플링 스위치가 GND 위치에 있을 경우에 수직 POSITION을 사용할 수 있다.

2-채널 오실로스코프에는 이중 빔(dual beam)과 이중 궤적(dual trace)의 두 가지 종류가 있다. 이중-빔 오실로스코프에는 CRT에 두 개의 독립적인 빔과 독립적인 수직 편향 시스템을 가지고 있어 동시에 두 신호를 볼 수 있게 한다. 이중-궤적 오실로스코프에는 단지 한 개의 빔과 한 개의 수직 편향 시스템만 있고, 두 신호를 보여주기 위해 전자적 스위칭을 사용한다. 이중-빔 오실로스코프는 일반적으로 고성능의 연구용 장치로 제한되어 있으며 이중-궤적 오실로스코프보다 훨씬 비싸다. 그림 I-2의 블록 다이어그램은 전형적인 이중-궤적 오실로스코프에 대한 그림이다.

이중-궤적 오실로스코프에는 신호들이 동시에 보이도록 채널 사이에서 빔을 스위칭하기 위해 CHOP 또는 ALTERNATE로 표기된 사용자 조절 장치가 있다. CHOP 모드는 고정된 고속 비율로 두 채널 사이에서 빔을 빠르게 스위칭하여 두 채널이 동시에 화면에 표시되도록 한다. ALTERNATE 모드는 먼저 한 채널에 대해 소인(sweep)을 완성시키고, 다음(또는 다른) 소인에서 다른 채널을 화면에 표시해 준다. 느린 신호를 볼 때는 다른 모드일 때 나타날 수 있는 깜박임 현상을 줄일 수 있기 때문에 CHOP 모드가 가장 좋다. 고속의 신호인 경우에는 chop 주파수가 보이는 것을 피하기 위해 ALTERNATE 모드에서 가장 좋게 관찰할 수 있다.

대부분의 이중-궤적 오실로스코프에서의 또 다른 특징은 두 채널에 대해 대수적 합과 차를 보여주는 기능이다. 대부분의 측정에서 두 채널에 대해 같은 값으로 수직 감도(VOLTS/DIV)를 설정해야 한다. 예를 들어, push-pull 증폭기에서 균형(balance)을 비교하려면 대수적 합을 사용할 수 있다. 각 증폭기는 동일한 역위상(out-of-phase)[1] 신호를 가져야 한다. 신호가 더해질 때 결과 화면 표시는 균형 잡힌 상태를 나타내는 직선이 되어야 한다. 접지되지 않은 부품에 대한 파형을 측정하고자 할 때 대수적 차를 사용할 수 있다. 프로브 접지가 회로 접지와 연결되고 접지되지 않은 부품의 양단에 프로브를 연결한다. 이 경우도 수직 감도(VOLTS/DIV)는 각 채널에 대해 같아야 한다. 화면 표시는 두 신호의 대수적 차를 보여줄 것이다. 또한 대수적 차 모드는 진폭과 위상이 같고 두 채널 모두에 공통인 어떠한 원치 않는 신호도 상쇄시킬 수 있도록 해준다.

이중-궤적 오실로스코프에는 X-Y 모드도 존재하는데, 이는 채널 중 하나는 x축에, 다른 채널은 y축에 그려지도록 한다. 이는 시간 이외의 다른 양을 표시하도록 오실로스코프 기준선을 변경하고자 할 때 필요하다. 이와 같은 응용으로는 전달 특성(입력 전압의 함수로서 출력 전압) 보기, 주파수 변동 측정, 위상 측정을 위한 Lissajous 도형 보기 등이 있다. Lissajous 도형은 정현파가 두 채널 모두를 구동할 때 형성되는 패턴이다.

수평 조절 장치 수평 조절 장치는 SEC/DIV 조절기와 보조 조절기, 수평 확대기, 수평 POSITION 조절기를 포함하고 있다. 부가적으로 수평 조절 장치에 지연 소인(sweep) 조절 장치가 포함되기도 한다. SEC/DIV 조절기는 전자빔이 얼마나 빨리 화면을 가로질러 움직이는가를 제어하는 소인 속도를 설정한다. 이 조절 장치는 입력 신호를 보는 정확한 시간 간격을 설정하도록 1-2-5의 배수 단계로 나뉘는 많은 눈금 위치가 있다. 예를 들어, 격자선이 10개의 수평 칸으로 나뉘어 있고 SEC/DIV 조절기가 1.0ms/div로 설정된다면, 화면은 총 10ms의 시간을 보여줄 것이다. 일반적으로 SEC/DIV 조절기에도 눈금 단계들 사이에서 연속적으로 소인 속도를 조정하도록 하는 동심 보조 조절기가 있다. 보정된 시간 측정을 하기 위해서 이 보조 조절기는 순서대로 보정된(calibrated) 위치에 있어야 한다. 많은 오실로스코프에는 또한 시간 축에 영향을 주는 수평 확대기가 장착되어 있다. 이 확대기는 확대 비율만큼 소인 시간을 증가시켜 신호의 해상도를 증가시킨다. 원본 소인의 어느 부분일지라도 확대기와 함께 수평 POSITION 조절기를 사용하여 볼 수 있다. 이 조절기는 실제적으로 확대 비율만큼 소인 시간을 빠르게 하여 SEC/DIV 조절기에서 설정한 시간 축의 보정에 영향을 준다. 예를 들어, 10× 확대비를 사용한다면 SEC/DIV 다이얼 설정은 10으로 나누어져야 한다.

트리거 조절 장치 트리거 부는 오실로스코프의 작동 방법을 배울 때 가장 어려운 부분이다. 이 조절 장치들은 안정된 화면 표시를 만들기 위해서 소인(sweep)이 시작되는 적당한 시간을 결정한다. 트리거 조절 장치에는 MODE 스위치, SOURCE 스위치, 트리거 LEVEL, SLOPE, COUPLING, 가변 HOLD-OFF 조절기가 포함된다. 부가적으로 트리거 부에는 소인을 시작하도록 EXTERNAL 트리거를 사용하기 위한 커넥터(connector)가 포함되어 있다. 또한 트리거 조절 장치에는 HIGH 또는 LOW FREQUENCY REJECT 스위치와 BANDWIDTH LIMITING 스위치가 포함되기도 한다.

MODE 스위치는 AUTO 또는 NORMAL(TRIGGERED로 되어 있기도 함) 중의 하나를 선택하는 다중 위치 스위치이고 TV 또는 SINGLE 소인과 같은 다른 위치들이 포함되기도 한다. AUTO 위치에서는 사용

1) 역주) 신호 간의 위상차가 180도가 되어 신호가 서로 상쇄되는 상태.

가능한 다른 트리거가 없는 한, 트리거 발생기는 소인 발생기를 트리거할 내부 발진기를 선택한다. 트리거 회로가 이 모드에선 자동으로 동작하는 'free run' 상태가 되기 때문에 이 모드는 신호가 없을 때에도 소인이 발생되도록 해 준다. 이는 접지 기준 레벨을 조절하거나 화면 표시 조절 장치들을 조절하기 위한 기준선을 얻게 해준다. NORMAL 또는 TRIGGERED 모드에서 트리거는 SOURCE 스위치에 의해 선택되는 3개 신호원인 INTERNAL 신호, EXTERNAL 트리거 소스, AC LINE 중 하나로부터 발생된다. 트리거를 얻기 위해 INTERNAL 신호를 사용한다면 NORMAL 모드는 신호가 존재하고 다른 트리거 조건들(레벨, 슬로프)이 충족될 경우에만 트리거를 공급할 것이다. 이 모드는 매우 낮은 주파수로부터 매우 높은 주파수 신호까지 안정된 트리거를 제공할 수 있으므로 AUTO 모드보다는 용도가 많다. TV 위치는 텔레비전 자기장이나 라인 중 하나를 동기화 하는데 사용되고, SINGLE은 주로 화면 표시의 사진 촬영에 사용된다.

트리거 LEVEL과 SLOPE 조절 장치는 트리거를 발생시키기 위해 입력 신호의 상승 에지(edge)나 하강 에지의 특정한 한 점을 선택하는 데 사용된다. 트리거 SLOPE 조절 장치는 어느 에지가 트리거를 발생시킬지를 결정하는 데 반하여, LEVEL 조절 장치는 사용자가 소인 회로를 시작시킬 입력 신호의 전압 레벨을 결정하게 해준다.

SOURCE 스위치는 CH-1 신호, CH-2 신호, EXTERNAL 트리거 소스, 또는 AC LINE 중 하나의 트리거 소스를 선택한다. CH-1 위치에서 채널 1로부터 신호의 샘플이 소인을 시작하는 데 사용된다. EXTERNAL 위치에서는 시간과 관련된 외부 신호가 트리거를 위해 사용된다. 외부 트리거는 AC 또는 DC COUPLING으로 결합될 수 있다. 트리거 신호가 DC 전압에 겹쳐진다면 AC COUPLING으로 결합될 수 있다. DC COUPLING은 트리거가 약 20 Hz 미만의 주파수에 발생한다면 사용 가능하다. AC LINE 위치는 트리거가 AC 전원으로부터 발생되도록 해 준다. 이는 전원선 주파수와 관련된 신호와 소인을 동기화 시킨다.

가변 HOLDOFF 조절 장치는 홀드오프(holdoff) 시간[2]이 경과할 때까지 다른 유효한 트리거를 제외시키도록 해 준다. 복잡한 파형이나 디지털 펄스 열(train)과 같은 신호들에 대해서는 안정된 트리거를 얻는 것이 문제가 될 수 있다. 이는 한 개 또는 그 이상의 유효한 트리거 점이 신호의 반복 시간 전에 발생할 경우에 일어난다. 트리거 회로가 트리거라고 인정하는 모든 이벤트가 소인을 시작하도록 허용된다면 화면 표시는 동기가 안 된 상태로 나타날 수 있다. 이 경우 가변 HOLDOFF 조절기를 조정함으로써 트리거 점을 단일 반복 점과 일치하도록 만들 수 있다.

오실로스코프 프로브

신호는 항상 프로브(probe)를 통해 오실로스코프로 연결되어야 한다. 프로브는 신호를 잡아내어 점검

2) 역주) 한 번의 소인(sweep)이 끝나고 다음 소인이 시작되기 전 사이의 시간 간격

중인 회로에 최소한의 부하 효과로 오실로스코프의 입력으로 연결된다. 여러 가지 유형의 프로브가 제조사들로부터 공급되고 있으나 가장 일반적인 유형은 대부분의 범용 오실로스코프와 함께 제공되는 10:1 감쇠 프로브이다. 이들 프로브는 발진과 전원선 간섭을 방지하기 위해서 가까운 회로의 접지에 연결되어야 하는 짧은 접지 리드(ground lead) 선을 가지고 있다. 접지 리드 선은 점검 회로에 기계적으로 연결되며, 유연하고 차폐된 케이블을 통해 오실로스코프로 신호를 전달한다. 차폐는 외부 잡음이 신호에 추가되는 것을 방지해준다.

오실로스코프로 작업을 시작할 때에는 각 채널에 대해 프로브 보정(compensation)을 점검해야 한다. 오실로스코프의 측정 출력을 관찰하면서 윗부분이 평평한 구형파(square wave)가 보이도록 프로브를 조정한다. 이는 초점과 강도를 체크하고 궤적(trace)의 정렬을 확인하는 데 적합한 신호이다. 하고자 하는 측정 유형이 되도록 오실로스코프 전면 패널 조절 장치들을 점검한다. 보통 가변 조절 장치(VOLTS/DIV와 SEC/DIV)는 보정(calibrated) 위치에 있어야 한다. 수직 결합 스위치는 항상 관심 있는 파형에 큰 DC 오프셋이 없는 한 항상 DC 위치에 놓여 있어야 한다. 트리거 홀드오프 스위치는 안정된 소인을 얻기 위해 트리거를 지연시킬 필요가 있지 않는 한 최소 위치에 있어야 한다.

디지털 오실로스코프

블록 다이어그램

디지털 오실로스코프는 입력 전압을 메모리에 저장할 수 있는 수로 변환하기 위하여 각 채널(보통 2개 또는 4개)에 고속의 아날로그-디지털 변환기(analog-to-digital converter, ADC)를 사용한다. 디지타이저(digitizer)[3]는 샘플 비라고 하는 일정한 비율로 입력 신호를 샘플링 하는데, 최적 샘플 비는 신호의 속도에 의존한다. 파형을 디지털화하는 과정은 정확도, 트리거링, 보기 어려운 이벤트 보기, 파형 분석에 있어서 많은 장점을 제공한다. 파형을 얻고 화면에 표시하는 방법은 아날로그 오실로스코프와 많이 다르지만 오실로스코프의 기본 조절 장치들은 유사하다.

기본적인 디지털 오실로스코프의 블록 다이어그램을 그림 I-3에는 나타내었다. 이 블록 다이어그램은 기능적으로는 아날로그 오실로스코프와 유사하다. 아날로그 오실로스코프에서처럼 수직과 수평 조절 장치에는 적절한 눈금으로 화면 표시를 설정하는데 사용되는 위치와 감도 기능이 포함되어 있다.

사양 디지털 오실로스코프의 중요한 요소들로는 해상도, 최대 디지털화 비율, 취득 메모리 크기, 가능한 분석 선택 사양들이 있다. 해상도는 ADC에 의해 디지털화 되는 비트 수에 의해 결정된다. 저해상도 디지털 오실로스코프는 단지 6비트만을 사용하기도 한다. 일반적인 디지털 오실로스코프는 8비트를 사용하고 각 채널들은 동시에 샘플링 된다. 고급 디지털 오실로스코프는 12비트를 사용한다. 빠

3) 역주) 아날로그 입력 데이터의 좌표를 판독하여 컴퓨터에 디지털 형식으로 도형을 입력하는 데 사용되는 장치.

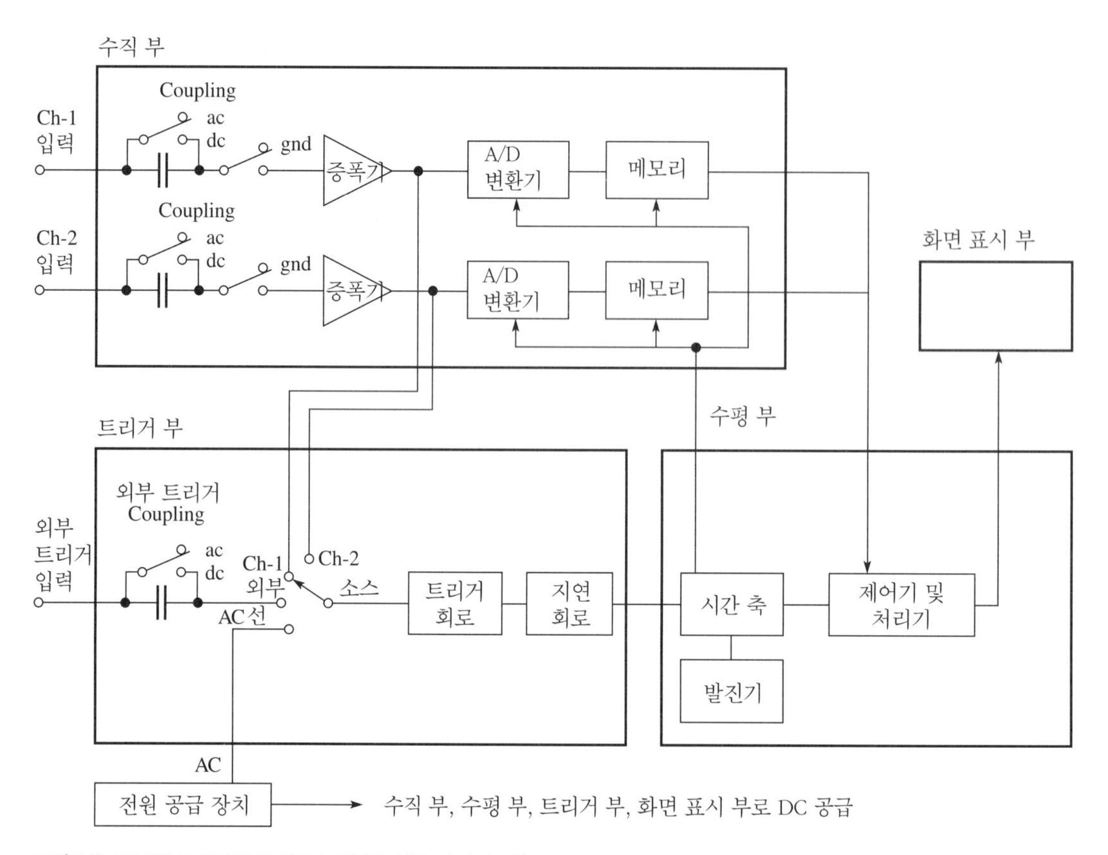

그림 I-3 기본적인 디지털 오실로스코프의 블록 다이어그램

르게 변하는 신호를 획득하기 위해서는 최대 디지털화 비율이 중요하며, 일반적인 최대 비율은 초당 1G 샘플이 된다. 메모리의 크기는 샘플이 취해질 수 있는 시간의 길이를 결정하고, 정확한 파형 측정 기능에서 중요하다.

트리거링 디지털 오실로스코프의 유용한 기능 중 하나는 트리거 이벤트 전 또는 후에 파형을 획득할 수 있는 능력이다. 트리거 이벤트 전 또는 후에 파형의 어느 부분이라도 분석을 위해 획득이 가능하다. '프리트리거 캡처(pretrigger capture)'는 트리거 이벤트 전에 발생하는 데이터의 취득을 의미한다. 이는 데이터가 연속적으로 디지털화 되고, 트리거 이벤트가 샘플 윈도우의 어떤 점에서 데이터 수집을 중지하도록 선택될 수 있기 때문에 가능하다. '프리트리거 캡처'에서는 오실로스코프가 장애 조건에 트리거 될 수 있어 장애 조건 이전 신호들이 관찰될 수 있다. 예를 들어, 시스템에서 가끔 갑작스럽게 발생하는 글리치(glitch)[4]를 고장 진단하는 것은 매우 어려운 작업 중의 하나이며, '프리트리거 캡처'를 사용함으로써 장애의 원인이 되는 고장에 대해 분석할 수 있다. '프리트리거 캡처'와 유사한 응

4) 역주) 잠정적으로 발생하는 스파이크 형태의 전압 또는 전류로서 일반적으로 원하지 않는 신호를 의미함.

용으로는 고장의 원인이 되는 이벤트가 가장 관심의 대상이지만 고장 자체가 오실로스코프 트리거의 원인이 되는 고장 한계 실험이 있다. 또한 '프리트리거 캡처' 이외에도 '포스트트리거(posttriggering)'를 사용하면 트리거 이벤트 후 약간의 시간이 지난 다음에 데이터를 획득하도록 설정해 줄 수 있다. 취득되는 기록은 약간의 시간, 또는 카운터에 의해 결정되는 이벤트의 특정 수만큼 트리거 이벤트 후에 시작될 수 있다. 강한 자극 신호에 대한 낮은 수준의 응답은 '포스트트리거'가 유용한 경우의 한 예이다.

기본적인 디지털 오실로스코프만으로도 가능한 많은 기능들 때문에 제조업체는 과다한 조절 장치를 측정 변수뿐 아니라 제어 장치들을 보여주는 컴퓨터 메뉴나 상세 화면 표시와 유사한 메뉴 선택 사양으로 대부분 대체해 놓았다. CRT(cathode ray tube)는 LCD(liquid crystal display)로 대체되었으며, 한 예로 디지털 오실로스코프의 화면 표시를 그림 I-4에 나타내었다. 비록 이는 기본 오실로스코프이지만 사용자는 화면 표시로부터 정보를 바로 이용할 수 있다.

그림 I-4 화면 표시 상의 번호는 다음을 의미한다.

1. 아이콘 화면 표시는 취득 모드를 보여준다.

   샘플 모드
   피크(peak) 검출 모드
   평균 모드

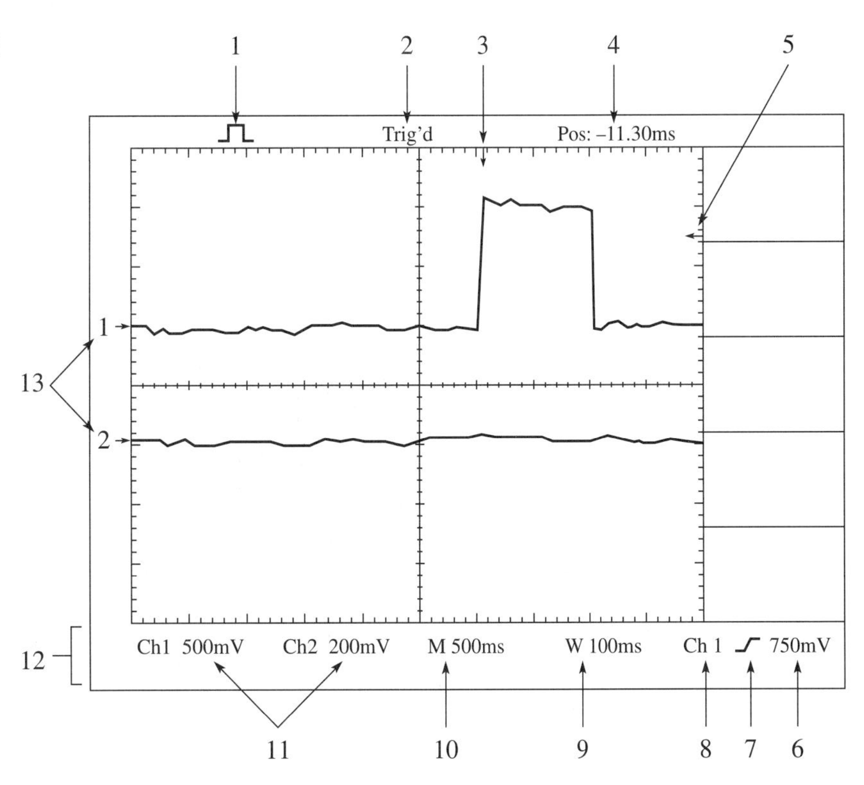

그림 I-4 기본적인 디지털 오실로스코프의 화면 표시 영역

2. 트리거 상태는 적절한 트리거 소스가 있는지 또는 취득이 중지됐는지를 보여준다.
3. 마커(marker)는 수평 트리거 위치를 보여준다. 이는 또한 수평 POSITION 조절기가 실제적으로 트리거 위치를 수평 방향으로 움직이기 때문에 수평 위치를 표시하기도 한다.
4. 트리거 위치 표시는 중앙 격자와 트리거 위치 사이의 시간적 차이를 보여준다. 화면 중앙은 0이다.
5. 마커는 트리거 레벨을 보여준다.
6. 표시된 값은 트리거 레벨의 수치 값을 보여준다.
7. 아이콘은 에지-트리거를 위해 선택된 트리거 슬로프(slope)를 보여준다.
8. 표시된 정보는 트리거를 위해 사용된 트리거 소스를 보여준다.
9. 표시된 값은 창 영역의 시간 축 설정을 보여준다.
10. 표시된 값은 주 시간 축 설정을 보여준다.
11. 표시된 값은 채널 1과 채널 2의 수직 눈금 비율을 보여준다.
12. 화면 표시 영역은 온라인 메시지를 잠시 동안 보여준다.
13. 화면상의 마커는 표시된 파형의 접지 기준점들을 보여준다. 마커가 없는 것은 채널이 화면에 표시되지 않았음을 나타낸다.

Tektronix사 TDS2024 오실로스코프의 전면부를 그림 I-5에 보였다. 대부분의 기능이 메뉴로 제어된다는 점을 제외하면 작동 방법은 아날로그 오실로스코프와 유사하다. 예를 들어, MEASURE 기능은 사용자가 전압, 주파수, 주기, 평균값 계산을 포함하는 자동화된 측정을 선택할 수 있는 메뉴를 불러올 수 있게 해준다.

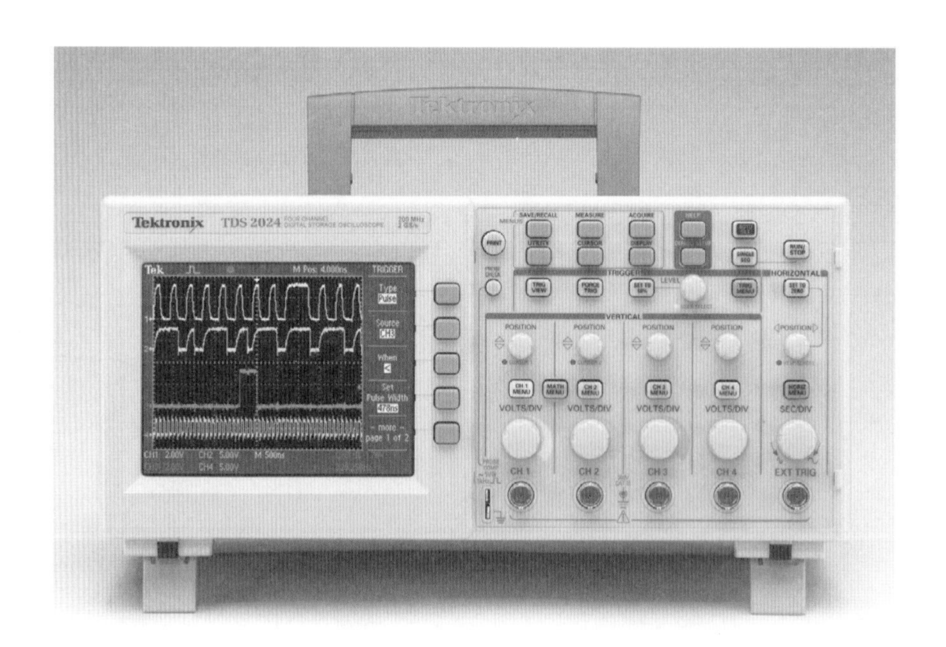

그림 I-5 Tektronix TDS2024 오실로스코프

실 험 1 실험 기기 사용법

Floyd, Digital Fundamentals: A Systems Approach
CHAPTER 1: INTRODUCTION TO DIGITAL SYSTEMS

실험 목표

- 디지털 멀티미터(digital multimeter, DMM)를 사용하여 전원 장치로부터의 특정 직류 전압 측정
- 오실로스코프를 사용하여 회로 전압과 주파수 측정
- 특정 주파수의 트랜지스터-트랜지스터 논리(TTL) 펄스를 얻기 위한 함수 발생기(function generator) 설정. 오실로스코프를 사용하여 펄스 진폭과 주파수 측정
- 브레드보드에 디지털 발진(oscillator) 회로 구성과 오실로스코프를 사용하여 여러 가지 파라미터 측정

사용 부품

LED(Light-emitting diode)
저항 : 330 Ω 1개, 1.0 kΩ 1개, 2.7 kΩ 1개
커패시터 : 0.1 μF 1개, 100 μF 1개
555 타이머 1개

추가 조사용 실험 기기와 부품:
전류 트레이서(current tracer)
논리 펄서(logic pulser)
100 Ω 저항 1개

이론 요약

대부분의 전자공학 연구에 필요한 장비로는 디지털 멀티미터(digital multimeter), 전원 공급 장치(power supply), 함수 발생기(function generator), 이중-궤적(dual-trace) 아날로그 또는 디지털 오실로스코프가 있다. 이번 실험은 이들 장비와 실험 배선 작업에 사용하기 위해 일반적으로 사용되는 브레

드보드(breadboard)에 대해 소개한다. 각 실험실은 서로 다른 제조업체와 모델의 장비들로 이루어져 있기 때문에 제조업체의 사용자 매뉴얼 또는 강사가 제공하는 정보를 사용하여 특정 실험실의 환경에 익숙해져야 한다. 전자공학 실험에서 사용되는 장비는 많은 종류가 있지만, 이 실험에서의 사용 방법들은 어떤 장비를 사용하든 장비를 이해하는 데 충분할 것이다.

전원 공급 장치

디지털 전자공학에서 사용되는 집적회로(IC)와 같은 모든 능동 전자 소자들은 올바르게 동작하기 위해 안정된 직류(DC) 전압원을 필요로 한다. 전원 공급 장치는 적당한 레벨의 직류 전압을 제공해준다. 보드 위의 IC에 전원을 연결하기 전에 올바른 전압을 설정하는 것이 매우 중요한데, 그렇게 하지 않을 경우 부품들에 영구적인 손상이 발생할 수 있다. 실험 테이블의 전원 공급 장치에는 1개 이상의 출력이 있고, 보통 쉽게 전압 설정을 할 수 있도록 전압 계량기(meter)가 장착되어 있을 것이다. 이 실험 교재에서 거의 모든 회로에 대해 전원 공급은 +5.0 V로 설정되어야 한다. 결함이 있는 회로를 테스트할 때는 먼저 전원 전압이 올바른지와 전원 공급 장치의 출력에 어떠한 교류 전원도 연결되지 않았는지를 조사해봐야 한다.

디지털 멀티미터

디지털 멀티미터는 직류 및 교류 전압계, 직류 및 교류 전류계, 저항 측정기의 특성을 하나의 장치로 결합시킨 다목적 계측 장치이다. 디지털 멀티미터는 아날로그 계측기에서 필요했던 측정 등급에 따라 범위를 선택할 필요 없이 측정된 량을 디지털 숫자로 바로 표시해준다.

디지털 멀티미터는 다목적 계측 장치이기 때문에 먼저 원하는 기능을 선택해야 한다. 또한 전류를 측정하거나 높은 전압을 측정할 때는 항상 멀티미터로의 분리된 리드(lead) 선 연결이 필요하다. 기능을 선택한 후에 적당한 측정 범위를 선택해야 할 경우도 있다. 디지털 멀티미터에서는 자동 범위 설정을 할 수 있는데, 이를 선택하면 자동으로 적당한 범위가 선택되어 소수점 자리가 설정되며, 또한 수동 범위 설정도 가능한데, 이는 사용자가 적당한 측정 범위를 선택해주어야 한다.

디지털 멀티미터의 전압계 기능을 사용하여 직류나 교류 전압을 측정할 수 있다. 디지털 작업에서 직류 전압 기능은 직류 공급 전압 값이 올바른지 확인하고 정상 상태(steady-state) 논리 레벨 값을 점검하기 위해서 사용한다. 전원 공급 장치를 점검하는 경우라면, 교류 기능을 선택하여 공급 전압에 교류 성분이 없다는 것을 확인할 수 있다. 이와 같이 교류 전압이 선택되었을 때 공급 전압 값은 0에 가까워야 한다. 이와 같은 테스트를 제외하면 교류 전압 기능은 디지털 작업에서 사용되지 않는다.

디지털 멀티미터의 저항 측정 기능은 전원이 인가되지 않은 회로에서만 사용된다. 저항을 측정할 때는 전원 공급 장치의 저항 값이 측정되는 것을 피하기 위해 회로로부터 전원 공급을 분리해야 한다.

저항 측정기는 회로에 낮은 테스트 전압을 인가한 후, 그 결과로 흐르는 전류를 측정하는 방법으로 동작한다. 결과적으로 어떤 전압이 존재하고 있다면 값을 읽을 때 오류가 발생하게 된다. 측정기는 두 프로브(probe) 사이의 모든 가능한 경로에서의 저항을 나타내준다. 만약 하나의 부품에 대한 저항 값을 알고자 한다면 그 부품의 한쪽 끝을 회로로부터 분리시켜야 한다. 또한 손으로 두 프로브의 도체 부분을 잡는다면 인체의 저항 때문에 측정값이 영향을 받을 수 있다. 이는 특히 높은 저항 값을 측정하는 경우에는 반드시 피해야 한다.

함수 발생기

함수 발생기는 여러 가지 종류의 회로를 테스트하는 데 필요한 신호를 제공하기 위해 사용된다. 디지털 회로에서 주기적인 사각형 펄스는 논리 회로를 테스트하기 위해 사용되는 기본 신호이다. 회로에 함수 발생기를 연결하기 전에 적당한 전압 레벨을 설정해주는 것이 중요한데, 그렇게 하지 않을 경우 회로에 손상을 줄 수 있다. 함수 발생기는 일반적으로 신호의 최고 진폭 조정이 가능하며, 0 V 전압 레벨을 조정하는 것이 가능한 것도 있다. 대부분의 함수 발생기는 논리 회로에서 사용하기 위해 별도의 펄스 출력을 제공하는데, 만약 함수 발생기에 TTL 호환 출력이라는 것이 있다면 이 책의 실험에서 사용할 출력 신호가 된다.

주기적인 사각형 펄스는 한 레벨에서 다른 레벨로 상승하는 신호로서 펄스 폭(tw)이라고 하는 시간동안 두 번째 레벨에서 머문 후, 다시 원래의 레벨로 떨어지는 신호이다. 이러한 펄스의 중요한 변수들이 그림 1-1에 나타나 있다. 디지털 테스트에서 반전된 신호가 오실로스코프에서 빠르게 검출되기 위해서는 50%에 근접하지 않은 듀티 싸이클(duty cycle)[1)]을 사용하는 것이 좋다.

함수 발생기에는 진폭(amplitude)과 직류 오프셋(offset) 제어 기능 외에도 출력 주파수 범위를 선택하기 위한 스위치가 있다. 보조 조절기(vernier)가 미세한 주파수 조정을 위해 제공되기도 한다.

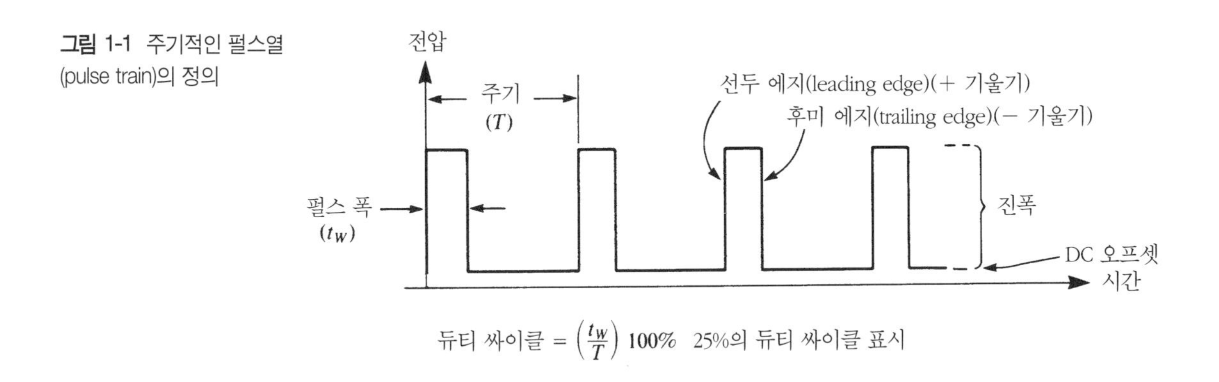

그림 1-1 주기적인 펄스열(pulse train)의 정의

1) 역주) 백분율로 표현되는 주기파의 펄스 폭 비율

오실로스코프

오실로스코프는 회로를 테스트하는 데 가장 중요한 장비이며 작동 방법을 잘 숙지하고 있어야 한다. 오실로스코프는 다기능 테스트 장비로서 회로의 전압 그래프를 시간의 함수로 보고 파형 비교를 할 수 있도록 해준다. 오실로스코프는 여러 가지 파라미터들을 측정할 수 있기 때문에, 디지털과 아날로그 작업 모두에서 중요한 파라미터들의 측정을 할 수 있는 장비이다. 거의 모든 복잡한 디지털 회로들은 2-채널 오실로스코프를 사용하여 쉽게 측정될 수 있는 특정 타이밍 요건들을 가지고 있다.

오실로스코프의 종류로는 두 가지, 즉 아날로그와 디지털이 있다. 다기능성, 정밀성, 자동 측정 기능 때문에 최근에는 많은 기술자들이 디지털 오실로스코프를 사용하고 있다. 두 종류의 오실로스코프 모두 화면 표시 부, 수직 및 수평 부, 트리거 부라는 네 개의 주요한 제어 그룹이 있다. 이러한 제어 장치나 오실로스코프의 일반적인 동작 방법에 익숙하지 않다면 이 책의 '오실로스코프 안내' 부분을 읽어보기 바란다. 아날로그와 디지털 오실로스코프에 대한 설명을 안내 부분에서 찾아볼 수 있다. 부가적으로 실험실에 있는 오실로스코프의 매뉴얼도 검토해보기 바란다.

논리 펄서와 전류 트레이서

논리 펄서(logic pulser)와 전류 트레이서(current tracer)는 간단한 디지털 테스트 장치로서 인가전압(V_{CC})과 접지(ground) 사이의 단락(short)과 같은 까다로운 결함을 찾아내는 데 사용된다. 단락은 회로의 여러 곳에서나 발생할 수 있기 때문에 큰 회로에서 이와 같은 문제를 찾아내는 것은 매우 어려울 수 있다. 전류 트레이서는 자기장의 변화를 감지하여 펄스 전류에 반응한다. 휴대형 논리 펄서는 단락된 회로로 매우 짧은 시간의 비파괴적인 펄스를 인가한다. 전류 트레이서는 논리 펄서나 다른 유형의 펄스 발생기와 함께 사용되는데, 전류 경로를 추적하여 단락된 위치를 직접 찾을 수 있게 해준다. 이와 같은 고장 진단은 회로에 한 개 이상의 전류 경로가 존재하는 지점인 교착 노드(stuck node)에 대해서도 유용한 방법이다. 전류 트레이서의 감도는 여러 가지 유형의 결함을 추적하기 위해 넓은 범위로 조정이 가능하다.

논리 프로브

간단한 논리 회로를 추적하는 데 유용한 다른 휴대용 장치로서 논리 프로브(logic probe)가 있다. 논리 프로브는 회로의 어떤 지점에서 논리 레벨 값을 알아내거나 LED(light-emitting diode)의 점등을 통하여 그 지점에서 펄스가 동작하는지에 대한 여부를 알아내는 데 사용할 수 있다. 논리 프로브가 디지털 신호 사이의 중요한 시간적 관계를 보여줄 수 없기 때문에 주로 간단한 회로에서 사용되지만, 고급 논리 프로브는 짧은 펄스일지라도 라인 상에서의 신호 동작을 보여줄 수 있다. 간단한 논리 프로브를 사용하여 논리 레벨이 HIGH인지 LOW인지, 또는 무효(invalid)인지를 알아낼 수 있다.

논리 분석기

디지털 고장 진단을 위한 가장 강력하고 널리 사용되는 장비 중의 하나가 논리 분석기(logic analyzer)이다. 논리 분석기는 원래 논리 회로에서 변수 값 측정과 대비되는 기능적인 측정을 하도록 설계된 장치이다. 이 장비는 많은 디지털 신호들 사이의 시간적인 관계를 동시에 관찰하는 데 유용하고, 기술자가 교착 노드(stuck node), 매우 짧은 잡음 스파이크, 간헐적으로 표출되는 문제와 타이밍 오류와 같은 다양한 오류를 조사해볼 수 있도록 해준다. 최근에 출시된 분석기에서는 논리 채널뿐만 아니라 디지털 오실로스코프의 다중 채널도 포함되어 있다. 디지털 오실로스코프의 다중 채널과 680개의 논리 분석기 채널이 장착된 이중 기능 분석기의 예로서 그림 1-2에 Tektronix TLA700 시리즈를 나타내었다. 모든 전자공학 실험실에는 간단한 형태의 것이라 할지라도 논리 분석기가 비치되어 있지는 않고, 이 책의 실험에서도 논리 분석기가 반드시 필요한 것은 아니다. 논리 분석기에 대한 자세한 정보는 여러 웹사이트에서 찾아볼 수 있다(www.Tektronix.com 참조).

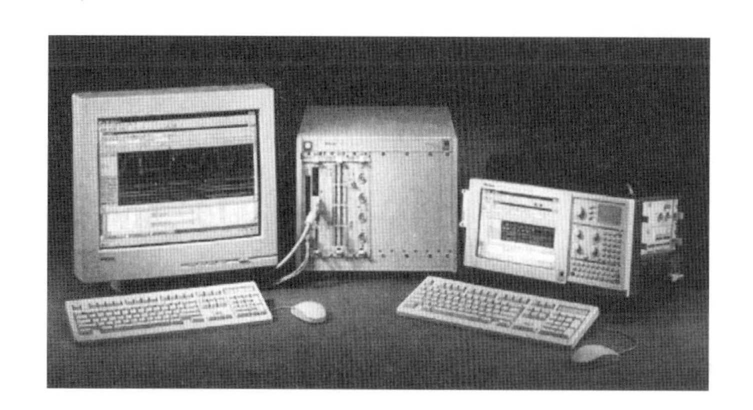

그림 1-2 Tektronix 논리 분석기 (logic analyzer)

브레드보드

브레드보드를 이용하여 테스트나 실험을 위해 회로를 편리하게 구성할 수 있다. 브레드보드에 보이는 구멍 배열의 패턴에는 몇 가지 변형이 있지만, 대부분의 브레드보드는 그림 1-3에서 보는 것과 유사한 형태를 갖는다. 제일 위쪽과 가장 아래쪽의 수평 행은 연속된 행으로써 서로 연결되어 있다는 것에 주의한다. 수직 방향으로 되어 있는 5개의 구멍은 서로 연결되어 있지만, 중앙의 긴 홈 위쪽의 수직 그룹은 홈 아래의 수직 그룹과 연결되어 있지 않다. 각각의 구멍들은 0.1인치만큼 떨어져 있고, 이 간격은 DIP(dual in-line package) IC의 핀 간격과 같다. IC는 중앙 홈 양쪽으로 핀들이 놓이게 삽입하며 연결하고자 하는 핀과 같은 수직 그룹의 구멍 중 하나에 선을 연결함으로써 IC 핀과 선의 연결 작업을 완료할 수 있다.

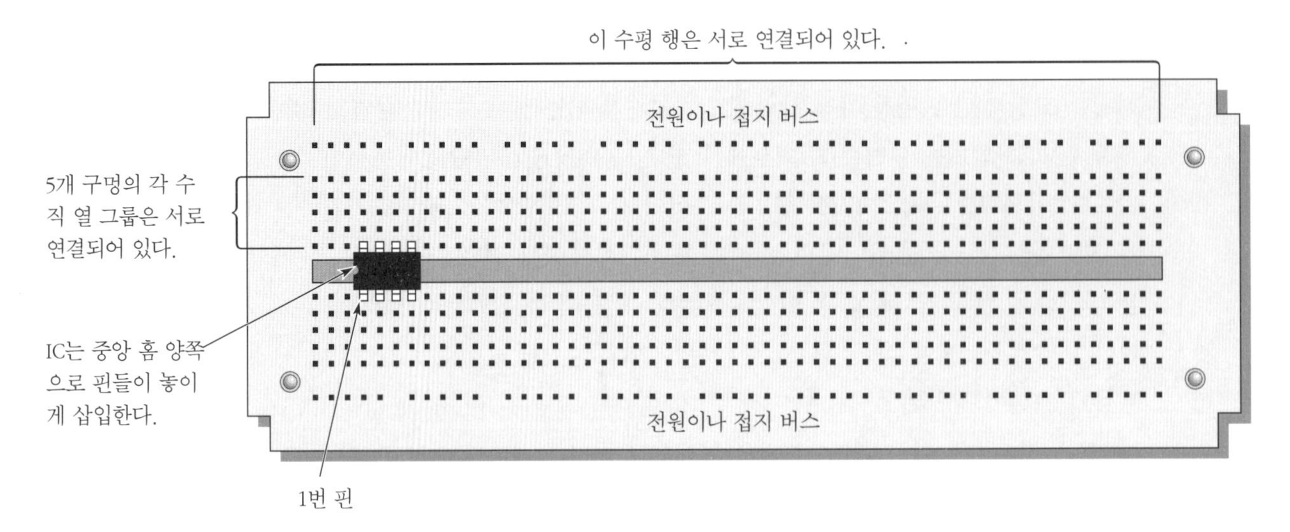

그림 1-3 브레드보드, 8핀 IC가 브레드보드에 꽂혀 있다.

핀 번호

집적 회로(IC)는 여러 가지 패키지 형태로 생산되는데, 이 책에서의 IC들은 모두 DIP 형태의 칩을 사용할 것이다. 핀 번호를 결정하기 위해서는 그림 1-3에서 보는 것처럼 IC 상단에서 한쪽 끝에 패인 홈이나 점을 찾아 1번 핀의 위치를 정해야 한다. 1번 핀은 그림과 같이 패인 홈 바로 옆에 위치하고, DIP 칩의 핀 번호는 항상 1번 핀으로부터 시작하여 반시계 방향으로 번호가 매겨진다.

프로토타이핑 시스템

많은 공학 교육 실험실에서는 앞서 서술했던 장비들과 신호를 검출하여 측정하고 컴퓨터 화면으로 결과를 보여주는 데이터 수집 시스템(data acquisition system)을 결합하여 사용한다. 이와 같은 시스템은 워크스테이션으로 통합된 하나의 완전한 프로토타이핑 시스템(prototyping system)이 된다. 한 예가 그림 1-4에 보이는 National Instruments 사의 ELVIS 시스템과 데이터 수집 장치이다. 워크스테이션은 내장된 장치와 상단에 모듈 방식의 브레드보드로 되어 있다.

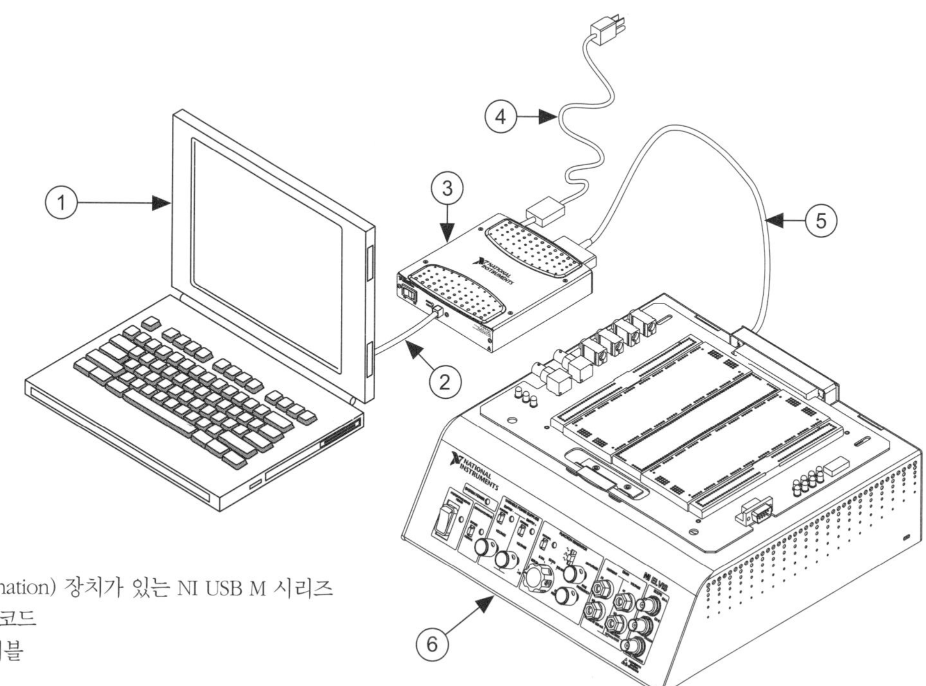

그림 1-4 프로토타이핑 시스템

1. 노트북 컴퓨터
2. USB 케이블
3. 매스 터미네이션(Mass Termination) 장치가 있는 NI USB M 시리즈
4. NI USB M 시리즈 장치 전원 코드
5. M 시리즈 장치로의 차폐 케이블
6. NI ELVIS 워크스테이션

실험순서

디지털 멀티미터를 이용한 DC 전압 측정

1. 실험실에 있는 전원 공급 장치(power supply)의 사용자 매뉴얼이나 강사가 제공하는 자료를 읽어 본다. 일반적으로 전원 공급 장치에는 출력 전압을 설정하고 전류량을 측정할 수 있는 계량기가 달려있다. 전원 공급 장치의 계량기 전압이 +5.0 V가 되도록 설정하고, 그 값을 실험 보고서의 표 1-1에 기록하여라.

2. +5.0 V는 이 실험 책의 거의 모든 실험에서 사용된다. 대부분의 TTL 회로에서는 4.75 V에서 5.25 V 사이의 전원을 공급해주어야 한다. 전원 공급 장치를 올바르게 설정하였는지 점검하기 위해 디지털 멀티미터로 전압을 측정하고, 그 값을 표 1-1에 기록하여라.

오실로스코프를 이용한 DC 전압 측정

3. 여기서는 오실로스코프를 사용하여 전원 공급 장치로부터의 DC 직류 전압을 확인한다. 오실로스코프의 SEC/DIV 조절기를 사용하기에 좋은 값(0.2 ms/div 정도의 값으로 선택하면 화면에 안정된 선으로 보임)으로 설정하여라. 화면에 소인(sweep)이 확실히 보이도록 하기 위해서 트리거 조절기를

AUTO와 INT(내부 트리거)로 설정하여라. 입력 채널로 채널 1을 선택하고, 오실로스코프의 프로브를 수직 입력에 연결하여라. 입력 커플링(coupling) 조절기를 입력 신호의 차단을 위해 GND(접지)로 놓고, 오실로스코프 화면에서 접지 위치를 확인하여라(디지털 오실로스코프에서는 그림 I-4의 13번에서 설명한 바와 같이 GND 레벨에 대한 화살표가 있는 경우도 있다). 오실로스코프 화면에서 선명한 수평선이 되도록 빔을 조절하여라.

4. (+)의 전압을 측정할 것이므로 수직 POSITION 조절기를 사용하여 접지를 화면 아래 부분의 적당한 수평 격자 선에 맞추어라. 아날로그 오실로스코프를 사용하고 있다면 수직 VOLTS/DIV 가변 노브가 보정(calibrated) 위치에 있는지 확인하여라. Tektronix TDS2024와 같은 디지털 오실로스코프는 항상 보정되어 있어 보조 조절기가 존재하지 않는다.

5. 채널 1의 입력 커플링 조절기를 GND 위치에서 DC 위치로 변경하여라. 거의 모든 디지털 작업에서 입력 커플링 조절기는 DC 위치에 있어야 한다. 오실로스코프 프로브의 접지 리드선을 전원 공급 장치의 접지에 연결하고, 프로브를 전원 장치의 출력 단자에 접촉하여라. 오실로스코프 화면에 보이는 선이 5 격자눈금(division)만큼 위로 점프할 것이다. 접지와 이 선 사이의 격자눈금 수(5칸)에 수직 감도(1.0 V/div)를 곱함으로써 DC 전압 값을 계산할 수 있다. 측정된 전압 값을 0.1 V의 정확도로 하여 표 1-1에 기록하여라.

오실로스코프를 이용한 펄스 측정

6. 여기서는 논리 펄스를 만들기 위해서 함수 발생기 또는 펄스 발생기를 설정하고, 오실로스코프를 사용하여 펄스의 몇 가지 특성을 측정할 것이다. 실험실에 보유하고 있는 함수 발생기의 사용자 매뉴얼이나 강사가 제공하는 자료를 읽어 보기 바란다. 펄스 기능을 선택하고 주파수를 1.0 kHz로 설정하여라(펄스 기능이 없다면 구형파(square wave)를 대신 사용해도 된다).

7. 함수 발생기의 펄스 진폭을 설정하고 측정한다. 오실로스코프의 수직 감도(VOLTS/DIV) 조절기는 1.0 V/div, SEC/DIV는 0.2 ms/div으로 설정하여라. 두 조절기 모두 보정(calibrated) 위치에 있는지 점검하여라. 실험 순서 3에서 실험한 것과 같이 오실로스코프 접지 레벨을 점검하고 오실로스코프 화면 아래 부분의 적당한 수평 격자 선에 맞추어라. 오실로스코프를 DC 커플링 위치로 되돌리고, 오실로스코프 프로브의 접지 리드선을 함수 발생기의 접지에 연결하여라. 프로브를 함수 발생기의 펄스 출력 단자에 접촉하여라. 함수 발생기에 가변 진폭 조절기가 있다면, 4.0 V 펄스(4 격자눈금(division))로 조절하여라. 함수 발생기 중에는 펄스의 DC 레벨을 조절하는 별도의 조절 장치가 있는 경우도 있다. 현재 사용 중인 함수 발생기에 DC 오프셋(offset) 조절기가 존재한다면 펄스의 접지 레벨을 0 V로 조정하여라.

8. 파형의 시간적 정보와 전압 파라미터를 측정하기 위해 안정적으로 화면 표시가 이루어져야 한다.

만약 파형이 안정된 상태가 아니라면 트리거 조절 장치를 점검하여라. 오실로스코프의 화면에서 관찰된 파형을 실험 보고서의 도표 1에 그려라. 오실로스코프 화면에 보이는 파형을 그릴 때 VOLTS/DIV과 SEC/DIV 조절기의 설정 값을 그림 옆에 기록하고 접지 레벨을 표시해주는 것이 좋다. 파형의 펄스 폭(t_w), 주기(T), 진폭을 측정하여 이 값들을 표 1-2에 기록하여라. 진폭은 그림 1-1에 정의되어 있고 전압 값(V)으로 측정된다.

9. 그림 1-5와 같이 LED와 전류 제한(current limiting) 저항 R_1을 함수 발생기에 직렬로 연결하여라. LED는 극성이 있는 소자이므로 그림과 같이 올바른 방향으로 연결되어야 한다. 그림 1-5에 회로도와 브레드보드 결선의 예가 나타나 있다. 오실로스코프로 LED 양단의 신호를 측정하여 실험 보고서의 도표 2에 그려라. 실험 순서 8의 작업과 같이 오실로스코프 설정 값들을 기록하고 접지 레벨을 표시하여라.

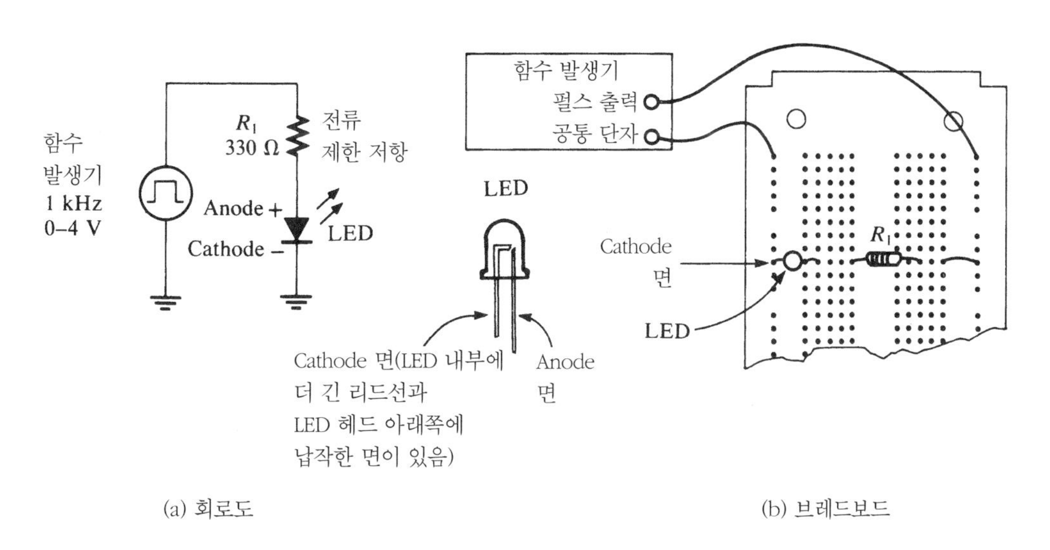

그림 1-5 실험 순서 9에 대한 회로

10. 접지되지 않은 소자의 양쪽 전압을 측정하는 데에 오실로스코프를 사용하는 것이 좋을 때가 있다. 그림 1-5에서 전류 제한 저항 R_1이 접지되지 않은 소자이다. 이 소자 양쪽의 전압을 측정하기 위해서 그림 1-6과 같이 오실로스코프의 두 채널을 연결하여라. 두 채널 모두 보정(calibrated) 상태에 있는지를 확인하고 수직 감도(VOLTS/DIV)를 각 채널에 대해 1 V/div가 되게 하여라. 신형 오실로스코프를 사용하고 있다면 메뉴에 차감(difference) 기능(채널 1 — 채널 2)이 있을 것이다. 구형 오실로스코프에서는 채널 2를 반전하여 채널 1과의 ADD 기능을 선택함으로써 차감 측정을 할 수 있다. 자세한 사항은 사용자 매뉴얼을 참조하기 바란다. R_1 양단의 신호를 측정하고 그 결과를 도표 3에 그려라. LED 양단 전압과 R_2 양단 전압의 합이 함수 발생기의 전압과 같은지를 확인하여라.

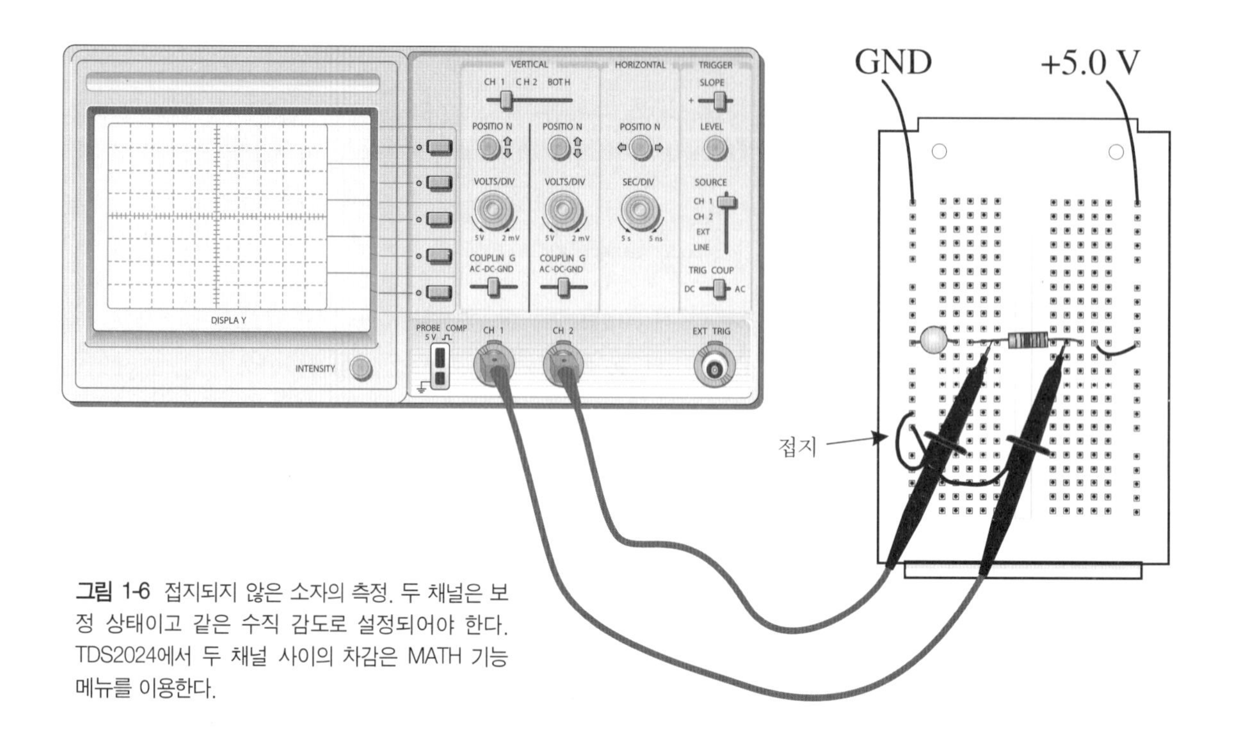

그림 1-6 접지되지 않은 소자의 측정. 두 채널은 보정 상태이고 같은 수직 감도로 설정되어야 한다. TDS2024에서 두 채널 사이의 차감은 MATH 기능 메뉴를 이용한다.

디지털 회로 구성과 파라미터 측정

11. 이 순서에서는 작은 디지털 발진기(oscillator)를 만들어볼 것이다. 발진기는 다른 디지털 회로를 구동하는 데 사용되는 펄스를 발생시킨다. 기본적인 발진기 IC로는 555 타이머가 있으며 이 타이머에 대한 자세한 사항은 뒤에서 다루어볼 것이다. 회로도와 브레드보드 결선 예가 그림 1-7에 나타나 있다. 그림과 같이 회로를 구성하여라.

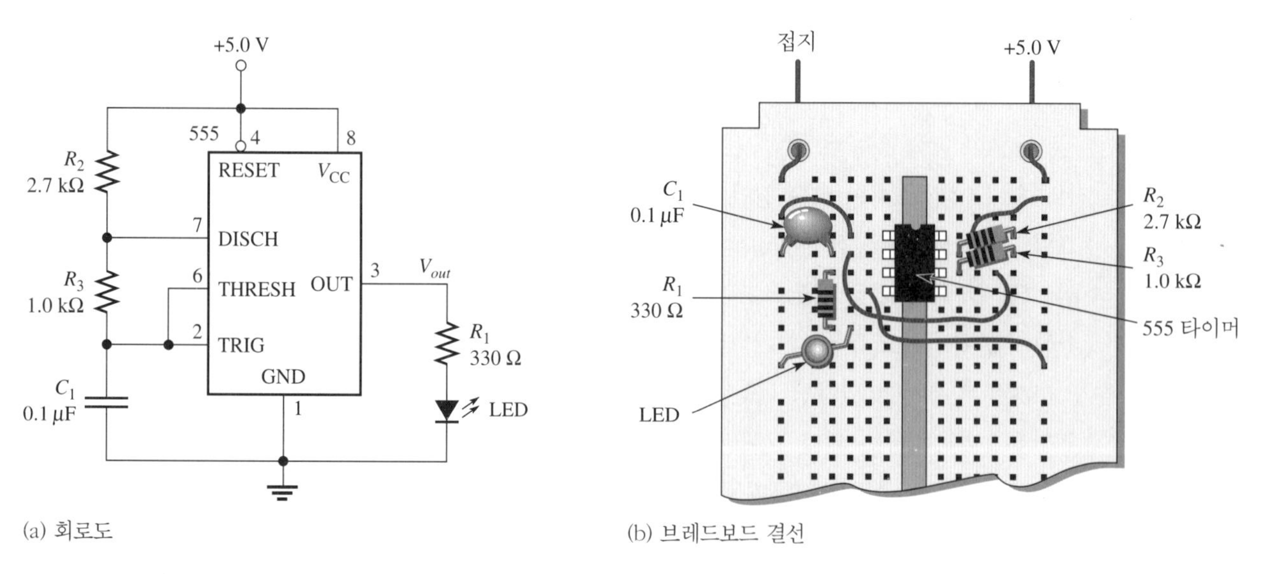

그림 1-7 디지털 발진기

12. 오실로스코프를 사용하여 3번 핀의 신호를 관찰하고 그 결과를 도표 4에 그려라. 오실로스코프 설정 내용(VOLTS/DIV와 SEC/DIV)도 기록해야 한다. 표 1-3의 첫 번째 네 행의 파라미터들을 측정하여 기록하여라. 주파수(f)는 주기(T)를 측정하여 계산한다($f=1/T$).

13. C_1을 100 μF 커패시터로 교체하여라. 비교적 늦은 속도로 LED가 반짝거리게 된다. 이와 같은 낮은 주파수는 회로에 대한 시각적인 테스트나, 수동 스위치의 개방 및 단락 동작을 모의실험(simulation)하는 데 유용하다. 100 μF 커패시터일 때 발진기의 주기와 주파수를 측정하여라. 아날로그 오실로스코프를 사용한다면 이와 같은 낮은 주파수의 신호는 측정에 어려움을 줄 수 있다. 이런 경우에는 AUTO 트리거 대신에 NORMAL 트리거를 사용하고, 안정된 화면 표시를 위해서 트리거 LEVEL 조절기를 조정한다. 표 1-3에 측정된 값을 기록하여라.

추가 조사

전류 트레이서의 사용

전류 트레이서(current tracer)의 사용이 가능하다면 실험 순서 9에서 구성한 것과 같은 회로의 전류 경로를 테스트해볼 수 있다. 전류 트레이서를 이용하면 펄스 형태의 전류 경로를 감지하여 경로를 추적해볼 수 있다. 전류 트레이서는 전류와 연관된 자기장의 변화를 감지함으로써 빠른 전류 펄스를 검출하지만 DC 전류는 검출이 불가능하다. 이 테스트를 위해서 1.0 kHz TTL 레벨 펄스로 함수 발생기를 설정하여라.

+5.0 V 전원 장치를 사용하여 전류 트레이서로 전원 연결하여라. 그림 1-8(a)과 같이 함수 발생기와 전원 공급 장치의 접지를 공통(common)으로 연결해야 한다(전류 트레이서 리드선 중 적색 리드선은

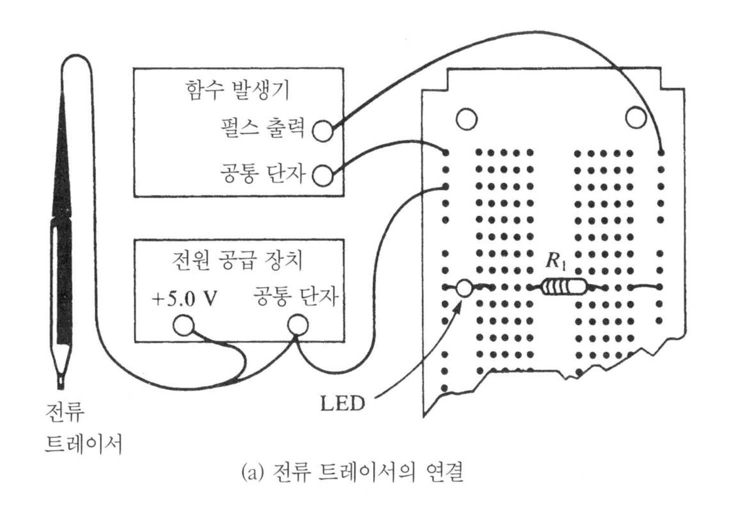

(a) 전류 트레이서의 연결

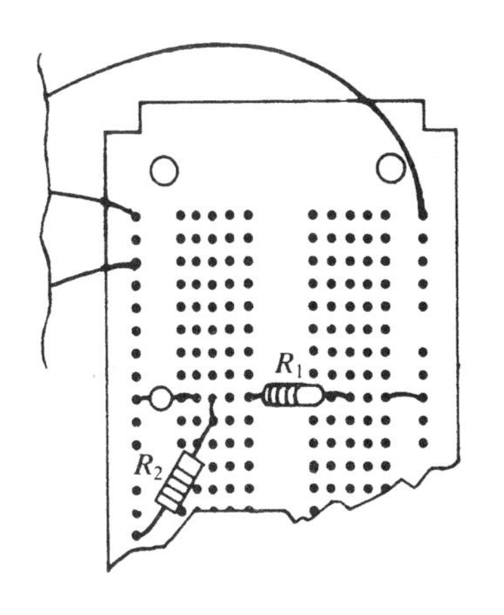

(b) R_2로 통하는 전류 경로 추가

그림 1-8

+5 V 단자에 연결해야 하고, 흑색 리드선은 공통 단자에 연결해야 한다). 전류 트레이서의 감도는 전류 트레이서 프로브 팁에 인접한 가변 조절기를 사용하여 조절할 수 있다. 전류 트레이서는 전류를 감지하려는 도체(conductor)에 수직 방향을 유지해야 한다. 또한 최대의 감도를 얻기 위해서는 프로브 팁에 있는 작은 표식을 전류 경로와 같은 방향으로 정렬해야 한다.

먼저 R_1 위에 전류 트레이서를 놓아라. 그 다음, 팁이 전류 경로와 같은 방향으로 정렬되도록 전류 트레이서를 회전시켜라. 반 정도의 밝기로 감도를 조절하여라. 이제 브레드보드에서 R_1과 LED를 지나가는 전류 경로를 추적할 수 있게 되었다. 전류 경로의 추적을 실행해보아라. 그림 1-8(b)와 같이 LED와 병렬로 100 Ω 저항 R_2를 연결하여 낮은 임피던스 결함(low-impedance fault)을 모의실험 해보아라. 전류의 경로를 알아보기 위해 전류 트레이서로 회로를 테스트해보아라. 대부분의 전류가 R_2를 통하여 흐르는가? 아니면 LED를 통하여 흐르는가?

전류 트레이서와 논리 펄서의 사용

회로 보드에는 일반적으로 단락(short)이 발생할 수 있는 많은 연결 부분이 있다. 땜납이 튀거나 그 외 다른 원인에 의해 전원과 접지 사이에 단락이 발생하면 단락 위치를 찾아내는 것은 어려운 일일 수 있다. 전류 트레이서와 함께 논리 펄서(logic pulser)를 사용하면 회로에 전원을 인가할 필요 없이 결함 위치를 찾아낼 수 있다. 논리 펄서는 테스트 회로에 매우 빠른 펄스들을 인가한다. 팁에 있는 반짝이는 LED는 여러 가지 펄스 스트림(stream)이나 연속적인 펄스열로 설정될 수 있는 출력 모드를 표시해 준다. 회로로 공급되는 에너지는 제한적이므로 동작 회로를 손상시키지 않고 논리 펄서를 사용할 수 있다.

연속적인 펄스로 논리 펄서를 설정하여라. 테스트 회로에서 펄스 발생기를 제거하고, 그림 1-9에 나타나 있는 것처럼 테스트 회로에 논리 펄서를 접촉시켜라. 전류 트레이서의 감도 설정을 위해서 논리 펄

그림 1-9 논리 펄서를 사용한 회로 모의실험

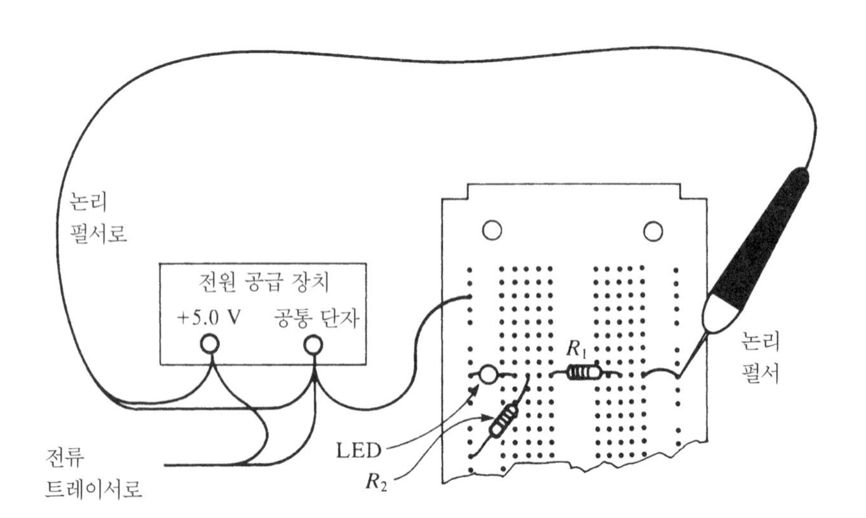

서의 팁에 대해 90도가 되도록 전류 트레이서를 유지시킨다. 이제 앞서 작업했던 것과 같이 전류 경로를 추적할 수 있게 되었을 것이다.

그림 1-10에 나타나 있는 것과 같이 선을 연결함으로써 회로를 가로지르는 직접적인 단락 결함에 대해 모의실험을 해보아라. 전류 트레이서의 감도를 조정할 필요가 있을 것이다. 논리 펄서와 전류 트레이서를 사용하여 전류 경로를 추적해보아라. R_1에서 전류가 검출되는가? 실험 보고서에 단락 선과 브레드보드의 전류 경로에 대해 실험 보고서에 기술해보아라.

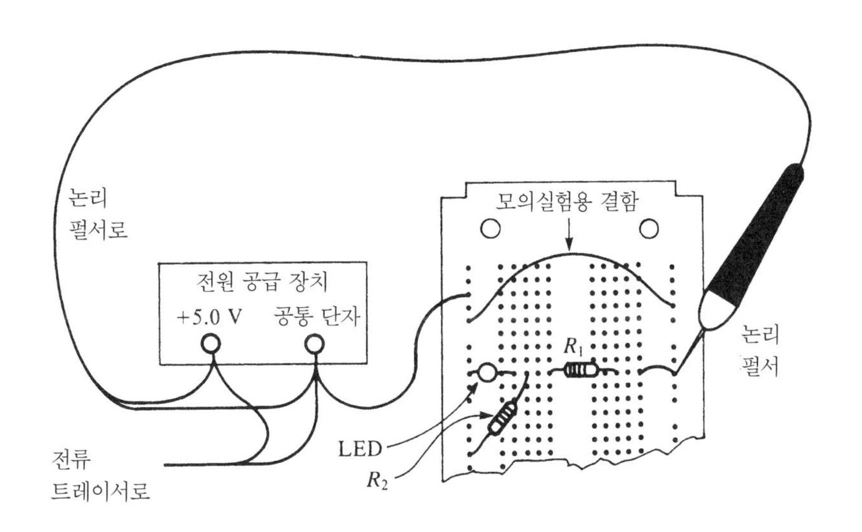

그림 1-10 단락 회로 모의실험. 논리 펄서는 단락으로 전류를 흐르게 하고, 이 전류는 전류 트레이서로 검출이 가능하다.

실험보고서 1

이름 : ______________________

날짜 : ______________________

조 : ______________________

실험 목표

- □ 디지털 멀티미터(digital multimeter, DMM)를 사용하여 전원 장치로부터의 특정 직류 전압 측정
- □ 오실로스코프를 사용하여 회로 전압과 주파수 측정
- □ 특정 주파수의 트랜지스터-트랜지스터 논리(TTL) 펄스를 얻기 위한 함수 발생기(function generator) 설정. 오실로스코프를 사용하여 펄스 진폭과 주파수 측정
- □ 브레드보드에 디지털 발진(oscillator) 회로 구성과 오실로스코프를 사용하여 여러 가지 파라미터 측정

데이터 및 관찰 내용

표 1-1

설정 전압 = 5.0 V	측정 전압
전원 공급 장치 계량기	
디지털 멀티미터	
오실로스코프	

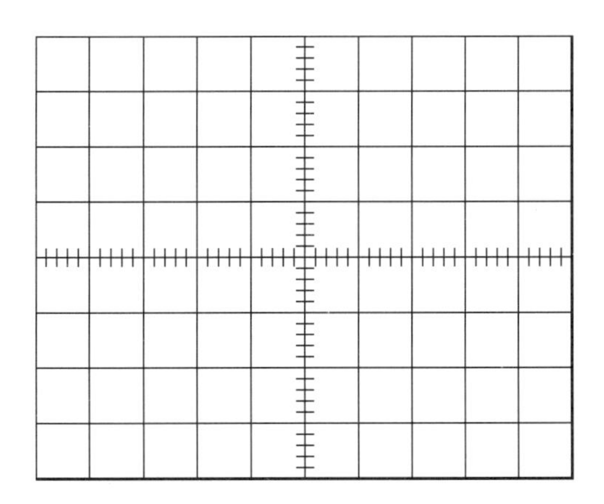

도표 1 발생기 파형

표 1-2

함수 발생기 파라미터(1.0 kHz)	측정 값
펄스 폭	
주기	
진폭	

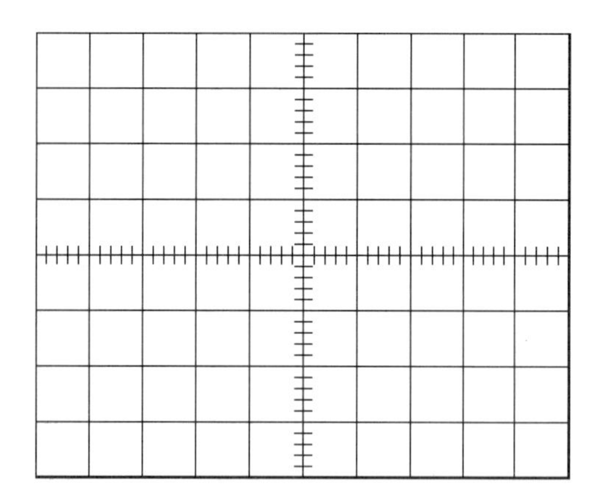

도표 2 LED 양단 전압

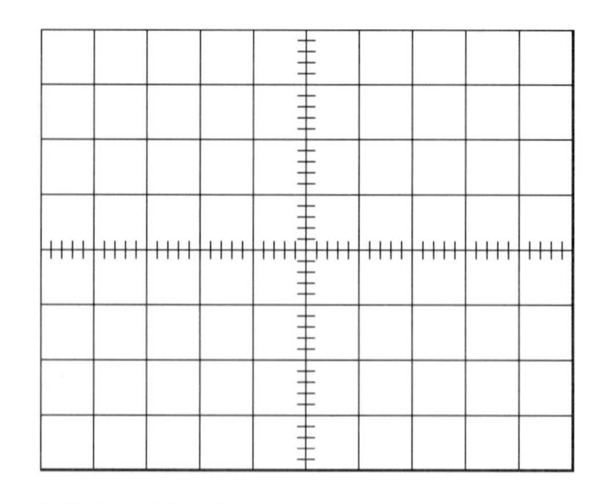

도표 3 R_1 양단 전압

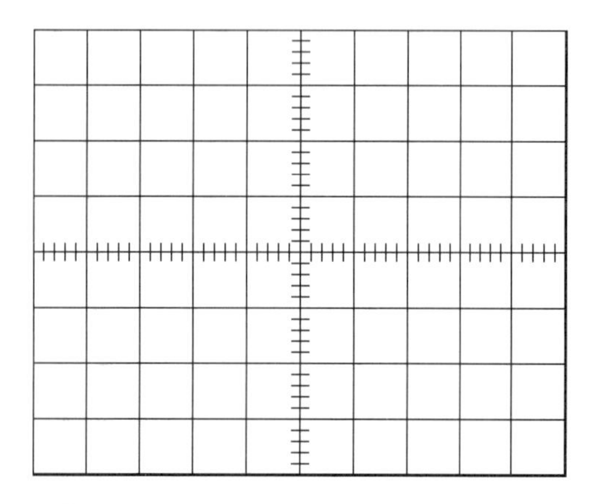

도표 4 디지털 발진기 출력(3번 핀)

표 1-3

실험 순서	디지털 발진기 파라미터	측정 값
12	주기	
	듀티 싸이클	
	진폭	
	주파수	
13	주기	
	주파수	

결과 및 결론

추가 조사 결과

평가 및 복습 문제

01 논리 회로에 전원 연결을 하기 전에 전원 공급 장치의 DC 전압을 점검해야 하는 이유는 무엇인가?

02 아날로그와 디지털 오실로스코프에는 모두 네 개의 주요한 제어부가 존재한다. 각 부분의 기능을 설명하여라.

a. 수직 부(vertical section)

b. 트리거 부(trigger section)

c. 수평 부(horizontal section)

d. 화면 표시 부(display section)

03 2-채널 오실로스코프로 접지되지 않은 소자의 양단 전압을 측정하는 방법을 설명하여라.

04 실험 순서 11에서 디지털 발진기를 구성하였다. 이 회로에 다음의 결함이 있다고 가정하자(각각의 결함은 서로 독립적이다). 오실로스코프로 어떤 증상이 관찰될지를 설명하여라.

a. LED가 반대 방향으로 삽입되었다.

b. C_1의 값이 계획했던 것보다 더 크다.

c. 전원 공급 장치에서 전원과 접지가 반대로 연결되었다(이 상황을 실제로 테스트하지는 말 것).

d. R_1이 개방(open)되었다.

05 디지털 멀티미터와 오실로스코프로 DC 전압을 측정할 때의 장단점을 비교하여라.

06 회로 보드상의 전원과 접지 사이의 단락을 찾기 위해서 논리 펄서와 전류 트레이서를 사용하는 방법에 대하여 설명하여라.

실 험

2 논리 프로브 구성

Floyd, Digital Fundamentals: A Systems Approach
CHAPTER 1: INTRODUCTION TO DIGITAL SYSTEMS

◆ 실험 목표

- 7404 인버터를 사용한 간단한 논리 프로브(logic probe) 구성
- 구성된 논리 프로브를 사용하여 회로 테스트
- 디지털 멀티미터와 오실로스코프를 사용하여 논리 레벨 측정과 유효한 입력 논리 레벨과의 비교

◆ 사용 부품

7404 인버터
LED 2개
신호용 다이오드 2개(1N914 또는 동급)
저항 : 330 Ω 3개, 2.0 kΩ 1개
1 kΩ 전위차계

◆ 이론 요약

디지털 회로에는 이진수(비트) 1과 0을 나타내기 위한 두 개의 구별되는 전압 레벨이 있다. 모든 디지털 회로는 ON과 OFF 조건을 나타내기 위해 고속의 트랜지스터를 사용하는 스위칭 회로이다. 논리 설계자는 다른 기술을 나타내는 여러 가지 유형의 논리를 사용할 수 있다. 어떤 논리 군(family)을 선택하는가는 속도와 가격, 유용성, 잡음 내성(noise immunity) 등과 같은 요소에 따라 결정된다. 각각의 논리 군 내에서의 호환성은 중요한 요구 사항이 된다. 즉, 다른 제조업체에 의해 생산된 다양한 IC의 논리 레벨과 전원 공급에 일관성이 있어야 한다. 이 교재의 실험에서는 트랜지스터-트랜지스터 논리(TTL)를 주로 사용한다. TTL에 대한 입력 논리 레벨은 그림 2-1에 설명되어 있다.

IC가 적절하게 동작하기 위해서는 전원과 접지가 연결되어야 한다. 전원과 접지 연결은 논리 회로 다이어그램에서 자주 생략되긴 하지만, IC에 대한 연결 다이어그램은 이 같은 연결 조건을 보여준다. 그림 2-2에서는 이번 실험에서 사용될 NOT 게이트가 6개 들어 있는 7404 인버터의 연결 다이어그램을

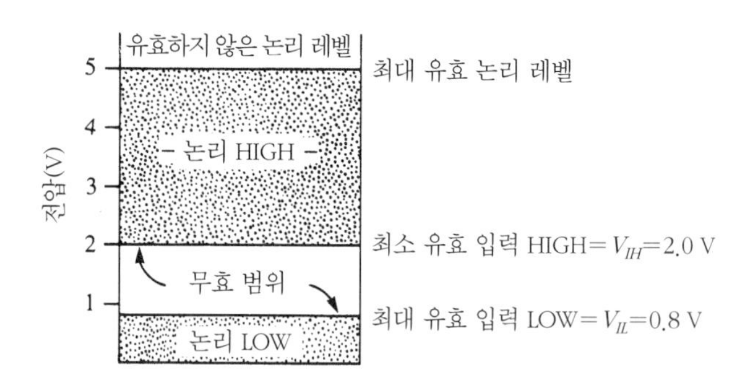

그림 2-1 TTL 논리 레벨

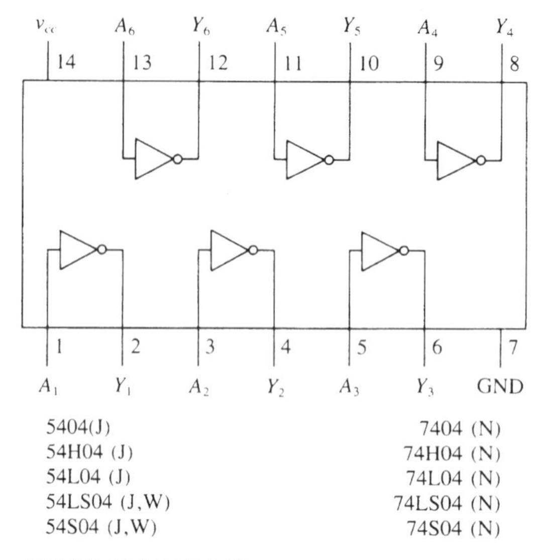

그림 2-2 연결 다이어그램

보여주고 있다.[1] IC 핀은 그림 2-3에서와 같이 상단의 패인 홈이나 1번 핀 바로 옆의 원으로부터 시작하여 반시계 방향으로 번호가 매겨진다.

이번 실험에서의 회로는 간단한 논리 프로브이다. 논리 프로브는 회로에서 HIGH와 LOW 논리 레벨의 존재를 검출하는 데 유용하다. 이 실험에서의 논리 프로브는 단지 집적 회로의 연결과 논리 프로브의 사용 설명을 위해서 설계된 것이다. 그림 2-4에 보이는 프로브는 다음과 같이 동작한다. 만약 프로브에 아무것도 연결하지 않으면 상단 인버터의 입력[2]은 (2.0 kΩ 저항을 통해) HIGH가 되고, 하단의 인버터 입력[3]은 (330 Ω 저항을 통해) LOW가 된다. 결과적으로 상단과 하단의 두 인버터 출력은 모두 HIGH가 되어 모든 LED에 불이 들어오지 않는다(LED에 불이 들어오기 위해서는 두 인버터의 출력이 LOW이어야 한다). 만약 프로브 입력에 대략 2.0 V 이상의 전압을 연결하면 하단 인버터 입력에서의 전압이 D2 다이오드를 통해 논리 HIGH가 된다. 결과적으로 하단 인버터의 출력은 LOW가 되어 HIGH 입력을 나타내는 아래쪽 LED의 불이 들어오게 된다. 프로브 입력에 대략 0.8 V 이하의 전압이 연결되면 상단 인버터 입력이 LOW 논리 임계값보다 낮아지게 되어 인버터 출력[4]은 LOW가 된다. 그러므로 논리 LOW 입력을 나타내는 상단 LED에 불이 들어오게 된다. 좀 더 복잡한 프로브는 펄스의 검출이 가능하고, 더 큰 입력 임피던스를 가지며 TTL 이외의 논리 군에도 사용할 수 있지만, 이번 실험의 프로브는 기본 게이트에 대한 고장 진단만 가능하게 해준다.

1) 제조업체의 논리 데이터 북이나 제조업체 웹사이트에서 제공하는 연결 다이어그램을 부록 A에 수록하였다.
2) 역주) 13번 핀
3) 역주) 1번 핀
4) 역주) 10번 핀

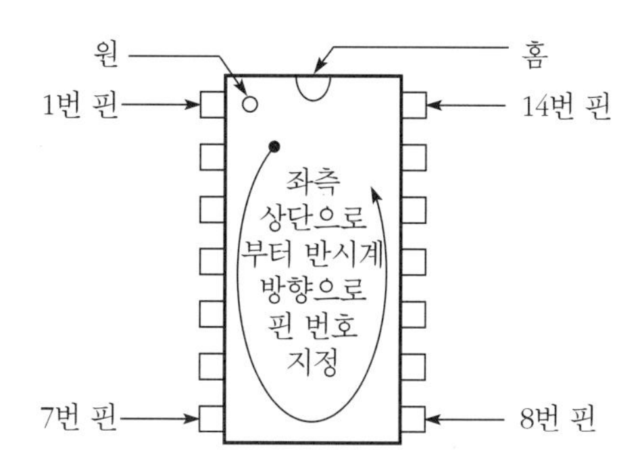

그림 2-3 핀 번호

실험 순서

간단한 논리 프로브

1. 핀 번호를 보고 그림 2-4의 간단한 논리 프로브 회로를 구성하여라. 이번 실험에서는 핀 번호를 그림에 나타내었지만 논리 회로에서는 자주 생략된다. LED와 신호 다이오드는 극성이 있으므로 올바른 방향으로 연결되어야 한다. 전자 부품에서의 화살표는 항상 +로부터 −로 정의되는 전류가 흐르는 방향을 가리킨다. 신호 다이오드는 캐소드(cathode) 쪽에 선 표시가 되어 있다. LED는 일반적으로 캐소드 쪽에 LED 헤드의 납작한 부분이 있거나 다이오드 내부의 연결선이 더 길다. 그림 2-5(a)는 논리 프로브의 회로 연결 예이다.

2. 프로브를 +5.0 V에 연결하고, 다음에 다시 접지에 연결하여 회로를 테스트하여라. LED 중 하나가 HIGH나 LOW를 나타내기 위해 불이 들어와야 한다. 프로브에 아무것도 연결하지 않으면 두 LED 모두 불이 들어오지 않는다. 만약 회로가 정상적으로 동작하지 않는다면 다이오드의 방향과 회로

그림 2-4 간단한 논리 프로브

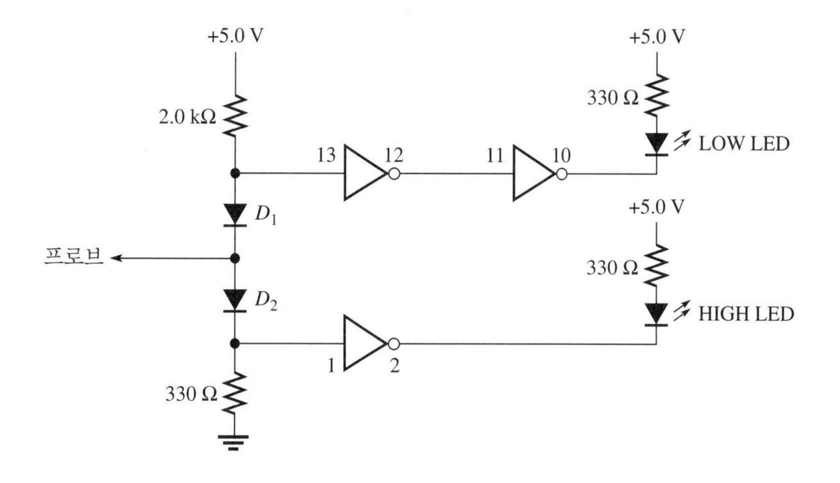

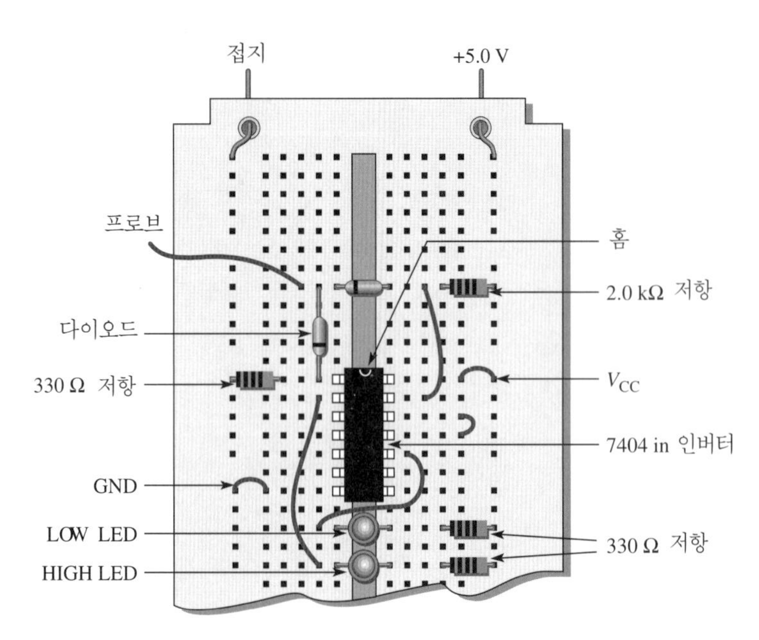

(a) 논리 프로브의 회로 연결

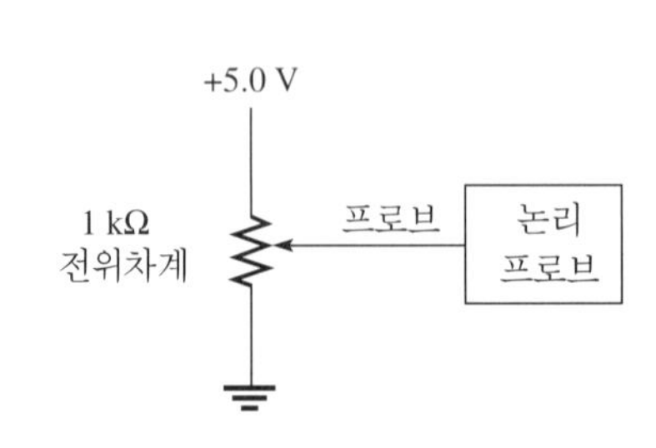

(b) 논리 임계값을 결정하기 위한 테스트 회로

그림 2-5

연결을 모두 점검해보아라.

3. 그림 2-5(b)의 회로를 사용하여 논리 프로브의 HIGH와 LOW 임계 전압을 테스트할 수 있다. 그림과 같이 1 kΩ 전위차계를 논리 프로브에 연결하여라. 저항 값을 변화시켜 HIGH와 LOW 임계값을 찾아보아라. 디지털 멀티미터를 사용하여 임계 전압을 측정하고 그 결과를 실험 보고서에 기록하여라.

4. 바로 전 단계에서 논리 프로브에 대한 임계값이 그림 2-1에 주어진 TTL 사양에 매우 가까운 것을 관찰할 수 있었을 것이다. 그렇다면 이제 여러 가지 인버터 회로를 포함한 논리 게이트의 논리 레벨을 테스트하기 위해서 프로브를 사용할 수 있다. 7404에는 6개의 인버터가 존재한다(이 6개 인버터들은 전원을 공통으로 사용한다). 3번 핀과 4번 핀 사이에 있는 인버터(두 번째 인버터)의 테스트부터 시작한다. 인버터의 출력(4번 핀)에 논리 프로브를 연결하고, 입력이 LOW(접지)일 때와 개방(OPEN)일 때, HIGH(+5 V)일 때의 출력 논리 레벨을 관찰하여라. 이 세 가지 경우의 관찰 결과를 표 2-1에 기록하여라. 개방 입력은 유효하지 않은 논리 레벨이지만, 출력은 유효한 논리 레벨이 될 것이다(개방 입력은 잡음 문제의 가능성 때문에 바람직하지 않다).

5. 그림 2-6(a)와 같이 두 인버터를 직렬(cascade)로 연결하여라. 두 번째 인버터의 출력(6번 핀)에 논리 프로브를 연결하여라. 앞서와 같이 입력이 LOW일 때와 개방일 때, HIGH일 때의 출력 논리 레벨을 점검하여라. 이 세 가지 경우의 관찰 결과를 표 2-1에 기록하여라.

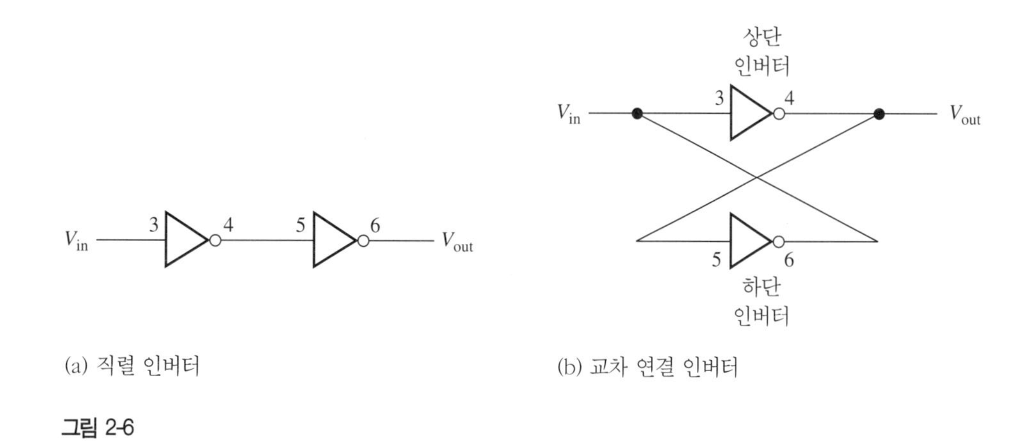

(a) 직렬 인버터

(b) 교차 연결 인버터

그림 2-6

6. 그림 2-6(b)와 같이 두 개의 인버터를 교차 연결(cross-coupled) 상태로 연결하여라. 이는 메모리의 가장 기본적인 형태인 래치(latch) 회로가 된다. 이러한 배열은 래치를 구현하는 가장 좋은 방법은 아니지만 개념을 설명하는 데 도움을 준다(래치 회로에 대해서는 실험 14에서 자세히 배울 것이다). 이 래치는 다음과 같이 동작한다. 입력 신호는 우선 상단 인버터에 의해 반전된다. 반전된 출력 신호가 하단 인버터에 의해 다시 반전되기 때문에 입력 신호의 논리 레벨은 원래의 값으로 되돌아간다. 이것이 래치를 구성하는 '피드백(feedback)' 신호이다. 이때 입력을 제거하면 피드백 신호는 입력이 변경되지 못하게 하고 회로는 안정된 상태로 남아 있게 된다. 다음 순서에서 이를 테스트해 볼 것이다.

7. 논리 프로브를 래치 회로의 4번 핀(출력)에 연결하여라. 그 다음, 잠시 동안 V_{in}(3번 핀)을 접지에 접촉시켜라. 출력 논리를 관찰하고 실험 보고서의 표 2-2에 그 결과(HIGH, LOW, 무효 상태)를 기록하여라.

8. 입력을 +5.0 V에 접촉시키고, 출력을 다시 테스트하여라. 표 2-2에 결과 논리 레벨을 기록하여라.

9. 그림 2-6(b)의 회로에서 하단 인버터의 입력인 5번 핀에 연결된 선을 제거하여 회로에 결함이 있도록 만들어라. 이제 잠시 동안 입력(3번 핀)을 접지에 접촉시킨 후, 회로의 각 지점에서 논리 레벨을 테스트하여 그 결과를 표 2-2에 기록하여라.

10. TTL 논리에서 입력에 대한 개방(open)은 유효하지 않은 논리 레벨을 나타낸다. 비록 개방이 유효하지 않지만 게이트의 입력에서 논리 HIGH처럼 동작한다(그러나 입력에 변치 않는 HIGH를 유지하도록 하기 위해서 개방회로를 사용해서는 안 된다). 실험 순서 9를 반복하는데, 각 핀의 실제 전압을 측정하기 위해서 디지털 멀티미터를 사용하여라. 결과 데이터를 표 2-2에 기록하여라.

11. 오실로스코프의 실행 연습을 하기 위해서 오실로스코프를 사용하여 실험 순서 10의 측정을 반복하여라. 본 실험책의 '오실로스코프 안내'에서 오실로스코프를 사용하여 DC 전압을 측정하는 방

법을 참조하기 바란다. 측정된 전압을 표 2-2에 기록하여라.

추가 조사

이번 조사에서는 펄스 파형으로 논리 인버터를 점검해볼 것이다. 펄스 발생기를 1 kHz TTL 호환 펄스로 설정하여라. 그림 2-6(a)에서 보인 직렬 인버터를 만든 다음, 회로의 입력과 출력 파형을 비교하여라. 실험 보고서의 도표 1에 파형을 그려라. 전압과 시간을 확인하고 표시해두어라. 두 파형은 동일한가? 만약 그렇지 않다면 이유는 무엇인가? 실험 보고서에서 제공된 공간에 관찰 결과를 설명하여라.

실험보고서 2

이름 : ____________________

날짜 : ____________________

조 : ____________________

실험 목표

- □ 7404 인버터를 사용한 간단한 논리 프로브(logic probe) 구성
- □ 구성된 논리 프로브를 사용하여 회로 테스트
- □ 디지털 멀티미터와 오실로스코프를 사용하여 논리 레벨 측정과 유효한 입력 논리 레벨과의 비교

데이터 및 관찰 내용

실험 순서 3 : 논리 임계값: HIGH __________ V LOW __________ V

표 2-1

실험 순서		출력 논리 레벨 LOW 입력	 개방 입력	 HIGH 입력
4	단일 인버터			
5	2개 직렬 인버터			

표 2-2

실험 순서		입력 논리 레벨 (3번 핀)	출력 논리 레벨 (4번 핀)	논리 레벨 (5번 핀)	논리 레벨 (6번 핀)
7	V_{in}을 잠시 동안 접지에 접촉				
8	V_{in}을 잠시 동안 +5.0 V에 접촉				
9	결함 조건: 5번 핀 개방				
10	결함 회로 전압(디지털 멀티미터)	V	V	V	V
11	결함 회로 전압(오실로스코프)	V	V	V	V

결과 및 결론

추가 조사 결과

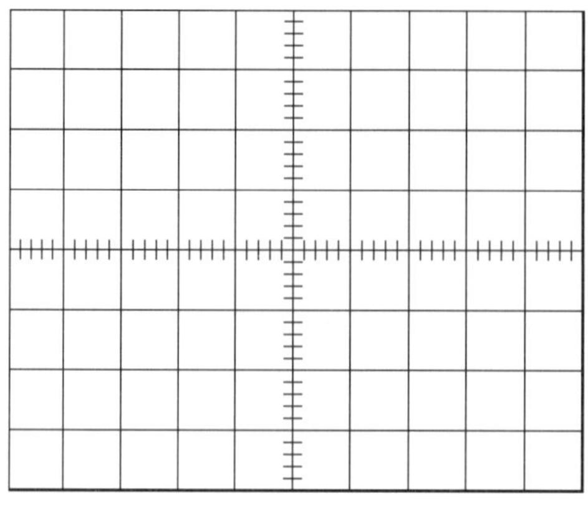

도표 1 2개 직렬 인버터의 입력 및 출력 파형

관찰 내용: ____

____

평가 및 복습 문제

01 실험 순서 3에서 논리 프로브의 임계 전압을 테스트하였다. 임계 전압을 약간만 증가시키려고 한다면 그림 2–4 회로에 간단하게 어떤 변화를 주면 되겠는가?

02 실험 순서 5에서 두 개의 인버터를 직렬로 연결하였다. 이러한 구성은 종종 논리 회로에서 사용된다. 두 개의 인버터를 이처럼 직렬로 연결하는 논리적인 이유가 무엇인지 제시해보아라.

03 그림 2–7의 논리 회로를 생각해보자.

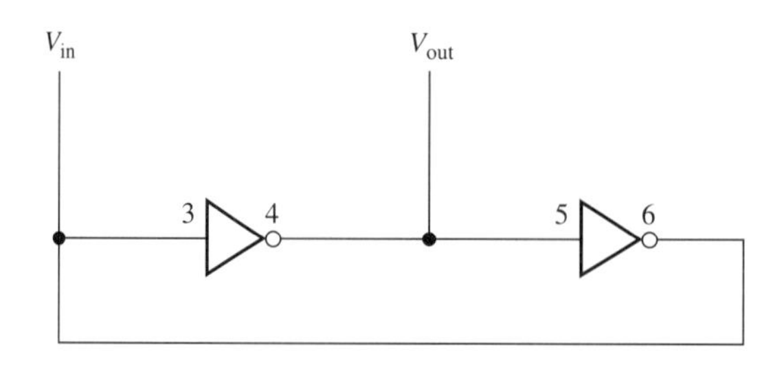

그림 2-7

a. 이 회로는 그림 2-6(b)의 회로와 같은가? 다른가?

b. 3번 핀 앞쪽 입력이 개방 상태라면, 3번 핀의 전압이 어떻게 될 것으로 예상되는가?

c. 3번 핀 앞쪽 입력이 개방 상태라면, 4번 핀의 전압이 어떻게 될 것으로 예상되는가?

04 논리 측정을 위해 논리 프로브와 디지털 멀티미터를 사용할 경우의 장단점에 대하여 논의해보아라.

05 5개 인버터로 구성된 그림 2-8의 회로를 생각해보자. 출력 논리에 영향을 주기 위해서는 각 인버터의 입력 논리에 대해 10 ns가 필요하다고 가정하라(이를 전파 지연(propagation delay)이라고 한다).

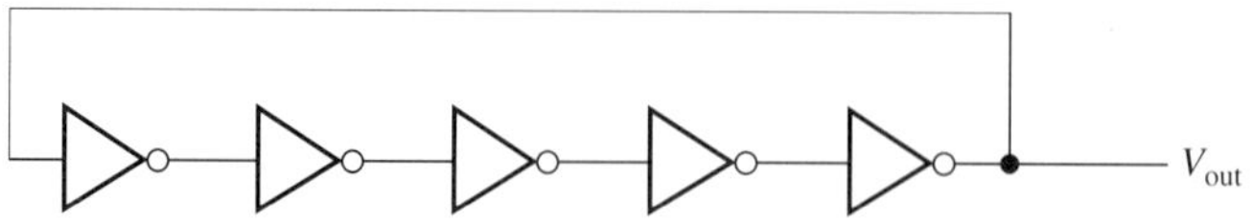

V_{out}

그림 2-8

a. V_{out}에 대해 설명하여라.

b. 첫 번째 인버터의 입력이 마지막 인버터 출력에 영향을 주는 데 얼마의 시간이 걸리겠는가?

c. 출력 주파수는 얼마인가? (힌트: 논리는 한 주기에 두 번 변경되어야 한다.)

06 TTL 논리 회로에 대해 고장 진단을 할 때, 정상 상태의 입력 전압이 유효하지 않은 상태라면 무엇이 문제일 것 같은가?

실 험

3 수 체계

Floyd, Digital Fundamentals: A Systems Approach
CHAPTER 2: NUMBER SYSTEMS, OPERATIONS, AND CODES

실험 목표

- 2진수 또는 BCD(binary coded decimal) 수를 10진수로 변환
- BCD 수를 디코딩하고 7-세그먼트로 표시해주는 디지털 시스템 구성
- 모의실험용으로 결함을 만들어놓은 회로의 고장 진단

사용 부품

LED 4개
7447A BCD/10진 디코더
MAN72 7-세그먼트 디스플레이
4조 DIP 스위치
저항: 330 Ω 11개, 1.0 kΩ 1개

추가 조사용 실험 기기와 부품:
추가 LED
330 Ω 저항 1개

이론 요약

수 체계(number system)에서 기호의 개수를 기수(base 또는 radix)라고 부른다. 10진수 체계에서는 양(量)을 표현하기 위해 0부터 9까지의 10개의 숫자 기호를 사용한다. 따라서 이는 10기수 체계가 된다. 이 체계에서는 각 위치의 숫자에 대해 가중치를 주어 9보다 큰 양을 나타낸다. 숫자를 구성하는 각 위치가 그 수의 값을 결정하는 숫자의 가중치를 의미한다. 10기수 수 체계는 각 열이 그와 연관된 값을 가지기 때문에 가중치 체계(weighted system)가 된다.

디지털 시스템은 양을 표현하기 위해서 두 가지의 상태를 사용하기 때문에 사실상 2진법이 된다. 2진

수 체계에서는 기수가 2이며 단지 0과 1만을 사용한다(이들을 BInary digiT의 단축어인 비트(bit)라고 부른다). 2진수 또한 가중치 체계이며 각 열의 값은 바로 오른쪽 열의 값에 두 배가 된다. 2진수에는 단지 두 개의 숫자만 있기 때문에 큰 수를 2진수로 표현하면 긴 0과 1의 숫자 열을 필요로 한다. 이러한 수들을 단순화하기 위해서 간단한 방법으로 2진수와 연관된 다른 체계가 종종 사용된다. 이러한 숫자 체계로서 8진수, 16진수, BCD가 있다.

8진수 체계는 0부터 7까지의 숫자를 사용하는 가중치 체계이다. 8진수에서 각 열의 값은 바로 오른쪽 열의 값에 8배가 된다. 2진수를 8진수로의 변환은 2진수를 소수점의 위치로부터 시작하여 3비트씩 그룹으로 묶고 각 3비트 그룹을 8진수 기호로 적어줌으로써 가능하다. 8진수를 2진수로 변환하기 위해서는 역순으로 하면 된다. 즉, 간단히 각 8진수 문자를 그와 동등한 3비트 2진수로 적어주면 된다.

16진수 체계는 16개의 문자를 사용하는 가중치 체계이다. 16진수에서 각 열의 값은 바로 오른쪽 열의 값에 16배가 된다. 또한 사용하는 기호는 0부터 9까지의 숫자와 알파벳의 첫 6개 문자, 즉, A부터 F까지를 사용한다. A부터 F까지의 문자는 그 순서 때문에 사용된 것이지만 문자가 아니라 숫자를 표시하기 위해 사용된다는 것을 기억하여라. 2진수를 16진수로의 변환은 2진수를 소수점의 위치로부터 시작하여 4비트씩 그룹으로 묶고, 각 4비트 그룹을 그에 해당하는 16진수 기호로 적어준다. 16진수를 2진수로의 변환은 역순으로 하면 된다. 즉, 각 16진수 기호를 그와 동등한 4비트 2진수로 적어주면 된다.

BCD 체계는 각각의 10진 숫자를 표현하기 위해서 4개의 2진 비트를 사용한다. 이 체계는 10기수로부터 기계가 이해할 수 있는 코드로 즉시 변환이 가능하기 때문에 매우 편리한 코드이긴 하지만, 비트가 낭비되는 단점이 있다. 4비트 2진수는 0부터 15까지의 수를 표현할 수 있으나 BCD에서는 단지 0부터 9까지 만을 사용하여 표현한다. 10부터 15까지의 2진수 표현은 BCD에서는 사용되지 않는다.

인간이 읽을 수 있는 BCD 형태로 변환하는 것은 디지털 시스템에서 공통의 문제다. 널리 사용되는 디스플레이로서 7-세그먼트가 있는데, 이는 시계와 같은 많은 디지털 응용에서 사용된다. 이번 실험에서는 기본적인 7-세그먼트 디스플레이 결선 방법을 설명한다. 'Digital Fundamentals: A Systems Approach' 책의 5장에서 디코더(decoder)와 7-세그먼트 디스플레이의 내부 동작에 관하여 자세히 배울 수 있다. 또한 BCD를 7-세그먼트로 변환하는 회로가 사용되는 소형 시스템의 예로써 '디지털 공학: 시스템적 접근' 책의 1-7절에서는 비타민 정제를 계수하여 병에 자동으로 담는 tablet-bottling 시스템의 블록 다이어그램이 소개되어 있다. 이 시스템에서는 현장에서의 디스플레이와 원격 장치에서의 디스플레이 일부에 7-세그먼트를 사용한다. 이번 실험에서는 단순화된 디스플레이 장치를 구성해볼 것이다.

실험 순서

1. 이 실험의 회로를 구성하기 전에 '실험 개요'의 '회로 결선' 부분을 복습해보도록 하여라. 이번 실험부터 IC에 대한 핀 번호는 생략한다. 핀 번호들은 부록 A의 데이터 시트나 제조업체의 웹 사이트를 참조하기 바란다. 회로 결선을 하기 전에 직접 알아낸 핀 번호를 도면에 기입해놓는 것도 좋은 방법이다.

2. BCD 입력을 나타내는 그림 3-1의 회로를 구성하여라. 회로를 결선한 후에 전원을 연결하고 LED에 불이 들어오는지 각 스위치를 테스트하여라.

3. 전원을 제거하고, 그림 3-2의 회로를 구성하여라. 실제 회로 결선의 예를 그림 3-3에 나타내었다. 아직 회로 결선 전이라면 도면에 핀 번호를 적어놓아라. MAN72 7-세그먼트 디스플레이의 핀 번호는 그림 3-4[1]에 나타나 있다. 7447A는 16핀이고 MAN72는 14핀인 것에 주의하여라.
   전원을 인가하기 전에 디코더의 각 출력과 MAN72 입력 사이에 330 Ω 전류 제한 저항을 연결하였는지 점검하여라. 1.0 kΩ 저항을 통하여 입력을 +5.0 V에 연결하여라. 이 저항은 이들 입력이 논리 HIGH로 유지되도록 해주는 풀업(pull-up) 저항이 된다.

4. 결선을 완료한 후 전원을 인가하여라. 실험 보고서 표 3-1에서의 각 스위치 조합을 설정하여 회로를 테스트하여라. 마지막 6개 코드는 유효하지 않은 BCD 코드가 된다. 하지만 2진법으로 스위치 조합을 설정하여 표시되는 결과를 관찰할 수 있다. 각각의 무효 코드도 독특한 표시가 나타날 것이다. 표의 출력 열에 7-세그먼트 디스플레이에 보이는 결과를 나타내어라.

그림 3-1

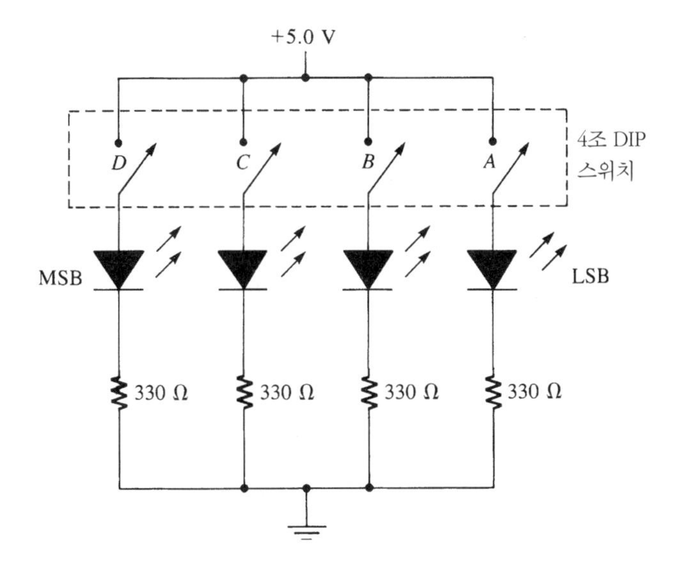

1) 7447A 디코더의 핀 번호는 부록 A에 있다.

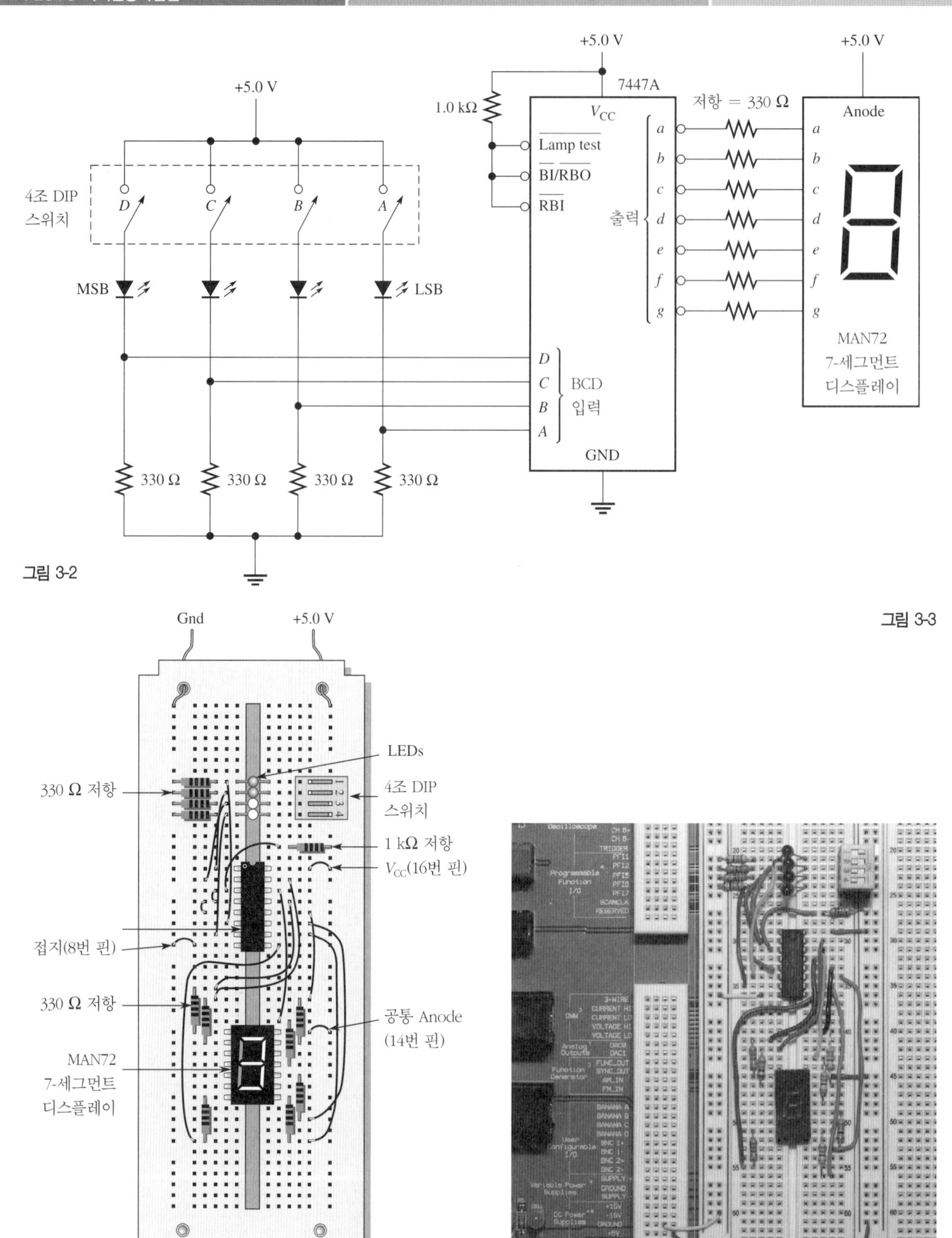

그림 3-2

그림 3-3

(a) 회로 결선

(b) NI ELVIS 시스템에서의 회로 결선

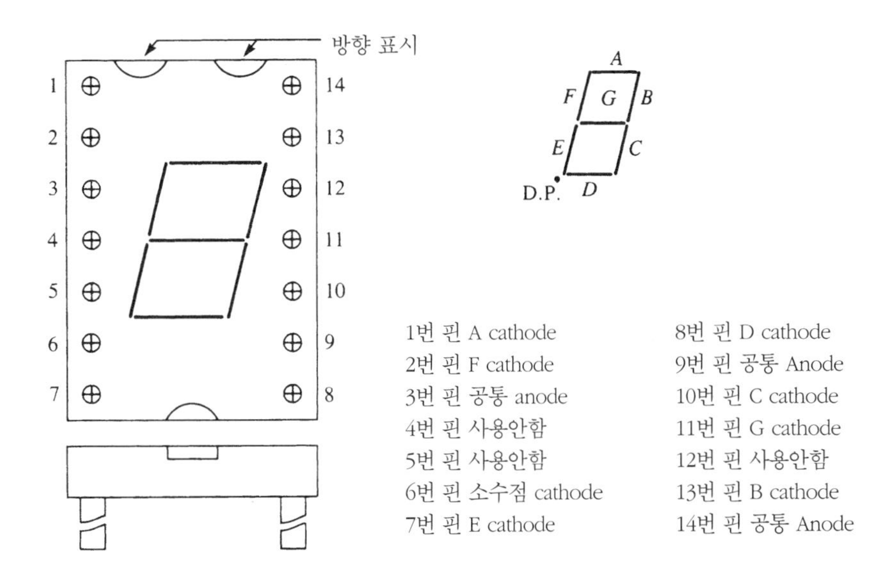

그림 3-4 MAN72
7-세그먼트 디스플레이

5. 이번 실험에서는 회로에 모의실험용 '결함'을 발생시켜 출력에 미치는 효과를 관찰한다. 실험용 결함은 실험 보고서의 표 3-2에 나타나 있다. 주어진 결함을 발생시키고 그 효과를 테스트하여라. 출력에 어떤 영향이 있는지 표에 기록하여라. 각 결함은 다른 결함에 독립적이라고 가정하여라. 즉, 각 테스트를 마친 후에는 회로를 정상적인 동작 조건으로 복원시켜야 한다.

6. 이 실험에서 구성한 디스플레이는 한 번에 하나의 10진 숫자만을 보여줄 수 있다. 큰 수를 표시하는 가장 효율적인 방법은 아니지만, 필요한 숫자만큼 단순히 회로를 반복하여 구성함으로써 더 많은 숫자를 표시할 수 있다. 큰 수의 경우에는 숫자의 앞에 나오는 0은 표시되지 않게(전원이 꺼지게) 하는 것이 좋다. 부록 A의 7447A에 대한 제조업체의 데이터 시트에서 함수표를 보고, 앞자리의 0을 표시하지 않기 위해서 입력에 어떤 입력을 인가해야 하는지를 결정하여라.[2] 그 방법을 실험 보고서의 여백에 요약하여라.

추가 조사

관찰한 바와 같이 이 실험에서 사용된 7447A 디코더는 BCD를 10진수로 디코딩하기 위해 설계되었다. 그러나 회로를 약간 변경함으로써 2진수를 8진수로 디코딩하도록 할 수 있다. 4비트 2진수 입력으로 나타낼 수 있는 가장 큰 수(즉, 2진수로 1111)는 8진수로 17이고 이를 표현하기 위해서는 두 개의 7-세그먼트가 필요하다.

---

2) 이들 입력에 대한 내용은 'Floyd, Digital Fundamentals: A Systems Approach' 책의 250 페이지 5-3절 시스템 예제에서 볼 수 있다.

2진수를 8진수로의 변환은 소수점에서 시작하여 2진수를 세 개씩 그룹 지움으로써 실행할 수 있다는 것을 기억하여라. 2진수 111보다 큰 8진수를 표시하기 위해서 보통 두 번째 디코더와 7-세그먼트가 필요하다. 이 문제에서 최상위 숫자는 0 또는 1이다. 그러므로 이 자릿수를 표현하기 위해서 추가 디코더를 사용하지 않고 일반 LED를 사용할 수 있다. 7-세그먼트는 낮은 자릿수를 표시하는 데 사용된다. 0부터 17까지의 8진수를 올바르게 표현하도록 그림 3-2의 회로를 수정하여라. 예를 들어, 스위치를 2진수 1011로 설정하면 회로는 최상위 자릿수를 나타내는 LED에 불이 들어오고 7-세그먼트 디스플레이는 3을 보여주어야 한다.

이 실험을 쉽게 하도록 하기 위해 실험 보고서의 그림 3-5에 부분 회로도를 나타내었다. 8진수를 표시하기 위해서 회로를 어떻게 연결해야 하는지를 보여주도록 회로도를 완성하여라. 회로를 구성하고, 테스트한 후 어떻게 동작하는지 요약하여라.

실험보고서 3

이름 : ______________________

날짜 : ______________________

조 : ______________________

실험 목표

- 2진수 또는 BCD(binary coded decimal) 수를 10진수로 변환
- BCD 수를 디코딩하고 7-세그먼트로 표시해 주는 디지털 시스템 구성
- 모의실험용으로 결함을 만들어 놓은 회로의 고장 진단

데이터 및 관찰 내용

표 3-1

입력		출력
2진수	BCD 수	7-세그먼트 디스플레이
0000		
0001		
0010		
0011		
0100		
0101		
0110		
0111		
1000		
1001		
1010	무효	
1011	무효	
1100	무효	
1101	무효	
1110	무효	
1111	무효	

표 3-2

고장 번호	고장 내역	관찰 내용
1	*C* 입력 LED 개방	
2	7447A로의 *A* 입력 개방	
3	$\overline{\text{LAMP TEST}}$를 접지로 단락	
4	7447A의 15번 핀에 연결된 저항 개방	

실험 순서 6. 앞자리 0을 표시하지 않도록 하는 방법: ____________________

____

결과 및 결론

추가 조사 결과

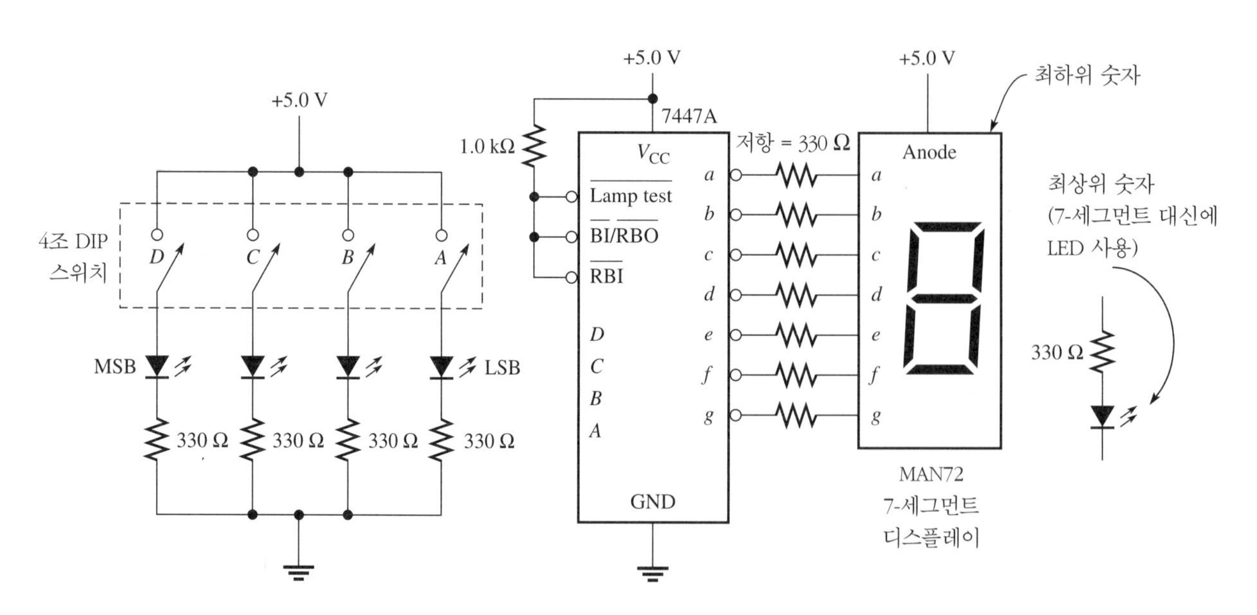

그림 3-5

평가 및 복습 문제

01 그림 3-2에서의 스위치가 2진수 1000으로 설정되었지만 디스플레이에는 0으로 표시되었다고 가정하여라. 이 오류에 대한 세 가지 가능한 원인은 무엇인가?

02 문제 1의 오류에 대한 가능한 원인으로 볼 때, 이 문제에 대한 고장 진단을 어떻게 할 것인가?

03 7447A 디코더에서 다른 입력들은 문제가 없으나 $\overline{BI}/\overline{RBO}$ 입력은 접지로 단락되었다고 가정하여라. 부록 A에서 7447A에 대한 함수표를 보고 이 문제가 디스플레이에 어떤 영향을 줄지 설명하여라.

04 2진수와 BCD의 차이점을 설명하여라.

05 다음 표의 각 수를 다른 기수로 변환하여라.

2진수	8진수	16진수	10진수	BCD
01001100				
	304			
		E6		
			57	
				0100 1001

06 a. 10진수 85는 어떤 다른 수 체계에서 125와 같다. 이 수 체계의 기수(base)는 무엇인가?

b. 10진수 341은 어떤 다른 수 체계에서 155와 같다. 이 수 체계의 기수(base)는 무엇인가?

실 험

4 논리 게이트

Floyd, Digital Fundamentals: A Systems Approach
CHAPTER 3: LOGIC AND GATE COMBINATIONS

실험 목표

- 실험적으로 NAND, NOR, 인버터 게이트의 진리표를 작성
- NAND, NOR 게이트를 이용한 다른 기본 논리 게이트 구성
- ANSI/IEEE 표준 91－1984 논리 기호 사용

사용 부품

7400 4조 2-입력 NAND 게이트
7402 4조 2-입력 NOR 게이트
1.0 kΩ 저항 2개

이론 요약

논리에서는 논리 '1' 또는 논리 '0'의 두 가지 정상 조건만을 다룬다. 이들 조건은 질문에 대한 "예"나 "아니오"의 답변과 같다. 또는 스위치가 닫혀 있거나(1) 열려있는 것(0), 어떤 사건이 발생했거나(1) 발생하지 않은 경우(0) 등등과 같다고 할 수 있다. 부울 논리(boolean logic)에서 1과 0은 조건을 나타낸다. 양(positive)의 논리에서 HIGH는 1로, LOW는 0으로 표현되며, 높은 전압이 1이 되고, 낮은 전압이 0이 된다. 그러므로 양의 TTL 논리에서는 +2.4 V의 전압은 1이 되고, +0.4 V의 전압은 0이 된다.

어떤 시스템에서는 이와 같은 정의가 반대로 된다. 음(negative)의 논리에서는 높은 전압이 0이고 낮은 전압이 1이 된다. 그러므로 음의 TTL 논리에서 +0.4 V의 전압은 1이 되고, +2.4 V의 전압은 0이 된다.

음의 논리는 가끔 실제 논리 레벨을 강조하기 위해 사용된다. 모든 기본 게이트에서는 양의 논리에서 사용되는 전통적인 기호와 음의 논리에서 사용되는 대체 기호가 있다. 예를 들어, 그림 4-1(a)의 세 가지 기호로 나타낸 것과 같이 AND 게이트는 음의 논리에서 OR 기호와 입력과 출력에 인버터를 의미

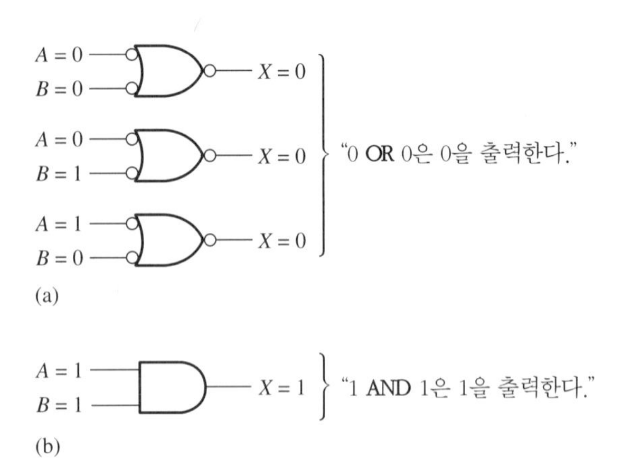

그림 4-1 AND 게이트에 대한 두 가지의 구별되는 모양 기호. 이 두 가지의 기호는 동일한 게이트를 나타낸다.

하는 동그라미로 나타낼 수 있다. 이 논리는 "A 또는 B가 LOW이면, 출력은 LOW이다."로 해석된다. 정확히 같은 게이트가 그림 4-1(b)에 나타나 있는데, 이는 전통적인 액티브-HIGH 게이트를 보여주며 "A와 B가 HIGH이면 출력은 HIGH이다."로 해석된다. AND 게이트는 다음 두 가지 규칙을 따른다.

규칙 1: A가 LOW, 또는 B가 LOW, 또는 둘 다 LOW라고 하면, X는 LOW이다.

규칙 2: A가 HIGH이고 B가 HIGH이면 X는 HIGH이다.

이와 같은 동작은 진리표(truth table)로 나타낼 수 있다.

AND에 대한 진리표는 다음과 같다.

입력		출력	
A	*B*	*X*	
LOW	LOW	LOW	규칙 1
LOW	HIGH	LOW	규칙 1
HIGH	LOW	LOW	규칙 1
HIGH	HIGH	HIGH	← 규칙 2

첫 번째 규칙은 진리표의 위로부터 세 줄을 설명하며 두 번째 규칙은 진리표의 마지막 줄을 설명하고 있다. 게이트의 동작을 완전하게 규정하기 위해서 두 규칙이 모두 필요하지만, 각각의 기호는 단지 두 규칙 중 하나만을 설명해주고 있다. 게이트에 대한 기호를 읽는다면 동그라미는 논리 0으로, 동그라미가 없다면 1로 읽으면 된다.

진리표에서 위의 세 줄은 음의 논리 OR 기호(그림 4-1(a))로 나타나 있고, 진리표의 마지막 줄은 양의 논리 AND 기호(그림 4-1(b))로 그려져 있다. 마찬가지의 규칙과 논리 다이어그램으로 다른 기본 게이트들을 나타낼 수 있다.

음의 논리를 다루는 유용한 방법은 조건이 참일 때 신호가 LOW라는 것을 나타내기 위해 신호 함수 명칭 위에 바(bar)를 붙이는 것이다. 그림 4-2에서 선언(assertion) 논리라고 부르는 이 논리의 몇 가지 예를 보여주고 있다. 제조업체들은 다이어그램이나 함수표에 명칭을 붙이는 데 항상 일관성을 유지하지는 않는다. 선언 논리는 어떤 동작을 나타내기 위해 자주 사용된다. 그림 4-2에서와 같이 읽기 동작(R)은 입력이 HIGH일 때 (1)로 선언되고, 반대의 동작은 쓰기 동작($\overline{W}$)으로 입력이 LOW일 때 (0)으로 선언된다. 다른 예가 그림에 나타나 있다.

그림 4-2 선언 논리의 예

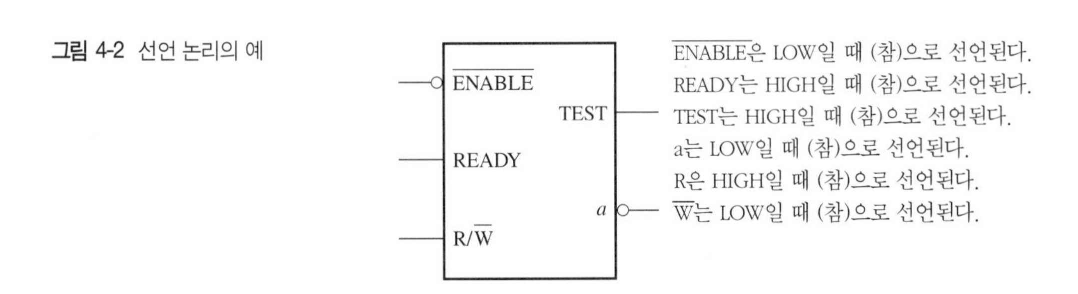

기본 논리 게이트에 대한 기호가 그림 4-3에 나타나 있다. 그림에서는 예전부터 사용되고 있는 모양으로 구별되는 기호들과 최근에 사용되는 ANSI/IEEE 직사각형 기호들도 함께 표시되어 있다. ANSI/IEEE 기호에는 수행되는 논리 연산의 유형을 나타내기 위한 기호가 포함되어 있다. 모양으로 구별되는 논리 게이트 기호는 AND, OR, 반전(INVERT)의 표준 부울 연산을 바로 알아볼 수 있도록 해주기 때문에 현재에도 널리 사용되고 있다. 또한 이 기호들은 각 게이트가 양의 논리 기호나 등가의 음의 논리로 표현될 수 있기 때문에 논리 네트워크를 분석할 수 있게 해준다. 이 두 가지 형태의 기호를 이번 실험에서 모두 사용한다.

AND, OR, 반전 함수 이외에 추가적으로 두 개의 다른 기본 게이트가 논리 설계자에게 매우 중요하다. 이들은 NAND와 NOR 게이트로서 각각 AND와 OR 게이트의 출력을 반전시킨다. 이 두 게이트는 광범위하게 사용되는 특성 때문에 중요한데, AND, OR, 반전 함수를 포함하여 다른 부울 논리 함수를 합성하는데 사용될 수 있다.

가끔 기본 게이트로 분류되는 게이트로서 XOR(exclusive-OR) 게이트와 XNOR(exclusive-NOR) 게이트가 있다. 이들 게이트에는 항상 두 개의 입력이 있고, 각각의 기호는 그림 4-3(f)와 (g)에 나타나 있다. XOR 게이트의 출력은 A 또는 B가 HIGH일 때 HIGH가 되지만, 둘 다 LOW이거나 둘 다 HIGH일 때는 LOW가 되어 입력이 일치하지 않을 때만 HIGH가 된다. XNOR는 정반대로 동작하여, 입력이 같을 때만 HIGH가 된다. 이러한 이유로 XNOR 게이트는 종종 일치(COINCIDENCE) 게이트라고 한다.

게이트의 논리 연산은 모든 가능한 입력과 출력을 보여주는 진리표로 정리될 수 있다. 반전, AND, OR, XOR, XNOR 게이트에 대한 진리표가 표 4-1(a)에서 (e)에 나타나 있다. 표에서 양의 논리 HIGH

그림 4-3 기본 논리 게이트

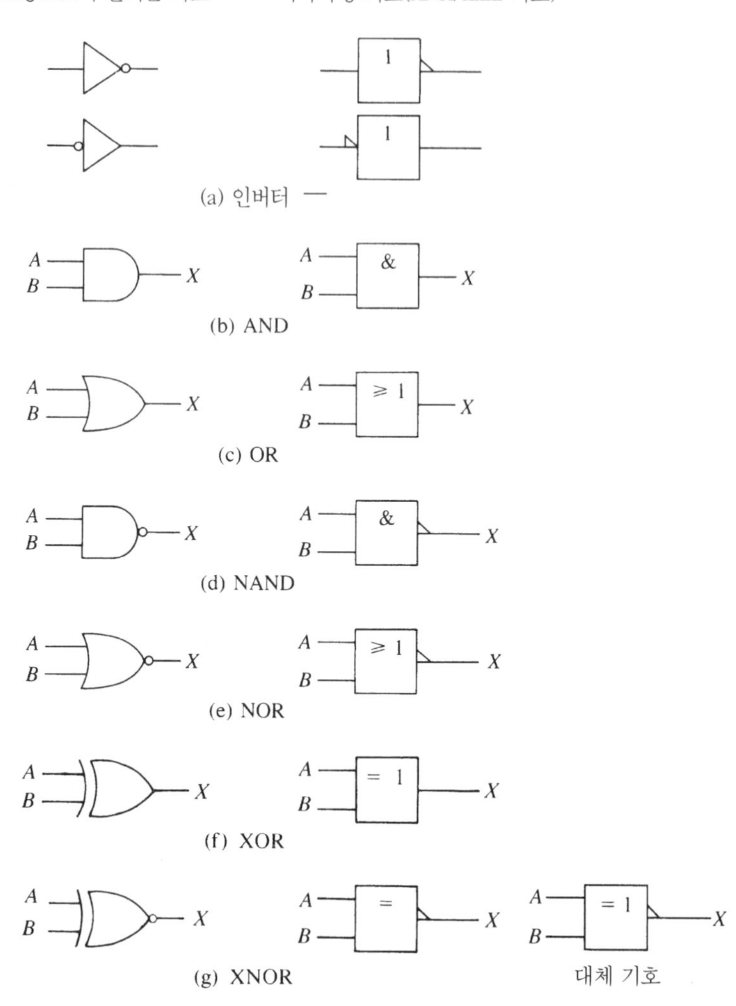

와 LOW를 표시하기 위해 1과 0을 사용하였다. 음의 논리를 나타낸 그림 4-1(a)를 제외하면 이 책에서는 양의 논리만을 사용하고 1과 0은 각각 HIGH와 LOW를 의미한다.

이번 실험에서는 NAND와 NOR 게이트 및 이들 게이트의 몇 가지 조합에 대한 진리표를 테스트해볼 것이다. 어떤 두 개의 진리표가 동일하다면 그 진리표에 대한 논리 회로도 등가라는 것에 유의하기 바란다. 추가 조사에서는 네 개의 게이트 회로와 단순화한 등가의 한 개 게이트 회로 사이의 등가 개념을 다루어본다.

표 4-1(a) 인버터 진리표

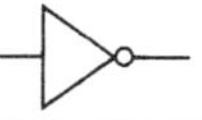

입력	출력
A	*X*
0	1
1	0

표 4-1(b) 2-입력 AND 게이트 진리표

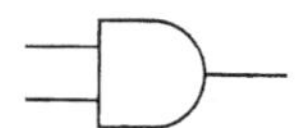

입력		출력
A	*B*	*X*
0	0	0
0	1	0
1	0	0
1	1	1

표 4-1(c) 2-입력 OR 게이트 진리표

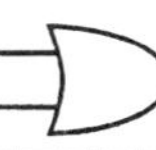

입력		출력
A	*B*	*X*
0	0	0
0	1	1
1	0	1
1	1	1

표 4-1(d) XOR 게이트 진리표

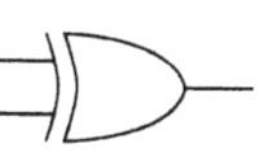

입력		출력
A	*B*	*X*
0	0	0
0	1	1
1	0	1
1	1	0

표 4-1(e) XNOR 게이트 진리표

입력		출력
A	*B*	*X*
0	0	1
0	1	0
1	0	0
1	1	1

◈ 실험 순서

논리 함수

1. 제조업체의 명세서[1)]에서 7400 4조 2-입력 NAND 게이트와 7402 4조 2-입력 NOR 게이트의 연결 다이어그램을 찾아보아라. 이들 각각의 IC에는 네 개의 게이트가 포함되어 있다. V_{CC}와 접지를 해당하는 핀에 연결하여라. 그런 다음, 실험 보고서의 표 4-2 목록에 있는 모든 가능한 입력 조합을 연결하여 NAND 게이트 중의 하나를 테스트해 보아라. 논리 1은 1.0 kΩ 직렬 저항을 통하여 연결하고 논리 0은 접지에 직접 연결하여라. 표 4-2에 논리 출력(1 또는 0)과 측정된 출력 전압을 기록하여라. 출력 전압 측정은 디지털 멀티미터를 사용하여라.

2. NOR 게이트 중의 하나에 대해 실험 순서 1을 반복하여라. 결과는 실험 보고서의 표 4-3에 기록하여라.

3. 그림 4-4와 4-5의 회로를 연결하여라. 입력에 0과 1을 연결하고, 각 출력 전압을 측정하여, 표 4-4와 4-5를 완성하여라.

4. 그림 4-6의 회로를 구성하고 표 4-6을 완성하여라. 이 회로를 실제로 사용하는 곳이 없을 것처럼 보이지만 버퍼(buffer)로 사용이 가능하다. IC 내의 증폭으로 인해 버퍼는 더 큰 드라이브 전류를 제공해준다.

5. 그림 4-7에 나타난 회로를 구성하고 표 4-7을 완성하여라. 이 회로에 대한 진리표는 기본 게이트 중의 하나에 대한 진리표와 같다는 것에 주의하여라. (이는 회로에 대해 어떤 의미를 가지는가?)

6. 그림 4-8과 4-9에 나타난 회로에 대해 실험 순서 5를 반복하여라. 표 4-8과 4-9를 완성하여라.

◈ 추가 조사

그림 4-10의 회로는 표 4-1(a)에서 (e)까지의 진리표 중의 하나와 같은 진리표를 갖는다. 모든 입력 조합에 대해 테스트하고 표 4-10을 완성하여라. 등가의 게이트는 어느 것인가?

---

1) 부록 A를 참조

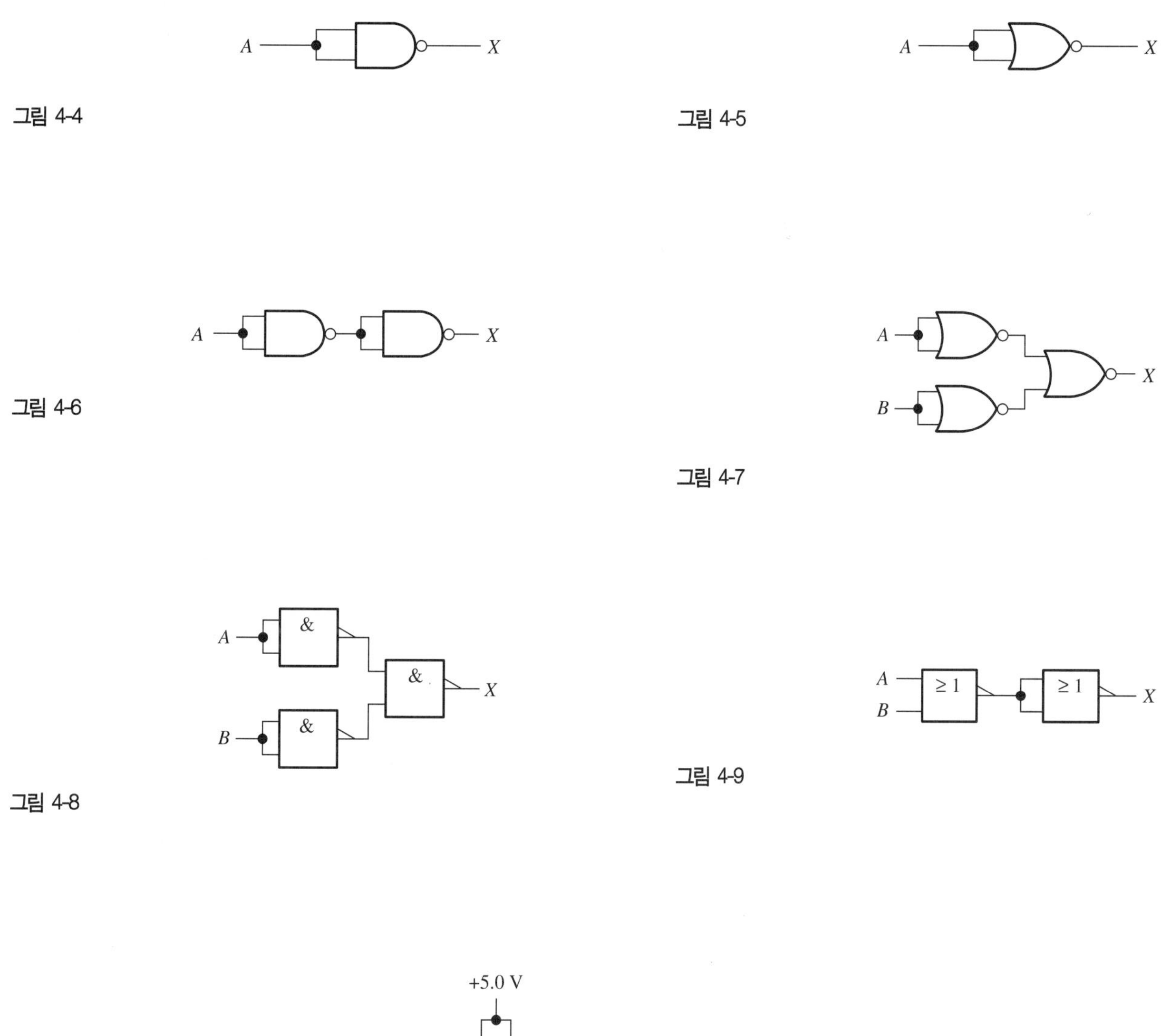

그림 4-4

그림 4-5

그림 4-6

그림 4-7

그림 4-8

그림 4-9

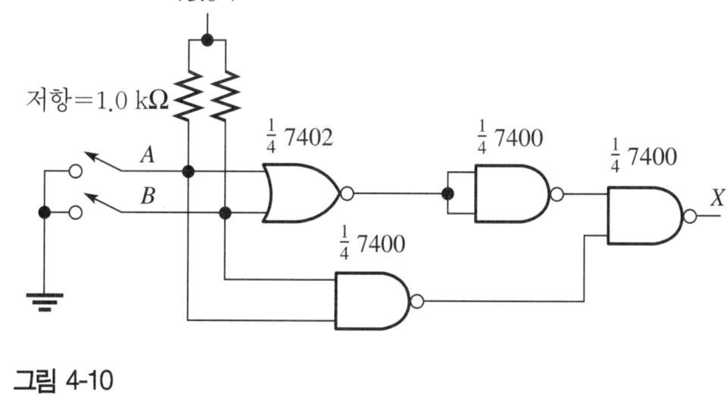

그림 4-10

실험보고서 4

이름 : ____________

날짜 : ____________

조 : ____________

실험 목표

- 실험적으로 NAND, NOR, 인버터 게이트의 진리표를 작성
- NAND, NOR 게이트를 이용한 다른 기본 논리 게이트 구성
- ANSI/IEEE 표준 91－1984 논리 기호 사용

데이터 및 관찰 내용

표 4-2 NAND 게이트 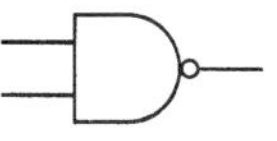

입력		출력	측정 출력 전압
A	*B*	*X*	
0	0		
0	1		
1	0		
1	1		

표 4-3 NOR 게이트 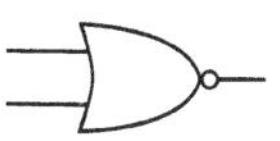

Inputs		Output	측정 출력 전압
A	*B*	*X*	
0	0		
0	1		
1	0		
1	1		

표 4-4 그림 4-4에 대한 진리표 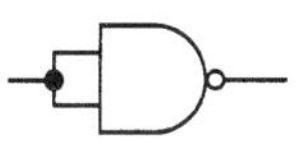

입력	출력	측정 출력 전압
A	*X*	
0		
1		

표 4-5 그림 4-5에 대한 진리표 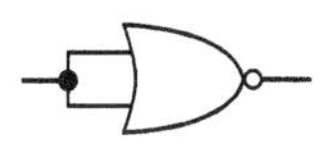

Input	Output	측정 출력 전압
A	*X*	
0		
1		

표 4-6 그림 4-6에 대한 진리표

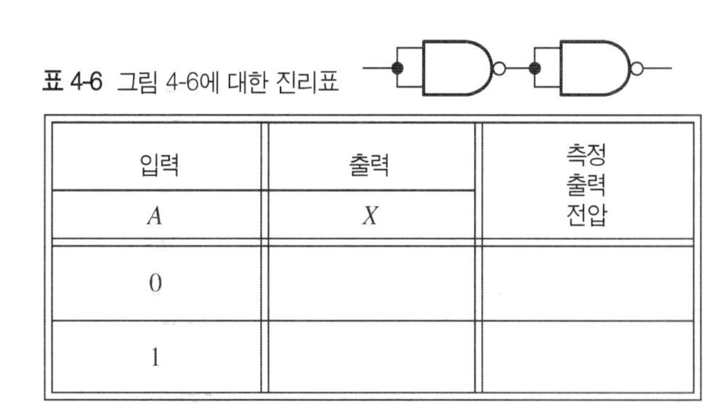

입력	출력	측정 출력 전압
A	*X*	
0		
1		

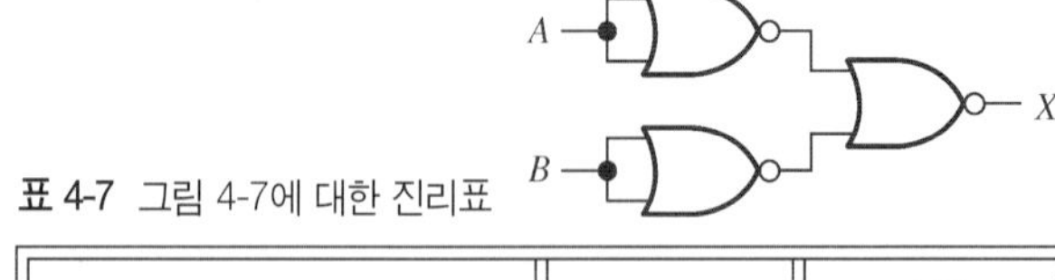

표 4-7 그림 4-7에 대한 진리표

입력		출력	측정 출력 전압
A	*B*	*X*	
0	0		
0	1		
1	0		
1	1		

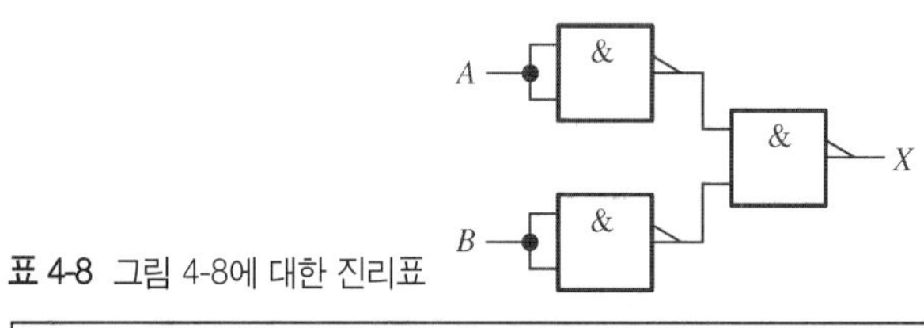

표 4-8 그림 4-8에 대한 진리표

입력		출력	측정 출력 전압
A	*B*	*X*	
0	0		
0	1		
1	0		
1	1		

표 4-9 그림 4-9에 대한 진리표

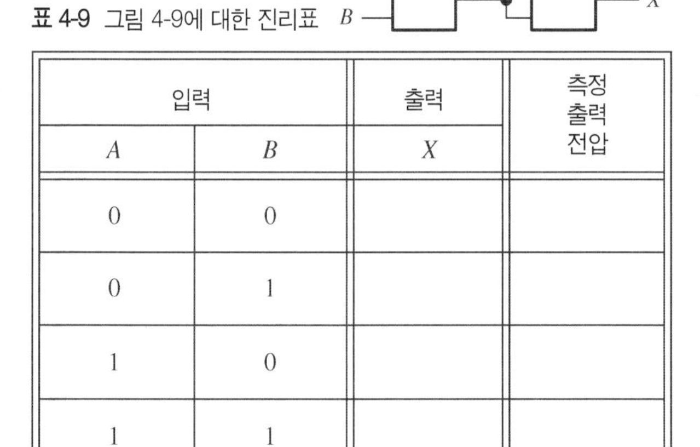

입력		출력	측정 출력 전압
A	*B*	*X*	
0	0		
0	1		
1	0		
1	1		

결과 및 결론

추가 조사 결과

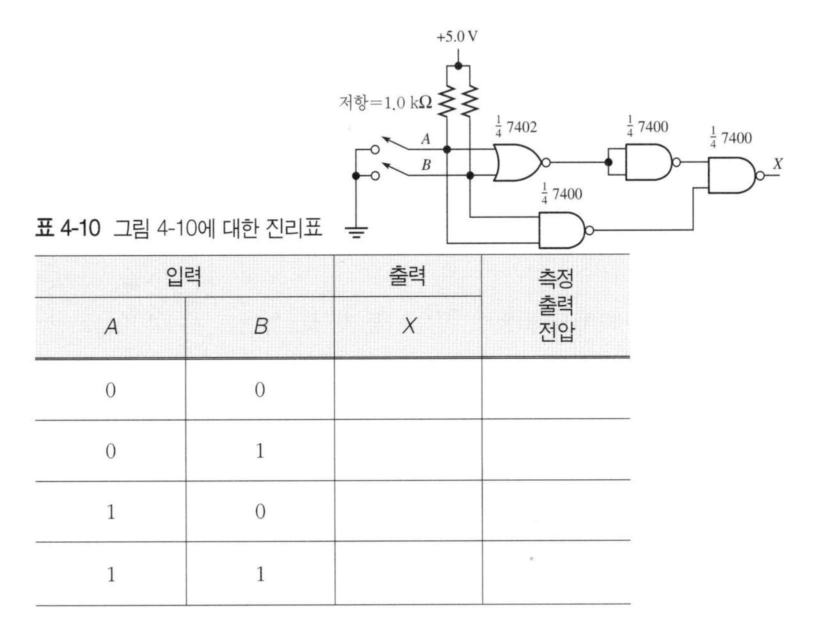

표 4-10 그림 4-10에 대한 진리표

입력		출력	측정 출력 전압
A	*B*	*X*	
0	0		
0	1		
1	0		
1	1		

평가 및 복습 문제

01 실험 보고서의 진리표를 살펴보고 다음에 답하여라.

a. 어떤 회로가 인버터와 등가 회로인가?

b. 어떤 회로가 2-입력 AND 게이트와 등가인가?

c. 어떤 회로가 2-입력 OR 게이트와 등가인가?

02 어떤 일괄 처리 작업에서는 온도나 압력이 매우 높다는 것을 알려주는 경보(alarm) 회로가 필요하다. 만약 두 조건 중 하나가 참이면 마이크로 스위치는 그림 4-11에서와 같이 접지로 단락된다. 경보 조건이 참일 때 LED에 요구되는 출력은 LOW 신호이다. A 학생은 OR 게이트가 필요하다고 하고, B 학생은 AND 게이트가 필요하다고 한다. 누구의 말이 옳으며, 그 이유는 무엇인가?

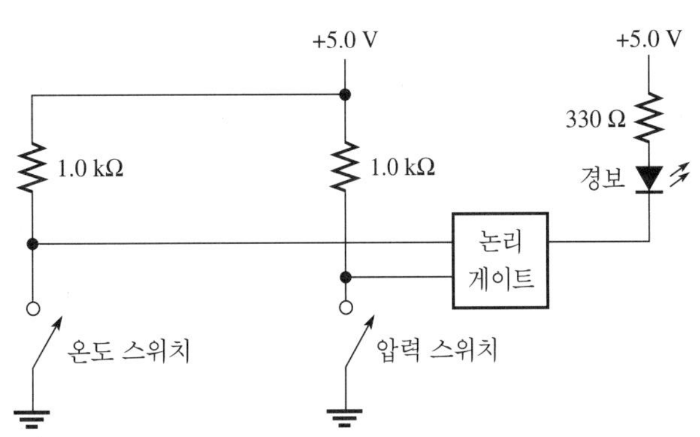

그림 4-11

03 자동차 도난 경보기는 보통 문이 닫혀 있을 때 네 개의 각 문에 LOW 스위치가 달려 있다. 만약 어떤 문이라도 열리게 되면 도난 경보가 울린다. 경보는 액티브-HIGH 출력을 필요로 한다. 이 논리를 제공하기 위해서는 어떤 유형의 기본 게이트가 필요한가?

04 회로에 2-입력 NOR 게이트가 필요하지만, 지금 가지고 있는 것은 7400(4조 2-입력 NAND 게이트)만 가지고 있다고 가정하여라. NAND 게이트를 사용하여 필요한 NOR 함수를 얻을 수 있는 방법을 설명하여라(등가의 진리표는 등가의 함수를 의미한다는 것을 기억하여라).

05 데이터 송신/수신을 위해 컴퓨터 시스템에서 사용되는 제어 신호는 $DT/\overline{R}$로 표시한다. 이 신호가 HIGH와 LOW일 때 어떤 동작이 일어날 것으로 보는가?

06 4-입력 NAND 게이트 하나를 포함하고 있는 회로를 고장 진단하던 중 NAND 게이트의 출력이 항상 HIGH인 것을 발견하였다고 가정하자. 이는 게이트에 문제가 있다는 것을 의미하는가? 설명해보아라.

실 험

5 추가 논리 게이트

Floyd, Digital Fundamentals: A Systems Approach
CHAPTER 3: LOGIC AND GATE COMBINATIONS

실험 목표

- 실험을 통하여 OR와 XOR의 진리표 결정
- 펄스 파형을 이용하여 OR와 XOR 논리 게이트 테스트
- OR와 XOR 게이트를 사용하여 4비트 2진수의 1의 보수 또는 2의 보수를 실행하는 회로 구성
- 모의실험용 결함에 대한 보수(complement) 회로의 고장 진단

사용 부품

IC: 7432 OR 게이트 1개, 7486 XOR 게이트 1개
LED 8개
저항: 330 Ω 9개, 1.0 kΩ 1개
4조 DIP 스위치 1개
SPST[1] 스위치 1개 (결선으로 대용 가능)

추가 조사용 실험 기기와 부품

1.0 kΩ 저항 3개

이론 요약

이번 실험에서는 OR와 XOR 게이트를 테스트해 보는데, 먼저 이 게이트들에 대해 자세히 알아보고 응용에서 이들을 사용해 보겠다.

1) 역주) 스위치 종류로서 Single-Pole/Single-Throw의 약자이다. 한 개의 선이 들어가서 한 개의 선으로 나오며, 이 한 선에 대해 ON, OFF의 스위칭 동작이 이루어진다. 반면에 SPDT(Single-Pole/Double-Throw)는 한 개의 선이 들어가서 두 개의 선으로 나오게 되며, 들어오는 한 개의 선에 대해 나가는 두 선 중 반드시 한 선을 선택하게 하는 스위칭 동작을 한다.

표 5-1(a) 2-입력 OR 게이트 진리표

입력		출력
A	B	X
0	0	0
0	1	1
1	0	1
1	1	1

표 5-1(b) XOR 게이트 진리표

입력		출력
A	B	X
0	0	0
0	1	1
1	0	1
1	1	0

표 5-1(a)는 2-입력 OR 게이트의 진리표(truth table)를 보여주고 있다. OR 게이트는 두 개 이상의 입력을 가질 수도 있으며, n개 입력을 갖는 OR 게이트의 동작은 다음 규칙으로 요약된다.

입력 중 어느 하나가 HIGH이면 출력은 HIGH이고, 그렇지 않으면 출력은 LOW이다.

XOR 게이트는 2-입력 게이트이다. XOR 게이트의 진리표는 입력이 모두 HIGH일 때 출력이 LOW가 되는 것을 제외하면 OR 게이트의 진리표와 유사하다. 2-입력 XOR 게이트의 진리표는 다음 규칙으로 요약될 수 있다.

한 개의 입력만이 HIGH이면, 출력은 HIGH이고, 그렇지 않으면 출력은 LOW이다.

표 5-1(b)에 XOR 게이트의 진리표가 나타나 있다.

◆ 실험 순서

OR와 XOR 게이트에 대한 논리 함수

1. 제조업체의 사양 시트(specification sheets)[2]에서 7432 4조 2-입력 OR 게이트와 7486 4조 2-입력 XOR 게이트에 대한 연결 다이어그램(diagram)을 찾아보아라. 이들 IC 각각에는 네 개의 게이트가 포함되어 있다. V_{CC}와 접지(ground)를 해당 핀에 연결하여라. 그 다음, 실험 보고서의 표 5-2에 있는 가능한 모든 입력 조합을 연결하여 7432의 OR 게이트 중 하나를 테스트하여라. 논리 1은 1.0 kΩ의 직렬저항을 통해 연결하고, 논리 0은 접지에 직접 연결하여라. 표 5-2에 논리 출력(1 또는 0)과 측정된 출력 전압 값을 기록하여라. 출력 전압을 측정하기 위하여 디지털 멀티미터(DMM)를 사용하여라.

2. 7486의 XOR 게이트 중 하나에 대해서 실험 순서 1을 반복하여라. 실험 보고서의 표 5-3에 결과 값

2) 부록 A 참조.

그림 5-1

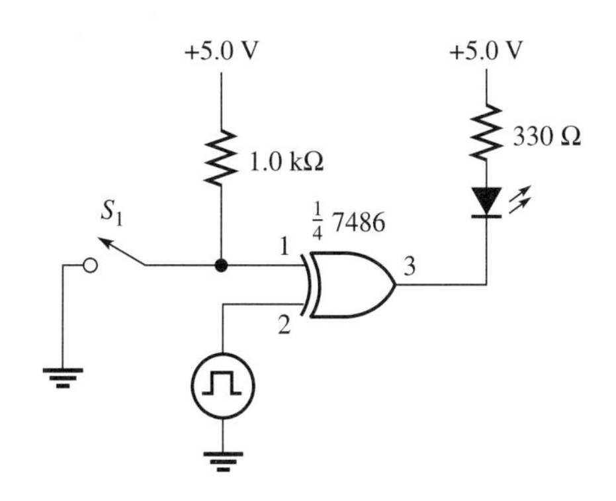

을 작성하여라.

3. XOR 게이트는 파형의 선택적 반전(inversion)을 가능하게 하는 매우 유용한 기능을 가지고 있다. 그림 5-1의 회로를 구성하여라. 펄스 발생기(pulse generator)로부터 TTL 호환 펄스를 2번 핀에 연결하여라. 주파수를 1 kHz로 설정하고 이 개방된 상태에서 입력과 출력을 동시에 관찰하여라. 그 다음, S_1을 닫고 입력과 출력을 관찰하여라. 실험 보고서의 도표 1에 관찰된 파형을 그려라.

4. 이 순서에서는 OR와 XOR 게이트의 조합을 사용하는 회로를 테스트하고 이 회로의 진리표를 완성할 것이다. 이번 회로의 목적은 4비트 2진수에 대한 1의 보수(complement) 또는 2의 보수를 처리하기 위해 XOR 게이트의 선택적 반적 특성을 사용하는 것이다. 입력 수와 출력 수 모두를 LED로 읽을 것이다. 비트가 TTL 전류 사양과 일치하는 LOW일 때 LED가 ON 된다. 그림 5-2에 있는 회로를 구성하여라. 회로도의 모든 핀에 핀 번호를 부여하는 게 나을 것이다.

5. 보수(complement) 스위치를 개방하고, 데이터 스위치를 테스트하여라. 회로가 정상적으로 동작한다면 각 출력 LED는 대응되는 입력 LED와 정확하게 반대가 되어야 한다. 관찰 내용이 이와 다르면 테스트를 중지하고 회로에 고장 진단을 수행하여라.

6. 이제 보수 스위치를 닫고 회로를 테스트하여라. 가능한 모든 입력에 대해 실험 보고서에 있는 진리표(표 5-4)를 완성하여라. LED가 ON 상태일 때 0을 나타낸다는 것을 상기하여라.

7. 실험 보고서에 있는 표 5-5는 보수 회로에서 발생할 수 있는 네 가지의 가능한 문제점들을 보여주고 있다. 주어진 각 문제에 대해 그 문제를 발생시킬 수 있는 원인 한 두 가지를 설명하여라. 설명한 원인을 점검하기 위하여 회로에 직접 테스트해 봐도 된다.

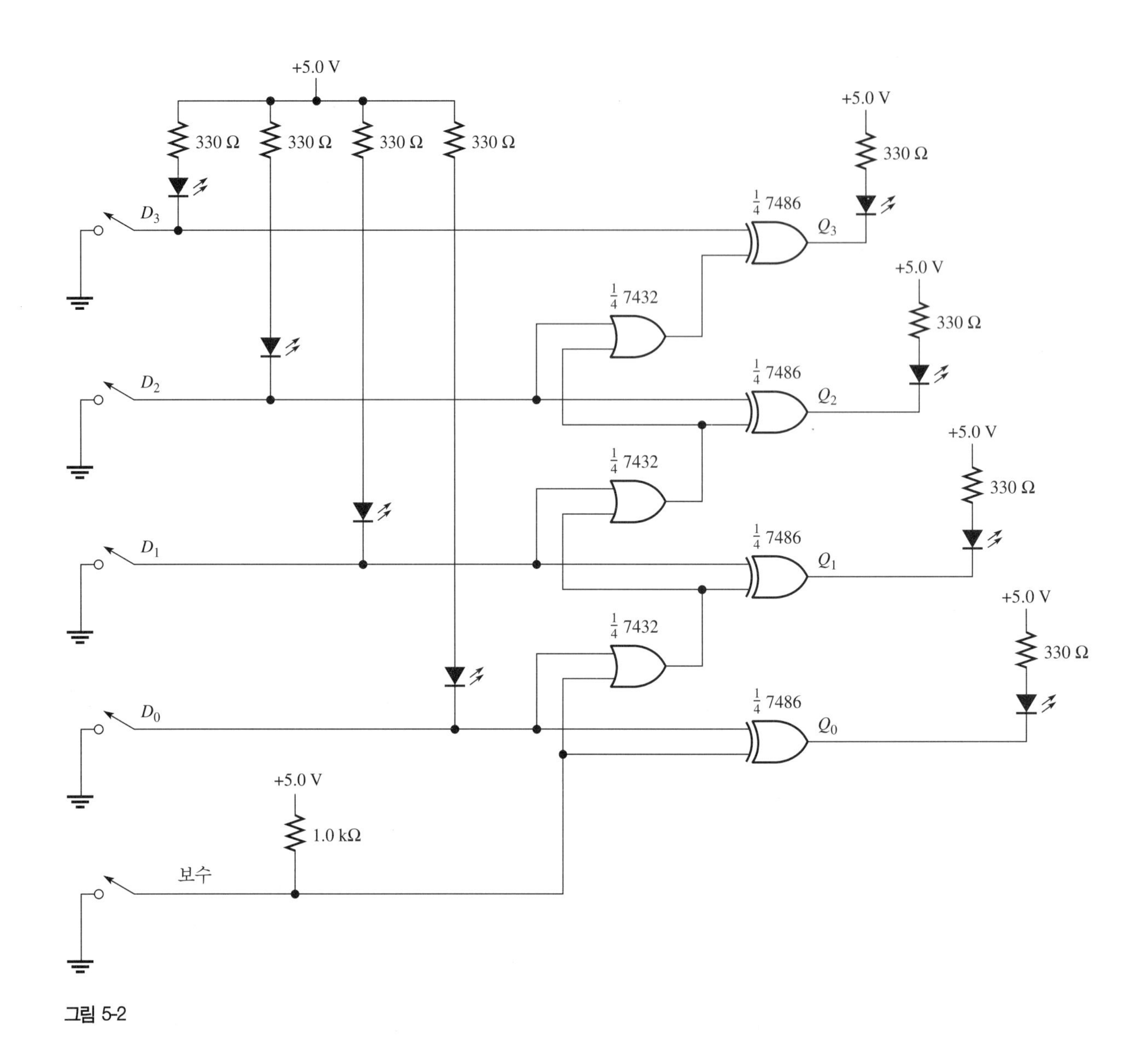

그림 5-2

추가 조사

몇 개의 서로 다른 위치에 있는 조명이나 다른 전기 장치를 제어하는 논리 문제에 대한 해결책으로 XOR 게이트로 구성된 회로를 사용할 수 있다. 위치가 두 곳인 경우에는 문제가 간단하며 XOR 게이트 하나로 스위치 동작을 수행할 수 있다. 그림 5-3의 회로는 네 곳 중 어느 위치에서라도 LED를 제어할 수 있다. 회로를 구성하여 테스트해보아라. 실험보고서에 결과를 요약 정리하여라.

그림 5-3

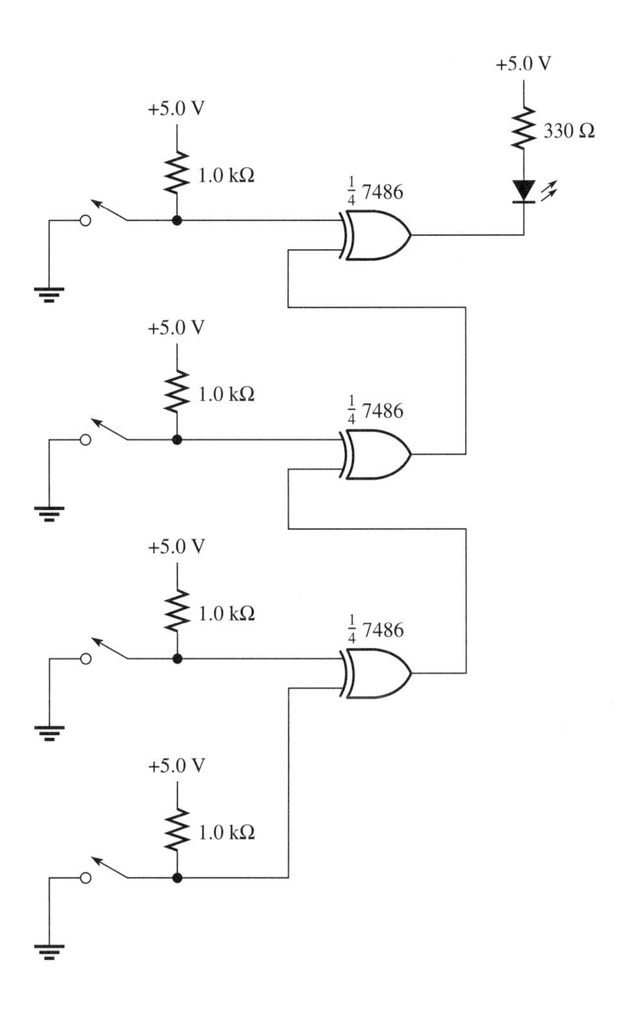
+5.0 V
330 Ω
+5.0 V
1.0 kΩ
1/4 7486
+5.0 V
1.0 kΩ
1/4 7486
+5.0 V
1.0 kΩ
1/4 7486
+5.0 V
1.0 kΩ

실험보고서 5

이름 : ______________________

날짜 : ______________________

조 : ______________________

실험 목표

- □ 실험을 통하여 OR와 XOR의 진리표 결정
- □ 펄스 파형을 이용하여 OR와 XOR 논리 게이트 테스트
- □ OR와 XOR 게이트를 사용하여 4비트 2진수의 1의 보수 또는 2의 보수를 실행하는 회로 구성
- □ 모의실험용 결함에 대한 보수(complement) 회로의 고장 진단

데이터 및 관찰 내용

표 5-2 OR 게이트 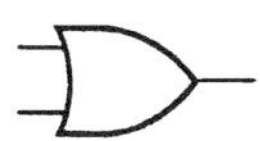

입력		출력	측정 출력 전압
A	*B*	*X*	
0	0		
0	1		
1	0		
1	1		

표 5-3 XOR 게이트

입력		출력	측정 출력 전압
A	*B*	*X*	
0	0		
0	1		
1	0		
1	1		

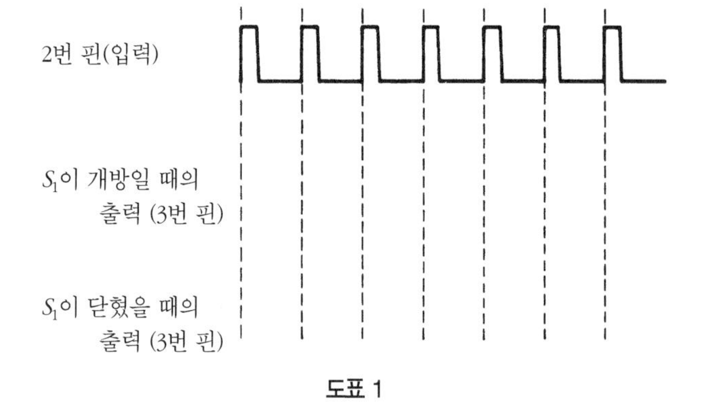

도표 1

표 5-4

입력	출력
$D_3\ D_2\ D_1\ D_0$	$Q_3\ Q_2\ Q_1\ Q_0$
0 0 0 0	
0 0 0 1	
0 0 1 0	
0 0 1 1	
0 1 0 0	
0 1 0 1	
0 1 1 0	
0 1 1 1	
1 0 0 0	
1 0 0 1	
1 0 1 0	
1 0 1 1	
1 1 0 0	
1 1 0 1	
1 1 1 0	
1 1 1 1	

표 5-5

증상 번호	증상 내용	가능한 원인
1	스위치를 조작하여도 LED가 동작하지 않는다.	
2	출력단의 LED는 동작하지 않지만, 입력단의 LED는 동작하고 있다.	
3	Q_3을 나타내는 LED가 가끔 꺼져야 할 때 켜진다.	
4	보수(complement) 스위치를 조작해도 출력에 아무 영향이 없다.	

결과 및 결론

추가 조사 결과

평가 및 복습 문제

01 실험 순서 3에서 XOR 게이트의 선택적 반전 기능을 언급하였다. 주어진 신호를 반전할지 안 할지를 선택하는 방법에 대해 설명하여라.

02 그림 5-2의 회로는 4비트 입력으로 제한되어 있다. 두 개 이상의 IC를 추가하여 8비트 입력 회로로 어떻게 확장할지를 설명하여라.

03 그림 5-4의 비교기(comparator)는 S_A, S_B, S_C, S_D, 스위치와 A, B, C, D 입력에 의존하는 출력을 발생시킨다. 비교기가 어떻게 동작하는지를 설명하여라(출력이 언제 HIGH이고 LOW인가?).

04 ANSI/IEEE 표준 91-1984의 논리 기호들을 이용하여 그림 5-4를 다시 그려라.

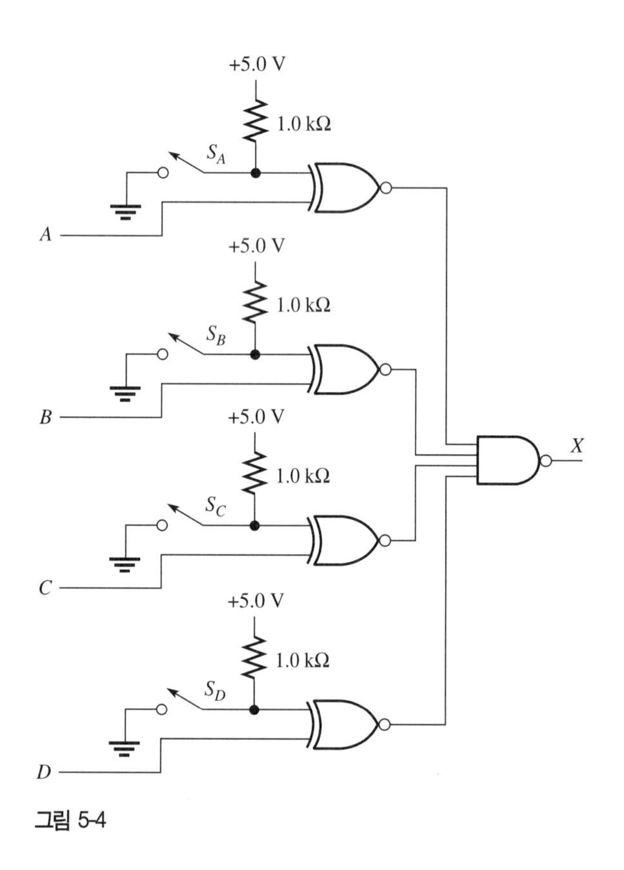

그림 5-4

05 두 개의 입력 A, B와 이들의 보수 $\bar{A}$, $\bar{B}$를 사용할 수 있다고 가정하자. 2-입력 NAND 게이트를 사용하여 어떻게 XOR 기능을 실행할 수 있는지를 설명하여라.

06 2-입력 OR 게이트들을 사용하여 4-입력 OR 기능을 구현해야 한다고 하자. 4-입력 요구 사항을 구현하기 위하여 게이트들을 어떻게 연결해야 하는지를 보여라.

실 험
6 데이트 시트 해석

Floyd, Digital Fundamentals: A Systems Approach
CHAPTER 3: LOGIC AND GATE COMBINATIONS

실험 목표

- TTL과 CMOS 논리에 대한 정적인 전기적 사양 측정
- 전압 및 전류 요구 사양과 한계를 포함하는 제조업체의 데이터 시트 해석
- TTL 인버터에 대한 전달 곡선(transfer curve) 측정

사용 부품

7404 6조 인버터
4081 4조 AND 게이트
10 kΩ 가변 저항 1개
저항(각 1개): 300 Ω, 1.0 kΩ, 15 kΩ, 1.0 MΩ, 부하 저항(계산 필요)

이론 요약

이번 실험에서는 한 개의 패키지(package)에 6개의 인버터가 들어 있는 TTL(transistor-transistor logic) 7404 인버터(inverter)에 대해 테스트할 것이다. 이미 알고 있는 바와 같이 인버터는 NOT 또는 보수(complement) 기능을 수행한다. 이론적으로 말하면 출력은 정의된 두 개의 상태 중 하나가 된다. 제조업체의 사양을 능가하지 않는 한, 이들 조건은 유지되며 논리도 손상되지 않을 것이다.

TTL 논리는 출력이 LOW일 때 외부에서 게이트의 출력 단자 쪽으로 흐르는 일반적인 전류(+에서 −로)를 가지도록 설계된다. 이러한 전류를 **유입 전류**(sink current)라고 하는데, 이 전류는 외부에서 게이트 쪽으로 흐르는 전류를 의미하는 양(positive)의 전류로 데이터 시트에 표시된다. 일반적으로 출력이 HIGH인 경우에 전류는 게이트로부터 외부로 흘러 나간다. 이 전류는 음(negative)의 전류로 데이터 시트에 표시되어 있으며, 이러한 전류를 유출 전류(source current)라고 한다. TTL 논리에서는 유출 전류보다 유입 전류가 훨씬 크다.

이 실험의 후반부에서 CMOS(complementary metal-oxide semiconductor) 논리를 실험할 것이다.

CMOS 논리의 장점은 전력 소비가 적다는 것이다. 하나의 논리 레벨에서 다른 논리 레벨로 전환되지 않을 경우, CMOS IC에서의 전력 소비는 0이 된다. 하지만 높은 주파수에서는 전력 소비가 증가한다. 또 다른 장점으로는 높은 팬아웃(fanout)[1], 높은 잡음 내성(noise immunity), 안정적인 온도 특성, 3 V에서 15 V까지의 전원 공급으로 동작이 가능하다는 것이다.

TTL이 양극성 트랜지스터(bipolar transistor)를 사용하는 반면, CMOS 논리는 전계효과 트랜지스터(field-effect transistor)를 사용한다. 이러한 차이점으로 인해 TTL과 CMOS는 매우 다른 특성을 나타낸다. 결과적으로 전압 레벨 및 전류를 유출하고 유입하는 능력이 다르기 때문에 두 논리는 각각의 사양을 적절히 고려하지 않은 채 직접 서로 연결할 수 없다. 다양한 논리 형태 사이의 인터페이스는 이들 사양에 의해 결정된다. 또한 모든 MOS 논리군(logic family)은 정전기에 매우 민감하기 때문에, MOS 소자들을 다룰 때에는 정전기로 인한 손상을 방지하기 위하여 특별한 주의를 해야 한다. 정전기에 대한 주의 사항 이외에 다음의 사항도 지켜야 한다.

1. 사용되지 않는 입력뿐만 아니라 사용하고 있지 않는 게이트에 대해서도 개방(open) 상태로 두면 안 되며, V_{CC}, 접지 혹은 입력 신호에 연결해야 한다.
2. 입력에 신호 전압이 인가되었을 때 전원 공급 전압은 항상 켜져 있어야 한다. 신호 전압은 전원 공급 전압을 절대로 초과해서는 안 된다.
3. 전원이 켜져 있는 상태에서 CMOS 소자를 회로에 꽂거나 빼서는 안 된다.

논리군에 대한 중요한 사양 중 하나가 잡음 여유(noise margin)이다. 잡음 여유는 보장되는 논리 레벨이 유지되면서 한 게이트 출력과 다음 게이트 입력 사이에 존재하는 전압 차이를 말한다. TTL에서 이 차이는 그림 6-1(a)에 나타난 것과 같이 0.4 V이다. CMOS에서 전압 임계값(threshold)은 대략적으로 V_{CC}의 30%와 70% 정도이다. 잡음 여유는 그림 6-1(b)에 나타난 것과 같이 공급 전압의 30%이다. 논리 회로에서 잡음 문제를 해결하기 위해 사용되는 한 가지 기법은 회로 내 모든 IC 근처에 있는 전원과 접지 사이에 약 0.1 μF 정도의 작은 우회 커패시터(bypass capacitor)를 연결해주는 것이다.

회로 특성을 시각적으로 볼 수 있도록 해주는 그래픽 툴을 전달 곡선(transfer curve)이라고 한다. 전달 곡선은 x축에 입력 전압을, y축에는 입력에 해당하는 출력 전압을 나타낸 그래프이다. 선형 회로(linear circuit)는 직선의 전달 곡선을 가져야 한다. 반면에 디지털 회로는 HIGH와 LOW 값 사이에 급격한 변이를 보이는 전달 곡선을 갖는다. '추가 조사' 에서는 7404 인버터에 대한 전달 곡선을 조사해볼 것이다.

---

1) 역주) 논리 게이트가 구동할 수 있는 동일 계열의 입력 게이트(부하)의 수.

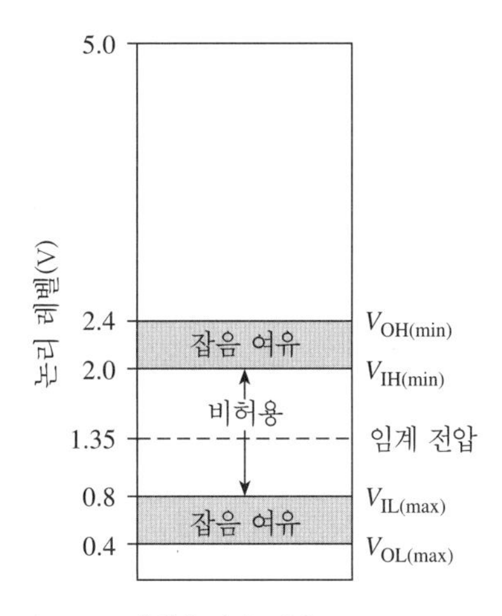

(a) TTL 레벨과 잡음 여유

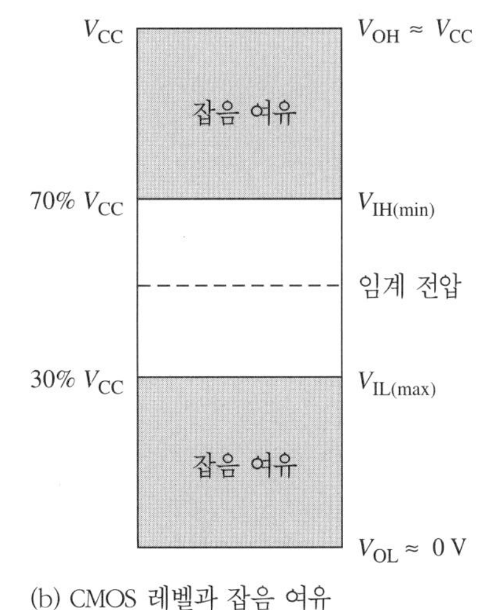

(b) CMOS 레벨과 잡음 여유

그림 6-1

실험 순서

1. 실험 보고서에 있는 데이터 표는 7404 인버터에 대해 제조업체가 제공하는 특성들이다. 이번 실험에서는 이러한 여러 가지 특성들을 측정하고, 제조업체에서 제공되는 값과 측정된 값을 비교해 본다. 먼저 그림 6-2(a)의 회로를 연결하여라. HIGH에 연결된 입력은 입력이 접지되어 공급 전원이 접지에 직접적으로 단락될 가능성과 전압 서지(surge)로부터 입력을 보호하기 위하여 일반적으로 저항을 통해 연결한다.

2. 그림 6-2(b)에서 보는 바와 같이, 접지와 인버터 입력 사이의 전압을 측정하여라. 입력이 HIGH로 되어 있기 때문에 이 전압을 V_{IH}로 표기한다. 표 6-1의 a에 측정 전압을 기록하여라(표에서 제공된 V_{IH}는 최솟값이므로 측정된 값은 아마도 훨씬 더 클 것이다).

3. 그림 6-2(c)에서와 같이 1.0 kΩ 저항 양단의 전압을 측정하여라. TTL 논리에서는 입력을 HIGH로 만드는 데 아주 작은 입력 전류만 필요하다. 측정된 전압과 옴의 법칙(Ohm' s law)을 이용하여 저항에 흐르는 전류를 계산하여라. 이 전류는 HIGH 입력 전류이며 I_{IH}로 표시한다. 표 6-1의 g에 측정된 전류를 기록하여라. 측정된 값과 제공된 최대 I_{IH} 값을 비교하여라. 전류가 IC로 들어가기 때문에 이 전류의 부호는 +이다.

4. 접지에 대한 출력 전압을 측정하여라. 입력이 HIGH이므로 출력은 LOW가 된다. 이 전압을 V_{OL}이라 한다. 실험 순서 5에서 V_{OL}을 기록할 것이기 때문에 지금 이 전압을 기록하지마라. 부하(load)가 없다면 V_{OL}은 표에서 제공된 최댓값보다 훨씬 더 작다는 것에 주의하여라.

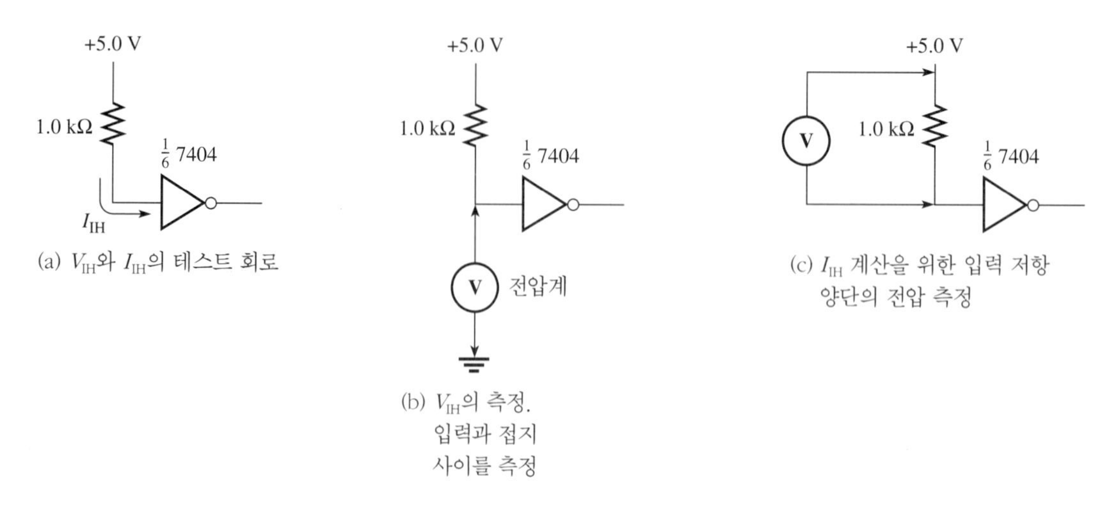

그림 6-2

5. V_{OL}에 대한 부하의 영향을 살펴보기 위하여 7404의 최대 LOW 출력 전류 I_{OL}을 살펴보자. $I_{OL(max)}$가 흐르도록 출력과 +5.0 V 사이에 부하 저항 R_{LORD}를 연결하여라. 부하 저항 양단에서 4.8 V의 전압 강하가 발생한다고 가정하자. 옴의 법칙을 이용하여 적절한 부하 저항을 결정하고, 이를 측정한 후, 그림 6-3의 회로에 연결하여라. 그 다음, V_{OL}을 측정하여 표 6-1의 f에 기록하여라.

6. R_{LORD} 양단의 전압 강하를 측정하고 옴의 법칙을 적용하여 실제 부하 전류를 계산하여라. 표 6-1의 d에 측정된 부하 전류 I_{OL}을 기록하여라.

7. 앞서의 회로를 그림 6-4의 회로로 바꾸어라. V_{IL}과 V_{OH}를 측정하고, 표 6-1의 b와 e에 측정된 전압을 기록하여라.

8. 그림 6-4에서 300 Ω 입력 저항에 옴의 법칙을 적용하여 V_{IL}을 계산하여라(부호에 주의하여라). 표 6-1의 h에 측정된 I_{IL}을 기록하여라.

9. 15 kΩ 부하 저항에 옴의 법칙을 적용하여 출력 부하 전류를 측정하여라. 표 6-1의 c에 이 전류 I_{OH}를 기록하여라. 단위와 부호에 주의하여라. (−) 부호는 전류가 IC로부터 나가는 것을 의미한다. 이와 같은 유출 전류는 유입 전류인 양(positive)의 최대 LOW 전류 I_{OL}보다 훨씬 더 작다.

10. 지금부터는 CMOS IC에 대해 몇 가지 중요한 특성들을 테스트할 것이다. CMOS는 정전기에 민감하기 때문에 사용에 있어서 특별히 주의를 해야 한다. 핀을 직접 손으로 만지지 말라. CMOS IC를 설치하거나 제거하기 전에 항상 전원을 제거하여라. 브레드보드에서 전원을 제거하고, 7404를

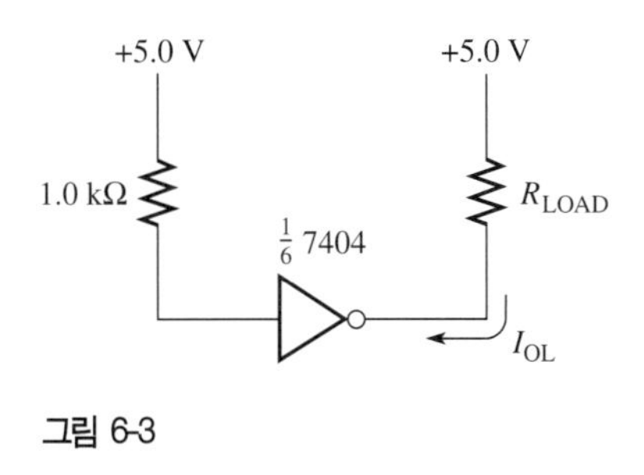

그림 6-3

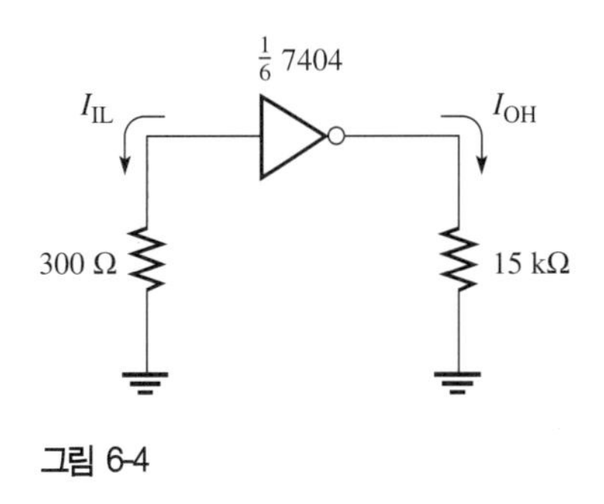

그림 6-4

4081 4조 AND 게이트로 교체하여라. 다른 CMOS 게이트로 테스트해도 되지만, 이 게이트를 다음 실험에서 사용하고 이미 인버터를 테스트해 보았기 때문에 이 게이트를 사용할 것이다. 제조업체의 사양 시트(specification sheet)[2]를 확인하여라. 25°C와 +5.0 V의 공급 전압에 대해, 사양 시트에 제시되어 있는 $V_{OL(max)}$, $V_{OH(min)}$, $V_{IL(max)}$, $V_{IH(min)}$, $I_{OL(min)}$, $I_{OH(min)}$, $I_{IN(typ)}$ 값들을 표 6-2에 기록하여라. 전원은 V_{DD} 핀으로 공급하고, 접지는 V_{SS} 핀으로 연결하는 것에 주의하여라. 일반적으로 이 규칙이 사용되지만, 실제적으로 두 핀은 트랜지스터의 드레인(drain)에 연결된다. V_{DD}는 양(+)의 전원을 표시하기 위해 사용된다(+5.0 V 전원의 경우, 종종 공급 전원을 V_{CC}로 부른다).

11. 그림 6-5의 회로를 연결하고, 사용 중인 두 개의 게이트들을 제외한 다른 모든 게이트에 대한 입력을 접지로 연결하여라. 전원을 다시 연결하고, 테스트를 위해 +5.0 V를 유지하여라. V_{DD} = +5.0 V에 대해 제조업체에서 제공된 $V_{IH(min)}$ 값이 되도록 가변 저항을 이용하여 입력 전압을 조절하여라. 표 6-2의 d에 측정된 $V_{IH(min)}$ 값을 기록하여라.

12. 3번 핀에서 첫 번째 AND 게이트(G_1)의 출력 전압을 측정하여라. CMOS 게이트와 앞서 실험한 TTL 게이트의 차이를 알 수 있을 것이다. 출력이 HIGH이므로 표 6-2의 b에 있는 $V_{OH(min)}$으로 측정값을 기록하여라.

13. 1.0 MΩ 테스트 저항 양단의 전압을 측정하여라. 이 순서에서는 정확한 측정을 위하여 매우 높은

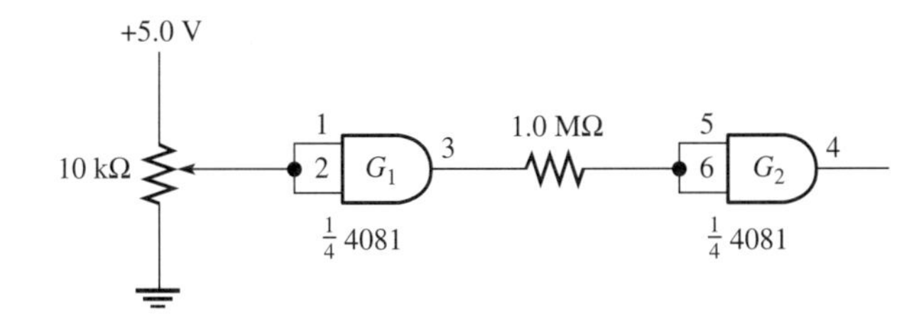

그림 6-5

2) 부록 A 참조

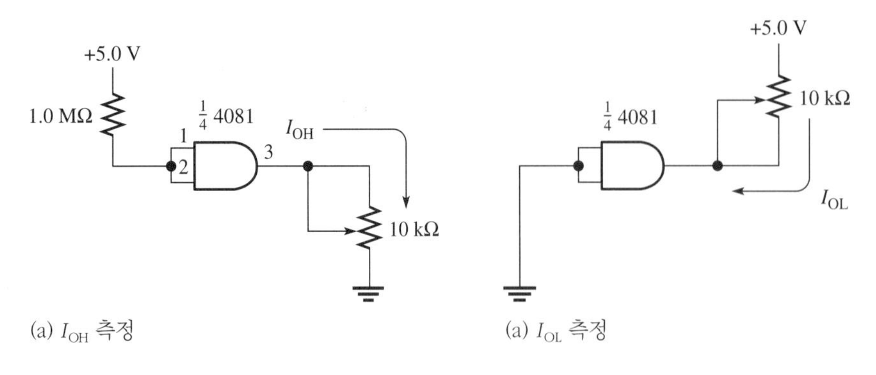

(a) I_{OH} 측정 (a) I_{OL} 측정

그림 6-6

임피던스(impedance) 측정기가 필요하다. 테스트 저항에 옴의 법칙을 적용하여 두 번째 게이트(G_2)의 입력으로 들어가는 전류를 계산하여라. 표 6-2의 g에 입력 전류로서 이 값을 기록하여라.

14. G_1에 대한 입력 전압이 제공된 $V_{IL(max)}$ 값이 되도록 가변 저항을 조절하여라. 표 6-2의 c에 측정 입력 전압을 기록하여라. 3번 핀에서 출력 전압을 측정하고, 표 6-2의 a에 $V_{OL(max)}$로서 이 값을 기록하여라.

15. 전원을 끄고, 그림 6-6(a)의 회로로 변경하여라. 가변 저항을 출력으로 옮기고, 1.0 MΩ 저항은 입력에 대한 풀업(pull-up) 저항으로 사용된다. 이 회로는 게이트의 HIGH 출력 전류를 테스트하는데 사용될 것이다. 회로를 연결한 후에 전원을 인가하고, 출력 전압이 4.6 V가 되도록 가변 저항을 조절하여라(출력 전류에 대해 제조업체에서 규정한 사양 조건을 참조하여라). 전원을 제거한 후, 가변 저항의 저항 값을 측정하고, 옴의 법칙을 사용하여 출력 전류 I_{OH}를 결정하여라. 표 6-2의 f에 측정된 전류를 기록하여라.

16. 회로를 그림 6-6(b)의 회로로 변경하여라. 전원을 인가하고 가변 저항을 조절하여 출력 전압이 0.4 V가 되도록 하여라. 전원을 제거한 뒤, 가변 저항의 저항 값을 측정하고, 옴의 법칙을 적용하여 출력 전류 I_{OL}을 결정하여라. 출력 전압이 아니라 저항 양단에서 측정된 전압을 사용하여 옴의 법칙을 적용하는 것에 주의하여라. 표 6-2의 e에 측정한 전류를 기록하여라.

추가 조사

1. TTL의 전압 특성을 좀 더 조사하기 위하여, 그림 6-7의 회로를 연결하여라. 가변 저항은 입력 전압을 변경하기 위하여 사용된다.

2. 표 6-3에 있는 값의 범위 내에서 입력 전압을 변경하여라. 각각의 입력 전압을 설정한 후, 출력 전압을 측정하고 표 6-3에 기록하여라.

그림 6-7

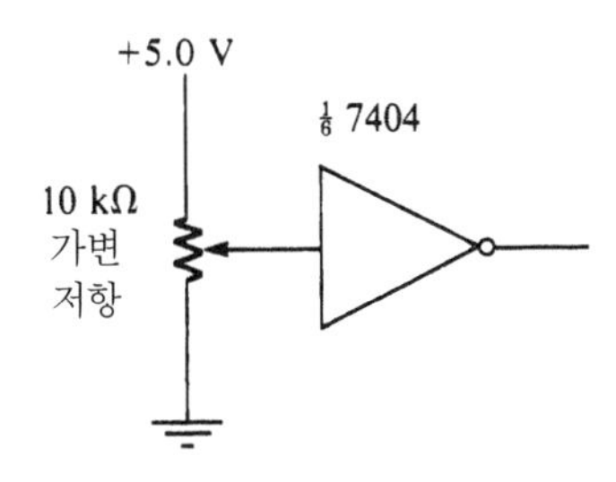

3. 표 6-3의 데이터를 도표 1에 그려라. V_{out}은 V_{in}에 의존하므로, x축에 V_{in}을, y축에 V_{out}을 그려라. 이 그래프를 인버터의 전달 곡선(transfer curve)이라고 한다.
4. 전달 곡선 상에 V_{OH}, V_{OL}과 임계값(threshold)에 대한 영역을 표시하여라. 임계값은 LOW로부터 HIGH로 변이가 일어나는 곳이다.

실험보고서 6

이름 : ______________________

날짜 : ______________________

조 : ______________________

실험 목표

- TTL과 CMOS 논리에 대한 정적인 전기적 사양 측정
- 전압 및 전류 요구 사양과 한계를 포함하는 제조업체의 데이터 시트 해석
- TTL 인버터에 대한 전달 곡선(transfer curve) 측정

데이터 및 관찰 내용

표 6-1 TTL 7404

추천 동작 조건									
기호	변수	DM5404			DM7404			단위	측정값
		Min	Nom	Max	Min	Nom	Max		
V_{CC}	공급 전압	4.5	5	5.5	4.75	5	5.25	V	
V_{IH}	HIGH 레벨 입력 전압	2			2			V	a.
V_{IL}	LOW 레벨 입력 전압			0.8			0.8	V	b.
I_{OH}	HIGH 레벨 출력 전류			−0.4			−0.4	mA	c.
I_{OL}	LOW 레벨 출력 전류			16			16	mA	d.
T_A	자유 대기(free air) 동작 온도	−55		125	0		70	°C	

자유 대기 온도에서의 추천 동작에 대한 전기적 특성							
기호	변수	조건	Min	Typ	Max	단위	
V_I	입력 클램프(clamp) 전압	V_{CC} = Min, I_I = −12 mA			−1.5	V	
V_{OH}	HIGH 레벨 출력 전압	V_{CC} = Min, I_{OH} = Max V_{IL} = Max	2.4	3.4		V	e.
V_{OL}	LOW 레벨 출력 전압	V_{CC} = Min, I_{OL} = Max V_{IH} = Min		0.2	0.4	V	f.
I_I	최대 입력 전압에서의 입력 전류	V_{CC} = Max, V_I = 5.5 V			1	mA	

계속

자유 대기 온도에서의 추천 동작에 대한 전기적 특성								
기호	변수	조건		Min	Typ	Max	단위	측정값
I_{IH}	HIGH 레벨 입력 전류	V_{CC} = Max, V_I = 2.4 V				40	μA	g.
I_{IL}	LOW 레벨 입력 전류	V_{CC} = Max, V_I = 0.4 V				−1.6	mA	h.
I_{OS}	단락 회로 출력 전류	V_{CC} = Max	DM54	−20		−55	mA	
			DM74	−18		−55		
I_{CCH}	HIGH 출력일 때의 공급 전류	V_{CC} = Max			8	16	mA	
I_{CCL}	LOW 출력일 때의 공급 전류	V_{CC} = Max			14	27	mA	

표 6-2 CMOS CD4081

	기호	제조업체의 제공값	측정값
(a)	$V_{OL(max)}$, LOW 레벨의 최대 출력 전압		
(b)	$V_{OH(min)}$, HIGH 레벨의 최소 출력 전압		
(c)	$V_{IL(max)}$, LOW 레벨의 최대 입력 전압		
(d)	$V_{IH(min)}$, HIGH 레벨의 최소 입력 전압		
(e)	$I_{OL(min)}$, LOW 레벨의 최소 출력 전류		
(f)	$I_{OH(min)}$, LOW 레벨의 최소 출력 전류		
(g)	$I_{IN(typ)}$, 일반적인 입력 전류		

결과 및 결론

추가 조사 결과

표 6-3

V_{in} (V)	V_{out} (V)
0.4	
0.8	
1.2	
1.3	
1.4	
1.5	
1.6	
2.0	
2.4	
2.8	
3.2	
3.6	
4.0	

도표 1

평가 및 복습 문제

01 실험 순서 4에서 부하 저항 없이 V_{OL}을 관찰하였다. 실험 순서 5에서는 부하 저항을 연결하고 V_{OL}을 측정하였다. 부하 저항이 V_{OL}에 대해 어떤 영향을 미치는가?

02 TTL 논리 게이트가 +2.4 V의 HIGH 출력 전압 논리를 가진다고 가정하자. 표 6-1에 제공된 최대 I_{OH}를 사용하여 출력과 접지 사이에 연결할 수 있는 최소 출력 저항을 결정하여라.

03 어떤 가상의 논리군이 V_{IL} = +0.5 V, V_{IH} = +3.0 V, V_{OL} = +0.2 V, V_{OH} = +3.5 V와 같은 특성을 가진다고 하자. 이 논리군의 LOW와 HIGH에 대한 각각의 잡음 여유(noise margin)를 계산하여라.

V_{NL}(LOW) = ________________ ; V_{NL}(HIGH) = ________________

04 LED를 동작시키는 데 10 mA의 전류가 필요하다고 가정하자.

a. 그림 6-8에 있는 두 개의 TTL 회로 중 어느 것이 LED를 구동하는 데 더 좋은 회로인가? (힌트: I_{OL}과 I_{OH}를 살펴보아라.) ________________________________

b. 이유는? ________________________________

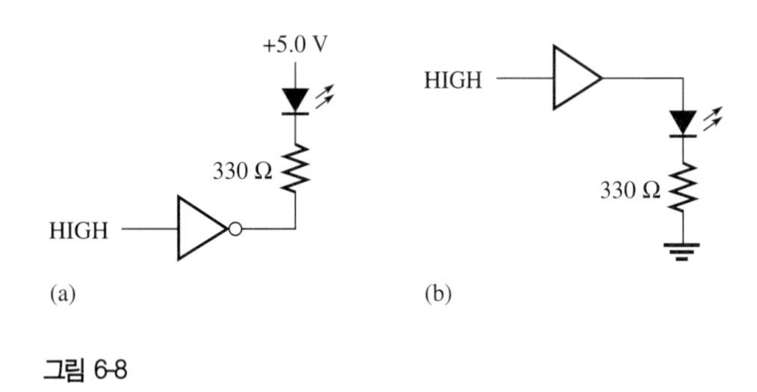

그림 6-8

05 고장 진단 작업자가 오실로스코프 화면의 접지(ground) 레벨을 인식하는 것이 중요한 이유를 설명하여라.

06 어떤 TTL AND 게이트의 입력들을 함께 연결하고 전달 곡선을 그렸다고 가정하자. 이 전달 곡선의 모양을 그리고, 임계값(threshold)을 표시하여라.

실 험

7 부울 법칙과 드모르간의 정리

Floyd, Digital Fundamentals: A Systems Approach
CHAPTER 4: COMBINATIONAL LOGIC

◆ 실험 목표

- □ 부울 대수(Boolean algebra)의 여러 법칙들에 대한 실험적 증명
- □ 부울 법칙 10과 11을 증명하기 위한 회로 설계
- □ 실험을 통해 3-입력 변수를 갖는 회로를 대한 진리표를 작성하고, 드모르간의 정리(DeMorgan' s theorem)를 이용하여 대수적으로 등가인지를 증명

◆ 사용 부품

4071 4조 2-입력 OR 게이트
4069 6조 인버터
4081 4조 2-입력 AND 게이트
LED 1개
4조 DIP 스위치
1.0 kΩ 저항 4개
0.1 μF 커패시터 3개

◆ 이론 요약

부울 대수(Boolean algebra)는 논리적인 관계를 결정하는 일련의 법칙들로 구성되어 있다. 미지수가 어떤 값이라도 가질 수 있는 일반적인 대수와는 달리, 부울 대수의 요소는 2진 변수이고 1 또는 0의 두 값들 중 오직 하나만 가질 수 있다.

부울 대수에서 사용하는 기호들은 NOT이나 보수(complement)를 의미하는 변수 위에 붙이는 바(bar), 논리적 덧셈을 의미하고 'OR' 라고 읽는 +, 논리적 곱셈을 의미하고 'AND' 라고 읽는 ·가 있다. ·(dot) 기호는 논리적 곱셈을 나타낼 때 주로 생략한다. 따라서 $A \cdot B$는 AB로 적는다. 부울 대수의 기본 법칙을 표 7-1에 나타내었다.

표 7-1에 있는 부울 법칙들을 이번 실험에서 설명하듯이 실제 회로에 적용할 수 있다. 예를 들어, 법칙 1은 $A + 0 = A$(+는 'OR'로 읽는다는 것을 기억하여라)를 지정한다. 이 법칙을 그림 7-1에서처럼 OR 게이트 한 개와 펄스 발생기(pulse generator)로 증명할 수 있다. 펄스 발생기로부터의 신호를 A로 하고 접지는 논리 0이 된다. 두 입력을 OR한 출력 결과가 펄스 발생기의 신호와 동일한 펄스로 나타나기 때문에 이 법칙이 증명된다. 그림 7-1이 이 법칙을 설명해주고 있다.

부울 대수의 기본 법칙들 이외에도 하나 이상의 변수 위에 바가 있는 논리 표현들을 간소화해주는 드모르간의 정리(DeMorgan's theorem)라는 두 개의 추가적인 법칙이 있다. 드모르간은 이러한 논리 표현들을 줄이기 위하여 두 가지 정리를 제시하였다. 첫 번째 정리는 다음과 같다.

AND된 두 개 이상의 변수들에 대한 보수는 각 변수들에 대한 보수의 OR와 같다.

이는 대수적으로 다음과 같이 표현할 수 있다.

$$\overline{X \cdot Y} = \overline{X} + \overline{Y}$$

두 번째 정리는 다음과 같다.

OR된 두 개 이상의 변수들에 대한 보수는 각 변수들에 대한 보수의 AND와 같다.

이는 대수적으로 다음과 같이 표현할 수 있다.

$$\overline{X + Y} = \overline{X} \cdot \overline{Y}$$

이러한 드모르간의 정리를 '바를 쪼개고 기호를 맞바꾼다'는 식으로 알아두면 기억하기 쉬울 것이다. 일반적으로 AND된 변수들 사이의 ·는 생략하지만, 여기서는 이 법칙을 강조하기 위해 ·를 사용하

표 7-1 부울 대수의 기본 법칙

1. $A + 0 = A$
2. $A + 1 = 1$
3. $A \cdot 0 = 0$
4. $A \cdot 1 = A$
5. $A + A = A$
6. $A + \overline{A} = 1$
7. $A \cdot A = A$
8. $A \cdot \overline{A} = 0$
9. $\overline{\overline{A}} = A$
10. $A + AB = A$
11. $A + \overline{A}B = A + B$
12. $(A + B)(A + C) = A + BC$

주의 : A, B, C는 단일 변수 혹은 변수들의 조합을 나타낸다.

였다.

이번 실험에서 구성되는 회로는 CMOS 논리를 사용한다. CMOS IC가 손상되지 않도록 정전기가 일어나지 않게 주의해야 한다.

실험 순서

1. 그림 7-1의 회로를 구성하여라. 이번 실험에서는 공급 전원을 모두 +5.0 V로 설정하고 각 IC의 V_{CC}와 접지 사이에 0.1 μF 커패시터를 연결하여라.[1] 펄스 발생기에서 가변 출력의 사용이 가능하다면 출력을 0에서 +4 V까지의 레벨이 되도록 10 kHz의 주파수로 설정하여라. 오실로스코프로 펄스 발생기의 신호와 출력을 동시에 관찰하여라. 아날로그 오실로스코프를 사용하고 있다면 한 채널에 대해서만 트리거를 확실히 해야 한다. 그렇지 않으면 신호에서 타이밍 오류가 발생할 수 있다. 이 회로에 대한 타이밍 다이어그램과 부울 법칙은 예로서 실험 보고서의 표 7-2에 완성해놓았다.
2. 실험 순서 1에서의 회로를 그림 7-2의 회로로 바꾸어라. 표 7-2의 두 번째 줄을 완성하여라.
3. 그림 7-3의 회로를 연결하여라. 표 7-2의 세 번째 줄을 완성하여라.
4. 실험 순서 3에서의 회로를 그림 7-4의 회로로 바꾸어라. 표 7-2의 마지막 줄을 완성하여라.
5. 법칙 10을 보여주는 회로를 설계하여라. 펄스 발생기는 입력 A를 표현하기 위하여 사용되고, 스위치는 입력 B에 사용된다. 스위치 B의 개방(open)은 $B = 1$에 해당되고 스위치 B의 단락(short)은 $B = 0$에 해당된다. 회로도를 완성하고, 회로를 구성하여라. 표 7-3의 제공된 공간에 두 개의 타이밍 다이어그램을 그려라. 첫 번째 타이밍 다이어그램은 $B = 0$ 조건일 경우이고 두 번째는 $B = 1$ 조건의 경우이다.

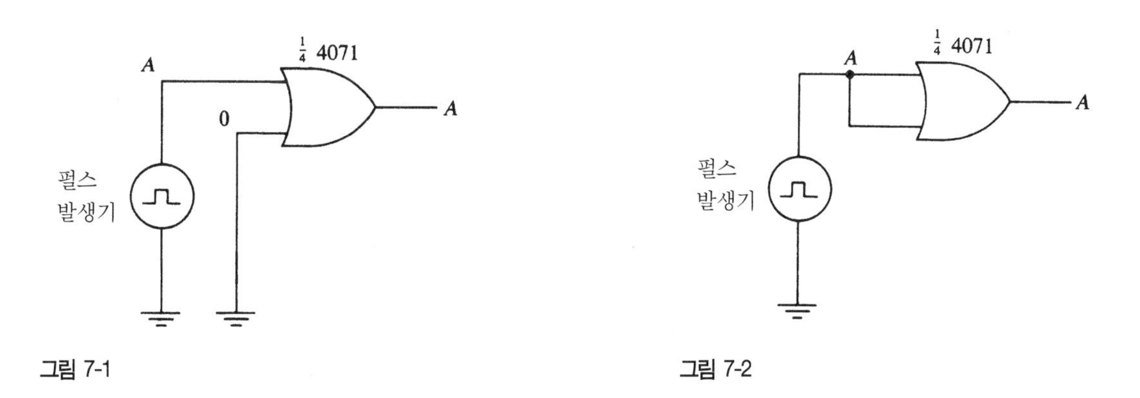

그림 7-1

그림 7-2

1) 보통의 실험에서는 특히 CMOS 소자를 사용하는 경우, 최소 가능 경로를 통하여 소스로 스위칭 스파이크 전류를 되돌려 보내기 위해 커패시터를 사용한다.

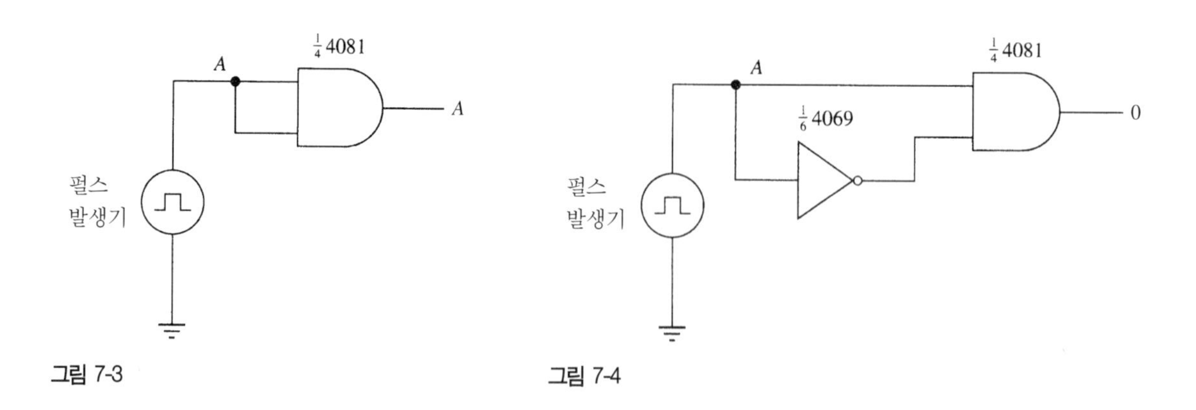

그림 7-3

그림 7-4

6. 법칙 11을 보여주는 회로를 설계하여라. 표 7-4의 제공된 공간에 회로도를 그려라. 회로를 구성하고, 표 7-4에 회로에 대한 두 개의 타이밍 다이어그램을 그려라.

추가 조사

1. 그림 7-5의 회로를 구성하여라. 실험 보고서의 표 7-5 진리표에 열거된 대로 해당 스위치를 닫으면서 입력 변수들의 각 조합을 테스트하여라. LED를 사용하여 출력 논리를 확인하고, 표 7-5를 완성하여라.

2. 그림 7-6의 회로를 구성하여라. 실험 보고서의 표 7-6 진리표에 열거된 대로 해당 스위치를 닫으면서 입력들의 각 조합을 테스트하여 표 7-6을 완성하여라. 두 진리표들을 비교하여라. 두 회로가 같은 논리를 수행한다는 것을 증명할 수 있는가?

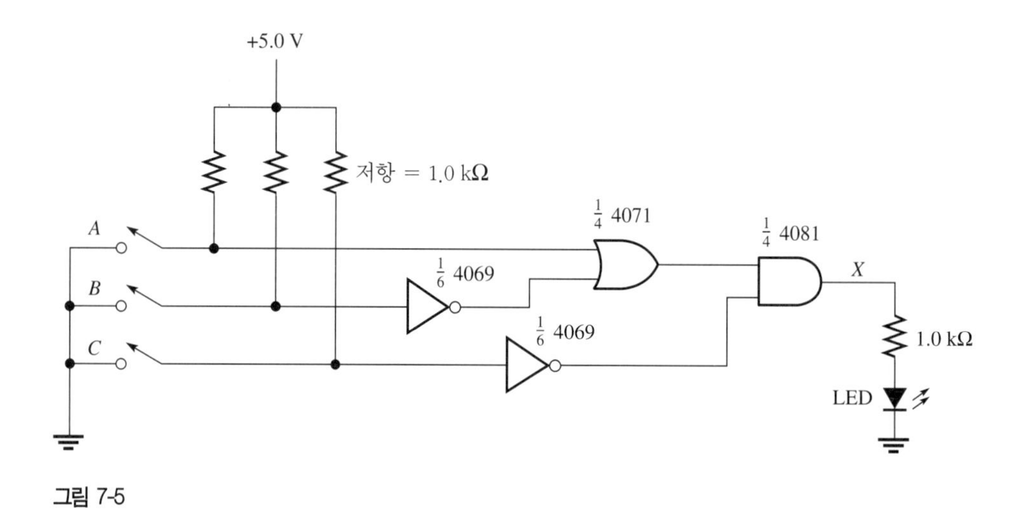

그림 7-5

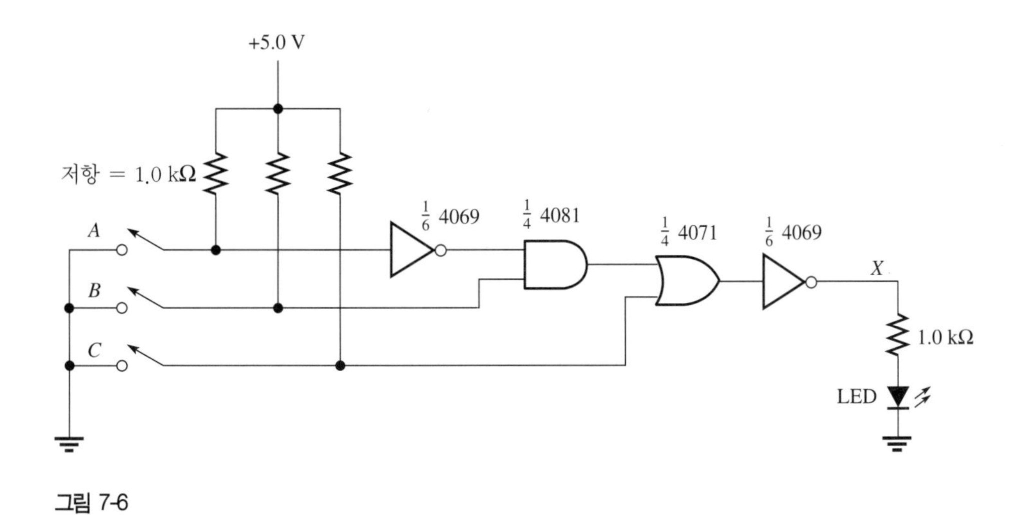

그림 7-6

실험보고서 7

이름 : ____________

날짜 : ____________

조 : ____________

실험 목표

- □ 부울 대수(Boolean algebra)의 여러 법칙들에 대한 실험적 증명
- □ 부울 법칙 10과 11을 증명하기 위한 회로 설계
- □ 실험을 통해 3-입력 변수를 갖는 회로를 대한 진리표를 작성하고, 드모르간의 정리(DeMorgan' s theorem)를 이용하여 대수적으로 등가인지를 증명

데이터 및 관찰 내용

표 7-2

회로도	타이밍 다이어그램	부울 법칙
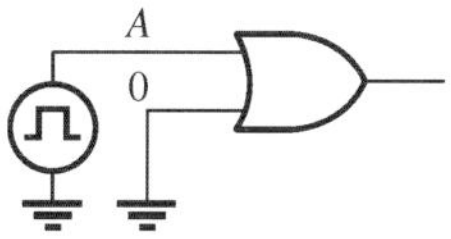 A, 0 (OR 게이트)	입력 (Low) 출력 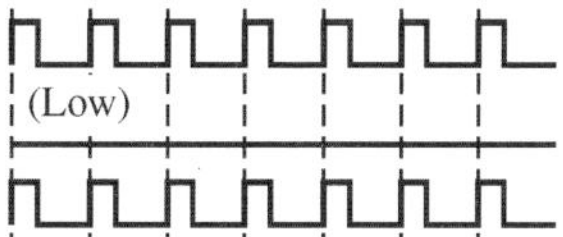	$A+0=A$
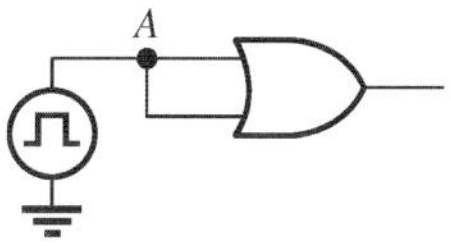 A (OR 게이트)	입력 출력	
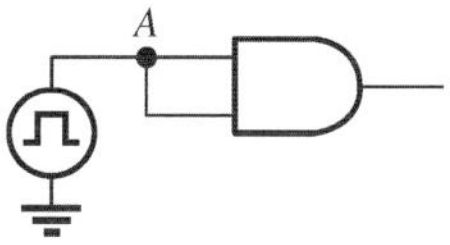 A (AND 게이트)	입력 출력	
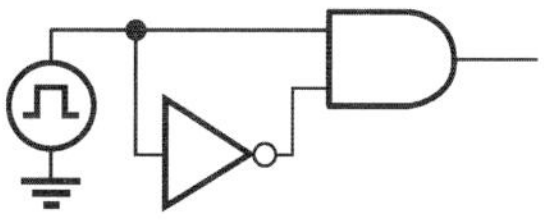 (AND 게이트, 인버터)	입력 출력	

표 7-3

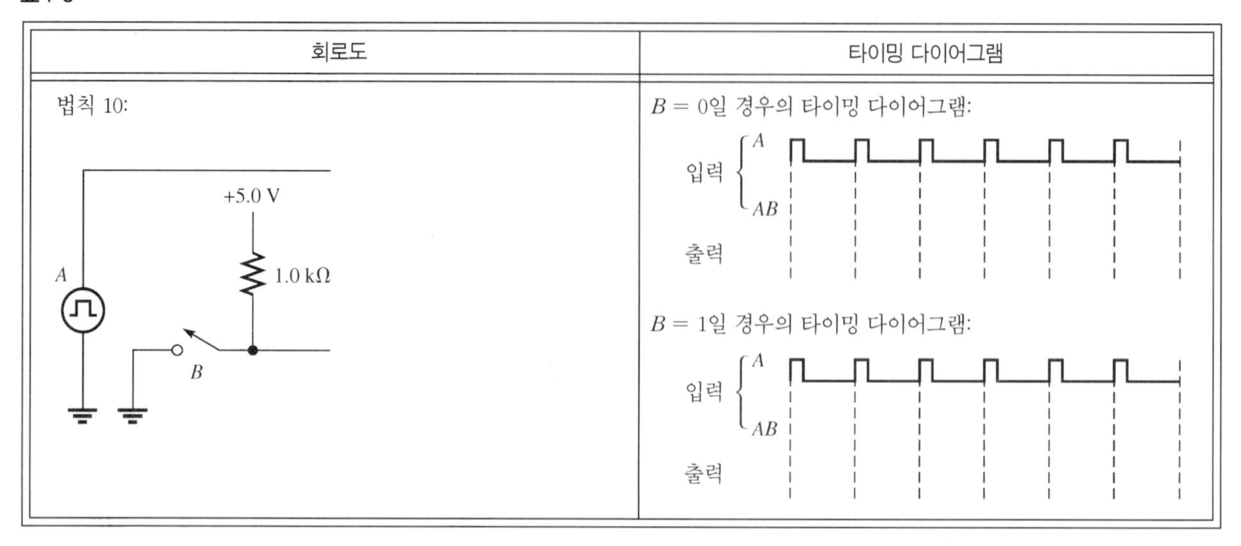

표 7-4

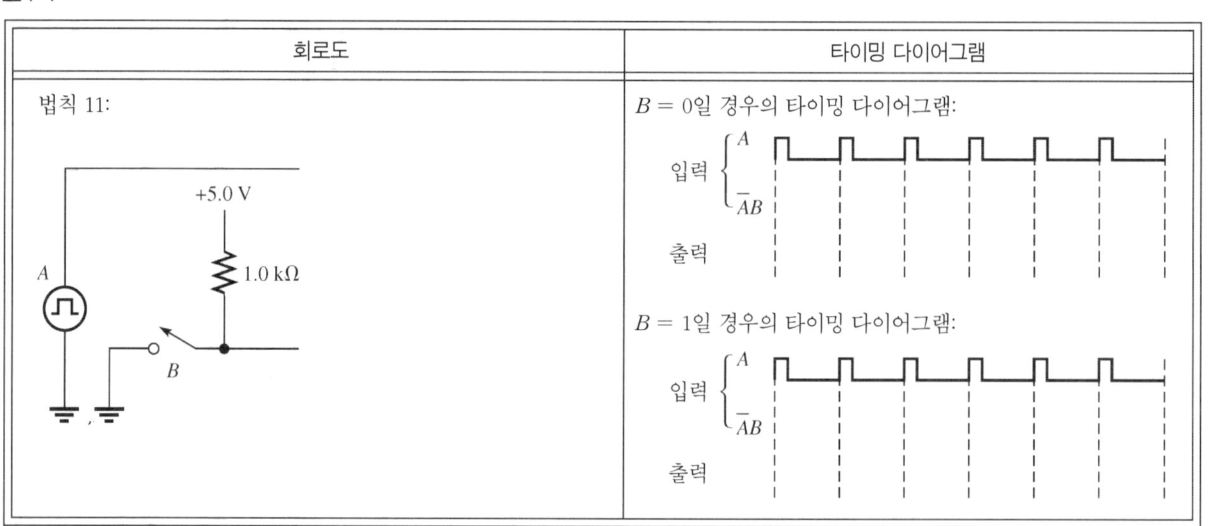

결과 및 결론

추가 조사 결과:

표 7-5 그림 7-5의 진리표

입력			출력
A	B	C	X
0	0	0	
0	0	1	
0	1	0	
0	1	1	
1	0	0	
1	0	1	
1	1	0	
1	1	1	

표 7-6 그림 7-6의 진리표

입력			출력
A	B	C	X
0	0	0	
0	0	1	
0	1	0	
0	1	1	
1	0	0	
1	0	1	
1	1	0	
1	1	1	

두 회로에 대한 부울 표현식을 적어라.

평가 및 복습 문제

01 $X = A(A + B) + C$는 $X = A + C$와 등가이다. 이를 부울 대수로 증명하여라.

02 NOR 게이트로 문제 1의 논리를 구현하는 방법을 보여라.

03 법칙 12를 증명할 수 있는 두 개의 등가 회로를 그려라. 식의 좌변에 대한 회로 한 개와 우변에 대한 다른 회로 한 개를 보여라.

04 그림 7–5와 그림 7–6의 회로가 등가 논리를 수행하는지를 결정하여라. 그 다음, 드모르간의 정리를 이용하여 증명하여라.

05 그림 7–7의 회로에 대한 부울 표현식을 적어라. 드모르간의 정리를 이용하여 이 회로가 그림 7–1의 회로와 등가임을 증명하여라.

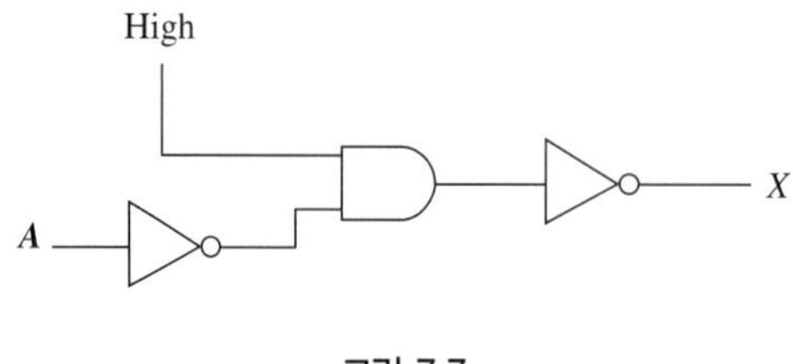

그림 7-7

06 그림 7–5의 LED가 스위치의 위치와 상관없이 OFF라고 가정하자. 이 문제를 해결하기 위하여 취할 수 있는 단계들을 열거하여라.

실 험

8 논리 회로 간소화

Floyd, Digital Fundamentals: A Systems Approach
CHAPTER 4: COMBINATIONAL LOGIC

실험 목표

- BCD 무효 코드 검출기에 대한 진리표 작성
- 카르노 맵(Karnaugh map)을 이용한 표현식의 간소화
- 간소화된 표현식을 구현하는 회로 구성 및 테스트
- 회로 내의 '결함' 에 대한 영향 예측

사용 부품

7400 NAND 게이트

LED

저항 : 330 Ω 1개, 1.0 kΩ 4개

4조 DIP 스위치 1개

이론 요약

조합 논리(combinational logic) 회로에서 출력은 단지 입력에 의해서만 결정된다. 간단한 조합 논리 회로에서 진리표는 모든 가능한 입력과 출력을 요약하기 위해 사용되는데, 진리표는 원하는 회로의 동작을 완벽하게 설명해준다. 진리표로부터 읽은 출력 함수에 대한 표현식을 간소화시켜 회로를 구현할 수 있다.

조합 논리 회로를 간소화시키는 강력한 맵핑(mapping) 기술은 M. 카르노(Karnaugh)에 의해 개발되었고, 1953년에 발표된 그의 논문에 기술되어 있다. 이 방법은 진리표를 기하학적 맵(map)으로 옮겨 적는 방법을 사용하는데, 이 맵에서 이웃하는 셀(정사각형)들은 서로 한 개의 변수만 다르다(이웃 셀들은 수직 또는 수평으로 공통 경계선을 공유한다). 카르노 맵을 그릴 때, 변수들을 맵의 상단과 왼쪽 측면을 따라 그레이 코드(gray code) 시퀀스로 적는다. 맵의 각 셀은 진리표의 한 행에 해당한다. 맵의 출력 변수들은 진리표에 있는 출력 변수들에 대응하는 위치에 0 또는 1로 표시된다.

예로서 2비트 비교기의 설계를 고려해보자. 입력은 A_2A_1과 B_2B_1으로 표기될 것이다. A_2A_1이 B_2B_1보다 크거나 같다면, 출력을 HIGH로 하고자 한다. 우선 원하는 출력을 표 8-1과 같은 진리표의 형태로 작성한다. 모든 가능한 입력들이 진리표에 나타나 있고, 주어진 모든 입력에 대한 원하는 출력이 표시되어 있다.

다음은 그림 8-1과 같이 카르노 맵을 작성한다. 이 맵에서 진리표의 입력에 해당하는 부분은 숫자를 사용하여 표시하고, 진리표의 1인 출력 값에 해당하는 맵의 셀에 1을 입력한다. 이 맵에서 1을 포함하고 있는 이웃 셀들을 그룹화 함으로써 곱들의 합(sum-of-products, SOP) 형태로 나타낼 수 있다. 그룹의 크기는 2의 거듭제곱(1, 2, 4, 8, 등등)이어야 하며, 그룹에 포함되는 셀들은 모두 1을 포함하고 있어야 한다. 이러한 그룹 중에서 가능한 가장 큰 그룹을 선택해야 하고, 모든 1의 셀들은 적어도 한 개의 그룹에 포함되어야 하며, 필요한 경우 1의 셀은 여러 그룹에 중복되어 포함될 수 있다.

맵상에서 1의 셀을 그룹화한 후에 출력 함수를 결정한다. 각 그룹은 출력 함수에서 하나의 곱항(product term)에 해당된다. 2개 이상의 셀을 포함하고 있는 그룹의 경우, 그룹이 이웃 경계선을 넘게 되는데, 그룹에서 값이 변하는 변수는 출력 표현식에서 제거된다. 1이 두 개로 묶인 그룹은 한 개의 이웃 경계를 가지므로 1개의 변수가 제거된다. 1이 네 개로 묶인 그룹은 두 개의 변수가 제거되고, 1이 8개

표 8-1 비교기에 대한 진리표

입력		출력
A_2 A_1	B_2 B_1	X
0 0	0 0	1
0 0	0 1	0
0 0	1 0	0
0 0	1 1	0
0 1	0 0	1
0 1	0 1	1
0 1	1 0	0
0 1	1 1	0
1 0	0 0	1
1 0	0 1	1
1 0	1 0	1
1 0	1 1	0
1 1	0 0	1
1 1	0 1	1
1 1	1 0	1
1 1	1 1	1

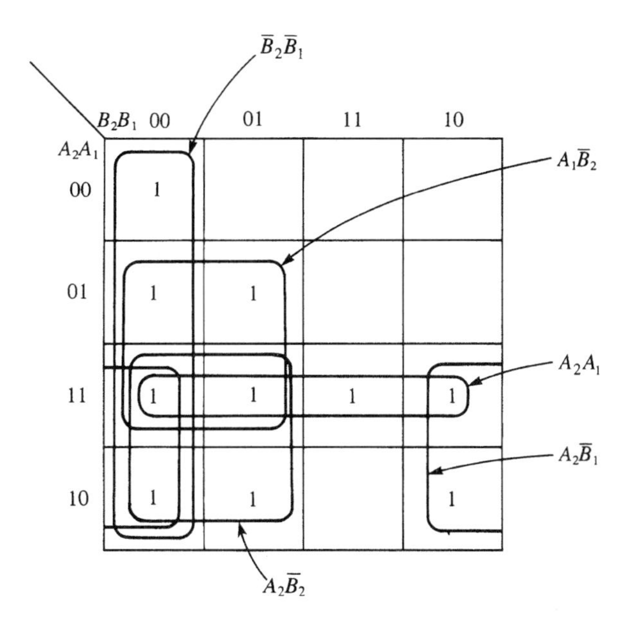

그림 8-1 표 8-1의 진리표에 대한 카르노 맵

로 묶인 그룹은 세 개의 변수가 제거된다. 그림 8-1은 2비트 비교기에 대한 그룹화 결과를 보여주고 있다. 그림 8-1의 각 그룹들은 1이 네 개로 묶인 그룹이기 때문에 항에서 두 개의 변수를 제거하여 각 곱항들은 두 개의 변수만 포함하게 된다. 결과 표현식은 모든 곱항들의 합이다. 이 표현식을 이용하여 그림 8-2와 같이 곧바로 회로를 그릴 수 있다.

이 실험에서는 지금까지 설명한 카르노 맵을 사용하여 BCD 무효 코드 검출기를 설계할 것이다. 이미 알고 있는 바와 같이 BCD는 0에서 9까지의 10진수를 표현하기 위한 4비트 2진 코드이다. 1010에서 1111까지의 2진수들은 BCD에서 사용할 수 없는 무효 코드가 된다. 유효한 BCD 코드만 입력이 되도록 하고 무효 BCD 코드가 검출되면 경고 신호를 보내주는 회로를 설계할 것이다. 회로를 4비트로 설계할 수 있지만 8비트로도 쉽게 확장이 가능하다.

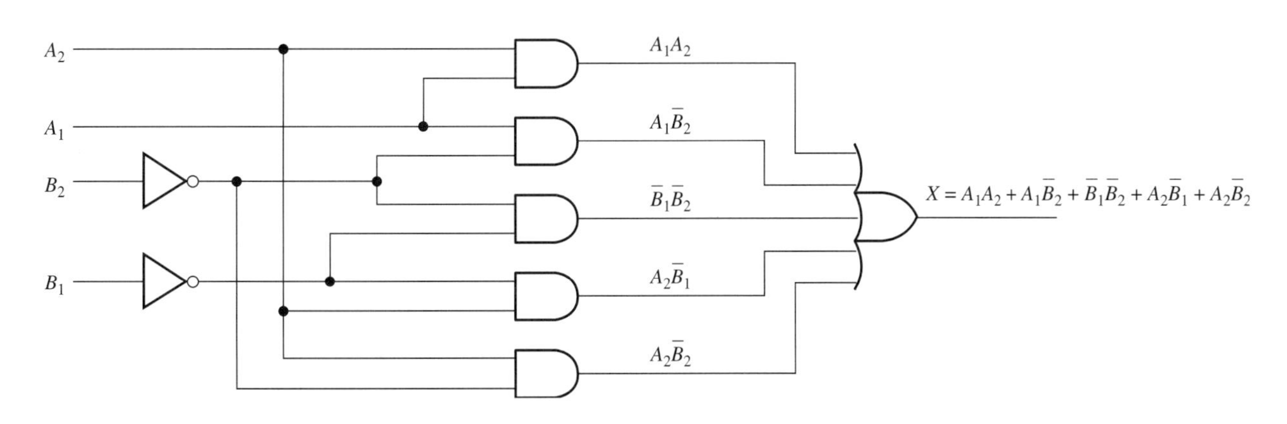

그림 8-2 표 8-1의 진리표에 의한 비교기의 회로 구현

실험 순서

BCD 무효 코드 검출기

1. 실험 보고서에 있는 표 8-2의 진리표를 완성하여라. 10개의 유효한 BCD 코드에 대한 출력은 0이고 6개의 무효 BCD 코드에 대한 출력은 1이라고 가정하여라. 4비트로 설계를 하므로 수를 표현할 때 각 비트를 *D*, *C*, *B*, *A*로 하여 문자 *D*는 최상위 비트(most significant bit, MSB)를, 문자 *A*는 최하위 비트(least significant bit, LSB)를 나타내게 된다.

2. 실험 보고서에 있는 그림 8-3의 카르노 맵을 완성하여라. '이론 요약'에서 설명한 규칙에 따라 출력의 1들을 그룹으로 만들어라. 카르노 맵에서 최소 SOP를 읽어 무효 코드에 대한 표현식을 찾아라. 실험 보고서에서 제공된 공란에 부울 표현식을 적어라.

3. 실험 순서 2에서 표현식을 맞게 적었다면, 표현식에 두 개의 곱항이 존재하고 문자 *D*는 2개 항 모두에서 볼 수 있을 것이다. 이 표현식을 논리 회로로 바로 구현할 수 있다. 각 항을 *D*로 인수분해함으로써 무효 코드에 대한 또 다른 표현식을 얻을 수 있다. 실험 보고서의 제공된 공란에 새로운 표현식을 적어라.

4. TTL 논리에서 LOW는 I_{OL}(16 mA) 사양을 위반하지 않고 LED를 켤 수 있지만, HIGH는 I_{OH}(400 μA) 사양을 초과시킨다는 점을 기억하여라. 이 문제를 해결하기 위하여 출력을 반전시키고, LOW 논리 레벨에서 LED를 켜기 위해 $\bar{X}$를 사용한다. 그림 8-4의 회로는 실험 순서 3의 표현식을 구현한 회로이긴 하지만, 출력은 전류를 유출(source)이 아닌 유입(sink)하기 위하여 반전되어 있다.

5. 그림 8-4의 회로가 단지 두 개의 게이트만 사용하여 설계가 가능하지만 사용하는 IC가 서로 다르다. 따라서 NAND 게이트의 범용 게이트(universal gate) 특성을 이용하면 OR 게이트를 세 개의 NAND

그림 8-4

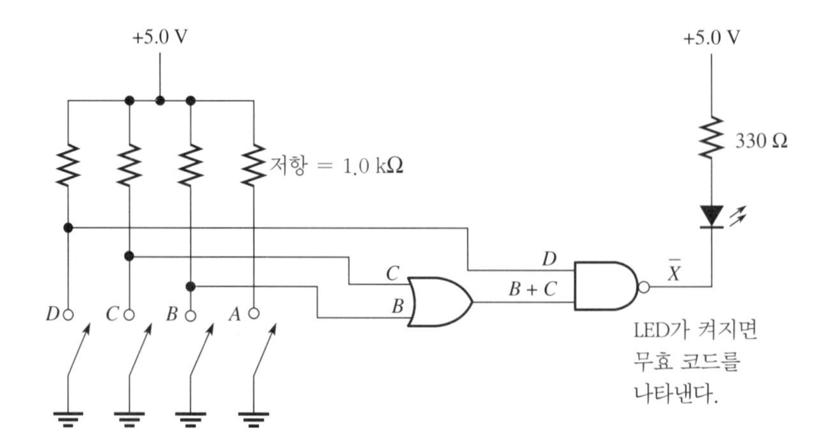

게이트로 대체할 수 있다. 이렇게 하면 한 개의 IC(4조 7400)만 사용하여 회로 구성이 가능하게 된다. 그림 8-4에서 OR 게이트를 세 개의 NAND 게이트로 대체된 회로로 변경하고, 실험 보고서에 제공된 공란에 새로운 회로를 그려라.

6. 실험 순서 5에서 그린 회로를 구성하여라. 입력의 모든 조합에 대해 테스트하여 실험 보고서에 있는 표 8-3 진리표를 완성하여라. 만약 회로를 올바르게 구성하고 테스트하였다면 진리표는 표 8-2와 동일할 것이다.

7. 표 8-4에서 제시된 각 문제점이 회로에 어떤 영향을 주는지를 설명하여라(어떤 '문제'는 아무 영향이 없을 수도 있다). 만약 설명에 확신이 없다면 문제점을 모의실험하고 결과를 테스트하여라.

◈ 추가 조사

BCD 수가 3으로 나누어질 수 있는지(3, 6, 9)를 알려주는 회로를 설계하여라. 입력은 유효 BCD 수이다-무효 BCD 수는 이전의 회로에서 이미 테스트되어 제거되었다고 가정하여라. 무효 수들의 입력이 불가능하기 때문에 카르노 맵에 무정의(don't care) 요소가 포함될 것이다. 맵상의 'X'는 입력이 불가능한 경우라면 해당 출력에 대해 상관하지 않겠다는 것을 의미한다.

1. 위에서 제시한 문제점에 대하여 실험 보고서에 있는 표 8-5의 진리표를 완성하여라. 3으로 나누어지지 않는 BCD 수에 대해서는 0을 입력하고, 3으로 나누어지는 BCD 수는 1을 기입하여라. 무효 BCD 코드를 나타내기 위해서는 'X'를 기입하여라.

2. 실험 보고서에 있는 그림 8-5의 카르노 맵을 완성하여라. 맵상의 1들을 2개, 4개, 8개 등의 그룹으로 만들어라. 더 큰 그룹으로 만들 수 있다면 'X'를 그룹에 포함시켜라. 하지만 어떠한 0도 그룹에 포함되어서는 안 된다. 맵에서 최소 SOP를 읽고, 실험 보고서에 제공된 공란에 표현식을 적어라.

3. NAND 게이트만 사용하여 표현식을 구현하는 회로를 그려라. LED는 LOW 출력에서 ON 상태가 되어야 한다. 회로를 구성하고 예측한대로 실행되는지를 확인하기 위하여 가능한 모든 입력을 테스트하여라.

실험보고서 8

이름 :

날짜 :

조 :

실험 목표

- BCD 무효 코드 검출기에 대한 진리표 작성
- 카르노 맵(Karnaugh map)을 이용한 표현식의 간소화
- 간소화된 표현식을 구현하는 회로 구성 및 테스트
- 회로 내의 '결함'에 대한 영향 예측

데이터 및 관찰 내용:

표 8-2 BCD 무효 코드 검출기에 대한 진리표

입력	출력
D C B A	X
0 0 0 0	
0 0 0 1	
0 0 1 0	
0 0 1 1	
0 1 0 0	
0 1 0 1	
0 1 1 0	
0 1 1 1	
1 0 0 0	
1 0 0 1	
1 0 1 0	
1 0 1 1	
1 1 0 0	
1 1 0 1	
1 1 1 0	
1 1 1 1	

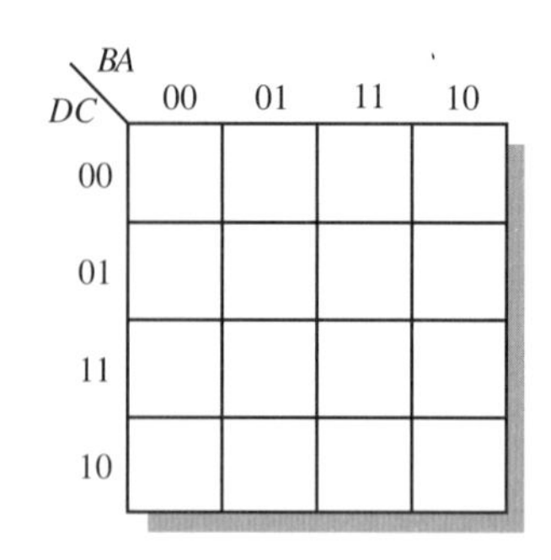

그림 8-3 BCD 무효 코드 검출기의 진리표에 대한 카르노 맵

맵으로부터 읽은 최소 곱의 합(SOP):

$X =$ ____________________

곱항을 D로 인수분해한 결과:

$X =$ ____________________

실험 순서 5. BCD 무효 코드 검출기 회로

표 8-3 실험 순서 6에서 구성한 BCD 무효 코드 검출기의 진리표

입력	출력
D C B A	X
0 0 0 0	
0 0 0 1	
0 0 1 0	
0 0 1 1	
0 1 0 0	
0 1 0 1	
0 1 1 0	
0 1 1 1	
1 0 0 0	
1 0 0 1	
1 0 1 0	
1 0 1 1	
1 1 0 0	
1 1 0 1	
1 1 1 0	
1 1 1 1	

표 8-4

문제 번호	문제점	영향
1	*D* 스위치의 풀-업 저항이 개방	
2	그림 8-4에 있는 NAND 게이트의 접지가 개방	
3	330 Ω 저항 자리에 우연히 3.3 kΩ 저항을 사용	
4	LED가 반대 방향으로 연결	
5	스위치 *A*가 접지로 단락	

결과 및 결론

추가 조사 결과

표 8-5 3으로 나누어지는 BCD 수에 대한 진리표

입력	출력
D C B A	X
0 0 0 0	
0 0 0 1	
0 0 1 0	
0 0 1 1	
0 1 0 0	
0 1 0 1	
0 1 1 0	
0 1 1 1	
1 0 0 0	
1 0 0 1	
1 0 1 0	
1 0 1 1	
1 1 0 0	
1 1 0 1	
1 1 1 0	
1 1 1 1	

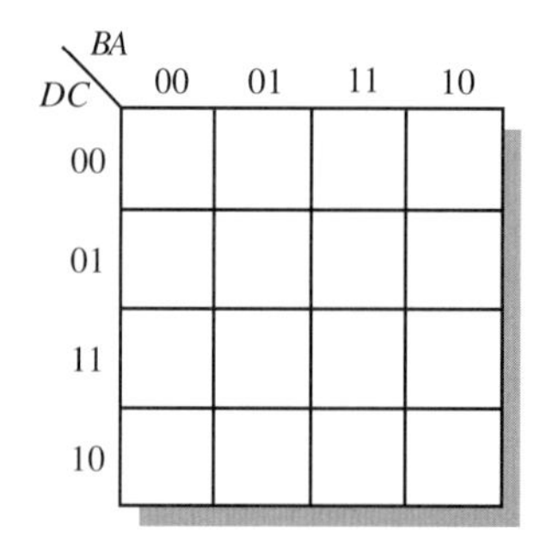

그림 8-5 3으로 나누어지는 BCD 수에 대한 진리표의 카르노 맵

맵으로부터 읽은 최소 곱의 합(SOP):

$X =$ ______________________________

회로:

평가 및 복습 문제

01 그림 8-4의 회로가 올바르게 동작하지 않는다고 가정하자. $DCBA$ = 1000과 1001을 제외한 모든 입력들에 대해서만 출력이 정상이다. 이 문제점을 설명할 수 있는 가능한 원인을 두 가지 이상 제시하고, 정확한 원인을 구별해 내는 방법을 설명하여라.

02 NOR 게이트들만 사용하여 그림 8-4의 등가 회로를 그려라.

03 BCD 무효 코드 검출기에 대한 진리표(표 8-2)에서 A 입력이 사용되었지만 그림 8-4의 회로에서는 연결되지 않았다. 그 이유를 설명하여라.

04 그림 8-6의 회로에는 $\bar{X}$로 표기된 출력이 있다. $\bar{X}$에 대한 표현식을 적고, 드모르간의 정리를 이용하여 X에 대한 표현식을 구하여라.

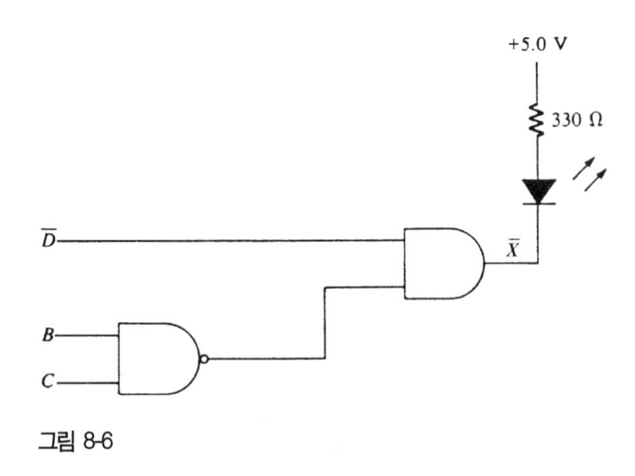

그림 8-6

05 실험 순서 2의 무효 코드 검출기에 대한 SOP 형식의 표현식을 POS(product of sums) 형식으로 바꾸어라.

06 NAND 게이트를 사용하여 실험 순서 2에서 구한 표현식으로부터 무효 코드 검출기를 구현하는 회로를 그려라.

실 험

9 연필 자판기

Floyd, Digital Fundamentals: A Systems Approach
CHAPTER 5: FUNCTIONS OF COMBINATIONAL LOGIC

실험 목표

- 주입된 '동전' 의 양을 기준으로 하여 '연필' 과 '거스름돈' 을 지급하는 논리 회로의 조합 회로부분 설계와 구성
- 실험 회로와 결과에 대한 보고서 작성

사용 부품

LED 4개
4조 DIP 스위치 1개
저항 : 1.0 kΩ 4개, 330 Ω 4개
그 외 실험자 선택 부품

이론 요약

대부분의 디지털 논리 회로는 간단한 조합 논리(combinational logic) 회로보다는 복잡한 구조를 갖고 있으며, 연속되는 사건들에 대해 응답하는 능력을 요구한다. 예를 들어, 동전 자판기는 주입된 동전의 양을 '기억' 하여 제품 가격과 비교해야 한다. 동전의 양이 제품 가격보다 크거나 같을 때, 자판기는 제품과 거스름돈을 지급한다. 이는 순차형 기계의 예가 되는데, 조합형 기계와의 중요한 차이점은 메모리가 존재한다는 것이다. 이와 같이 메모리를 포함하는 회로들이 순차 회로(sequential circuit)이다.

분석을 목적으로 하는 순차 회로는 메모리 장치와 조합 장치로 나눌 수 있다. 동전 자판기는 실제로 순차(메모리) 부분과 조합 부분 모두를 포함하고 있다. 이번 실험에서는 단순히 조합 논리에 대해서만 다루며, 다중 출력을 갖는 동전 자판기의 조합 논리 회로 부분에 대한 설계를 완성한다. 출력은 한 개의 제품과 여러 개의 거스름 동전으로 구성된다.

자판기 기계의 조합 논리 회로 부분을 설계하기 위하여 각 출력의 개별적 카르노 맵이 필요하다. 때로는 여러 출력 중 하나에 대해 요구되는 논리가 다른 출력의 방정식에 나타날 수 있고, 이 논리가 전체 회로를 단순화시킬 수 있다는 점을 명심하여라.

한 예로써 모델-1 연필 자판기를 설계한 것을 그림 9-1에 보였다. 연필의 발명 이후 곧바로 만들어진 이 기계는 연필을 잡고 있는 기계손을 펼 것인지를 결정하기 위해 조합 논리를 사용한다. 그 당시, 연필 가격은 10센트였고, 초기 연필 자판기는 두 개의 5센트짜리 니켈(nickel)이나 한 개의 10센트짜리 다임(dime)중 한 가지만 주입이 가능했고 그 외 동전은 사용할 수 없었다. 먼저 한 개의 니켈을 넣은 후에 다임 하나를 넣으면, 자판기는 거스름돈으로 니켈 한 개를 돌려주었다.

모델-1 연필 자판기는 가능한 모든 동전 입력을 보여주는 진리표를 채움으로써 설계되었다. N_1과 N_2로 표기된 두 개의 니켈용 스위치와 D로 표기된 한 개의 다임용 스위치가 존재한다. 진리표를 표 9-1에 나타내었다. 진리표에는 P로 표기된 연필과 NC로 표기된 니켈 거스름돈의 출력 두 개가 존재한다. 진리표상의 1은 해당 동전이 기계에 주입되었거나 제품(연필 또는 거스름돈)이 지급될 것임을 의미하고, 0은 해당 동전이 주입되지 않았거나 제품이 지급되지 않는다는 것을 의미한다.

모델-1 자판기 기계에서 두 개의 니켈용 스위치들은 서로 위 아래로 위치하고 있어 순차 논리의 기계적인 형태를 이루고 있다(그림 9-1 참조). 주입된 니켈 동전이 먼저 첫 번째 니켈 스위치(N_1)로 주입되어 쌓여야 그 다음의 니켈 동전이 두 번째 니켈 스위치(N_2)로 주입될 수 있다. 동전들은 자판기 내부에 순차적으로 쌓여야 하며, 주입된 동전의 합이 10센트가 되었을 때 연필이 지급된다. 두 동전의 조합에 의해 연필이 지급되기 때문에 자판기 내부로 세 개의 동전이 주입되는 경우는 없다. 이 때문에 진리표상의 몇 줄에는 '무정의(don' t care, X)' 가 보인다. 입력이 불가능한 경우에 대해서 진리표에 '무정의' 로 나타내었으므로 이 경우에는 출력이 무엇이든지 상관할 필요가 없다.

진리표로부터 그림 9-2와 같이 출력에 대해 두 개의 카르노 맵을 만든다. 맵을 읽을 때 '무정의' 를 포

표 9-1 모델-1 연필 자판기에 대한 진리표

입력			출력	
N_1	N_2	D	P	NC
0	0	0	0	0
0	0	1	1	0
0	1	0	X	X
0	1	1	X	X
1	0	0	0	0
1	0	1	1	1
1	1	0	1	0
1	1	1	X	X

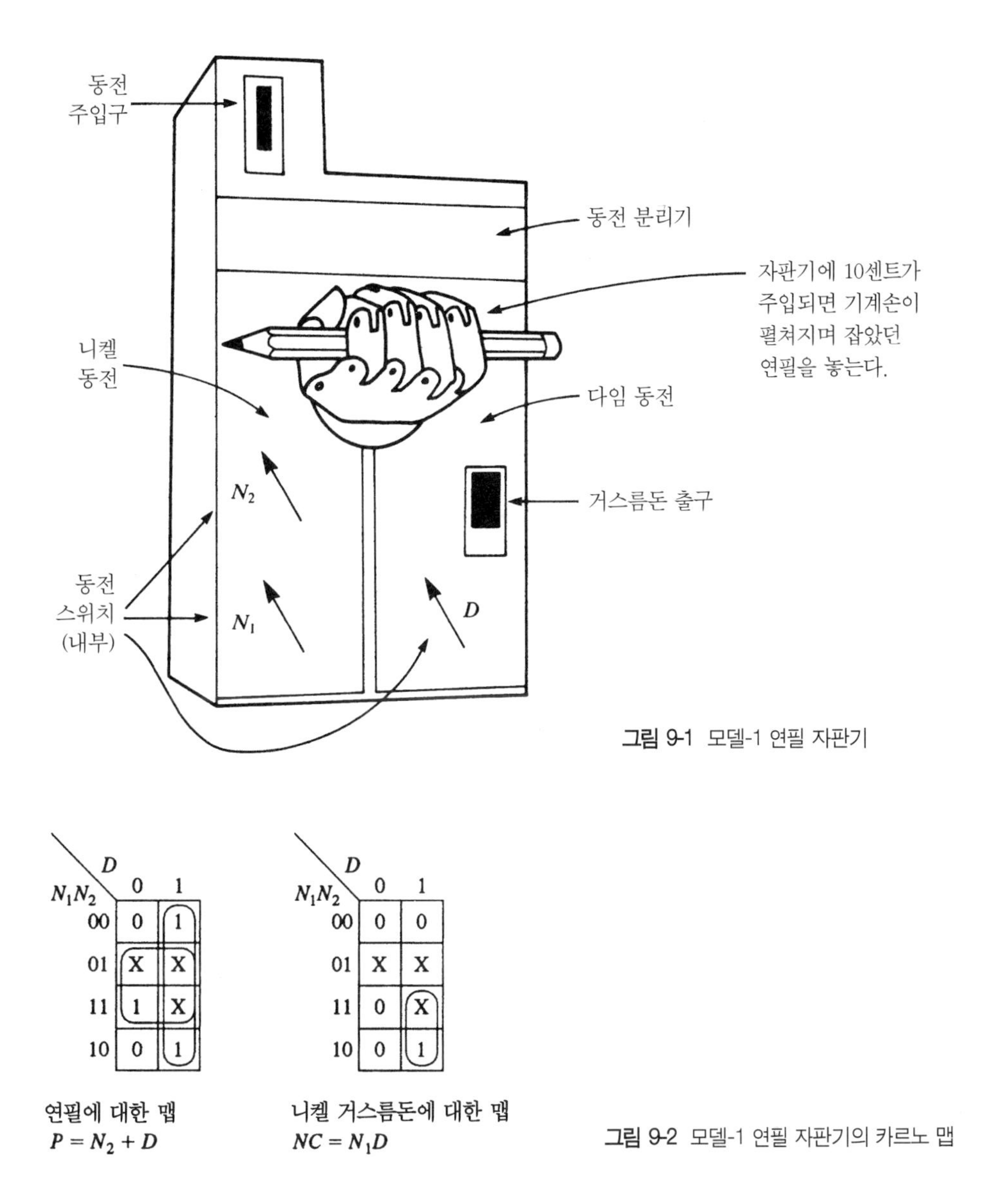

그림 9-1 모델-1 연필 자판기

그림 9-2 모델-1 연필 자판기의 카르노 맵

함시켜 그룹 지움으로써 결과적으로 논리가 매우 단순화된다. 부울 대수 곱들의 합(SOP)으로부터 쉽게 그림 9-3의 모델-1 연필 자판기를 구현할 수 있다.

실험 순서

새로운 모델-2 연필 자판기에 대한 논리를 설계하고 테스트해야 한다. 즉, 새로운 자판기의 조합 논리 부분을 설계하고 출력으로 LED를 사용하여 동작 확인을 위해 설계를 테스트하는 것이다. 그런 후에 설계와 테스트 결과를 요약하여 보고서를 작성해야 한다. 문제에 대한 설명은 다음과 같다.

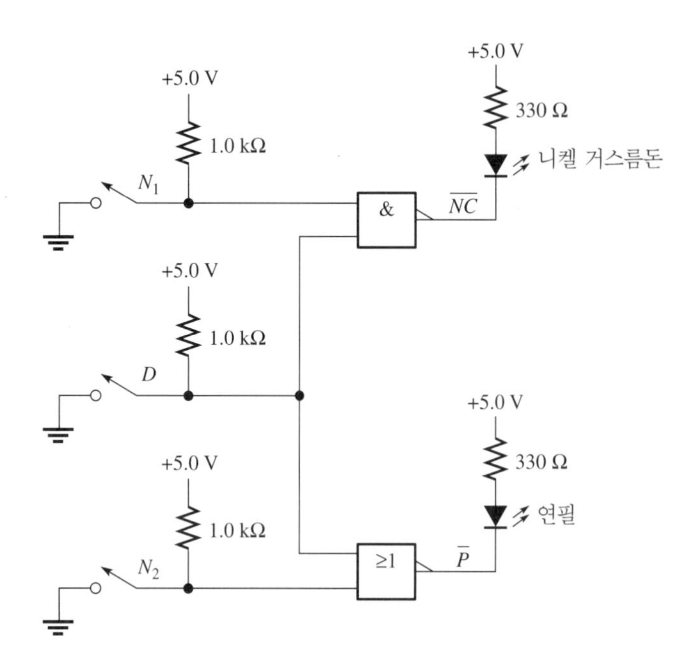

그림 9-3 모델-1 연필 자판기

문제 설명

새 모델-2 연필 자판기는 물가 상승으로 인해 15센트에 연필을 판매한다. 자판기는 니켈(5센트) 1개, 다임(10센트) 2개, 쿼터(25센트) 1개, 또는 이들의 조합을 받아들일 수 있도록 설계될 것이다(자판기에 니켈 세 개를 넣는 경우는 생각하지 않기로 한다). 조합 논리에서 동전은 니켈 1개(N), 다임 2개(D_1과 D_2), 쿼터 1개(Q)인 4개의 입력 스위치들로 표현된다. 자판기의 첫 번째 다임은 항상 D_1 스위치를 ON 시키고, 두 번째 다임은 항상 D_2 스위치를 ON시킨다. 모델-1 설계에서와 같이 불가능한 동전의 조합들이 존재한다. 이는 연필을 쥐고 있는 기계손이 자판기에 15센트가 주입되자마자 펴기를 시작한다는 사실 때문이다. 이것은 자판기에 세 개 이상의 동전이 주입될 수 없음을 의미한다. 또한 첫 번째 다임 스위치(D_1)를 작동시키기 전에 두 번째 다임 스위치(D_2)가 작동하는 것은 불가능하다. 조합을 분명히 하기 위하여 표 9-2의 진리표를 채워야 한다(이미 네 줄을 채워 놓았다).

진리표에 열거된 바와 같이 모델-2 연필 자판기의 출력으로는 연필(P), 니켈 거스름돈(NC), 첫 번째 다임 거스름돈(DC_1), 두 번째 다임 거스름돈(DC_2)의 네 개가 존재한다. 제품과 거스름돈을 올바르게 지급하기 위하여 이들 출력을 결정해야 한다. 설계에서는 IC를 두 개까지만 사용해야 한다.

◆ 보고서

회로와 테스트 결과를 요약하여 기술 보고서를 작성하여라. 기술 보고서는 강사가 요구하는 형식이나 '실험 개요' 에서 제시한 형식을 사용해도 된다. 모델-2 연필 자판기의 완성된 진리표와 간소화에 사용된 카르노 맵을 포함시켜라.

추가 조사

모델-2 연필 자판기가 설계된 후, 회사의 구매 부서에서 세일 중인 2-입력 NAND 게이트 수백만 개를 구입해두었다고 한다. 이로 인해 회로 전체에 대해 2-입력 NAND 게이트를 사용하도록 회로를 수정해야 하는 문제가 발생했다. 회로에 사용되는 IC의 개수가 많아질지라도 회로의 게이트를 모두 NAND 게이트로 사용해야 한다. 회사에 도움을 주기 위해 회로를 어떻게 변경해야 하는지를 보고서에 적어라.

표 9-2 모델-2 연필 자판기에 대한 진리표

입력				출력			
N_1	D_1	D_2	Q	P	NC	DC_1	DC_2
0	0	0	0	0	0	0	0
0	0	0	1	1	0	1	0
0	0	1	0	X	X	X	X
0	0	1	1	X	X	X	X
0	1	0	0				
0	1	0	1				
0	1	1	0				
0	1	1	1				
1	0	0	0				
1	0	0	1				
1	0	1	0				
1	0	1	1				
1	1	0	0				
1	1	0	1				
1	1	1	0				
1	1	1	1				

실 험

10 당밀 탱크

Floyd, Digital Fundamentals: A Systems Approach
CHAPTER 5: FUNCTIONS OF COMBINATIONAL LOGIC

실험 목표

- 피드백(feedback)을 포함하고 있는 제어 처리를 위한 논리 설계와 구현
- 실험 회로와 결과에 대한 보고서 작성

사용 부품

LED 4개
4조 DIP 스위치 1개
저항: 1.0 kΩ 4개, 330 Ω 4개
그 외 실험자 선택 부품

이론 요약

논리를 구현하는 데 유연성을 제공하고 요구 사항의 변경에 따라 설계 시에 변경이 가능하도록 하기 위해서 일반적으로 제어 시스템에는 복잡하고 프로그래밍이 가능한 제어기를 사용한다. 간단한 시스템에서는 이 실험에서와 같이 제어 논리를 고정된 함수 논리로부터 설계할 수 있다.

이 실험에서 제기되는 문제는 탱크 제어 시스템에서 네 개의 출력 중 두 가지에 대해 제어 논리를 설계하는 것이다('추가 조사' 절에서는 세 번째 출력인 삽입 밸브 V_{IN}을 추가할 것이다). 특정 요구 사항은 '실험 순서'의 '문제 설명'에서 기술할 것이다. 이 실험에서는 피드백(feedback)이 존재한다. 엄밀히 말해서 이는 순차 논리(sequential logic)를 의미하지만, 설계에 적용된 방법은 'Digital Fundamentals: A System Approach' 책의 5장에서 설명한 조합 논리(combinational logic) 설계 방법(카르노 맵)을 사용한다. 피드백으로 인해 어떤 레벨 이하로 탱크가 비어 있을 때까지 탱크 보충은 이루어지지 않는다. 이 설계에서 흐름 센서는 필요하지 않다.

Crumbly라는 쿠키 회사는 당밀(糖蜜) 쿠키를 만드는 데 사용하는 생산 라인의 저장 탱크에 문제점을 가지고 있다고 하자. 즉, 겨울 동안에는 당밀이 일괄 처리 과정에서 너무 천천히 흐른다는 것이다. 신입 사원으로서 배출 밸브(V_{OUT})가 개방되기 전에 당밀이 충분히 데워질 수 있도록 하는 모델-2 탱크 제어기의 논리를 설계하는 업무를 맡았다고 하자. 배출 밸브는 개방된 후에 하위 레벨 센서가 당밀에 의해 채워지지 않은 상태(이는 탱크가 비었다는 것을 의미)가 될 때까지 계속 개방 상태로 있어야 한다.

이 문제를 이해하는 가장 좋은 방법은 모델-1 탱크 제어기 설계를 살펴보는 것이다. 모델-1 설계에서 당밀 탱크에는 두 개의 센서, 즉, 상위(L_H) 레벨과 하위(L_L) 레벨 센서가 존재한다. 당밀이 상위 레벨 센서에 도달했을 때만 배출 밸브를 개방하여 탱크를 비울 수 있다. 개방 후에 배출 밸브는 하위 레벨 센서가 당밀에 의해 채워지지 않은 상태가 될 때만 닫기가 가능하다.

앞서 설명한 바와 같이, 모델-1 시스템은 두 센서가 당밀로 채워졌을 때만 배출 밸브를 개방하지만, 배출 밸브가 일단 한 번 열리게 되면 두 레벨 센서가 모두 당밀로 채워지지 않은 상태가 될 때까지 개방 상태를 유지한다. 이 개념은 출력 밸브의 현재 상태를 알아야 하므로, 설계에서 논리의 출력과 입력 모두를 고려해야 한다. 이는 표 10-1과 같은 진리표로 요약할 수 있다. 시스템이 TTL 논리로 설계되기 때문에 표 10-1에서 배출 밸브는 LOW 신호(논리 0)일 때 개방되며, 상위(L_H) 레벨과 하위(L_L) 레벨 센서는 당밀로 채워졌을 때는 논리 1, 그렇지 않으면 논리 0이 된다.

진리표를 나타내는 카르노 맵이 그림 10-1에 나타나 있다. 맵으로부터 최소 논리가 결정된다. 모델-1 탱크 제어기의 배출 밸브에 대한 회로는 그림 10-2와 같다. 피드백으로 인해 V_{OUT}이 입력 중의 하나로 되돌아온다는 것에 주의하여라.

모델-1 탱크 제어기의 배출 밸브에 대한 회로를 구성한 후에 입력으로는 스위치를 사용하고 배출 밸

표 10-1 모델-1 배출 밸브에 대한 진리표. V_{OUT}은 피드백으로 인해 입력과 출력 모두가 될 수 있다는 것에 주의한다.

입력			출력	
L_H	L_L	V_{OUT}	V_{OUT}	동작
0	0	0	1	밸브 닫기
0	0	1	1	밸브 닫기 유지
0	1	0	0	밸브 개방; 개방 유지
0	1	1	1	밸브 닫기; 닫기 유지
1	0	0	0	센서 오류; 밸브 개방
1	0	1	0	센서 오류; 밸브 개방
1	1	0	0	모든 센서 당밀로 채워짐; 밸브 개방 유지
1	1	1	0	모든 센서 당밀로 채워짐; 밸브 개방

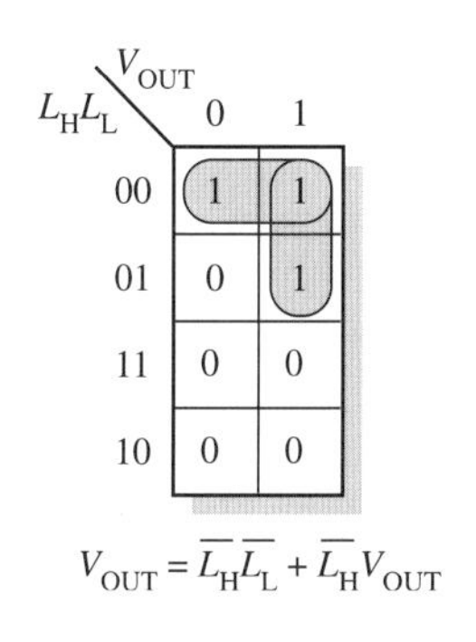

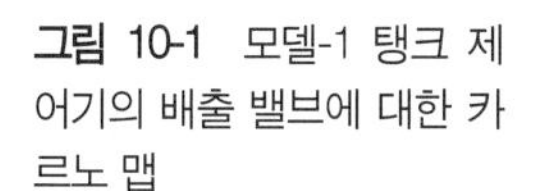
$V_{OUT} = \overline{L_H}\,\overline{L_L} + \overline{L_H} V_{OUT}$

그림 10-1 모델-1 탱크 제어기의 배출 밸브에 대한 카르노 맵

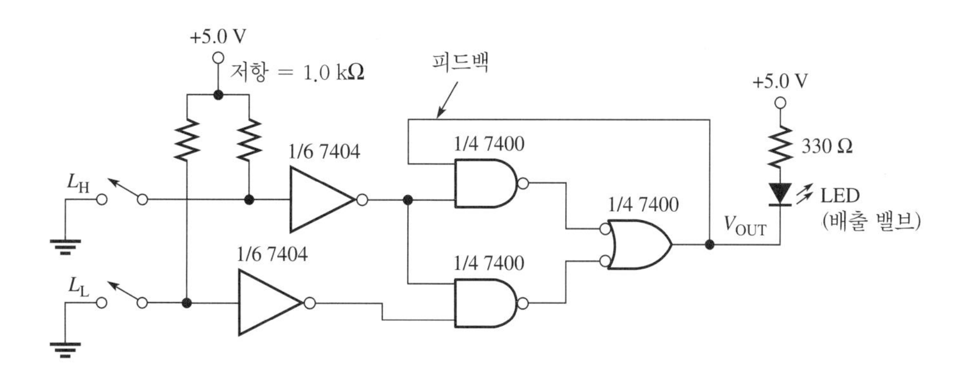

그림 10-2 모델-1 탱크 제어기의 배출 밸브 논리에 대한 회로도

브에 대해서는 LED를 사용하여 테스트한다. 이 테스트는 두 스위치가 모두 닫혀있는 상태(즉, 두 센서가 당밀로 채워지지 않은 상태)부터 시작하는데, 이는 레벨 입력들이 모두 LOW(표 10-1에서 논리 0)라는 것을 의미한다. 비어 있는 탱크에 당밀을 보충할 때, L_L이 당밀로 채워지고, 이는 스위치를 개방한 상태와 같게 되어 HIGH로 변경된다. 밸브를 의미하는 LED는 OFF 상태를 유지한다. 후에 L_H가 당밀로 채워지고, 이 또한 스위치를 개방한 상태와 같게 되어 L_H도 HIGH로 변경된다. 이렇게 되면 LED에 불이 들어오게 된다. 이때, 상위 레벨 스위치를 닫더라도 LED에는 아무 영향을 끼치지 못하게 되고, L_L 스위치를 닫을 때까지 LED는 계속 켜진 상태를 유지한다.

◈ 실험 순서

모델-2 당밀 탱크 제어기의 배출 밸브 V_{OUT}과 경보 A에 대한 논리를 설계하여라. 설계한 것을 테스트해보고 이 제어기 부분에 대한 도면과 테스트 결과를 적은 보고서를 제출하여라. 설계의 요구 사항은 다음 '문제 설명'에 주어져 있다.

문제 설명 : 모델-2 당밀 탱크 제어기에는 그림 10-3과 같이 세 개의 입력과 네 개의 출력이 있다. 입력은 두 개의 레벨 센서 L_L, L_H와 온도 센서 T_C이다. 온도가 당밀이 적당하게 흐르도록 하는데 너무 낮다고 하면 이를 의미하도록 '낮은' 온도 센서는 논리 1이 된다. 출력에는 V_{IN}과 V_{OUT}의 두 값과 경보 A, 당밀이 적당하게 흐를 수 있도록 데우는 가열기 H가 있다. 이 실험에서는 배출 밸브 V_{OUT}과 경보 A에 대해서만 논리를 설계하면 된다. 예로써 V_{OUT}에 대한 진리표를 표 10-2에 나타내었다.

모델-1 제어기처럼 상위 레벨 센서가 당밀로 채워졌을 때, 당밀이 너무 차갑지 않다고 온도 센서에 의해 표시될 때만 배출 밸브를 개방해야 한다. 밸브는 하위 레벨 센서가 당밀에 의해 채워지지 않은 상태가 되거나, 당밀이 적절히 흐르지 못할 정도로 차가워 질 때까지 개방 상태가 유지되어야 한다.

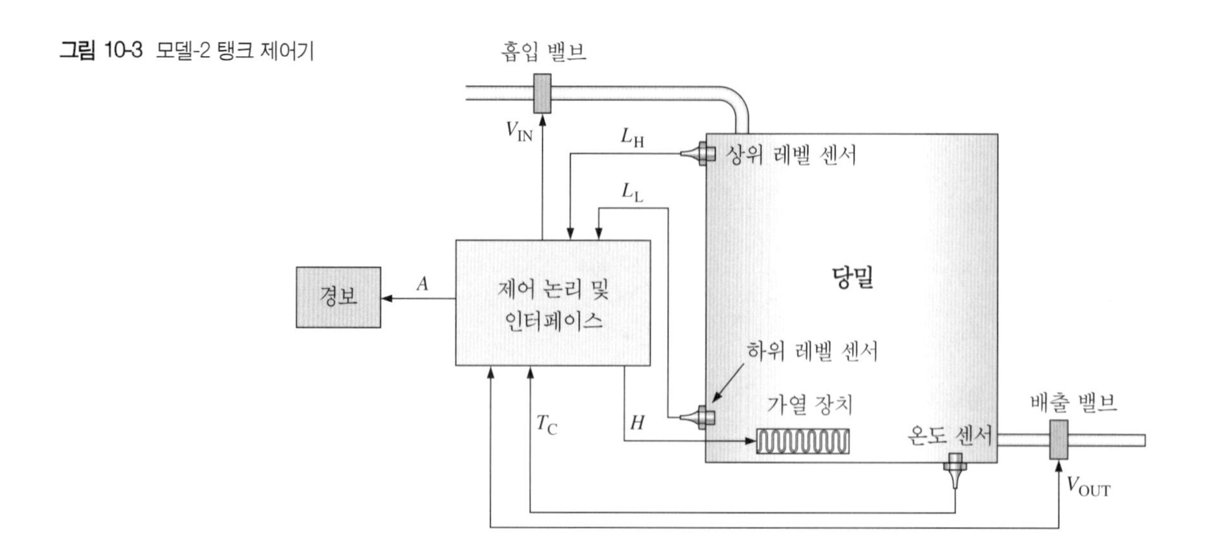

그림 10-3 모델-2 탱크 제어기

표 10-2 모델-2 탱크 제어기의 출력 밸브에 대한 진리표

입력				출력	동작
L_H	L_L	T_C	V_{OUT}	V_{OUT}	
0	0	0	0	1	밸브 닫기
0	0	0	1	1	밸브 닫기 유지
0	0	1	0	1	밸브 닫기
0	0	1	1	1	밸브 닫기 유지
0	1	0	0	0	밸브 이미 개방; 개방 유지
0	1	0	1	1	밸브 닫기; 닫기 유지
0	1	1	0	1	밸브 닫기; 온도 너무 낮음
0	1	1	1	1	밸브 닫기 유지; 온도 너무 낮음
1	0	0	0	0	센서 오류; 밸브 개방
1	0	0	1	0	센서 오류; 밸브 개방
1	0	1	0	0	센서 오류; 밸브 개방
1	0	1	1	0	센서 오류; 밸브 개방
1	1	0	0	0	탱크 가득 참; 밸브 개방 유지
1	1	0	1	0	탱크 가득 참; 밸브 개방
1	1	1	0	1	탱크 가득 찼으나 온도 너무 낮음; 밸브 닫기
1	1	1	1	1	탱크 가득 찼으나 온도 너무 낮음; 계속 밸브 닫기 유지

센서에 의해 고장이 검출되면 운영자에게 경고를 주기 위해서 경보 논리를 설계한다. 이는 하위 레벨 센서가 당밀로 채워지지 않은 상태에서 상위 레벨 센서가 당밀로 채워졌다고 알릴 때 발생하게 된다. 이 조건 하에서 경보는 LED를 사용하여 알린다. 경보의 실제 레벨은 LOW이어야 한다. V_{OUT}과 A에 대한 논리를 구성하고 테스트하여라.

보고서

자신이 설계한 각 출력에 대해 표 10-2와 유사한 진리표가 필요할 것이다. 주석은 선택 사항이지만 주어진 출력에 대한 논리의 이유를 명확히 하는 데 도움을 줄 수 있다. 또한 설계한 각 출력에 대한 카르노 맵을 작성하고 논리식의 간단화 과정을 보여야 한다. 그림 10-4에 진리표와 같은 입력을 갖는 비어 있는 카르노 맵이 나타나 있다. 피드백 때문에 V_{OUT}이 입력 중에 하나가 된다는 것에 다시 한 번 주의하기 바란다.

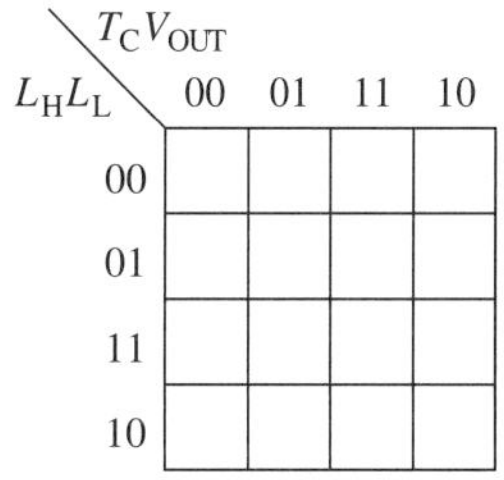

$L_H L_L$ \ $T_C V_{OUT}$	00	01	11	10
00				
01				
11				
10				

그림 10-4 출력 맵핑을 위한 빈 카르노 맵

맵 작성 후 회로 도면을 그려라. 테스트 결과와 그에 대한 요약을 기술 보고서에 작성하여라. 기술 보고서는 강사가 요구하는 형식이나 '실험 개요'에서 제시한 형식을 사용해도 된다.

추가 조사

흡입 밸브 V_{IN}에 대한 논리를 구성하고 테스트하여라. 배출 밸브가 닫혀 있고 상위 레벨 센서가 당밀에 의해 채워지지 않은 상태일 때만 흡입 밸브를 개방해야 한다. 테스트 결과를 보고서에 기술하여라.

실 험

11 가산기와 크기 비교기

Floyd, Digital Fundamentals: A Systems Approach
CHAPTER 5: FUNCTIONS OF COMBINATIONAL LOGIC

실험 목표

- 4비트 2진/Excess-3 코드 변환기의 설계, 구현 및 테스트
- 오버플로우(overflow) 검출이 가능한 부호 있는 가산기의 설계

사용 부품

7483A 4비트 2진 가산기
7485 4비트 크기 비교기
7404 6조 인버터
LED 5개
4조 DIP 스위치 1개
저항: 330 Ω 5개, 1.0 kΩ 8개

추가 조사용 실험 기기와 부품:
실험자 선택 부품

이론 요약

이번 실험에서는 두 가지 중요한 MSI 회로인 4비트 가산기(adder)와 4비트 크기 비교기(magnitude comparator)에 대해 소개한다. 7483A는 룩-어헤드 캐리(look-ahead carry)를 갖고 있는 4비트 가산기의 TTL 버전이다. 7485는 4비트 크기 비교기의 TTL 버전으로 $A > B$, $A < B$, $A = B$의 출력을 포함하고 있다. 이 IC에는 비교기를 직렬연결(cascade) 하기 위한 $A > B$, $A < B$, $A = B$ 입력도 포함되어 있다. 그러므로 비교기를 연결할 때는 입력과 출력에 주의해야 한다.

가산기와 비교기의 핀에 명칭을 부여하는 방법에서의 차이점을 명확히 이해해야 한다. 4비트 가산기에는 최하위 비트(least significant bit, LSB)에 0을 첨자로 가지는 캐리 입력(carry-in) C_0가 있다. 그 다

음의 최하위 비트는 더해질 두 개의 4비트 수에 포함되어 1의 첨자로 구별 짓는다(A_1, B_1). 비교기에서는 캐리 입력이 없기 때문에 최하위 비트는 0의 첨자로 이름을 붙인다(A_0, B_0).

이번 실험에서 4비트 2진 코드를 Excess-3 코드로 변환하기 위해 가산기와 비교기를 사용한다. 이와 같은 접근 방법은 다소 정통적이지는 않지만 가산기와 크기 비교기가 어떻게 동작하는지를 알 수 있게 해 준다. 4비트보다 큰 2진수에 대해서도 이 기법을 사용해도 되지만 더 좋은 방법들이 존재한다. 이번 실험의 이해를 돕기 위해 다음 예제에서 2진/BCD 코드 변환기를 먼저 다루어 보겠다.

예제 : 4비트 2진/BCD 코드 변환기

0000과 1001(십진수 9) 사이의 4비트 2진수는 BCD 수와 같다는 것을 상기하여라. 0에 이들 2진수를 더하면 그 결과는 변하지 않고 여전히 BCD 수를 나타낸다. 1010(십진수 10)부터 1111(십진수 15)까지의 2진수는 간단히 여기에 0110(십진수 6)을 더하면 BCD 수로 변환이 가능하다.

이 변환을 수행하는 회로가 그림 11-1에 나타나 있다. 비교기의 B 입력이 1001로 연결되어 있는 것에 주의하여라. 비교기의 A 입력이 2진수 1001보다 크다면 $A > B$ 출력이 선언된다. 이 동작은 가산기가 2진 입력에 0110을 더하도록 한다. 비교기의 $A > B$ 출력이 어떻게 가산기의 B로 연결되는지 주의하여라. $A > B$가 선언될 때 단지 B_2와 B_3 비트만 HIGH가 되고, 그렇지 않을 경우 모든 B 비트는 LOW가 된다. 이는 가산기가 2진 입력에 0000이나 0110 중 하나를 더하도록 한다. 이 상황은 표 11-1에 요약되어 있다. 표에서 B_2와 B_3 비트는 $A > B$ 출력과 같은 의미를 갖는다. 즉, 이 비트들은 $A > B$가 0일 때 0이고, $A > B$가 1일 때 1이 된다. B_4와 B_1 비트는 항상 0이므로 이들 입력은 접지에 연결시킨다.

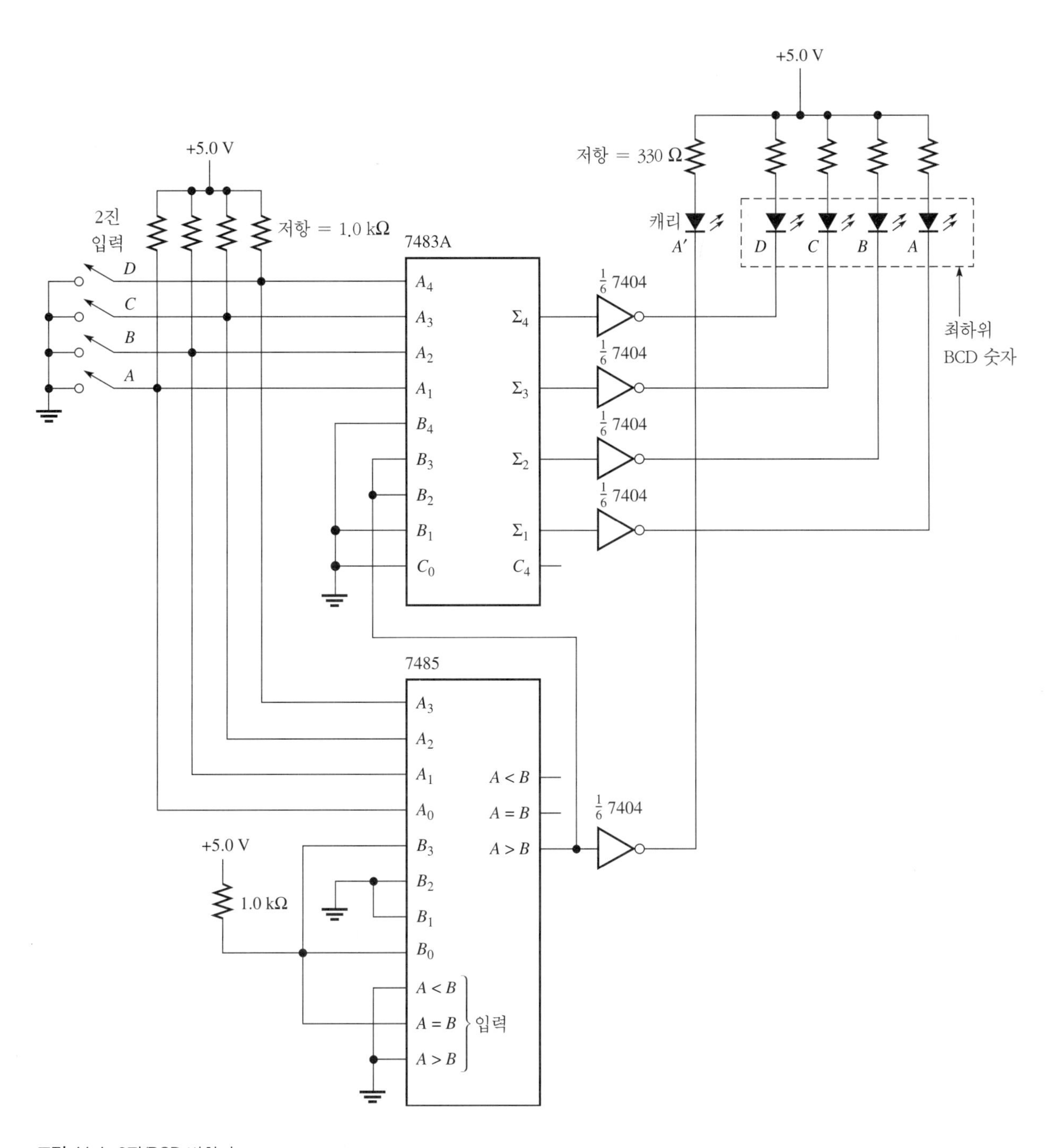

그림 11-1 2진/BCD 변환기

표 11-1 2진수를 BCD로 변환

비교기 $A>B$ 출력	가산기 입력				비고
	B_4	B_3	B_2	B_1	
0	0	0	0	0	입력이 10보다 작음. 0000 더하기
1	0	1	1	0	입력이 9보다 큼. 0110 더하기

실험 순서

1. 실험 보고서에 있는 그림 11-2는 2진/Excess-3 코드 변환 회로의 일부분만 완성한 회로도이다. 이 회로는 2진 입력 수에 0011이나 1001을 더하는 것을 제외하고는 '이론 요약'의 예에서 기술한 기본적인 개념을 사용하고 있다. 입력 2진수가 0000에서 1001(십진수 9)까지의 값이라면 가산기는 입력 2진수에 0011(십진수 3)을 더해야 하고, 1001보다 크다면 4비트 2진수를 Excess-3 코드로 변환하기 위해서 1001(십진수 9)을 더해야 한다. 문제는 표 11-2에 요약되어 있다. 7483A에 개방되어 있는 입력을 어떻게 연결할지를 결정하고, 회로도를 완성하여라.

2. 회로도로부터 회로를 구성하여라. 실험 보고서의 표 11-4 진리표에 있는 모든 가능한 입력을 테스트하여라. 출력은 LED로부터 읽을 수 있는데, LED가 ON일 때는 논리 1을, OFF일 때는 논리 0을 나타낸다.

추가 조사

오버플로우 검출

부호가 있는 고정 소수점 수는 대부분의 컴퓨터에서 표 11-3의 방법으로 저장된다. 양수는 실제 형태로 저장되고 음수는 2의 보수(complement) 형태로 저장된다. 같은 부호를 갖는 두 수를 더할 때는 결과 값이 너무 커서 표현 가능한 비트 수를 초과할 수 있다. 이 같은 상황을 오버플로우(overflow)라고

표 11-2 2진수를 Excess-3 코드로 변환

비교기 $A>B$ 출력	가산기 입력				비고
	B_4	B_3	B_2	B_1	
0	0	0	1	1	입력이 10보다 작음. 0011 더하기
1	1	0	0	1	입력이 9보다 큼. 1001 더하기

표 11-3 부호 있는 4비트 수의 표현

10진수	컴퓨터에서의 표현	
+7	0111	실제 형태의 수
+6	0110	
+5	0101	
+4	0100	
+3	0011	
+2	0010	
+1	0001	
0	0000	
−1	1111	2의 보수 형태의 수
−2	1110	
−3	1101	
−4	1100	
−5	1011	
−6	1010	
−7	1001	
−8	1000	

↑ 부호 비트

하는데, 덧셈 연산에서 부호 비트 위치로 캐리를 생성시킬 때 발생하게 된다. 결과적으로 부호 비트에는 오류가 발생하게 되는데, 이러한 조건은 쉽게 검출이 가능하다. 서로 다른 부호를 갖는 두 수를 더할 때는 오버플로우가 발생하지 않으므로 부호 비트는 항상 정상적인 상태가 된다. 그림 11-3은 4비트 수에 대한 오버플로우를 설명하고 있다.

이번 실험에서 오버플로우 오류의 존재를 검출하고 오버플로우가 발생했을 때 LED에 불이 들어오도록 부호 있는 수에 대한 4비트 가산기의 설계 단계를 진행할 것이다. 실험 보고서의 그림 11-4에서와 같이 7483A 가산기와 7404 6조 인버터로 시작해본다.

1. 오버플로우 오류를 검출하는 문제를 고려해 보자. 더할 각 수의 부호 비트와 답의 부호 비트만 주시하면 된다. 부호 비트에 대한 모든 가능한 조합에 대해 표 11-5 진리표를 완성하여라. 오버플로우 오류가 발생할 때마다 1을 표에 기입한다.

2. 실험 보고서의 그림 11-5에 있는 출력에 대한 카르노 맵을 완성하고 최소화가 가능한지 알아보아라.

3. 실험 보고서에 오버플로우 오류 검출에 대한 부울 식을 기입하여라.

4. 그림 11-4에 있는 오버플로우 검출 박스로 들어가는 신호는 A_4, B_4, Σ_4임에 주의하여라. 부울 식의 한 항에 대해서 드모르간의 정리를 적용하면 이들 입력만을 사용하는 회로를 그릴 수 있다. 박스 안에 회로를 그려라. 강사가 지시한다면 회로를 구성하고 테스트하여라.

서로 다른 부호의 수: 부호 위치에 오버플로우가 발생할 수 없음.

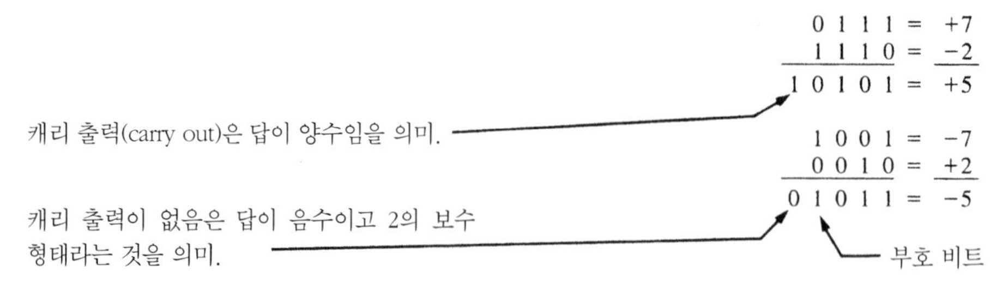

동일 부호의 수: 부호 위치에 오버플로우가 발생할 수 있음.

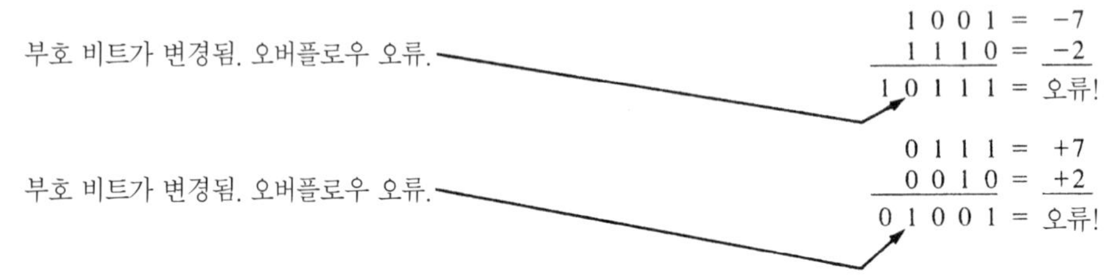

그림 11-3 부호 있는 4비트 수에서 발생할 수 있는 오버플로우. 이 그림에서 보인 개념은 큰 2진수에도 적용된다.

실험보고서 11

이름 : ______________________

날짜 : ______________________

조 : ______________________

실험 목표

- 4비트 2진/Excess-3 코드 변환기의 설계, 구현 및 테스트
- 오버플로우(overflow) 검출이 가능한 부호 있는 가산기의 설계

데이터 및 관찰 내용

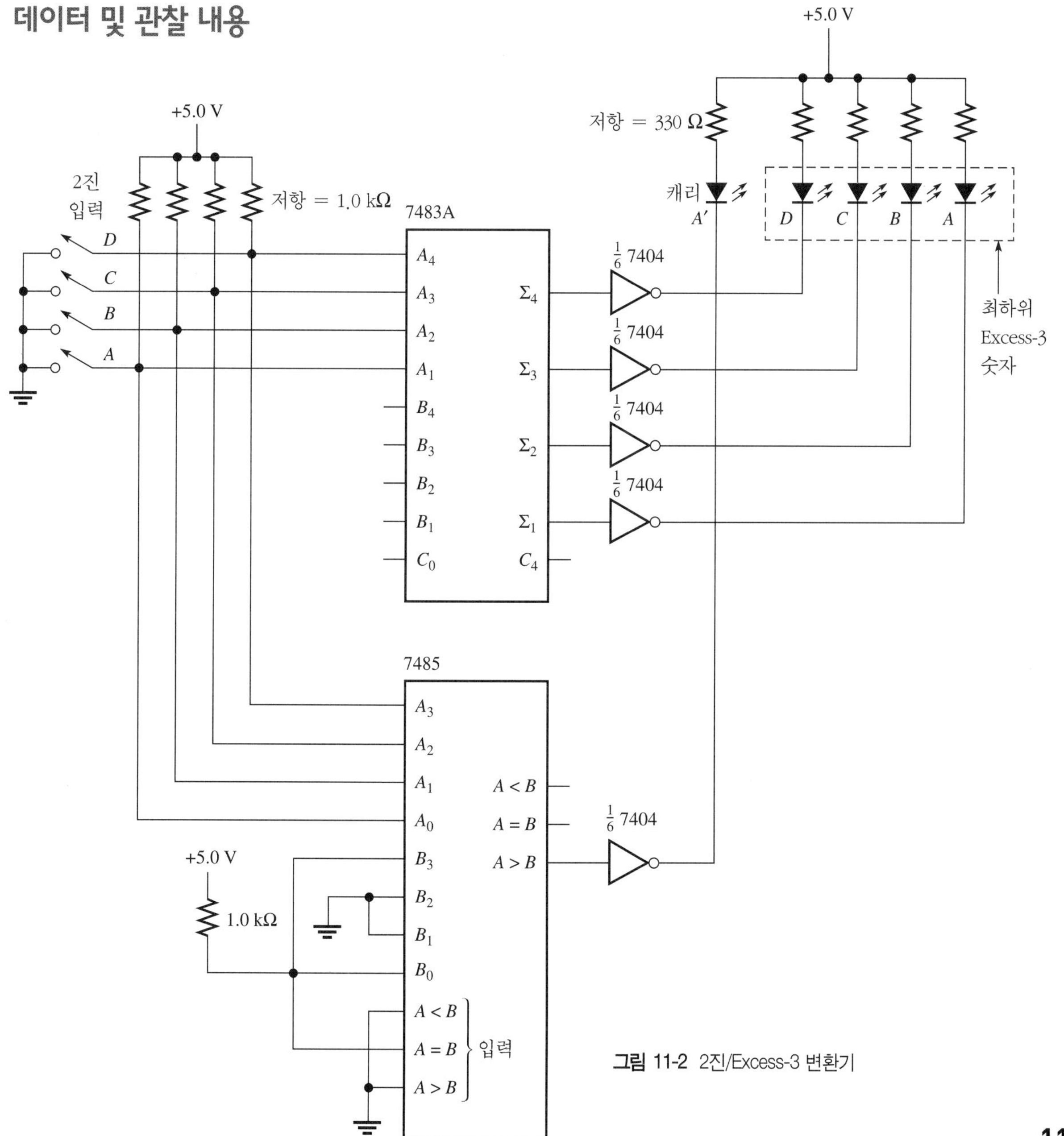

그림 11-2 2진/Excess-3 변환기

표 11-4 그림 11-2에 대한 진리표

입력 (2진수)	출력 (Excess-3)	
D C B A	A'	D C B A
0 0 0 0		
0 0 0 1		
0 0 1 0		
0 0 1 1		
0 1 0 0		
0 1 0 1		
0 1 1 0		
0 1 1 1		
1 0 0 0		
1 0 0 1		
1 0 1 0		
1 0 1 1		
1 1 0 0		
1 1 0 1		
1 1 1 0		
1 1 1 1		

결과 및 결론

추가 조사 결과

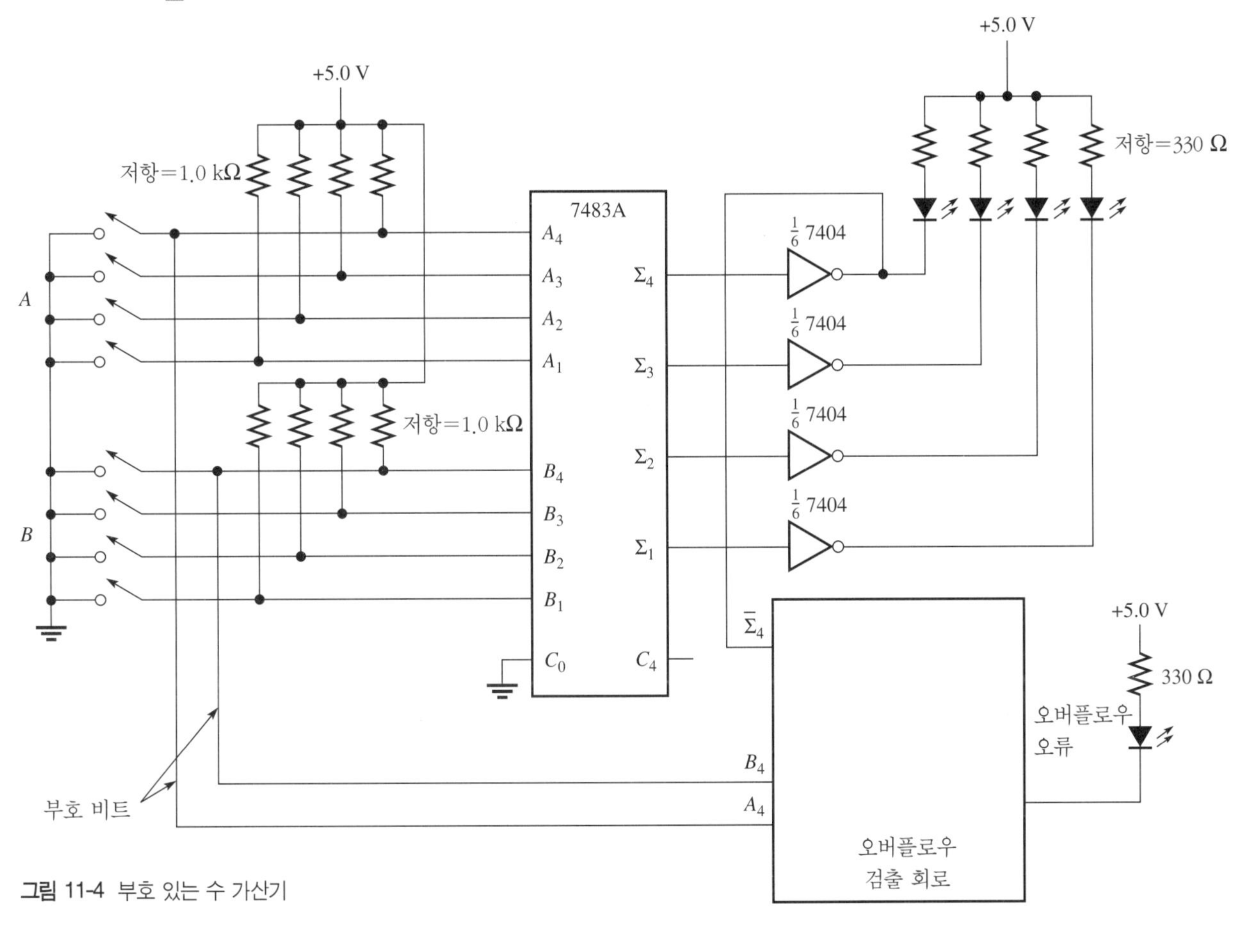

그림 11-4 부호 있는 수 가산기

표 11-5 오버플로우 오류에 대한 진리표

부호 비트	오류
A_4 B_4 Σ_4	X
0 0 0	
0 0 1	
0 1 0	
0 1 1	
1 0 0	
1 0 1	
1 1 0	
1 1 1	

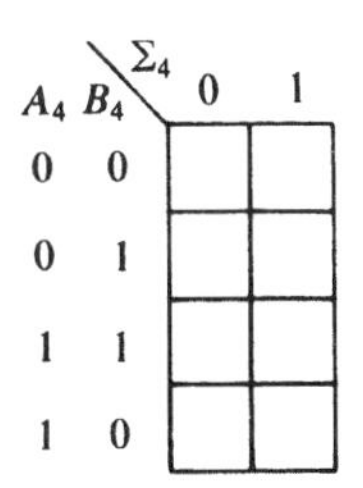

그림 11-5 오버플로우 오류에 대한 카르노 맵

오버플로우 오류에 대한 부울 식

$X =$ ______________________________

평가 및 복습 문제

01 그림 11-1 회로에서 7485의 $A > B$에 대한 출력이 개방(open)되었다고 가정하여라.

a. 이 상황이 A 출력에 대해 어떤 영향을 끼치겠는가?

b. 7483A의 B_2와 B_3 입력에서 어떤 전압 레벨이 측정될 것으로 예상되는가?

02 두 개의 8비트 수를 더하기 위해서 두 개의 7483A 가산기를 어떻게 직렬연결 해야 하는지를 아래 빈 공간에 보여라.

03 7483A 가산기에서 C_0 입력의 기능은 무엇인가?

04 그림 11-6 회로는 입력 수가 8보다 작거나 12보다 클 경우 LED에 불이 들어와야 한다. 직렬연결 입력을 포함하여 남아 있는 각 입력들이 어디로 연결되어야 하는지를 보여줌으로써 설계를 완성하여라.

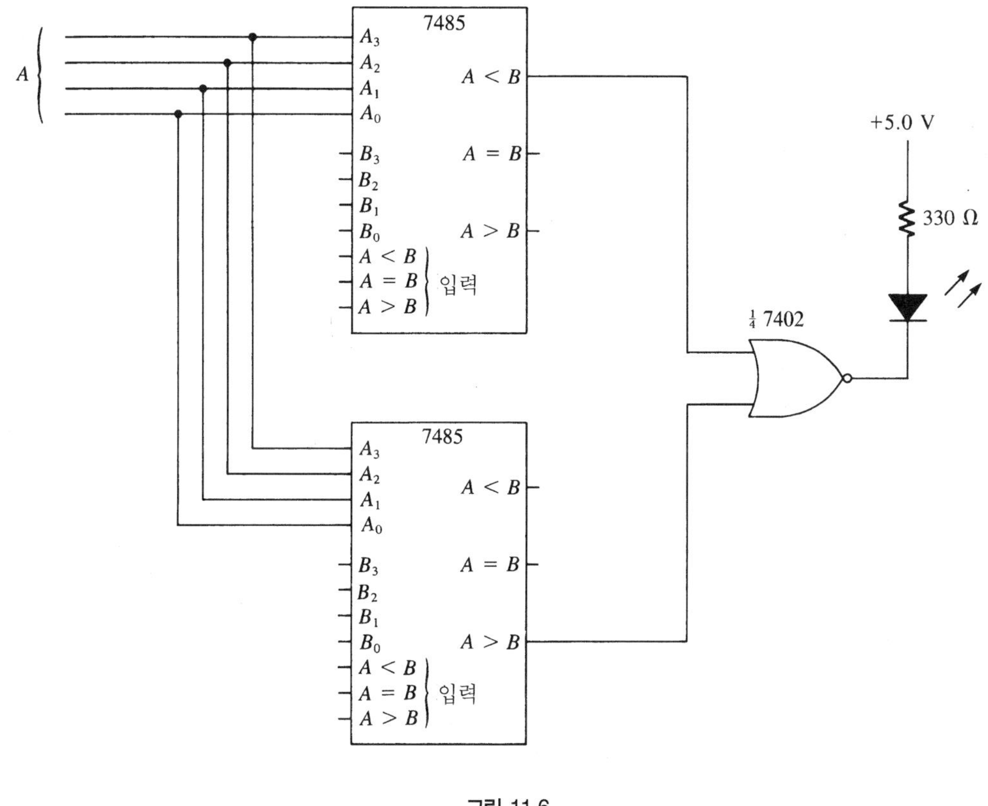

그림 11-6

05 그림 11-4 회로는 두 개의 부호 있는 4비트 수를 더하도록 설계되었다. 음수는 2의 보수 형태로 저장된다는 것을 상기하여라. 그림의 회로를 뺄셈 회로($A-B$)로 변경하기 위해서는 B(감수) 입력을 2의 보수로 바꿔야 한다. B 입력을 반전시키는 것은 1의 보수를 만드는 것과 같다. 회로가 B 입력에 대해 2의 보수를 취하게 하려면 무슨 작업을 더해줘야 하는가?

06 그림 11-7은 CMOS 논리를 사용하여 여섯 사람에 대한 간단한 투표기를 보여주고 있다. 7번째 사람의 투표를 허용하기 위해서는 모듈에 어떤 변화를 주어야 하는가? (힌트: 추가적인 IC는 필요 없다!)

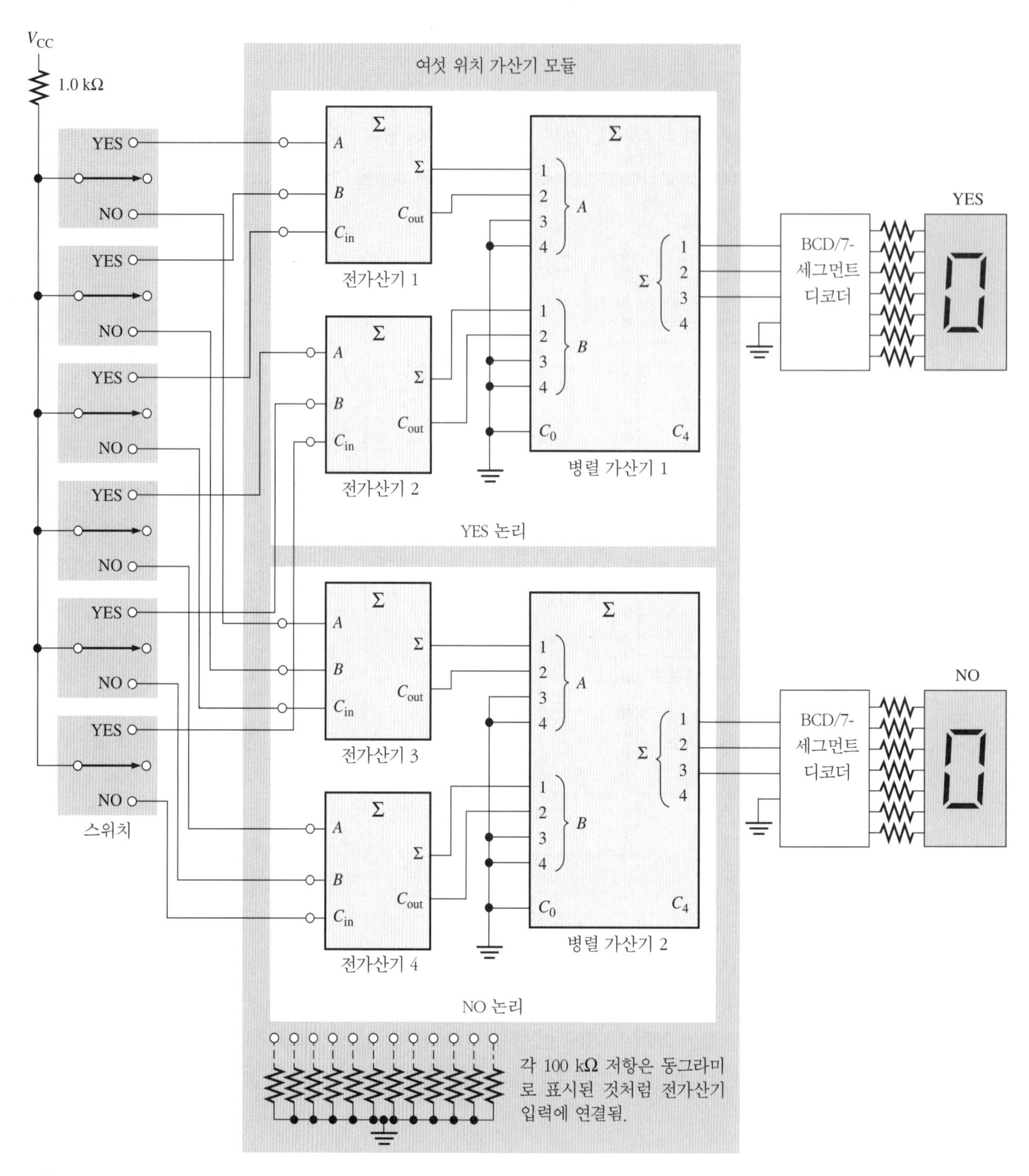

V_{CC}
1.0 kΩ
여섯 위치 가산기 모듈
YES
NO
스위치
전가산기 1
전가산기 2
전가산기 3
전가산기 4
병렬 가산기 1
병렬 가산기 2
YES 논리
NO 논리
BCD/7-
세그먼트
디코더
YES
NO
각 100 kΩ 저항은 동그라미
로 표시된 것처럼 전가산기
입력에 연결됨.

그림 11-7

실 험

12 멀티플렉서를 이용한 조합 논리

Floyd, Digital Fundamentals: A Systems Approach
CHAPTER 5: FUNCTIONS OF COMBINATIONAL LOGIC

실험 목표

- 멀티플렉서를 사용하여 비교기와 패리티 발생기 구성 및 회로 테스트
- *N*-입력 멀티플렉서를 사용하여 2N개의 입력을 갖는 진리표 구현
- 테스트 회로에서 모의실험 결함의 고장 진단

사용 부품

74151A 데이터 선택기/멀티플렉서
7404 6조 인버터
LED 1개
저항: 330 Ω 1개, 1.0 kΩ 4개

이론 요약

멀티플렉서(multiplexer) 혹은 **데이터 선택기**(data selector)는 여러 입력 중의 하나를 한 개의 출력으로 연결한다. 반대로, 한 개의 입력을 여러 출력 중 하나로 연결하는 기능은 **디멀티플렉서**(demultiplexer) 혹은 **디코더**(decoder)라고 한다. 이러한 정의를 그림 12-1에 나타내었다. 제어는 select(선택) 또는 address(주소) 입력이라고 하는 추가 논리 신호에 의해 결정된다.

멀티플렉서(MUX)와 디멀티플렉서(DMUX)는 디지털 논리 응용에서 많이 사용하는 장치이다. MUX의 한 가지 유용한 응용으로는 진리표로부터 직접 조합 논리 함수를 구현하는 것이다. 예를 들어, 오버플로우 오류 검출 회로는 그림 12-2(a)의 진리표로 나타낼 수 있다. 오버플로우는 부호가 있는 수의 덧셈 결과 값이 레지스터에 비해 너무 커서 할당할 수 없을 때 발생하는 오류이다. 오버플로우 오류를 발생시키는 입력으로서 A_4, B_4, Σ_4 입력이 0, 0, 1이나 1, 1, 0이라면 출력 X는 논리 1이어야 한다는 것을 진리표로부터 알 수 있다. 진리표의 각 행은 MUX에서의 8개 입력 중 하나와 일치한다는 것에 주의하여라. 001과 110은 MUX의 D_1과 D_6 라인이 된다. 입력 데이터를 SELECT 입력에 연결함으로써 데이터

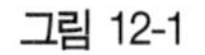
그림 12-1

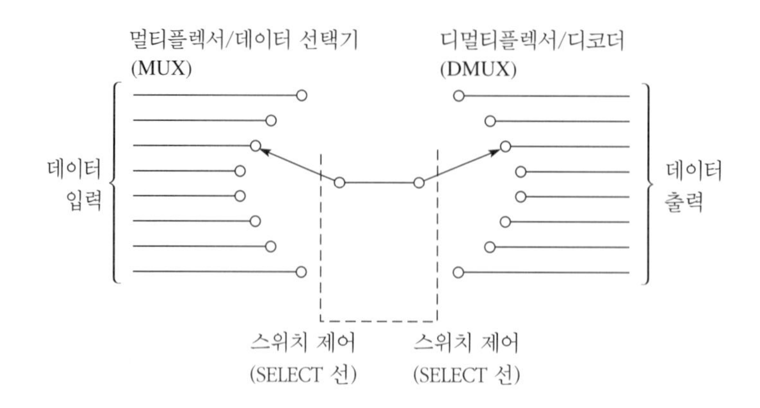

자체가 어느 라인을 실행할 것인지를 제어하도록 한다. D_1과 D_6 라인이 HIGH인 상태에서 D_1과 D_6 라인이 선택되면 MUX의 출력 또한 HIGH가 된다. 그 외 MUX의 다른 입력들은 LOW 상태가 유지되므로 D_1과 D_6 라인 이외의 입력 중 하나가 선택되면 LOW가 출력으로 나가게 되어 결국 진리표를 구현하게 된다. 이를 그림 12-2(b)의 다이어그램에서 개념적으로 보여주고 있다.

실제로 8-입력 MUX는 오버플로우 검출 논리를 구현하는 데 필요하지 않다. 어떠한 N-입력 MUX도 2N개의 입력에 대한 출력 함수를 발생시킬 수 있다. 이를 설명하기 위해서 진리표를 그림 12-3(a)와 같이 쌍의 형태로 다시 만들어보았다. A_4와 B_4 입력이 데이터 라인을 선택하기 위해서 사용되고 있다. 선택된 라인에 연결되는 논리는 0, 1, Σ_4, $\overline{\Sigma_4}$ 중 하나가 될 것이다. 예를 들어, 진리표로부터 $A_4 = 0$이고 $B_4 = 1$이라면 D_1 입력이 선택된다. 이 경우 두 출력 값이 논리 0으로 같기 때문에 D_1은 논리 0

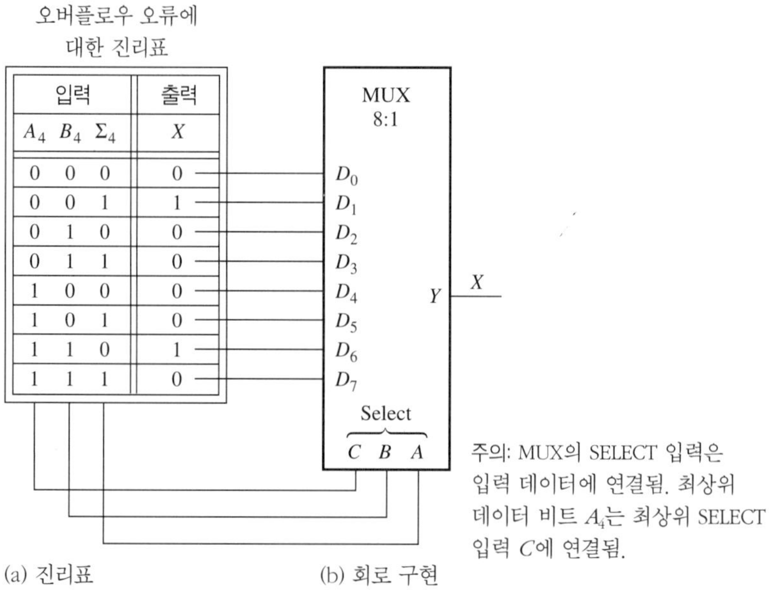

오버플로우 오류에 대한 진리표

입력			출력
A_4	B_4	Σ_4	X
0	0	0	0
0	0	1	1
0	1	0	0
0	1	1	0
1	0	0	0
1	0	1	0
1	1	0	1
1	1	1	0

MUX 8:1 — D_0, D_1, D_2, D_3, D_4, D_5, D_6, D_7, Y, X, Select C B A

주의: MUX의 SELECT 입력은 입력 데이터에 연결됨. 최상위 데이터 비트 A_4는 최상위 SELECT 입력 C에 연결됨.

(a) 진리표 (b) 회로 구현

그림 12-2

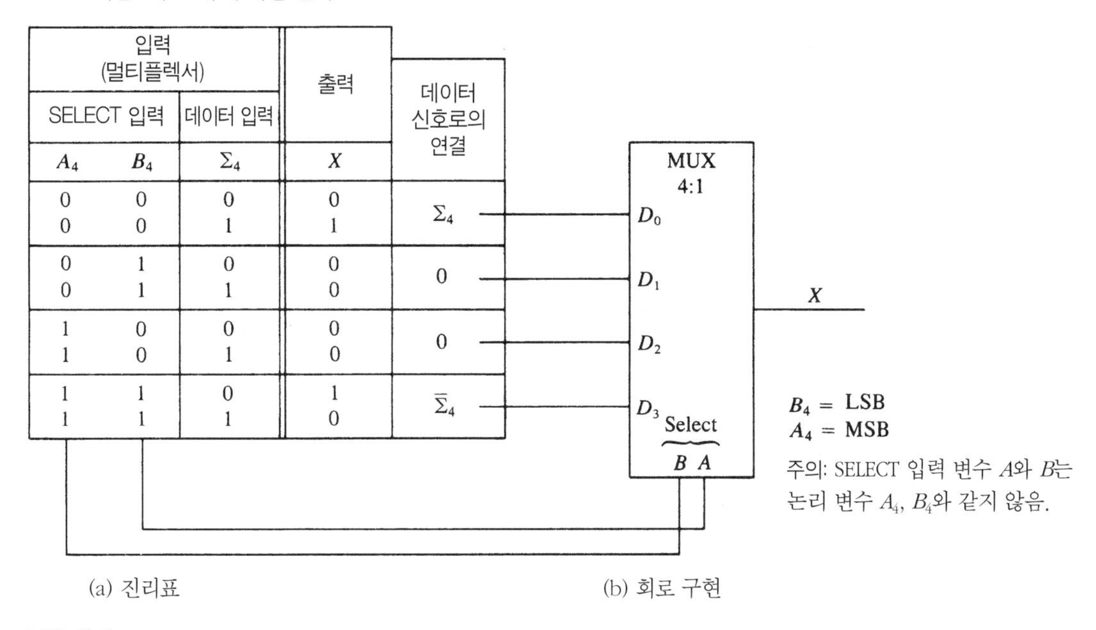

A_4	B_4	Σ_4	X	데이터 신호로의 연결
0	0	0	0	Σ_4
0	0	1	1	
0	1	0	0	0
0	1	1	0	
1	0	0	0	0
1	0	1	0	
1	1	0	1	$\overline{\Sigma}_4$
1	1	1	0	

그림 12-3

에 연결된다. 첫 번째 행이나 네 번째 행처럼 출력 값이 다르다면 세 번째 입력 변수 Σ_4가 출력과 비교된다. 그래서 Σ_4 변수의 참 또는 거짓의 형태가 연결된다. 그림 12-3(b)에서 결과를 개념적으로 보여주고 있으며, 이는 그림 12-2(b)에서 설명한 개념보다는 간단하지만 동일한 회로 구현이다.

이번 실험에서 8:1 MUX를 사용하여 16개의 조합을 가진 4-입력 진리표를 구현할 것이다. 먼저 특이한 비교기를 구현하기 위한 회로를 만들어본다. '추가 조사'에서는 이 회로를 수정하여 4비트 코드의 패리티 발생기(parity generator)를 만든다. 패리티는 코드가 올바르게 수신되었는지를 검사하기 위해 코드에 추가하는 여분 비트이다. 홀수 패리티(odd parity)는 패리티 비트를 포함하여 코드 중 1의 개수가 홀수인 것을 의미한다. 홀수 또는 짝수 패리티(even parity)는 XOR(exclusive-OR) 게이트로 발생시킬 수 있으며, 패리티 발생기는 IC 형태로 사용이 가능하다. 그러나 MUX를 이용하여 임의의 진리표를 회로로 구현하는 것은 중요한 개념이다.

실험 순서

2비트 비교기

1. A와 B라는 두 개의 2비트 수 중 A가 B보다 크거나 같은지를 알아내기 위해 두 수를 비교해야 한다고 가정하여라. 이는 비교기를 사용하여 $A > B$와 $A = B$ 출력을 OR 연산하면 된다. 다른 방법은

'이론 요약' 에서 설명한 8:1 MUX를 사용하는 것이다. 실험 보고서의 표 12-1에 비교기에 대해 일부분만 완성한 진리표를 나타내었다. 입력은 비교되는 두 수를 나타내는 A_2, A_1과 B_2, B_1이다. A_2, A_1과 B_2가 MUX의 SELECT 입력으로 연결되는 것에 주의하여라. B_1 비트는 필요할 때 연결이 가능하고, 진리표의 분리된 열에 나타내었다. 출력이 $A \geq B$로 되는 논리를 결정하고 표 12-1 진리표의 X 열을 완성하여라. 첫 번째 두 항목은 예로써 이미 완성되어 있다.

2. 두 항목 그룹으로 된 출력 X를 살펴보아라. X 항목의 첫 번째 쌍은 B_1의 해당 항목의 보수가 된다. 그러므로 첫 번째 줄에서와 같이 데이터는 $\overline{B_1}$에 연결되어야 한다. 마지막 열에 0, 1, B_1, $\overline{B_1}$ 중 하나를 기입하여 표 12-1을 완성하여라.

3. 표 12-1의 데이터를 사용하여 실험 보고서의 그림 12-4 회로를 완성하여라. 진리표의 출력 X는 74151A의 출력 Y와 같다. 제조업체의 데이터 시트[1)]를 참조하여 $\overline{G}$로 되어 있는 STROBE 입력을 어떻게 연결해야 하는지 결정하여라. 회로를 구성하고 모든 가능한 입력을 점검하여 회로를 테스트하여라.

◆ 추가 조사

멀티플렉서를 이용한 패리티 발생기

1. 임의의 함수를 구현하기 위해 MUX를 사용할 수 있는데, 그 예로 홀수 또는 짝수 패리티를 발생시키도록 할 수 있다. MUX에는 보수 관계를 갖는 두 출력이 있기 때문에 동시에 홀수와 짝수 패리티를 발생시킬 수 있다. 패리티 발생기 회로의 한 가지 흥미로운 점은 3-way 스위치가 한 곳 이상의 전등을 켜거나 끌 수 있는 것과 마찬가지로 4개의 입력 중 어느 것으로도 LED를 켜거나 끌 수 있다는 것이다. 실험 보고서의 표 12-2에 진리표가 나타나 있다. 4개의 비트(A_3~A_0)는 정보를 표현하고 있으며, 5번째 비트(X)는 출력으로서 74151A의 출력 Y로부터 얻을 수 있는 패리티 비트를 나타낸다. 홀수와 짝수 패리티 모두를 발생시키는 회로 구성이 요구되긴 하지만, 표 12-2의 진리표를 짝수 패리티에 대해서만 작성할 것이다. 짝수 패리티는 출력 패리티 비트를 포함하여 5개 비트 중 1의 개수가 짝수 개가 되어야 한다. 이 요구 사항을 반영하도록 표 12-2 진리표를 완성하여라. 첫 번째 라인은 예로써 이미 완성되어 있다. 짝수 패리티 비트는 74151A의 출력 Y에서 발생된다. $\overline{W}$ 출력은 Y 출력이 HIGH일 때 LOW가 되고, LED에 불이 들어온다.

1) 부록 A 참조

2. 실험 순서 1에서 완성한 진리표를 사용하여 실험 보고서의 그림 12-5 짝수 패리티 발생기 회로를 완성하여라. 패리티 회로를 구성하고 동작을 테스트하여라.

실험보고서 12

이름 :

날짜 :

조 :

실험 목표

- 멀티플렉서를 사용하여 비교기와 패리티 발생기 구성 및 회로 테스트
- *N*-입력 멀티플렉서를 사용하여 2*N*개의 입력을 갖는 진리표 구현
- 테스트 회로에서 모의실험 결함의 고장 진단

데이터 및 관찰 내용

표 12-1 2비트 비교기, A ≥ B에 대한 진리표

입력				출력	데이터 신호로의 연결
A_2	A_1	B_2	B_1	X	
0 0	0 0	0 0	0 1	1 0	$\overline{B_1}$
0 0	0 0	1 1	0 1		
0 0	1 1	0 0	0 1		
0 0	1 1	1 1	0 1		
1 1	0 0	0 0	0 1		
1 1	0 0	1 1	0 1		
1 1	1 1	0 0	0 1		
1 1	1 1	1 1	0 1		

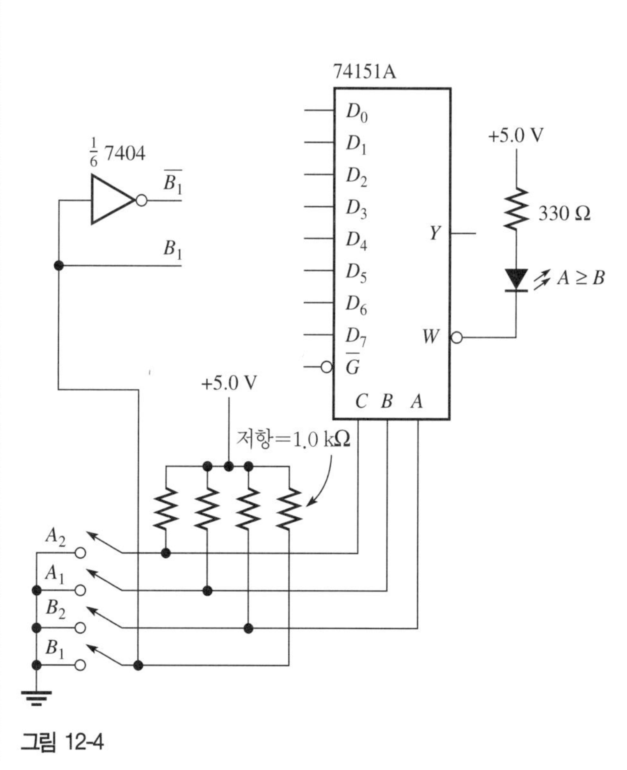

그림 12-4

결과 및 결론

추가 조사 결과

표 12-2 짝수 패리티 발생기 진리표

입력				출력	데이터 신호로의 연결
A_3	A_2	A_1	A_0	X	
0	0	0	0	0	A_0
0	0	0	1	1	
0	0	1	0		
0	0	1	1		
0	1	0	0		
0	1	0	1		
0	1	1	0		
0	1	1	1		
1	0	0	0		
1	0	0	1		
1	0	1	0		
1	0	1	1		
1	1	0	0		
1	1	0	1		
1	1	1	0		
1	1	1	1s		

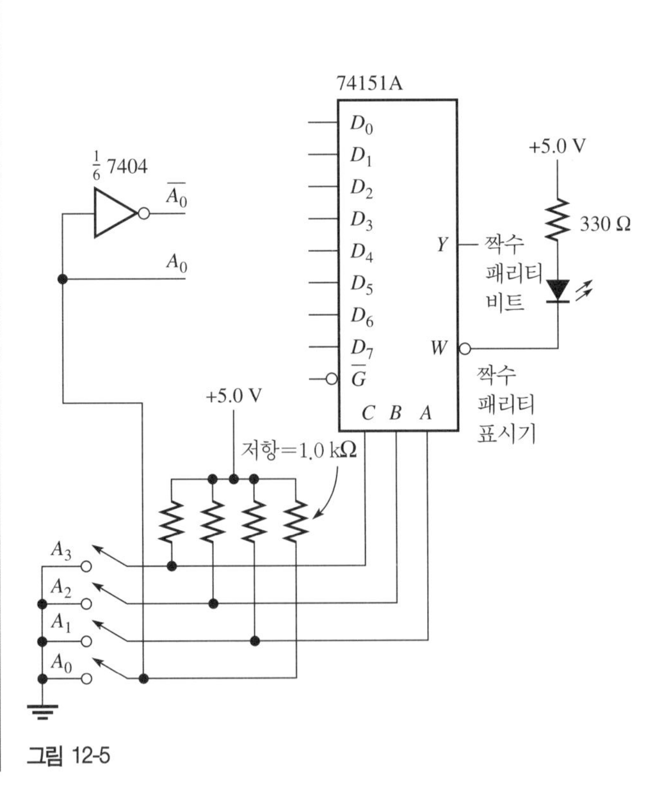

그림 12-5

평가 및 복습 문제

01 74151A를 사용하여 무효 BCD 코드 검출기를 설계하여라. 그림 12-6에 검출기에 대한 연결 방법을 나타내어라.

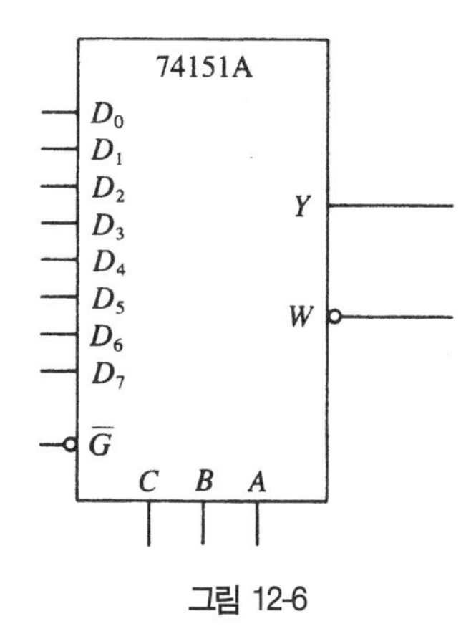

그림 12-6

02 이번 실험의 순서를 반대로 하여 실행할 수 있겠는가? 즉, 회로가 주어졌을 때 부울 식을 구할 수 있겠는가? 그림 12-7 회로는 4:1 MUX를 사용하고 있다. 입력은 A_2, A_1, A_0이다. 진리표의 첫 번째 항은 두 SELECT 라인이 모두 LOW일 때 A_2가 출력으로 나가게 된다는 것을 관찰함으로써 구할 수 있다. 그러므로 첫 번째 최소항(minterm)을 $A_2\overline{A_1}\,\overline{A_0}$로 쓸 수 있다. 이 예를 사용하여 나머지 최소항을 구하여라.

$X = A_2\overline{A_1}\,\overline{A_0} +$ ______________________________

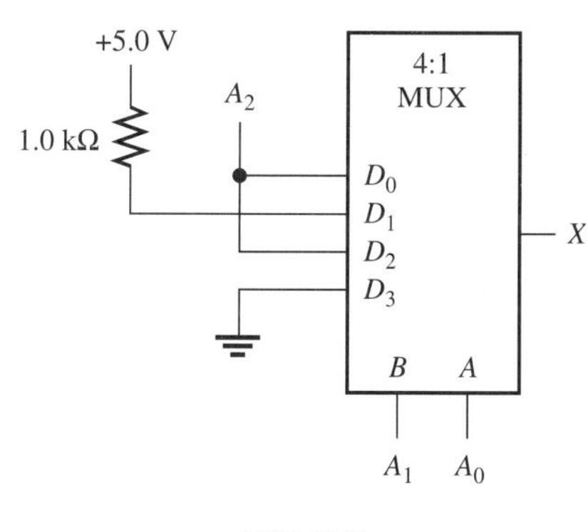

그림 12-7

03 그림 12-4의 회로가 진리표의 상단부터 반까지는 올바른 출력을 나타내었지만 나머지 반에 대해서는 잘못된 출력을 나타내었다고 가정하여라. (최선의 선택이라고 할 수는 없지만) IC를 변경해보았으나 문제가 지속되었다. 가장 가능성이 있는 원인은 무엇인가? 의심이 가는 원인에 대해 어떻게 회로를 테스트하겠는가?

04 그림 12-4 회로에서 인버터의 출력이 접지로 단락(short)되었다고 가정하여라. 이 상황이 출력 논리에 어떤 영향을 끼치겠는가? 이 문제점을 찾아내기 위해 어떤 단계를 거치겠는가?

05 그림 12-4에서 7404로의 입력이 개방되어 출력 $\overline{B_1}$이 계속 LOW 상태가 되었다고 가정하여라. 진리표의 어떤 행이 잘못된 출력 값을 갖게 되겠는가?

06 그림 12-5의 회로에서 홀수와 짝수 패리티 모두를 얻을 수 있는 방법은 무엇인가?

실 험

13 디멀티플렉서를 이용한 조합 논리

Floyd, Digital Fundamentals: A Systems Approach
CHAPTER 5: FUNCTIONS OF COMBINATIONAL LOGIC

실험 목표

- 디멀티플렉서를 이용한 다중 출력 조합 논리 회로의 설계
- 오실로스코프를 이용하여 카운터-디코더 회로의 타이밍 다이어그램 작성

사용 부품

7408 또는 74LS08 4조 AND 게이트
7474 2조 D 플립플롭
74LS139A 디코더/디멀티플렉서
4조 DIP 스위치 1개
LED: 적색 2개, 노란색 2개, 녹색 2개
저항: 330 Ω 6개, 1.0 kΩ 2개

추가 조사용 실험 기기와 부품:
7400 4조 NAND 게이트

이론 요약

이번 실험은 'Floyd, Digital Fundamentals: A Systems Approach' 의 5장에 소개된 디멀티플렉서의 기능에 대한 설명으로, 실험 책에 나와 있는 시스템은 'Floyd, Digital Fundamentals: A Systems Approach' 의 6-1절에 더욱 자세히 나와 있다.

디멀티플렉서(demultiplexer, DMUX)는 디코더(decoder) 또는 데이터 라우터(router)로 사용될 수 있다. 이번 실험에서는 디코더 기능에 대해서만 살펴볼 것이다. 디코더는 하나 이상의 입력 라인으로부터 2진 정보를 받아서 각 입력 조합에 대해 고유한 출력을 발생시킨다. 이미 디코더 기능을 수행하는 7447A IC에 대해서는 잘 알고 있을 것이다. 이 IC는 4비트 입력 2진수를 7-세그먼트를 구동하는 데 사

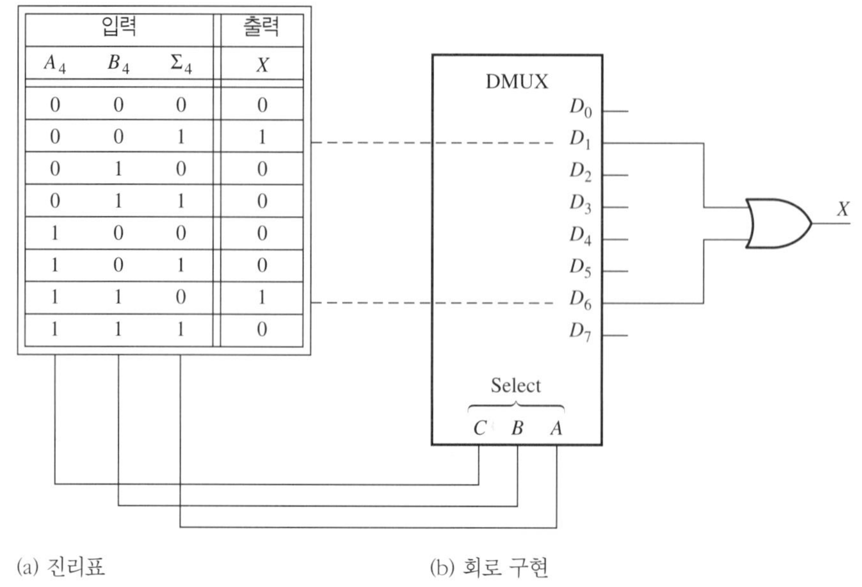

(a) 진리표 (b) 회로 구현

그림 13-1 액티브-HIGH DMUX를 이용한 조합 논리 함수의 구현

용되는 고유의 코드로 변환해준다. DMUX는 입력 변수의 모든 조합에 대해 고유의 출력을 제공함으로써 디코더로 사용될 수 있다. 입력 변수는 디코드의 SELECT 라인으로 연결된다.

대부분의 DMUX에서 선택된 출력은 LOW가 되고, 다른 출력은 HIGH가 된다. 디코더에 하나의 출력 변수만 있는 진리표를 회로로 구현하는 것은 효과적이지 않기 때문에 좀처럼 사용되지 않지만, 이를 실행하는 방법을 그림 13-1에서 개념적으로 보여주고 있다. 이 경우 출력의 각 라인은 진리표의 한 행을 나타낸다. 디코더 출력이 액티브-HIGH이면 그림 13-1과 같이 진리표에서 1의 출력을 갖는 라인들은 서로 OR로 연결시킬 수 있다. OR 게이트의 출력이 출력 함수를 나타내게 된다. 디코더의 출력이 액티브-LOW라면 진리표에서 1의 출력을 갖는 라인들은 NAND 게이트로 연결된다. 이를 그림 13-2에 나타내었다.

DMUX는 같은 입력 변수 세트에 대해 여러 가지 출력이 있는 경우 조합 논리로 구현하는 데 우수하다. 앞서 본 바와 같이 DMUX의 각 출력 라인은 진리표에서의 한 라인을 나타낸다. 액티브-HIGH 디코더 출력에 대해 OR 게이트가 사용되지만, 각 출력 함수에 대해서는 별도의 OR 게이트가 필요하다. 각 OR 게이트 출력은 다른 출력 함수를 나타낸다. 액티브-LOW 디코더 출력의 경우 OR 게이트는 NAND 게이트로 대체된다.

이 실험에서의 문제는 교통 신호 제어기에 대한 출력 논리이다.[1] 다음은 문제에 대한 간단한 개요 설

1) 이 교통 신호 시스템은 'Floyd, Digital Fundamentals: A Systems Approach' 책의 6-1절에 소개되어 있다.

그림 13-2

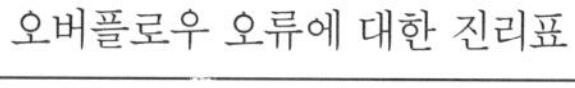

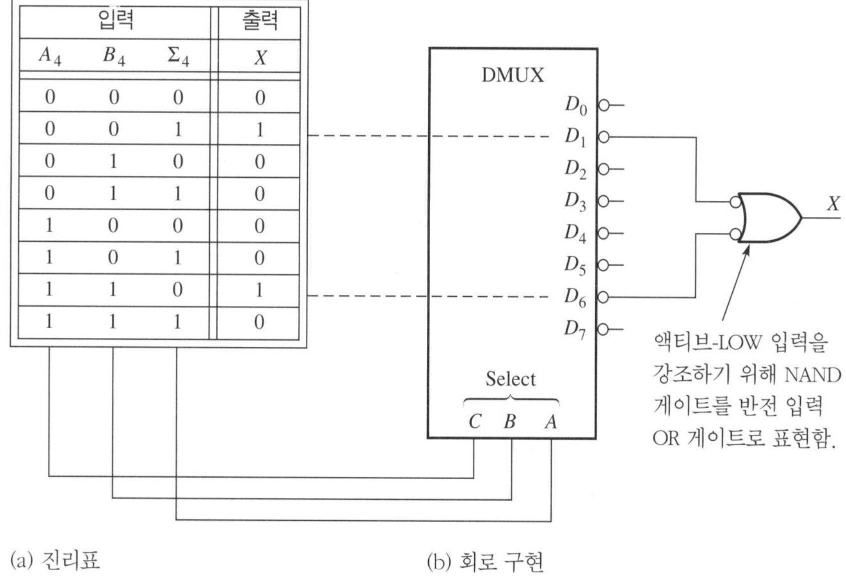

입력			출력
A_4	B_4	Σ_4	X
0	0	0	0
0	0	1	1
0	1	0	0
0	1	1	0
1	0	0	0
1	0	1	0
1	1	0	1
1	1	1	0

(a) 진리표 (b) 회로 구현

명이다.

교통이 빈번한 주도로(main street)와 차량이 많지 않은 부도로(side street)의 교차 지점에서 교통량을 제어하기 위한 디지털 제어기가 필요하다. 주도로의 녹색등은 부도로에 통행 중인 차량이 없는 동안 또는 최소 25초 동안 켜져 있어야 한다. 부도로의 녹색등은 부도로에 통행 중인 차량이 없을 때까지 또는 최대 25초 동안 켜져야 한다. 황색 경고등은 주도로와 부도로의 신호등 모두 녹색에서 적색으로 전환되는 중간에 4초 동안 켜져야 한다. 이와 같은 요구 사항을 그림 13-3에 나타내었다. 기본적인 세부 사항을 보여주는 이 시스템의 블록 다이어그램을 그림 13-4에 보였다.

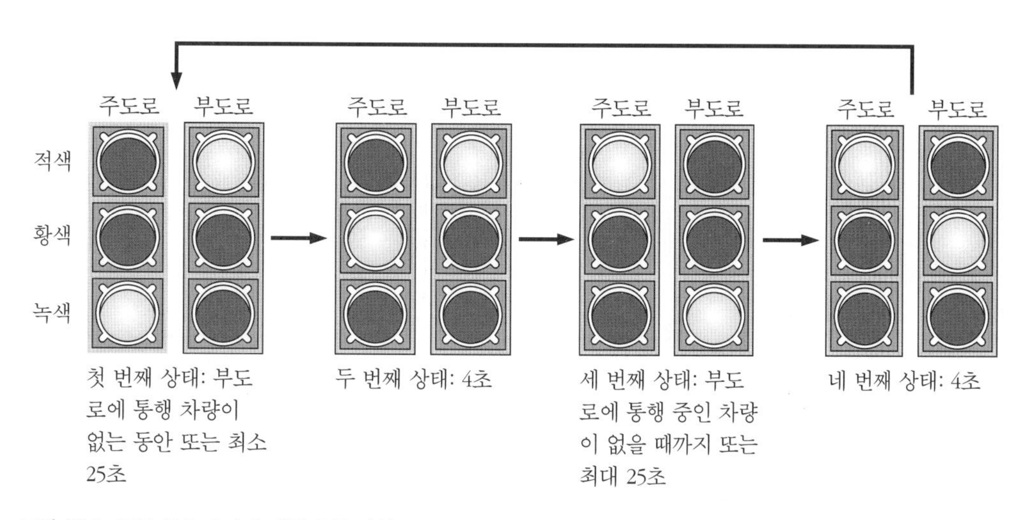

그림 13-3 교통 신호 순서에 대한 요구 사항

교통 신호 제어 논리
순서 논리 회로
그레이
코드
차량
센서
입력
짧은 긴 클럭
타이머 타이머
타이밍 회로
조합 논리 회로
G_0
G_1
주도로
적색
황색
녹색
부도로
적색
황색
녹색
긴 트리거
짧은 트리거
신호등 및
접속 장치

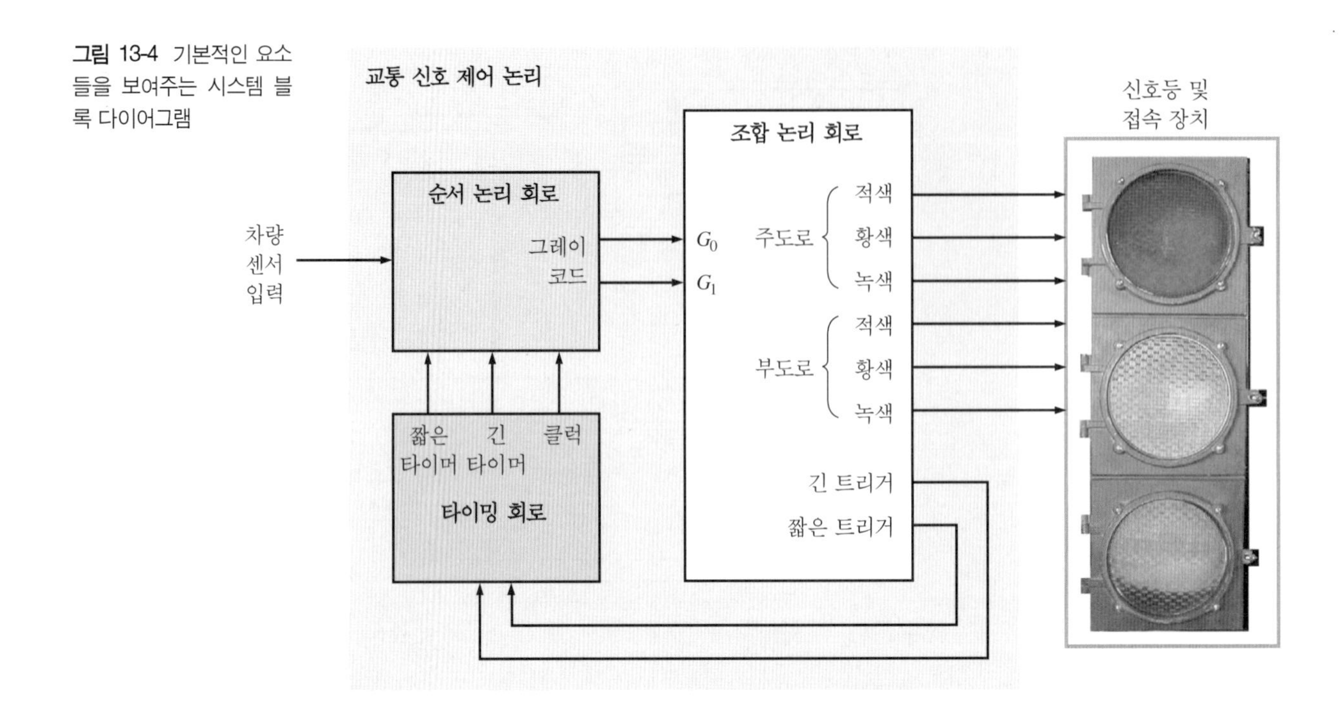

그림 13-4 기본적인 요소들을 보여주는 시스템 블록 다이어그램

지금부터는 이 실험에서의 조합 논리에 관해 알아보겠다. 그림 13-4에서의 주요 요소로는 그림 13-5에서 보인 것처럼 상태 디코더, 신호등 출력 논리 블록, 트리거 논리 블록으로 나눌 수 있다. 상태 디코더는 두 개의 입력(2비트 그레이 코드)이 있고 각각의 네 개의 상태에 대해 하나의 출력을 가져야 한다. 74LS139A는 2조 2-라인/4-라인 디코더로서 이 실험에 적합한 소자로 선택한다.

신호등 출력 논리 블록은 디코더로부터 네 개의 액티브-LOW 상태를 받고 신호등을 동작시키기 위해

상태 디코더
상태 입력
(그레이 코드)
G_0
G_1
상태
출력
S_1
S_2
S_3
S_4
신호등 출력 논리
주도로
적색
황색
녹색
부도로
적색
황색
녹색
신호등 출력
은 신호등
장치와 연결
타이밍
회로로
긴
트리거 논리
짧은

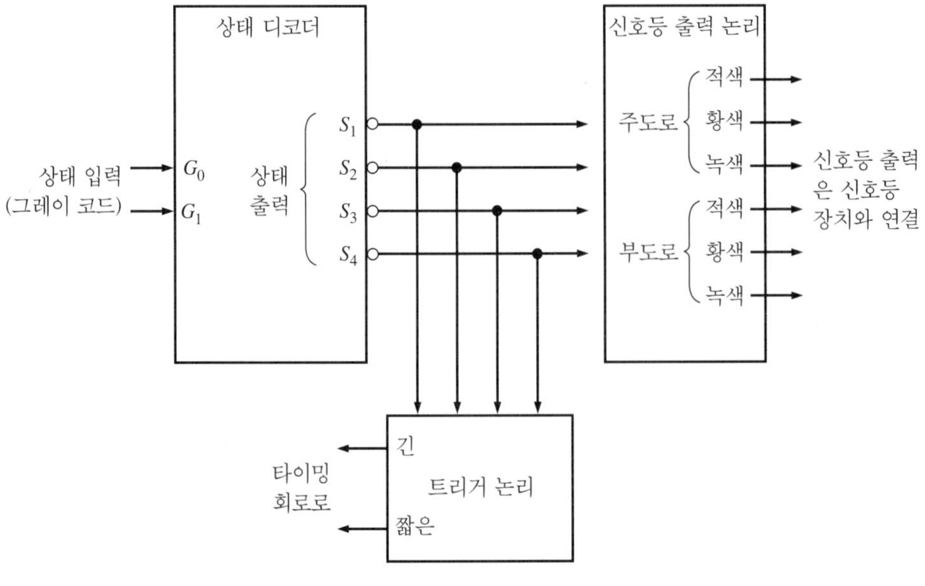

그림 13-5 상태 디코딩과 신호등 출력 논리의 블록 다이어그램

표 13-1 조합 논리에 대한 진리표. 상태 출력은 액티브-LOW이고 신호등 출력도 액티브-LOW가 된다.
$\overline{MR}$ = 주도로 적색, $\overline{MY}$ = 주도로 황색, 등등.

상태 코드		상태 출력				신호등 출력					
G_1	G_0	$\overline{S_1}$	$\overline{S_2}$	$\overline{S_3}$	$\overline{S_4}$	$\overline{MR}$	$\overline{MY}$	$\overline{MG}$	$\overline{SR}$	$\overline{SY}$	$\overline{SG}$
0	0	0	1	1	1	1	1	0	0	1	1
0	1	1	0	1	1	1	0	1	0	1	1
1	1	1	1	0	1	0	1	1	1	1	0
1	0	1	1	1	0	0	1	1	1	0	1

6개의 출력을 만들어내야 한다. 디코딩과 출력 논리에 대한 진리표가 표 13-1에 나타나 있다. 진리표는 그레이 코드로 구성되어 있는데, 상태를 차례로 수행하기 위해 순차 논리가 이 코드를 사용한다. 실험에서는 상태 출력($\overline{S_1}$에서 $\overline{S_4}$까지)은 액티브-LOW(0)이고, 신호등을 모의실험 하는 LED를 구동하기 위해 출력 논리도 액티브-LOW(0)이어야 한다. 이 점을 제외하고 회로 동작은 동일하다.

실험 순서

교통 신호 디코더

이번 실험에서의 회로는 '이론 요약'에서 설명한 바와 같이 교통 신호 제어 시스템의 네 가지 상태(state)와 신호등 출력 논리에 대한 상태 디코더이다. 주도로와 부도로에는 적색, 황색, 녹색 신호등을 표현하는 6개의 출력이 있다. 이들 출력이 표 13-1 진리표에서 희망하는 신호등의 순서대로 나타나 있다. LED에 불이 들어오게 하기 위해서 논리 '0'을 사용한다. 예를 들어, 진리표 첫 번째 행에 있는 상태 00은 주도로에는 녹색불이, 부도로에는 적색불이 켜진다.

1. 실험 보고서의 그림 13-6에 미완성의 회로도가 있다. 74LS139A는 상태 디코더이고 반전 입력 NOR 게이트로 그려진 AND 게이트는 출력 논리를 만든다. 진리표를 참조하여 회로도를 완성하여라. $1\overline{G}$ 입력으로 무엇을 할지 결정해야 하며, 디코더의 SELECT 입력($1A$, $1B$)에 풀업(pull-up) 저항과 스위치를 연결해야 한다. 예로써 디코더의 $1Y_0$ 출력(상태 00)이 주도로의 녹색 LED에, 부도로의 적색 LED에 연결되어 있다.

2. 회로를 구성하고 진리표의 모든 입력 조합에 대해 테스트하여라. 표 13-1 진리표와 같은 순서로 스위치를 열고 닫았을 때 교통 신호등의 올바른 순서를 관찰할 수 있어야 한다.

3. 아직 카운터(counter)를 다루지는 않았지만 그림 13-7에 보인 그레이 코드 카운터는 만들기 쉬우며, 교통 신호 제어 논리에서 순차 논리의 기본이 된다. 카운터를 구성하고 카운터 출력(Q_1, Q_2)에

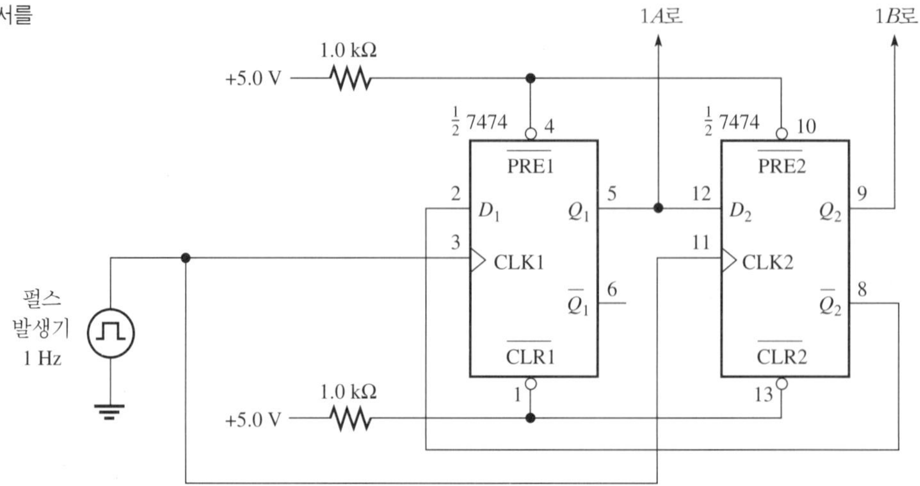

그림 13-7 신호등 디코더의 순서를 결정하는 그레이 코드 카운터

74LS139A의 SELECT 입력을 연결하여라(실험 순서 1에서 사용한 스위치는 제거해야 한다). SELECT 입력은 74LS139A에 1*B*와 1*A*로 되어 있고 그림 13-5의 상태 입력(G_1과 G_0)을 나타낸다.

4. 펄스 발생기를 1 Hz TTL 레벨 신호로 설정하고 교통 신호의 점등 순서를 관찰하여라. 신호등의 점등은 예상 순서와 일치하지만, 차량 센서나 타이머와 같은 입력들에 의해 제어되지 않는다. 이를 개선하는 것은 실험 24에 추가될 것이다.

5. 오실로스코프를 사용하여 입력과 디코더로부터의 출력 신호에 대한 상대적 타이밍을 관찰하여라. 펄스 발생기를 10 kHz로 높이고, MSB이면서 디코더의 1A SELECT 입력에 비해 늦게 변하는 1B SELECT 입력에 오실로스코프의 채널 1을 연결하여라. 채널 1에 트리거를 맞춰라(타이밍 정보를 안정시키기 위해 늦은 신호에 항상 트리거를 맞추고, 타이밍 측정을 위해 트리거 채널을 변경해서는 안 된다). 채널 2를 1*A*에 연결하고 SELECT 신호의 시간적 관계를 관찰하여라. 그 다음, 채널 2 프로브만 디코더의 각 출력($1Y_0$, $1Y_1$, $1Y_2$, $1Y_3$)으로 이동시켜라. 이에 대한 출력이 상태 출력 $\overline{S_0}$, $\overline{S_1}$, $\overline{S_2}$, $\overline{S_3}$가 된다. 실험 보고서의 그림 13-8에 타이밍 다이어그램을 그려라.

◆ 추가 조사

MUX와 DMUX의 흥미로운 응용 분야로서 시분할 멀티플렉싱(time division multiplexing)이 있다. 시분할 멀티플렉싱은 종종 디스플레이 장치에서 사용되는데, 이 경우 DMUX는 한 번에 하나의 7-세그먼트 디스플레이만 켜는 데 사용된다.

시분할 멀티플렉싱은 또한 몇몇 데이터 전송 시스템에도 적용된다. 이와 같은 응용에서 데이터는 DMUX의 ENABLE 입력으로 보내지고 DMUX에 의해 적당한 위치로 전달된다. 물론 데이터와 SELECT

입력에 대해서는 주의해서 동기화해야 한다.

이번 실험에서 회로에 약간의 변화를 주면 유사한 개념의 실행이 가능하다. 모의실험 데이터를 ENABLE 입력($\overline{G}$)으로 연결한다. 특정 출력은 SELECT 입력에 의해 주소가 정해지고, 데이터와 주소 모두를 공급하기 위해 실험 순서 3의 카운터를 사용하여 동기화를 수행한다. 카운터를 포함한 수정된 회로가 실험 보고서의 그림 13-9에 있다. NAND 게이트로의 입력은 보이지 않는다. 이들을 카운터의 Q 출력들에 연결하여 실험을 시작해보아라.

회로를 연결하고 결과를 관찰하여라. 눈에 보이는 LED의 변화를 주의하여 살펴보아라. 눈으로 보이는 변화를 오실로스코프에서의 파형과 비교해보아라. NAND 게이트의 입력을 카운터의 $\overline{Q}$ 출력들에 연결해 보아라. 무슨 일이 일어나는가? NAND 게이트 입력을 카운터 출력의 다른 조합에 연결하여라. 실험 보고서에 관찰 내용을 정리하여라.

실험보고서 13

이름 : ____________

날짜 : ____________

조 : ____________

실험 목표

- □ 디멀티플렉서를 이용한 다중 출력 조합 논리 회로의 설계
- □ 오실로스코프를 이용하여 카운터-디코더 회로의 타이밍 다이어그램 작성

데이터 및 관찰 내용

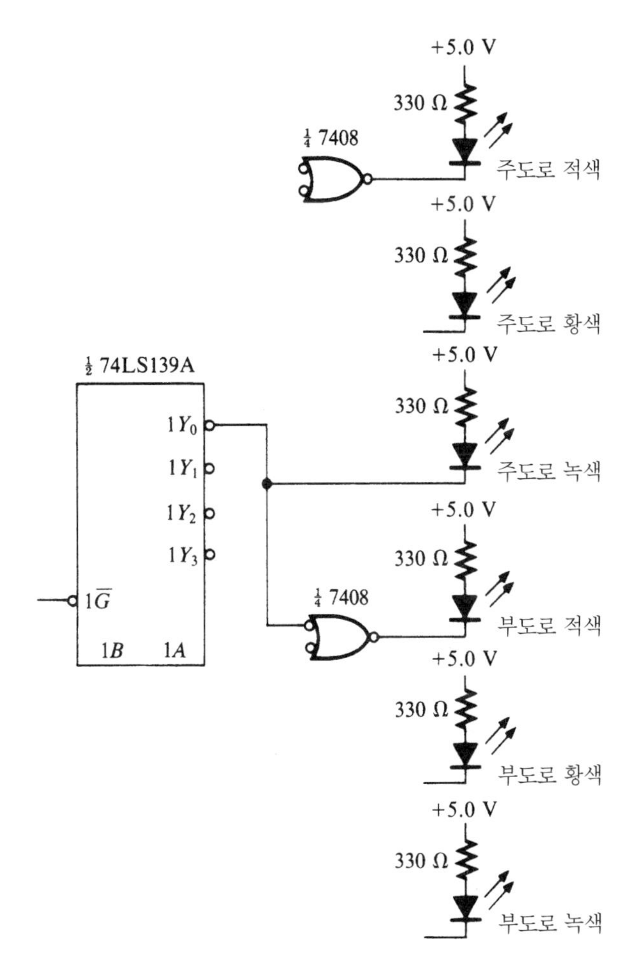

그림 13-6 교통 신호등 출력 논리

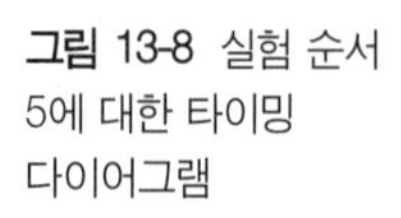

그림 13-8 실험 순서 5에 대한 타이밍 다이어그램

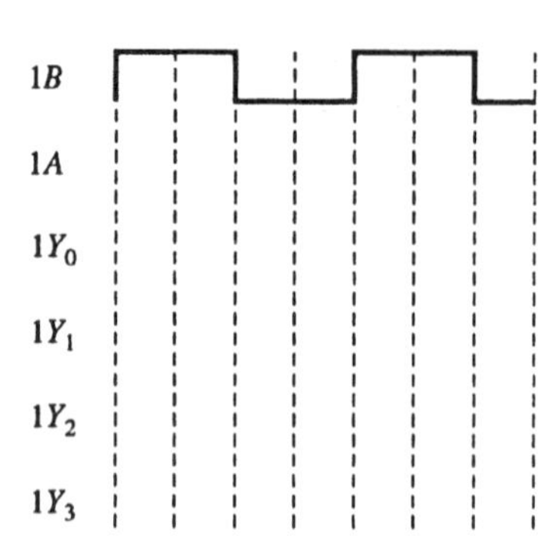

결과 및 결론

추가 조사 결과

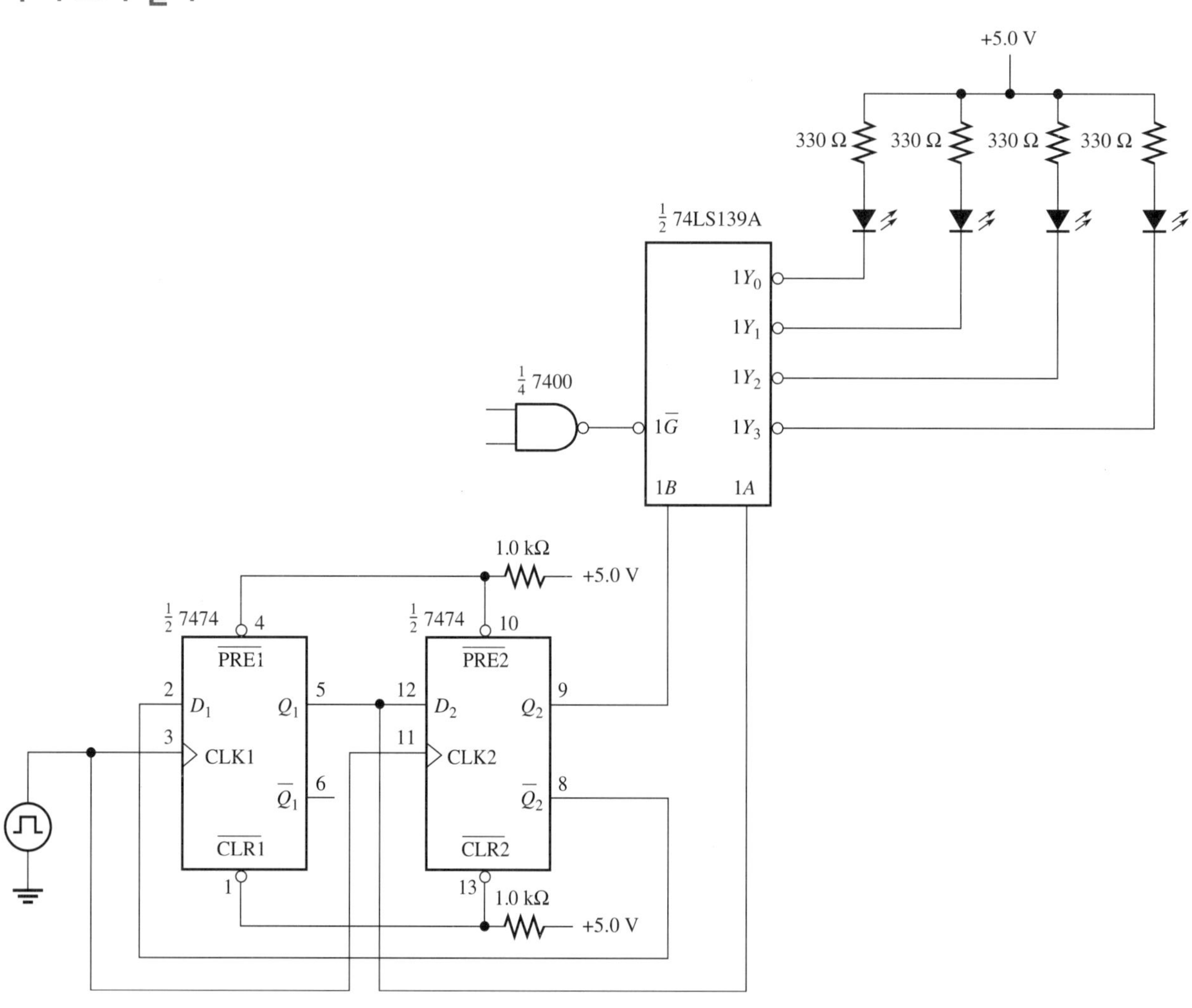

그림 13-9

평가 및 복습 문제

01 8비트 디코더가 필요하지만, 현재 가지고 있는 것은 74LS139A 뿐이라고 가정하자. 8비트 디코더를 구성하기 위해서 한 개의 인버터와 함께 이를 어떻게 사용해야 하는지를 보여라(힌트: ENABLE 입력 사용을 고려해보아라).

02 그림 13-6에서 AND 게이트를 반전 입력 NOR 게이트로 그린 이유는 무엇인가?

03 상태 순서에서 그레이 코드 사용의 장점은 무엇인가?

04 그림 13-6 회로에서 다음과 같은 상황에서는 어떤 증상이 나타날 수 있겠는가?

a. $1B$ SELECT 입력이 개방(open)되었다.

b. $1B$ SELECT 입력이 접지(ground)로 단락(short)되었다.

c. ENABLE($1\overline{G}$) 입력이 개방되었다.

05 실험 순서 3에서 회로에 그레이 코드 카운터를 추가하였다. 그레이 코드 카운터 대신에 00-01-10-11 순서의 이진 카운터를 사용하면 회로에 어떤 영향이 있겠는가?

06 그림 13-10은 74LS139 디코더와 XOR 게이트를 보여주고 있다. 어떤 조건하에서 이 회로의 LED에 불이 들어오겠는가? (힌트: 입력 스위치의 8가지 조합 중 5개가 LED에 불이 들어오도록 한다.)

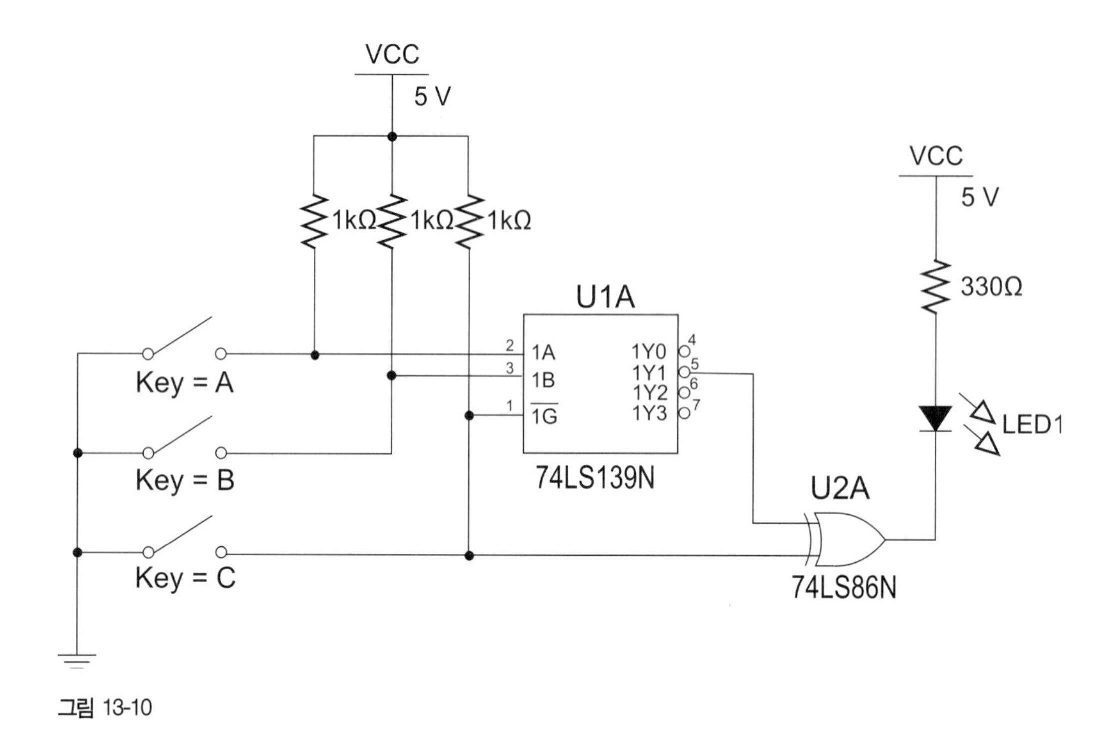

그림 13-10

실 험
14 D 래치와 D 플립플롭

Floyd, Digital Fundamentals: A Systems Approach
CHAPTER 6: LATCHES, FLIP-FLOPS, AND TIMERS

실험 목표

- 래치(latch)가 SPDT 스위치의 바운스(bounce)를 제거하는 방법에 대한 증명
- 네 개의 NAND 게이트와 하나의 인버터로부터 게이트된(gated) D 래치 구성과 테스트
- D 플립플롭의 테스트 및 래치와 플립플롭에 대한 몇 가지 응용 회로 조사

사용 부품

적색 LED
녹색 LED
7486 4조 XOR 게이트
7400 4조 NAND 게이트
7404 6조 인버터
7474 2조 D 플립플롭
저항: 330 Ω 2개, 1.0 kΩ 2개

이론 요약

지금까지 본 것처럼 조합 논리(combinational logic) 회로는 출력이 완전히 입력에 의해서만 결정되는 회로이다. 순차 논리(sequential logic) 회로는 이전 상태에 관한 정보를 포함하고 있다. 차이점은 순차 회로만이 메모리를 가지고 있다는 것이다.

래치(latch)는 기본 메모리 장치로서 데이터를 잃지 않고 유지시키는 데 피드백(feedback)을 사용하며, 인버터 두 개, NAND 게이트 두 개나 NOR 게이트 두 개로 만들 수 있다. 이전 조건을 기억하는 능력은 부울 대수로 쉽게 증명된다. 예를 들어, 그림 14-1은 NAND 게이트로 구성된 $\overline{S}$ - $\overline{R}$ 래치를 보여주고 있다. 이 회로는 스위치의 바운스(bounce)[1] 제거에 널리 사용되며 네 개의 래치가 포함되어 있는 74LS297A IC에서 사용이 가능하다.

그림 14-1 $\overline{S}-\overline{R}$ 래치

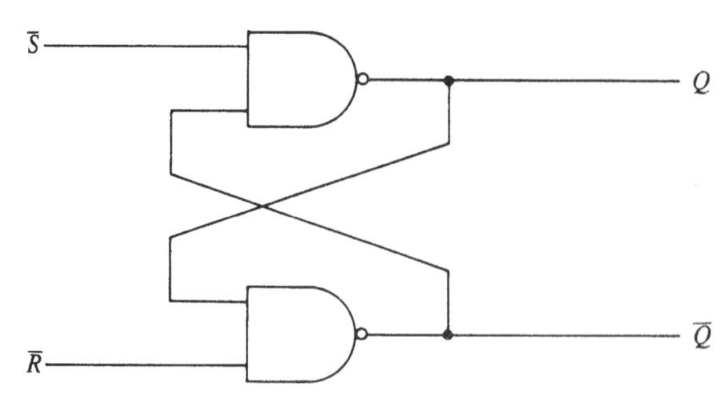

상단 NAND 게이트에 대한 논리식

$$Q = \overline{\overline{S} \cdot \overline{Q}}$$

드모르간 정리 적용

$$Q = S + Q$$

따라서 Q는 논리식의 양쪽에 모두 존재한다. 만약 $\overline{S} = 1$이면, $S = 0$이고 $Q = 0 + Q$(Q는 이전 상태를 나타냄)이 되어 출력은 이전 상태를 유지하게 된다.

그림 14-2에서와 같이 조정 게이트와 인버터를 추가하여 기본 래치에 대해 간단한 변형을 줄 수 있다. 이 회로를 게이트된(gated) D 래치라고 한다. ENABLE 입력은 ENABLE이 참일 때 D 입력의 데이터가 출력으로 전달되게 한다. ENABLE 입력이 참이 아닐 때는 Q와 $\overline{Q}$의 마지막 레벨이 유지된다. 이 회로는 7475A 4조 D 래치 IC에서 사용이 가능하다. 이 IC에는 네 개의 래치가 있지만 단지 두 개의 공유된 ENABLE 신호만 존재한다.

시스템을 설계할 때 공통되는 펄스원(pulse source)을 사용하여 시스템에서의 모든 변화를 동기화시켜 동시에 일어나게 함으로써 설계 문제를 간소화시킬 수 있다. 이와 같은 공통 펄스를 클럭(clock)이라고 한다. 출력 변화는 클럭 펄스의 선두 에지(leading edge)나 후미 에지(trailing edge)에서만 발생

그림 14-2 게이트된 D 래치

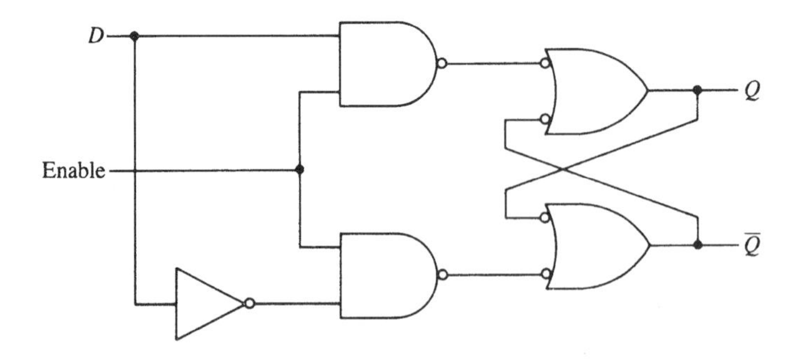

1) 역주) 스위치를 동작시킬 때 스위치의 한쪽 전극이 다른 쪽의 접점과 접촉하게 되는데, 스위치가 안정적으로 접촉되기 전에 접점의 진동으로 인해 여러 번의 접촉이 발생한다. 이를 바운스라고 하며, 비록 바운스는 짧은 시간 동안에 일어나지만 디지털 시스템의 정상적인 동작에 장애를 일으키는 스파이크형 전압을 발생시킨다.

한다. 몇몇 IC들은 직접 출력을 세트(set)하거나 리셋(reset)하는 입력을 가지고 있기도 하다. 이들 입력은 클럭 펄스가 필요하지 않기 때문에 **비동기**(asynchronous) 입력으로 표시된다. 7474 IC는 양(positive)의 에지 트리거와 비동기 입력을 갖는 D형 플립플롭이다. 이번 실험에서 이 IC도 테스트해볼 것이다.

오실로스코프 타이밍을 재검토해 보는 것이 좋다. 아날로그 이중 궤적(dual-trace) 오실로스코프를 사용한다면 올바른 시간 관계를 살펴보기 위해서 비교하려는 두 파형 중 늦은 채널에 트리거를 맞춰야 한다. 디지털 오실로스코프는 어느 채널에 트리거를 맞춰도 올바르게 보인다.

실험 순서

$\overline{S}$-$\overline{R}$ 래치

1. 그림 14-3의 $\overline{S}$-$\overline{R}$ 래치를 구성하여라. 실험에서는 SPDT(single-pole, double-throw) 스위치를 대신하여 선을 사용하고, LED를 논리 모니터로 사용한다. TTL 논리는 유출 전류(sourcing current)보다 유입 전류(sinking current)[2]가 훨씬 크기 때문에 출력이 LOW일 때 LED들이 ON이 되도록 배열되어 있다. 회로에서 출력(Q와 $\overline{Q}$)이 LOW일 때 LED의 불이 켜진다. 그러나 출력이 HIGH일 때 LED가 ON되었다는 것을 나타내기 위해서 Q와 $\overline{Q}$에 대해 서로 반대쪽 출력 신호를 읽기로 하겠다. 이 간단한 트릭으로 인버터를 사용할 필요가 없게 된다.

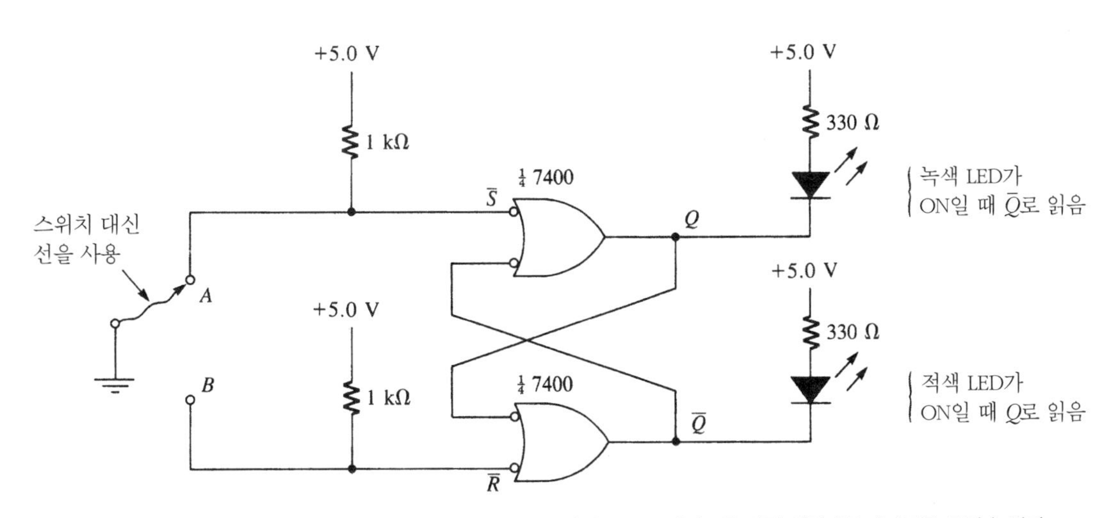

그림 14-3 SPDT 스위치 바운스 제거. 액티브-LOW를 강조하기 위해서 NAND 게이트를 반전 입력 OR 게이트로 그려 놓았다.

2) 역주) '실험 6'의 '이론 요약' 참조.

2. 선을 A 단자에 연결시켜 놓고 LED에 나타나는 논리를 적어놓아라. 이제 선의 A쪽 부분을 뽑아서 스위치의 바운스를 모의실험 하여라. 아직 선을 B에 연결하지 말아야 한다! 대신 선을 A에 몇 번 접촉시켜라.

3. 몇 번 A에 접촉한 후에 선을 B로 연결하여라. B로부터 여러 번 선을 제거하고 다시 연결함으로써 스위치의 바운스를 모의실험 하여라(스위치가 반대편 단자로 바운스 되는 경우는 없으므로 A로 연결해서는 안 된다). 실험 보고서에 스위치 바운스 제거 회로로서 사용된 래치의 관찰 결과를 요약 정리하여라.

D 래치

4. 그림 14-4에서와 같이 조정 게이트와 인버터를 추가함으로써 $\overline{S}$-$\overline{R}$ 래치를 D 래치로 변경하여라. D 입력을 1 Hz로 설정된 TTL 레벨 펄스 발생기에 연결하여라. ENABLE 입력을 1.0 kΩ 저항을 거친 HIGH로 연결하여라. 출력을 관찰하고 ENABLE을 LOW로 변경하여라.

5. ENABLE을 LOW로 유지하고, 한 출력을 먼저 잠시 동안만 접지로 단락시키고, 그 다음에 다른 출력도 잠시 동안 접지로 단락시킨다. 실험 보고서에 게이트된(gated) D 래치의 관찰 결과를 요약 정리하여라.

6. 그림 14-5의 간단한 도난 경보기(burglar alarm)를 만들어보아라. 데이터 입력은 창문과 문에 연결된 NC(normally closed) 스위치가 되는데, 이 스위치들은 보통 때는 접점이 붙은 상태로 되어 있다. ENABLE 입력은 시스템이 작동(ready)될 때는 HIGH로, 대기(standby) 상태일 때는 LOW가 된다. 시스템을 리셋(reset)하기 위해서 그림과 같이 Q 출력을 잠시 동안 접지로 연결한다. 실험 보고서에 관찰 내용을 요약 정리하여라.

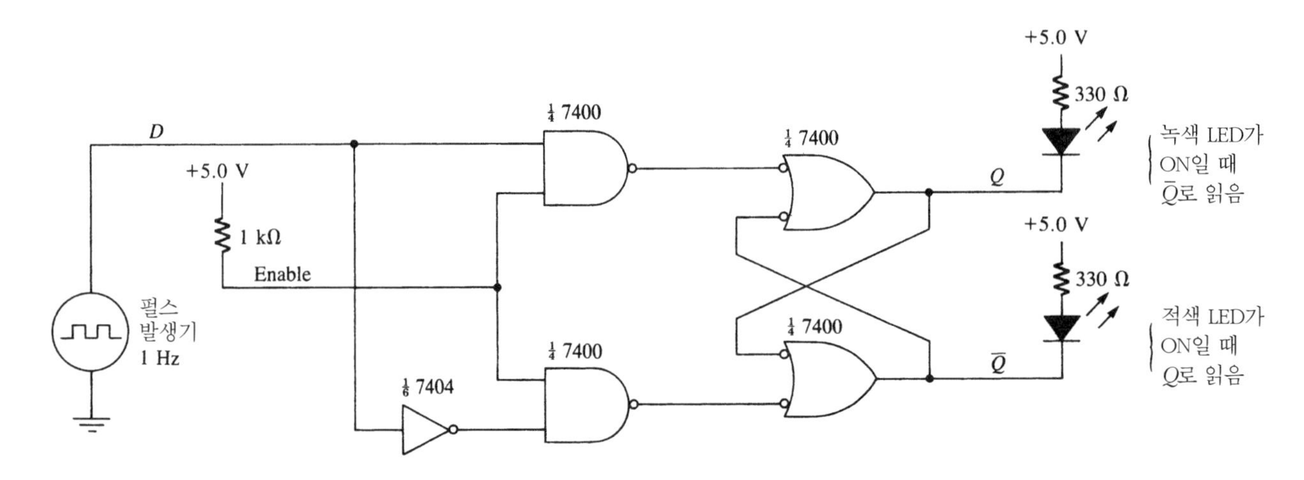

그림 14-4 게이트된 D 래치

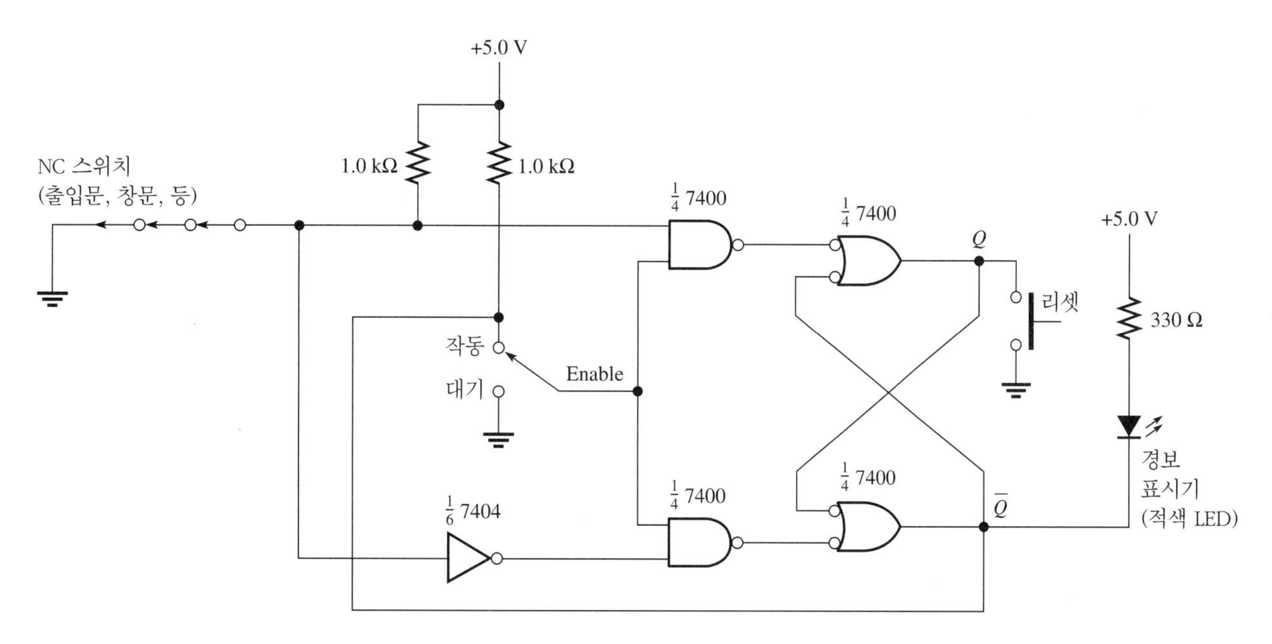

그림 14-5 간단한 도난 경보기

D 플립플롭

7. 7474는 $\overline{\text{PRE}}$(preset)과 $\overline{\text{CLR}}$(clear)라는 두 개의 비동기 입력을 갖는 양(positive)의 에지 트리거 D 플립플롭이다. 그림 14-6과 같이 테스트 회로를 구성하여라. 클럭(clock)이 지연(delay) 회로를 지나가도록 연결하여라. 지연의 목적은 D 입력에 셋업 시간(setup time)[3]을 주기 위해서이다. 먼저 이에

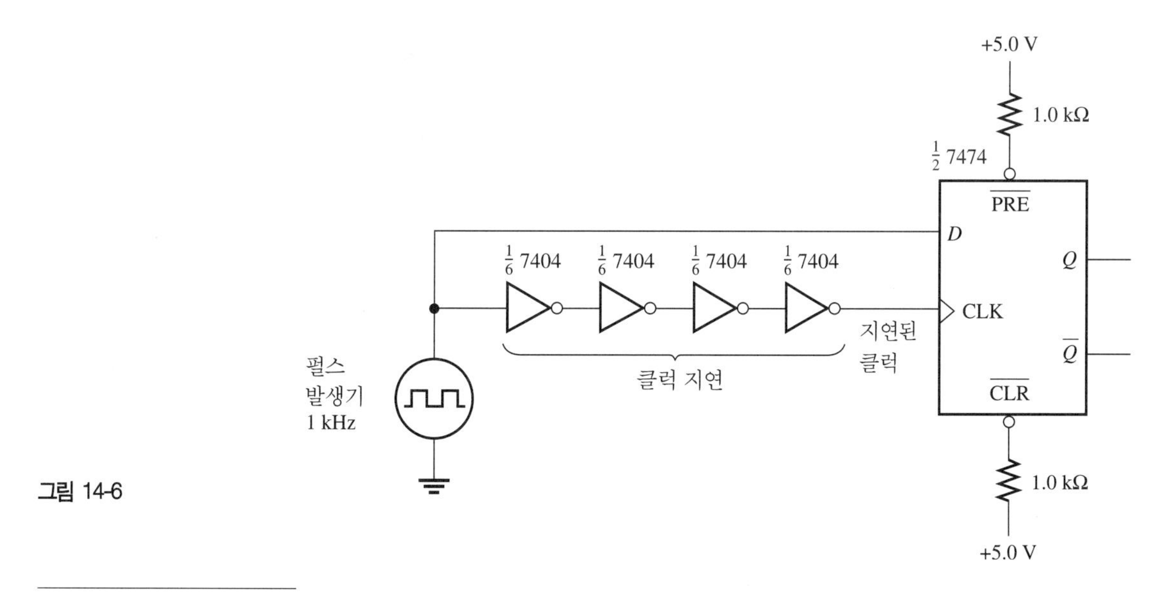

그림 14-6

3) 역주) 플립플롭과 같은 디지털 회로로 데이터가 입력될 때 클럭 펄스의 트리거 입력에 앞서 데이터가 유지되어야 하는 시간 간격.

대한 효과를 살펴보자. 2채널 오실로스코프에서 지연된 클럭 신호와 Q 출력 신호 모두를 관찰하여라. 채널 1에서 지연 클럭 신호를 살펴보고 채널 1로 트리거를 맞춰라. 출력(채널 2)에서 DC 레벨을 관찰할 수 있을 것이다.

8. 이제 클럭 지연 회로를 제거하여 펄스 발생기와 클럭 입력을 직접 연결하여라. 불충분한 셋업 시간으로 인해 출력 DC 레벨이 변경되었을 것이다. 실험 보고서에 관찰 내용을 설명하여라.

9. 클럭 지연 회로를 다시 연결하고 $\overline{\text{PRE}}$ 입력에 LOW를 연결한 후, 그 다음에 HIGH로 연결하여라. 그리고 $\overline{\text{CLR}}$ 입력에 LOW를 연결한 후, 그 다음 HIGH를 연결하여라. 다음은 클럭 펄스를 분리한 상태에서 위 과정을 반복하여라. $\overline{\text{PRE}}$과 $\overline{\text{CLR}}$가 동기 입력인지 비동기 입력인지를 결정하여라.

10. 클럭 지연 회로를 그대로 둔 상태에서 D 입력을 분리하여라. $\overline{Q}$에서 D 입력으로 선을 연결하여라. 오실로스코프에서 파형을 관찰하여라. '이론 요약' 에서 설명했듯이 일반적으로 상대적인 타이밍 측정에서는 트리거 채널로서 가장 느린 파형의 채널에 오실로스코프의 트리거를 맞춰야 한다. 실험 보고서에 D 플립플롭의 관찰 내용을 정리하여라. 셋업 시간, $\overline{\text{PRE}}$과 $\overline{\text{CLR}}$ 입력, 타이밍 관찰 내용에 대해 논의하여라.

◆ 추가 조사

그림 14-7의 회로는 D 플립플롭을 실제로 응용한 것이다. 이는 한 번에 하나씩 도착하는 직렬 비트 데이터를 받아 이전 결과에 대해 XOR를 수행하는 패리티 검사 회로이다. 데이터는 클럭과 동기되어 있는데, 즉 클럭 펄스마다 새로운 데이터 비트를 테스트한다. 회로를 구성하고 1 Hz로 클럭을 설정하여라. 클럭 펄스보다 앞서 데이터 스위치를 HIGH 또는 LOW로 놓고 결과를 관찰하여라. 실험 보고서에 관찰 결과를 서술하여라. 논리 1이 입력되면 패리티에 어떤 일이 발생하는가? 논리 0이 입력되었을 때는 어떤 일이 발생하겠는가? 이 회로는 'Floyd, Digital Fundamentals: A Systems Approach' 책의 5-11절에서 설명된 9비트 패리티 발생기/검사기에 대해 어떤 장점이 있는가?

그림 14-7

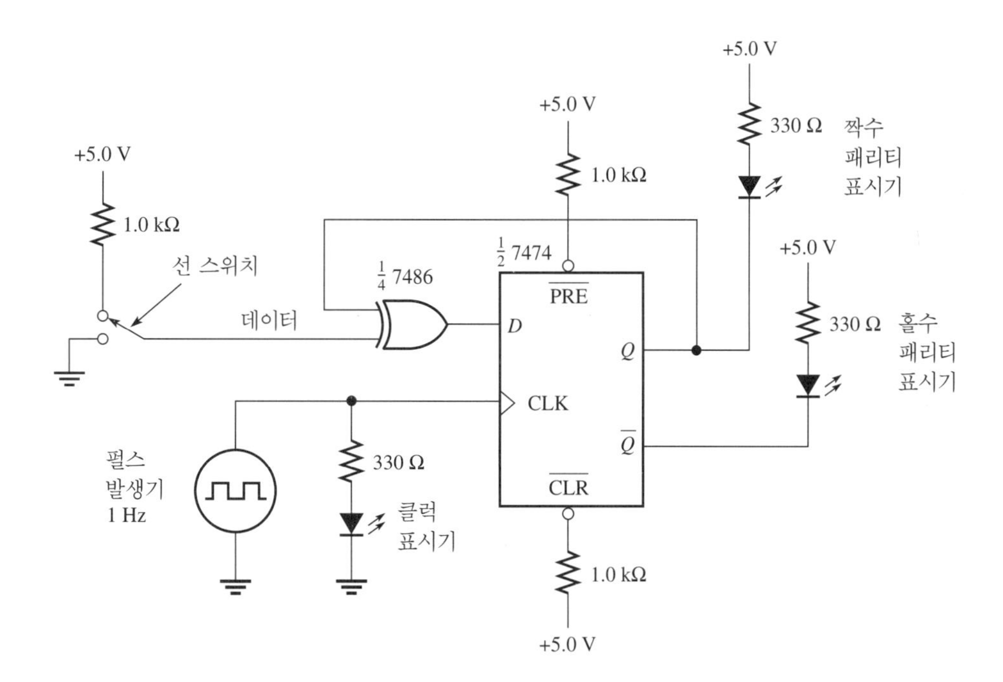
+5.0 V
1.0 kΩ
선 스위치
데이터
$\frac{1}{4}$ 7486
+5.0 V
1.0 kΩ
$\frac{1}{2}$ 7474
PRE
D
Q
CLK
$\overline{Q}$
CLR
1.0 kΩ
+5.0 V
+5.0 V
330 Ω
짝수
패리티
표시기
+5.0 V
330 Ω
홀수
패리티
표시기
펄스
발생기
1 Hz
330 Ω
클럭
표시기

실험보고서 14

이름 : ____________________

날짜 : ____________________

조 : ____________________

실험 목표

- □ 래치(latch)가 SPDT 스위치의 바운스(bounce)를 제거하는 방법에 대한 증명
- □ 네 개의 NAND 게이트와 하나의 인버터로부터 게이트된(gated) D 래치 구성과 테스트
- □ D 플립플롭의 테스트 및 래치와 플립플롭에 대한 몇 가지 응용 회로 조사

데이터 및 관찰 내용

실험 순서 3. SPDT 스위치 바운스 제거 회로에 대한 관찰 내용:

실험 순서 5. D 래치 회로에 대한 관찰 내용:

실험 순서 6. 간단한 도난 경보기에 대한 관찰 내용:

실험 순서 7과 8. 셋업 시간에 대한 관찰 내용:

실험 순서 10. D 플립플롭에 대한 관찰 내용:

결과 및 결론

추가 조사 결과

평가 및 복습 문제

01 그림 14-3의 스위치 바운스 제거 회로가 DT(double-throw) 스위치에 대해서만 사용되는 이유를 설명하여라.

02 스위치의 바운스를 제거하는 데에 NOR 게이트를 사용할 수 있는가?

03 4조 7475A D 래치 중 1조를 사용하여 실험 순서 6의 도난 경보기를 구성할 수 있는 방법을 보여라.

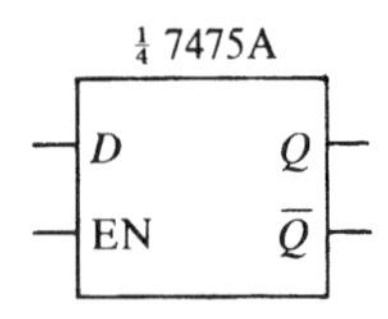

04 도난 경보기를 두 개의 교차 연결(cross-coupled) NOR 게이트로 구성할 수 있다. 실험 순서 6의 경보기와 같은 기능(NC 스위치, 경보, 리셋)을 갖도록 회로를 완성하여라.

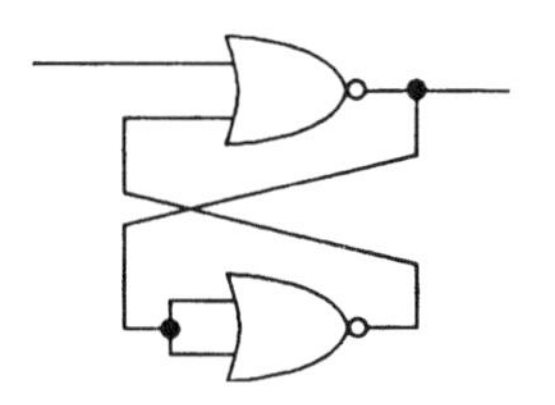

05 그림 14-5의 도난 경보기가 올바르게 동작되지 않는다고 가정하여라. ENABLE 스위치가 작동(ready) 위치에 있지만 입력 스위치 중 하나가 개방(open)되어도 LED에 불이 들어오지 않는다. 이 같은 고장에 대해 적어도 세 가지의 이유를 제시해보아라. 가장 가능성이 있는 이유에 대해 원으로 표시해보아라.

06 그림 14-7의 직렬 패리티 검사 회로는 D 플립플롭을 사용한다. D 래치로는 똑같이 동작하지 않는 이유는 무엇인가?

실 험

15 상자 검출기

Floyd, Digital Fundamentals: A Systems Approach
CHAPTER 6: LATCHES, FLIP-FLOPS, AND TIMERS

실험 목표

- 식품 생산 과정에서 컨베이어 벨트에 넘어진 상자를 검출하고 포장하기 전에 제거하는 회로 설계
- 회로에 고장이 발생한 경우 회로 테스트를 위한 고장 진단 절차 결정
- 회로와 간단한 테스트 과정을 설명하는 보고서 작성

◆ 사용 부품

7474 D 플립플롭
CdS 포토셀(Jameco 120299 또는 동급) 2개
그 외 실험자 선택 부품

◆ 이론 요약

D 플립플롭은 임시로 정보를 저장할 수 있고, 한 비트의 정보 저장 능력을 갖는 메모리 소자로 동작한다. 이번 실험에서는 입력이 변경된 후 그 입력을 다시 사용하기 위해서 정보를 임시로 저장해야 한다. 회로는 원래의 사건(event)이 지나갔을지라도 동작을 취할 수 있다.

사건이 발생할 때마다 플래그(flag)가 세트(set)되도록 사건을 클럭처럼 동작시킨다. 상자가 검출기를 통과했다는 사건의 발생은 비동기적이므로 클럭 신호와 관련이 없다. 사건이 클럭의 역할을 하기 때문에 셋업 시간(setup time)[1]이 D 플립플롭에 충분히 주어질 수 있도록 클럭 신호를 지연(delay)시켜야 한다.

1) 역주) 실험 14 참조.

실험 순서

'문제 설명' 에서 서술한 넘어진 상자 검출기를 구현하는 회로를 설계하여라. 회로를 테스트하고 설계한 회로에 대한 설명을 보고서에 작성하여라. 설계자가 부재 시에 회로가 고장난 경우라도 수리를 하여 정상적으로 동작되도록 해야 한다. 보고서의 작성에는 자신이 설계한 테스트 절차를 사용하여 회로의 고장을 판별할 수 있도록 기술자들을 위한 간단한 고장 진단 도움말이 포함되어 있어야 한다.

문제 설명: 식품 생산 회사에서는 컨베이어 벨트에서 넘어진 상자를 검출하여 상자를 제거 호퍼(reject hopper)로 보내기 위해 공기압 기기를 작동시키는 회로가 필요한데, 이는 가끔씩 상자가 넘어져서 상자를 포장하는 기계에 고장을 일으키기 때문이다. 그림 15-1에 보인 바와 같이 두 개의 포토셀(photo-cell)을 적당한 위치에 설치한다. 약간의 간격을 두고 두 포토셀을 엇갈리게 배치한 것에 주의한다. 상단 포토셀을 *A*라고 하고 하단 포토셀을 *B*라고 하자. 똑바로 세워져 있는 상자는 먼저 포토셀 *A*를 가리게 되고, 그 다음에 포토셀 *B*를 가리게 될 것이다. 넘어진 상자는 단지 포토셀 *B*만 가리게 된다.

두 포토셀이 상자를 감지하면 그 상자는 세워져 있는 것이고 포장 기계로 보내야 한다. 그러나 단지 포토셀 B만이 상자를 감지하면 발생 신호가 공기압 기기로 전송된다(실험에서는 LED로 공기압 기기를 모의실험 한다). 넘어지지 않은 다음 상자가 감지될 때까지 공기압 기기를 켜놓아야 한다.

설계 문제에 대한 회로의 논리 레벨을 발생시키기 위해 그림 15-2의 포토셀 회로를 사용할 수 있다. 사용하는 포토셀의 특성과 실험실 조명을 고려하여 TTL 논리 레벨 전압이 발생될 수 있도록 실험을 통해 R_1의 값을 결정해야 한다. 포토셀의 저항은 조명의 밝기가 증가할수록 적은 값을 갖는다. 포토셀이 상자에 의해 가려진다면(높은 저항) 출력은 논리 HIGH로 설정되고, 가려지지 않는다면 논리 LOW가 된다. 상자에 의해 포토셀 *A*가 가려진 후, 포토셀 *B*가 가려진다면 회로는 공기압 기기(이 실험에서는 LED)를 작동시키지 말아야 한다. 반대로 포토셀 *B*가 가려지고 *A*는 가려지지 않은 상태로 남아 있는 경우, 회로는 넘어진 상자를 검출하고 공기압 기기를 작동시켜야 한다(LED ON). LED는 LOW 신

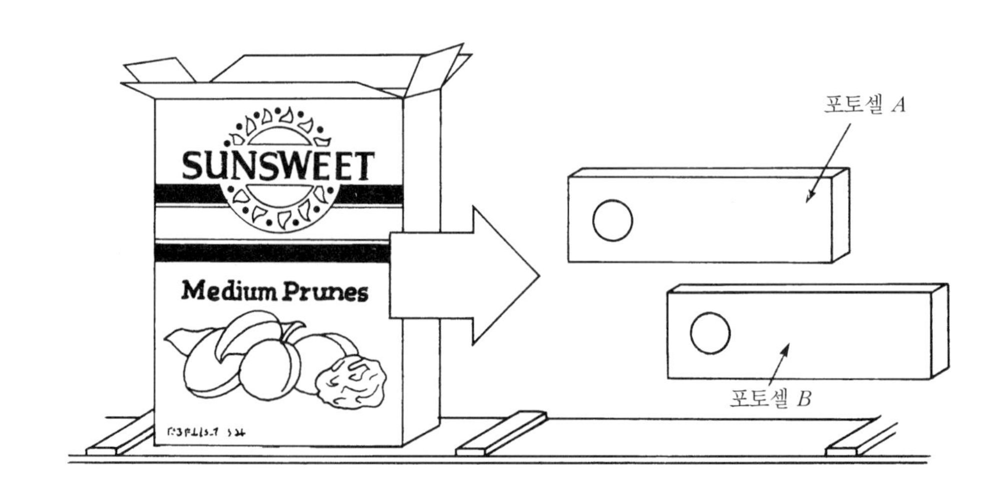

그림 15-1

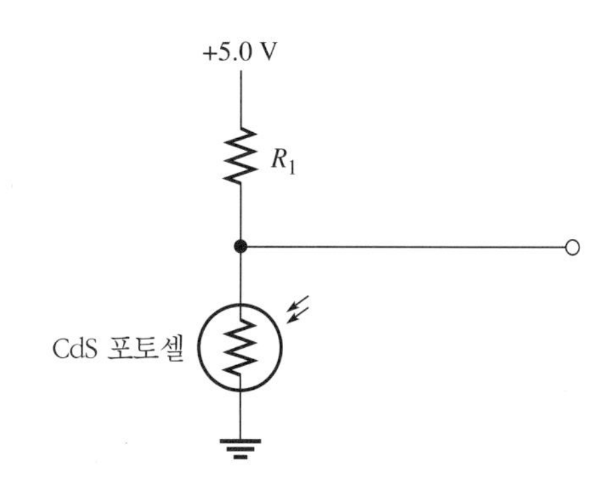

그림 15-2 간단한 포토셀 회로

호일 때 불이 켜져야 한다. 이 설계를 위해서 두 개의 IC만 가지고 있다고 하자.

보고서

회로와 회로 테스트의 결과를 요약하는 기술 보고서를 작성하여라. 빛 센서의 동작을 검증하도록 해주는 테스트에 대해서도 작성하여라. 강사가 요구하는 형식이나 '실험 개요'에서 제시한 형식을 사용해도 된다.

추가 조사

새롭게 개선된 모델-2 상자 검출기가 필요하다고 하자. 하나의 상자가 넘어진 후에 공기압 기기가 계속 켜진 상태로 있게 되면, 이는 생산 라인의 관리자를 괴롭게 하는 일이 될 것이다. 이를 해결하기 위해서 상자가 제거 호퍼로 보내졌다는 것을 포토셀이 감지하여 공기압 기기를 정지시키도록 하고, 또한 회로를 최초 동작 상태로 만들기 위해 리셋(reset) 기능을 갖는 리셋 버튼을 추가하도록 라인 관리자가 요구하였다고 하자. 이 같은 수정을 위해서 더 이상의 여분 IC는 가지고 있지 않다고 할 때, 이 요구 조건을 만족시키도록 설계를 수정하여라.

실 험

16 J-K 플립플롭

Floyd, Digital Fundamentals: A Systems Approach
CHAPTER 6: LATCHES, FLIP-FLOPS, AND TIMERS

실험 목표

- 비동기 및 동기 입력을 포함한 J-K 플립플롭의 여러 구성에 대한 테스트
- 토글 모드에서 주파수 분할 특성 관찰
- J-K 플립플롭의 전달 지연 측정

사용 부품

74LS76A 2조 J-K 플립플롭
LED: 적색 1개, 녹색 1개, 황색 1개
저항: 390 Ω 3개, 1.0 kΩ 4개
4조 DIP 스위치 1개

이론 요약

D 플립플롭은 동작 상태의 클럭 에지(edge)에서만 출력이 변하는 에지-트리거(edge-triggered) 소자이며, 단지 1을 저장하는 세트(set)와 0을 저장하는 리셋(reset)만 존재하여 여러 응용에 제한을 받는다. 또한 D 플립플롭은 클럭 펄스를 제거하지 않으면 래치로 사용될 수 없다는 것도 이 소자를 사용하는 응용에서 제한 요소로 작용한다. S-R 플립플롭을 래치로 사용할 수 있으나 입력 조건 중 '$S = 1$'과 '$R = 1$'은 허용되지 않는다. 이런 문제들에 대한 해답으로 J-K 플립플롭을 사용하면 되는데, J-K 플립플롭은 기본적으로 S-R 플립플롭의 무효 출력 상태를 **토글**(toggle)이라는 새 모드로 대체함으로써 부가적인 논리를 갖는 클럭 입력 S-R 플립플롭이다. 토글은 플립플롭이 현재 상태와 반대되는 상태로 변경되는 것이다. 이는 차고의 자동문 스위치 동작, 즉 차고 문이 열려 있을 때 버튼을 누르면 문은 닫히고, 문이 닫혀 있을 때 버튼을 누르면 문이 열리는 동작과 같다.

J-K 플립플롭은 지금까지 설명한 세 가지 기본 플립플롭 중에서 가장 많이 사용되는 소자이다. 거의 모든 플립플롭을 이용한 응용은 D 또는 J-K 플립플롭을 사용하여 완성된다. 클럭 입력 S-R 플립플롭이

S-R 플립플롭

입력		출력
S	R	Q
0	0	래치
0	1	0
1	0	1
1	1	무효

D 플립플롭

입력	출력
D	Q
No equivalent	
0	0
1	1
No equivalent	

J-K 플립플롭

입력		출력
J	K	Q
0	0	래치
0	1	0
1	0	1
1	1	토글

그림 16-1 기본 플립플롭의 비교

가끔 사용되긴 하지만 이는 대부분 IC의 내부 회로로 사용된다(예를 들어 74LS165A 시프트 레지스터). 세 가지 플립플롭에 대한 진리표가 그림 16-1에 비교되어 있다. S-R 플립플롭과 혼동되지 않기 위해서 입력을 J(세트 모드)와 K(리셋 모드)로 표시하였다.

논리 게이트의 입력이 출력에 영향을 주기 위해서는 약간의 시간을 필요로 한다. 이러한 시간을 전파 지연 시간(propagation delay time)이라고 하는데, 이는 논리군(logic family)에 따라 다르다. '추가 조사'에서 J-K 플립플롭의 전파 지연 시간에 대해 살펴볼 것이다.

입력 데이터가 정확한 레벨이 되어야 비로소 출력에 영향을 주도록 하기 위해 에지-트리거를 사용하는데, 이 에지-트리거를 사용함으로써 동기 변이(synchronous transition)를 확실히 해줄 수 있다. 종종 사용되는 예전 방법으로는 **펄스-트리거**(pulse-triggered) 또는 **마스터-슬레이브**(master-slave) 플립플롭이 있다. 이 플립플롭에서 클럭의 선두 에지(leading edge)에서는 마스터로 데이터가 입력되고, 클럭의 후미 에지(trailing edge)에서는 슬레이브로 데이터가 입력된다. 클럭 펄스가 HIGH인 동안에 입력 데이터가 변경되면 안 되는데, 그렇게 하지 않으면 마스터에서의 데이터가 변경될 수 있기 때문이다. J-K 플립플롭은 에지-트리거 또는 펄스-트리거 소자로 사용이 가능하다. 7476은 2조 펄스-트리거 소자이며, 74LS76A는 클럭이 HIGH에서 LOW로 변환 시의 에지-트리거 소자이다. 이번 실험에서는 두 유형 모두 사용할 수 있다.[1)]

◆ 실험 순서

J-K 에지-트리거 플립플롭

1. 그림 16-2(a)의 회로를 구성하여라. LED는 결과 논리를 보기 위한 것이며 출력이 LOW일 때 ON이

1) 두 유형의 IC에 대한 데이터 시트는 부록 A 참조.

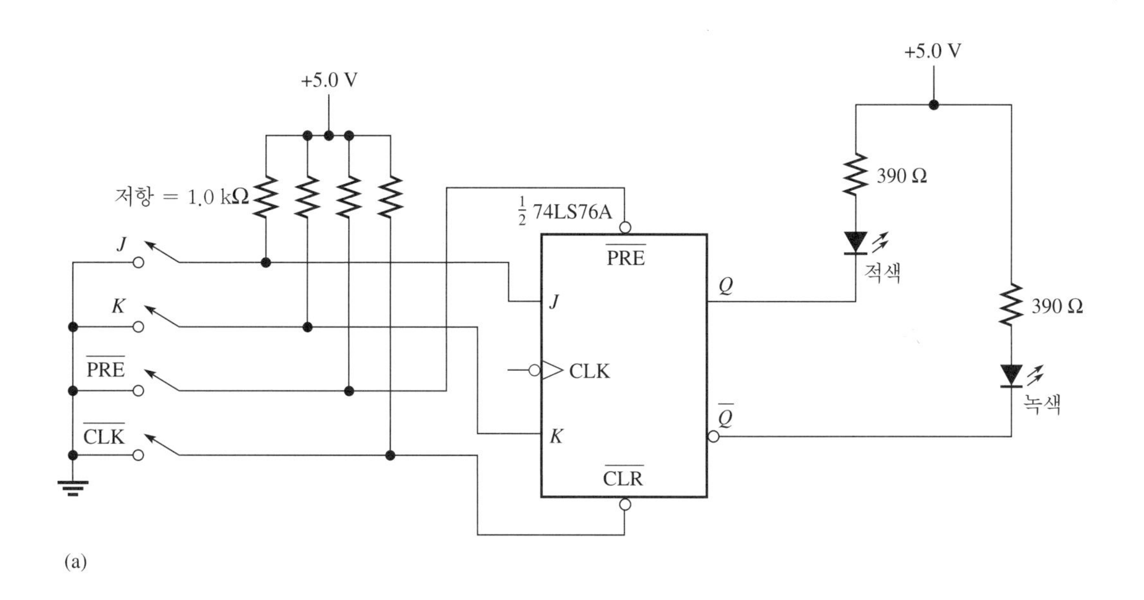

(a)

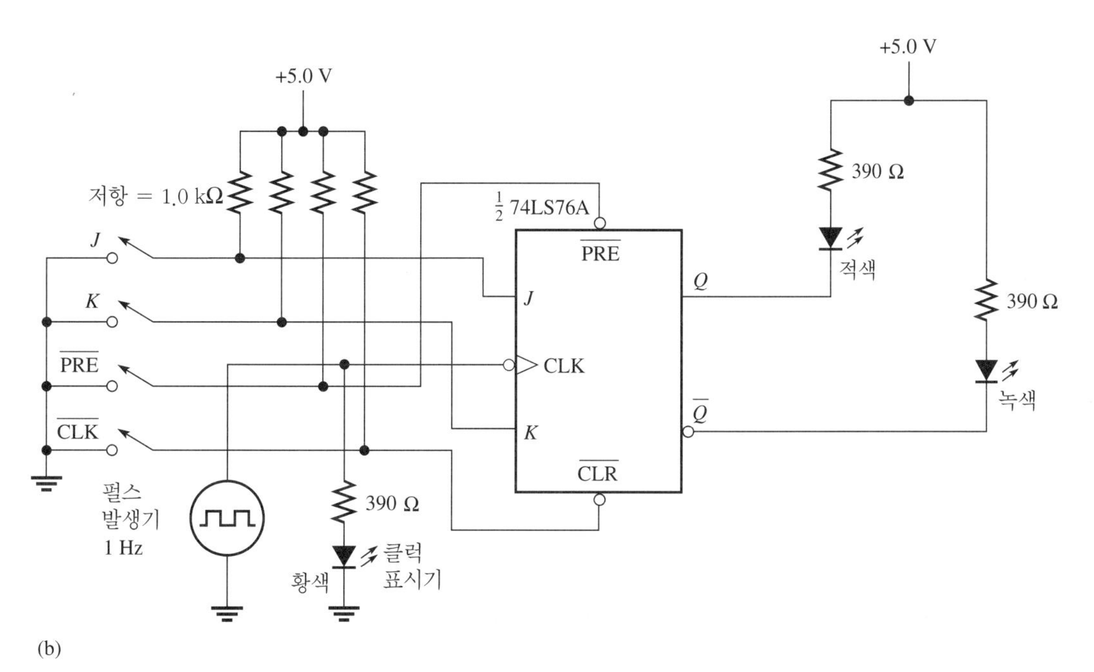

(b)

그림 16-2

된다. $\overline{\text{PRE}}$과 $\overline{\text{CLR}}$는 비활성 레벨로 하기 위해 HIGH로 설정하여라. J에는 논리 1을, K에는 논리 0을 연결함으로써 세트(set) 모드를 선택하여라. 클럭을 LOW(동작시키지 않음)로 하고 $\overline{\text{PRE}}$과 $\overline{\text{CLR}}$ 모두 동시에 논리 0을 연결함으로써 이에 대한 영향을 테스트하여라. 프리셋(preset)과 클리어(clear) 입력은 동기인가? 아니면 비동기인가?

$\overline{\text{CLR}}$를 LOW로 설정하고, 클럭을 HIGH로 놓은 뒤, LOW로 설정하여 클럭 펄스를 만들어라. $\overline{\text{CLR}}$ 입

력이 J 입력을 무효로 만드는 것을 관찰하여라.

$\overline{PRE}$과 $\overline{CLR}$ 모두 동시에 0을 연결하면 어떤 일이 일어나는지 결정하여라. 실험 보고서에 이 순서에서 관찰한 내용을 요약 정리하여라.

2. $\overline{PRE}$과 $\overline{CLR}$에 논리 1을 설정하여라. TTL 레벨 펄스 발생기를 1Hz로 설정하여 클럭 입력에 연결하여라. 그림 16-2(b)와 같이 펄스 발생기에 LED 클럭 표시기를 추가하여, 클럭 펄스와 출력을 동시에 관찰할 수 있도록 하여라. LED를 관찰하면서 J와 K 입력의 4가지 모든 조합에 대해 테스트하여라.

   데이터가 출력으로 전달되는 것은 클럭의 선두 에지(leading edge)에서인가? 후미 에지(trailing edge)에서인가?

   토글(toggle) 모드에서는 출력 주파수가 클럭 주파수와 같지 않다는 것을 관찰하여라. 또한 토글 모드에서는 출력 듀티 사이클(duty cycle)이 클럭 듀티 사이클과도 같지 않음에 주의하여라. 이는 50% 듀티 사이클 펄스를 얻는 좋은 방법이 된다. 실험 보고서에 관찰 내용을 요약 정리하여라. J-K 플립플롭의 진리표에 대한 토의 내용도 포함시켜라.

3. 그림 16-3의 회로를 살펴보아라. 진리표를 참조하여 어떤 일이 일어날지를 예상해 보고, 회로를 구성하여 예상한 내용을 테스트해 보아라. 관찰한 내용을 요약 정리하여라.

4. 카운터에서 토글 모드를 사용하는 경우도 있다. 종속 연결(cascade)된 플립플롭은 리플 카운터(ripple counter) 회로에서 주파수 분할을 수행하기 위해 사용된다.[2] 그림 16-4는 74LS76 안에 있는 두 개의 플립플롭을 사용한 리플 카운터를 보여주고 있다. 회로를 구성하고 실험 보고서의 도표 1에

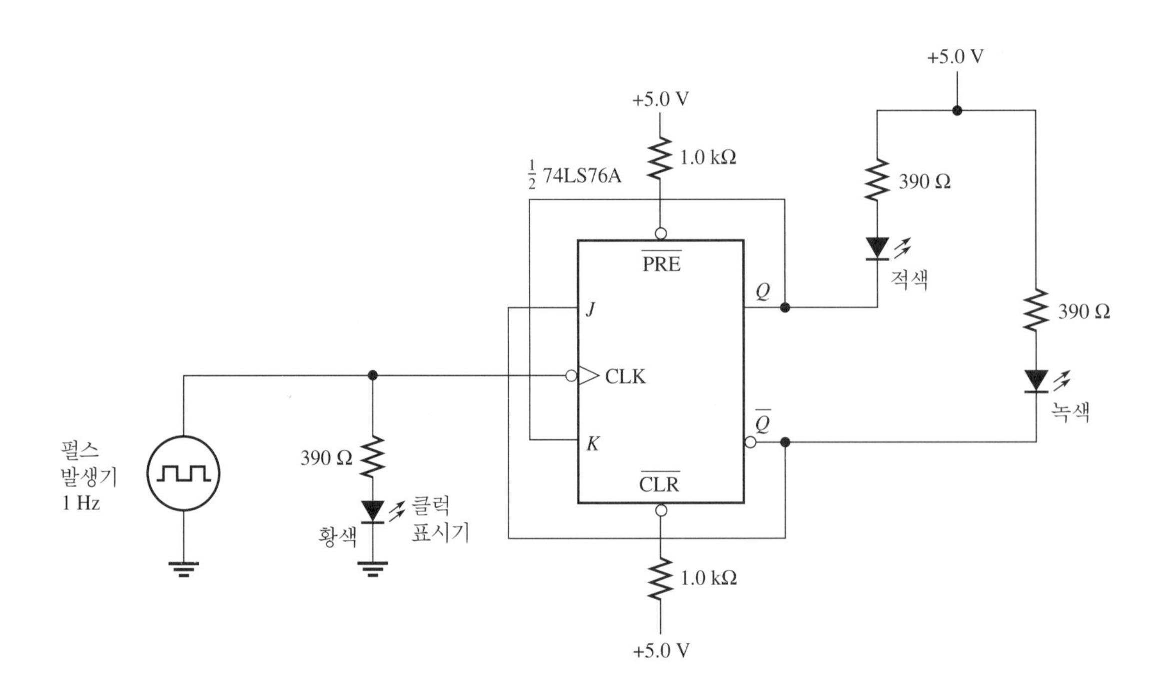

그림 16-3

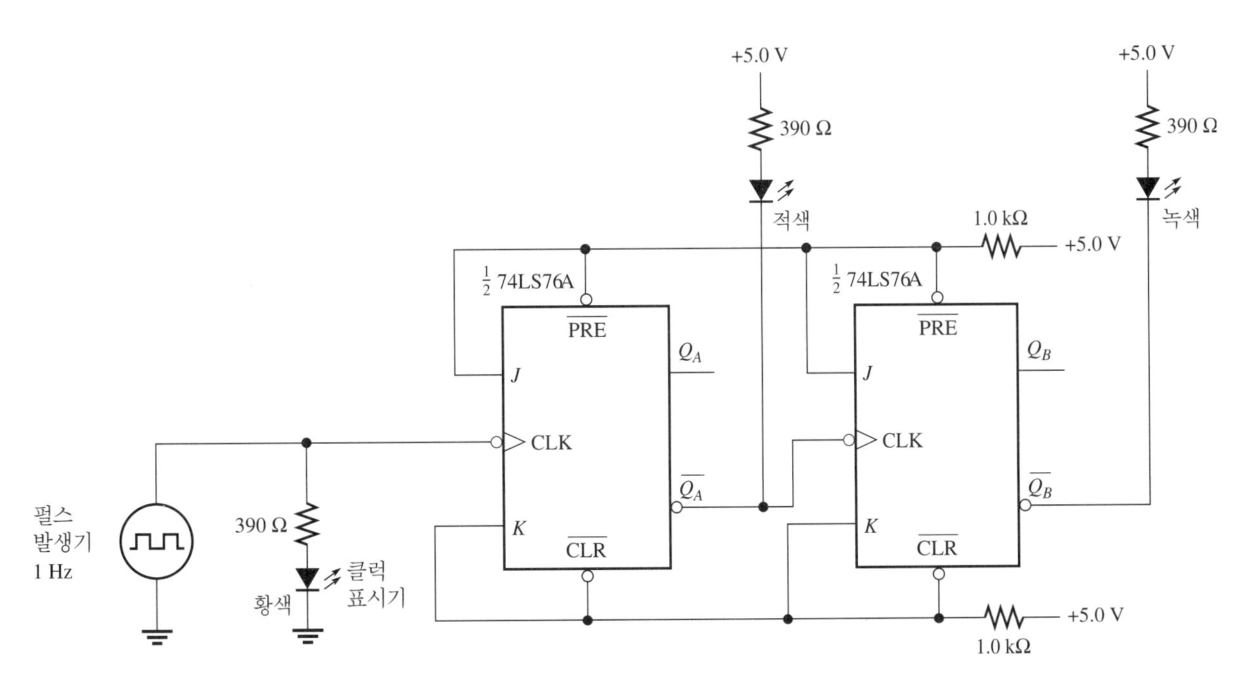

그림 16-4

Q_A와 Q_B 출력을 그려라.

LED가 ON이 될 때 출력 Q는 HIGH인 것에 주의하여라. 적색과 녹색 LED는 펄스 발생기 주파수가 플립플롭에 의해 변경되었다는 것을 알려준다.

추가 조사

t_{PLH}와 t_{PHL} 측정

주의: t_{PLH}와 같은 파라미터의 측정은 아날로그와 디지털 오실로스코프에서 다르게 수행된다. 실험 순서 1에서의 실험을 구성하여라. 그 다음, 아날로그 오실로스코프를 사용하고 있다면 다음 순서 2a를 실행하고, 디지털 오실로스코프를 사용하고 있다면 순서 2b를 실행하여라. 두 오실로스코프 모두 사용이 가능하다면 2a와 2b 모두를 실행하여라.

1. 토글 동작이 되도록 J-K 플립플롭을 구성하여라. 클럭 주파수를 100 kHz로 설정하고, 오실로스코프의 채널 1로는 클럭을, 채널 2로는 출력 Q를 관찰하여라. 클럭과 출력 Q의 완전한 파형을 관찰하기 위해서 오실로스코프의 소인(sweep) 시간을 5 μs/div으로 설정하여라. 각 채널에 대해 VOLTS/

2) 리플 카운터는 실험 21에서 자세히 다룬다.

DIV(수직 감도) 조절기를 2 V/div으로 설정하고 화면의 중앙 격자선을 교차하여 중앙에 오도록 하여라.

2a. 아날로그 오실로스코프를 사용하고 있다면 초기 신호(클럭 신호)로 오실로스코프를 트리거할 필요가 있다. CH1을 사용하여 오실로스코프를 트리거하고 트리거 조절기로 하강 에지(falling-edge) 트리거를 선택하여라. 그 다음, 소인 속도(sweep speed)를 5 ns/div으로 증가시켜라(5 ns/div이 가능하지 않다면 사용 가능한 가장 빠른 소인 속도를 사용하여라). 전체 클럭 파형을 보기 위해서 트리거 LEVEL 조절기를 조정해야 할 것이다. 클럭에 대해서는 하강 에지를, 출력 Q에 대해서는 상승 에지(rising edge)나 하강 에지를 살펴볼 수 있어야 한다. HOLD OFF 조절기를 조정함으로써 출력의 LOW에서 HIGH로의 전환을 관찰할 수 있다. 안정 상태의 궤적(trace)을 볼 수 있다면 실험 순서 3으로 이동하여라.

2b. 디지털 오실로스코프를 사용하고 있다면 채널 2에 느린 파형(출력)에 대해서 트리거 할 수 있다. 이는 디지털 오실로스코프가 트리거 이벤트 전의 신호를 보여줄 수 있기 때문이다. 트리거 메뉴에서 CH2 트리거를 선택하고 SET LEVEL을 50%로 설정하여라. 그 다음, 소인 속도를 5 ns/div으로 증가시켜라. t_{PLH}나 t_{PHL}을 관찰하기 위해서 트리거 메뉴에서 RISING SLOPE나 FALLING SLOPE를 선택할 수 있다.

3. 하강 클럭 신호의 50% 레벨로부터, 상승 출력 신호의 50% 레벨까지의 시간과 하강 출력 신호의 50% 레벨까지의 시간을 측정하여라. 실험 보고서에 시간을 기록하고 부록 A의 제조업체 데이터 시트에 있는 최댓값과 비교하여라.

실험보고서 16

이름 : ______________________

날짜 : ______________________

조 : ______________________

실험 목표

- □ 비동기 및 동기 입력을 포함한 J-K 플립플롭의 여러 구성에 대한 테스트
- □ 토글 모드에서 주파수 분할 특성 관찰
- □ J-K 플립플롭의 전달 지연 측정

데이터 및 관찰 내용

실험 순서 1. $\overline{\text{PRE}}$과 $\overline{\text{CLR}}$ 입력에 대한 관찰:

실험 순서 2. J-K 플립플롭 클럭에 관한 관찰:

실험 순서 3. 회로 테스트 관찰:

실험 순서 4. 리플 카운터:

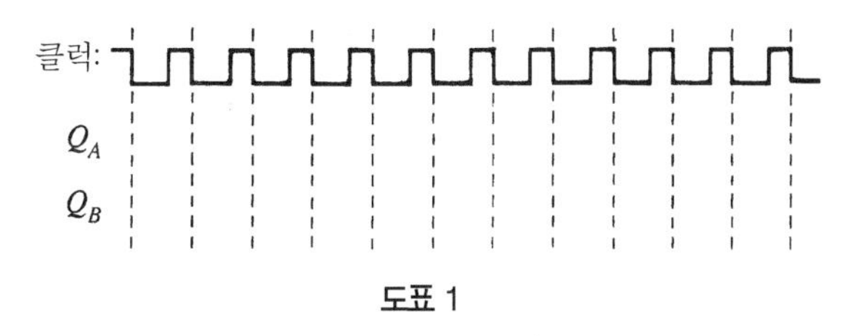

도표 1

결과 및 결론

추가 조사 결과

평가 및 복습 문제

01 비동기 입력과 동기 입력의 차이점은 무엇인가?

02 a. J-K 플립플롭을 비동기적으로 구성하는 방법에 대해서 설명하여라.

b. J-K 플립플롭을 동기적으로 구성하는 방법에 대해서 설명하여라.

03 J와 K 입력 모두가 LOW이고, $\overline{PRE}$과 $\overline{CLR}$가 모두가 HIGH라면 클럭이 J-K 플립플롭의 출력에 어떤 영향을 주겠는가?

04 그림 16-3의 회로에서 J와 K 입력이 우연히 서로 바뀌었다고 해 보자. 어떤 영향이 관찰되겠는가?

05 그림 16-3에서 적색 LED는 계속 켜진 상태로 있고, 녹색 LED는 꺼져 있는 상태라고 하자. 황색 LED는 깜박거리고 있다. 이 회로의 세 가지 가능한 고장 내역은 무엇이겠는가?

06 그림 16-4에서 녹색 LED는 꺼져있으나 적색 LED는 깜박거리고 있다고 하자. 두 번째 플립플롭의 CLK 입력을 점검해 보았더니 클럭 펄스가 존재한다는 것이 관찰되었다. 이 회로에서의 가능한 고장 내역은 무엇이겠는가?

실 험

17 단안정 및 비안정 멀티바이브레이터

Floyd, Digital Fundamentals: A Systems Approach
CHAPTER 6: LATCHES, FLIP-FLOPS, AND TIMERS

실험 목표

- 특정 펄스와 트리거 모드 발생을 위한 74121 원-숏(one-shot) 구성과 트리거 논리 지정
- 비안정 멀티바이브레이터로 구성된 555 타이머의 주파수 및 듀티 사이클 측정
- 비안정 멀티바이브레이터로 구성된 555 타이머 구성 및 설계 테스트

사용 부품

74121 원-숏(one-shot, 단안정 멀티바이브레이터)
7474 2조 플립플롭
555 타이머
0.01 μF 커패시터 2개
신호용 다이오드(1N914 또는 동급)
저항: 10 kΩ 1개, 7.5 kΩ 1개
그 외 실험자 선택 부품

이론 요약

멀티바이브레이터(multivibrator)에는 쌍안정(bistable), 단안정(monostable 또는 원-숏(one-shot)), 비안정(astable)의 세 가지 유형이 있다. 각 유형의 이름은 안정한 상태의 수를 의미한다. 쌍안정은 세트(set)나 리셋(reset) 될 수 있는 래치나 플립플롭으로 각 상태가 무한정으로 유지될 수 있다. 원-숏(one-shot)은 하나의 안정(stable) 또는 비동작(inactive) 상태와, 하나의 동작(active) 상태를 가지며, 동작 상태로 들어가기 위해서는 입력 트리거를 필요로 한다. 트리거 되면 원-숏은 정확한 시간동안 동작 상태로 들어가고 다른 트리거를 기다리기 위해 안정 상태로 되돌아온다. 마지막으로 비안정 멀티바이브레이터는 안정 상태를 갖지 않으며 스스로 HIGH와 LOW를 번갈아 발생시킨다. 비안정 멀티바이브레이터는 출력이 일정한 펄스의 흐름을 갖기 때문에 종종 클럭 발생기의 기능을 하기도 한다. 많은 시스템

에서 원-숏이나 비안정 멀티바이브레이터가 필요하다. 교통 신호 제어기[1]에서는 두 개의 원-숏과, 클럭으로서 하나의 비안정 멀티바이브레이터가 필요하다. 이번 실험에서는 비안정 멀티바이브레이터의 구성 요소에 대해 알아보고 주파수와 듀티 사이클(duty cycle)을 테스트해본다. '추가 조사' 에서는 원-숏을 설계해볼 것이다.

대부분의 원-숏에 대한 응용에서 IC 타이머나 IC 원-숏을 볼 수 있다. 타이머는 비안정 또는 원-숏으로 동작할 수 있는 범용 IC이다. 원-숏으로서의 타이머는 펄스폭이 약 10 μs보다 작지 않게, 또는 주파수가 100 kHz보다 크지 않도록 제한된다. 이보다 더 엄격한 제한을 갖는 응용에서는 IC 원-숏을 사용한다. 이번 실험에서 테스트해볼 74121은 30 ns의 짧은 펄스를 발생시킬 수 있다. 또한 IC 원-숏은 종종 선두 에지(leading edge) 트리거와 후미 에지(trailing edge) 트리거 기능을 가지며, 특정 논리 조합에 대해서만 트리거를 허용하는 다중 입력의 특징도 갖는다. 이 특징들은 매우 유용하게 사용될 수 있다. 74121에 대한 논리 회로와 함수표가 그림 17-1에 나타나 있다. 이 회로는 슈미트(Schmitt) AND 게이트 출력의 상승 펄스에 의해 트리거 된다. 슈미트 AND 게이트의 목적은 느린 상승 시간(rise-time)의 신호가 원-숏을 트리거할 수 있도록 하는 것이다. B를 트리거하기 위해서 입력은 상승 펄스이어야 하며, 함수표의 마지막 두 줄과 같이 A_1이나 A_2 중 하나가 LOW로 유지되어야 한다. 만약 B가 HIGH로 유지된다면 A_1이나 A_2 중 하나의 후미 에지 트리거는 나머지 다른 하나의 A 입력이 HIGH일 때만 원-숏을 트리거할 것이다. 그 외의 조합은 트리거를 금지하는 데 사용될 수 있다.

그림 17-1

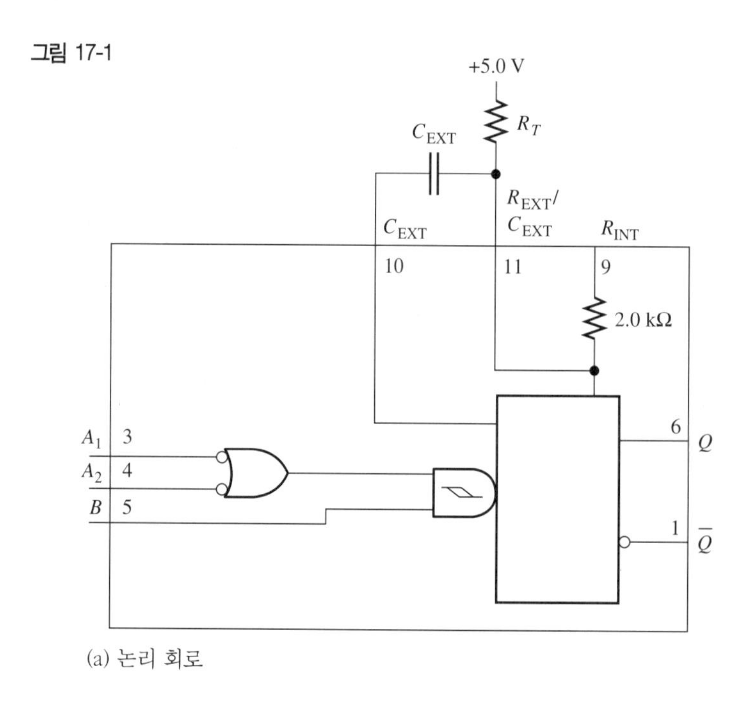

(a) 논리 회로

입력			출력	
A_1	A_2	B	Q	$\overline{Q}$
L	X	H	L	H
X	L	H	L	H
X	X	L	L	H
H	H	X	L	H
H	↓	H	⎍	⎏
↓	H	H	⎍	⎏
↓	↓	H	⎍	⎏
L	X	↑	⎍	⎏
X	L	↑	⎍	⎏

H = HIGH 논리 레벨
L = LOW 논리 레벨
X = LOW 또는 HIGH 중 한 가지
↑ = 양(positive)로의 전환
↓ = 음(negative)로의 전환
⎍ = 양(positive)의 펄스
⎏ = 음(negative)의 펄스

(b) 함수표

1) 'Floyd, Digital Fundamentals: A Systems Approach' 책의 6-1절에서 다루고 있다.

이번 실험에서는 타이머로는 오래되었지만 가장 널리 사용되는 555 타이머에 대해 소개한다. 이 타이머는 TTL 소자가 아니지만 +5.0 V에서 동작(+18 V까지 가능)할 수 있어 TTL이나 CMOS와 호환된다. 555 타이머는 매우 용도가 넓지만 제한된 트리거 논리를 갖고 있다. 응용으로는 정확한 시간 지연(time-delay) 발생, 펄스 발생, 분실 펄스 감지(pulse detector), 전압 제어 발진기(voltage-controlled oscillator, VCO) 등이 있다.

◆ 실험 순서

74121을 사용한 단안정 멀티바이브레이터

1. 74121은 내부에 2.0 kΩ의 타이밍 저항(timing resistor)을 갖고 있다. R_{INT}를 V_{CC}로 연결함으로써 내부 저항을 타이밍 저항으로 선택할 수 있고, 또는 외부 저항을 선택하여 사용할 수도 있다. 외부 타이밍 저항을 사용하기 위해서 R_{INT}(9번 핀)를 개방한 채로 그림 17-1과 같이 연결하여라. 커패시터는 외부 소자이지만 매우 짧은 펄스에 대해서는 제거해도 된다.[2)]

   펄스폭 t_W의 근사 값을 구하는 식은 다음과 같다.

   $$t_W = 0.7 C_{EXT} R_T$$

   여기서 R_T는 내부나 외부의 타이밍 저항이다. C_{EXT}의 단위는 pF이고, R_T는 kΩ, t_W는 ns이다. 0.01 μF 커패시터를 사용하여 50 μs 펄스폭을 얻기 위해 필요한 타이밍 저항을 계산하여라. 계산된 값에 인접한 저항을 선택하여라. 선택한 저항 값과 C_{EXT} 커패시턴스를 측정하여라. 계산된 R_T와 측정한 R_T, C_{EXT}의 값을 실험 보고서의 표 17-1에 기록하여라.

2. R_T와 C_{EXT}의 측정값을 사용하여 예상되는 펄스폭 t_W를 계산하여라. 계산 값을 표 17-1에 기록하여라.

3. 펄스 발생기로 선두 에지 트리거를 사용하여 원-숏을 트리거할 필요가 있다고 가정하자. A_1, A_2, B에 필요한 연결을 결정하여라. 실험 보고서에 입력 논리 레벨과 펄스 발생기 연결에 대하여 목록을 작성하고 회로를 구성하여라. 원-숏은 잡음(noise)에 민감하기 때문에 74121에 가능한 한 가깝게 V_{CC}에서 접지로 0.01 μF의 우회 커패시터(bypass capacitor)를 연결해야 한다.

4. 펄스 발생기로부터의 10 kHz TTL 호환 신호를 선택된 트리거 입력에 인가하여라. 2-채널 오실로스코프의 채널 1에 펄스 발생기의 펄스를 관찰하고 채널 2로는 출력 Q를 관찰하여라. 펄스폭을 측정하고 실험 순서 1에서 예상한 펄스폭 값과 비교하여라(R을 조정할 수도 있다). 표 17-1에 측정한 펄

---

2) 74121은 'Floyd, Digital Fundamentals: A Systems Approach' 책의 6-5절에 자세히 설명되어 있다.

스폭을 기록하여라.

5. 오실로스코프로 출력을 살펴보면서 주파수를 50 kHz로 천천히 증가시켜라. 74121은 재트리거(retrigger)할 수 없다는 것을 어떤 증거로 알 수 있는가? 관찰 내용을 기술하여라.

비안정 멀티바이브레이터로서의 555 타이머

6. 많은 회로에서 요구되는 사항 중 하나가 디지털 시스템의 여러 회로 요소를 동기화 하는 데 사용되는 일련의 펄스인 클럭이다. 555 타이머를 비안정 모드에서 클럭 발생기로 사용할 수 있다.

$$\text{듀티 사이클} = \frac{t_H}{T} = \frac{R_1 + R_2}{R_1 + 2R_2}$$

$$f = \frac{1.44}{(R_1 + 2R_2)C_1}$$

기본적인 비안정 회로를 그림 17-2에 보였다. 그림에는 두 개의 타이밍 저항이 있다. 커패시터는 이 두 저항을 통하여 충전되지만 R_2를 통해서만 방전된다. HIGH 출력 시간 t_H를 총 시간 T로 나눈 비율인 듀티 사이클과 주파수 f는 다음 식으로 계산된다.

표 17-2 목록의 두 저항 R_1과 R_2, 커패시터 C_1의 값을 측정하여라. 측정값을 표 17-2에 기록하여라. 앞 식을 사용하여 그림 17-2의 555 비안정 멀티바이브레이터에 대해 예상되는 주파수 값과 듀티 사이클을 계산하여라. 표 17-2에 계산된 주파수와 듀티 사이클 값을 입력하여라.

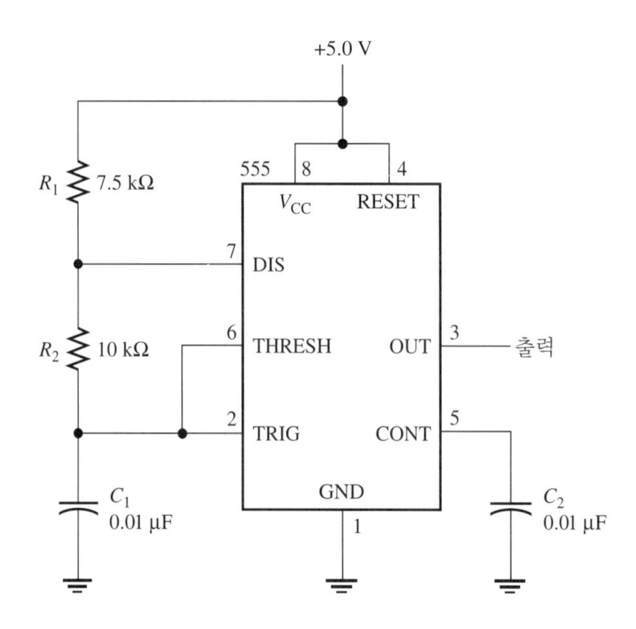

그림 17-2

7. 그림 17-2의 비안정 멀티바이브레이터 회로를 구성하여라. 오실로스코프를 사용하여 회로의 주파수와 듀티 사이클을 측정하고, 표 17-2에 기록하여라.

8. 오실로스코프로 커패시터 C_1 양단의 파형과 출력 파형을 동시에 관찰하여라. 도표 1에 관찰된 파형을 그려라.

9. 실험 순서 8의 파형을 관찰하면서 R_2 양단을 단락(short)시켜라. 단락시킨 것을 제거하고 실험 보고서의 해당 부분에 관찰 내용을 기록하여라.

10. 교통 신호 제어 시스템에서는 비안정 멀티바이브레이터로부터 생성된 클럭 발진기 신호가 필요하고, 요구되는 특정 주파수는 10 kHz이다. 그림 17-2의 회로는 너무 낮은 주파수에서 발진한다. 이 회로가 10 kHz에서 발진할 수 있도록 회로 설계를 변경하여라(듀티 사이클은 중요하지 않다). 실험 보고서의 해당 공간에 회로를 그려라.

◆ 추가 조사

교통 신호 제어 시스템을 실험 13에서 블록 다이어그램 형태로 나타냈었다(그림 13-4 참조). 시스템에는 짧은 타이머와 긴 타이머로서 두 개의 원-숏이 필요하다. 상태 디코더가 LOW로부터 HIGH로 변할 때 이 동작은 트리거 논리를 HIGH에서 LOW로 변하도록 한다(후미 에지). 이와 같은 HIGH에서 LOW로의 전환(후미 에지)은 타이머를 트리거 하는 데 사용된다. 짧은 타이머는 4초간의 양(positive)의 펄스를, 긴 타이머는 25초 동안의 양의 펄스를 가져야 한다. 제조업체의 74121에 대한 R_T와 C_{EXT}의 최대값을 확인하여라.[3] 그 다음, 회로를 설계하고 구성하여라. 330 Ω 전류 제한 저항과 연결된 LED를 표시기로 사용할 수 있다. 펄스폭이 대략적으로 옳게 되었는지 설계를 테스트하여라. 실험 보고서에 회로를 그리고, 테스트 결과를 기술하여라.

3) 부록 A 참조.

실험보고서 17

이름 : ______________________

날짜 : ______________________

조 : ______________________

실험 목표:

- 특정 펄스와 트리거 모드 발생을 위한 74121 원-숏(one-shot) 구성과 트리거 논리 지정
- 비안정 멀티바이브레이터로 구성된 555 타이머의 주파수 및 듀티 사이클 측정
- 비안정 멀티바이브레이터로 구성된 555 타이머 구성 및 설계 테스트

데이터 및 관찰 내용:

표 17-1 74121 단안정 멀티바이브레이터에 대한 데이터

요소	계산값	측정값
타이밍 저항, R_T		
외부 커패시터, C_{EXT}	0.01 μF	
펄스폭, t_w		

실험 순서 3. 입력 논리 레벨과 펄스 발생기 연결:

실험 순서 5. 주파수를 50kHz 증가시킬 때 관찰:

표 17-2 비안정 멀티바이브레이터일 때 555 타이머에 대한 데이터

요소	계산값	측정값
저항, R_1	7.5 kΩ	
저항, R_2	10.0 kΩ	
커패시터, C_1	0.01 μF	
주파수		
듀티 사이클		

실험 순서 8:

커패시터 파형:

출력 파형:

도표 1

실험 순서 9. R_2 양단의 단락에 관한 관찰:

실험 순서 10. 교통 신호 제어기를 위한 10 kHz 발진기 회로

결과 및 결론

추가 조사 결과

평가 및 복습 문제

01 단안정 멀티바이브레이터에서 재트리거(retrigger)할 수 없다는 것은 무엇을 의미하는가?

02 a. 74121 단안정 멀티바이브레이터 회로에서 내부 저항을 사용하여 50 μs의 펄스폭을 갖고자 할 경우 커패시터의 값을 계산하여라.

b. 출력을 50 μs에서 250 μs까지 조정할 수 있는 단안정 멀티바이브레이터 회로는 어떻게 설계하면 되겠는가?

03 74121의 데이터 시트로부터 제조업체가 권고하는 가장 큰 타이밍 저항과 커패시터를 결정하여라. 이 값들이 그림 17-1의 회로에 사용되었을 때의 펄스폭을 계산하여라.

$t_W =$ ____________

04 $R_1 = 1.0\ \text{k}\Omega$, $R_2 = 180\ \text{k}\Omega$, $C_1 = 0.01\ \mu\text{F}$일 때 555 비안정 멀티바이브레이터의 듀티 사이클과 주파수를 계산하여라.

05 555 비안정 멀티바이브레이터에 대해, C_1 = 10 μF이고 요구되는 듀티 사이클이 0.60이라면, 주기 12초에 필요한 R_1과 R_2 값을 계산하여라.

R_1 = ____________________

R_2 = ____________________

06 그림 17-2의 555 비안정 멀티바이브레이터가 +15 V로 동작한다고 가정하여라. 커패시터 C_1 양단의 전압 범위는 어느 정도 될 것으로 예상되는가?

실 험

18 시프트 레지스터 카운터

Floyd, Digital Fundamentals: A Systems Approach
CHAPTER 7: SHIFT REGISTERS

실험 목표

- □ 두 종류의 재순환(recirculating) 시프트 레지스터 카운터에 대한 테스트
- □ 오실로스코프 측정을 이용한 두 종류의 시프트 레지스터 카운터에 대한 타이밍 다이어그램 작성

사용 부품

74195 4비트 시프트 레지스터
7400 4조 NAND 게이트
7493A 카운터
7474 D 플립플롭
7486 4조 XOR
4조 DIP 스위치
LED 4개
저항: 330 Ω 4개, 1.0 kΩ 6개
N.O. 푸시버튼 2개(선택 사양임)

이론 요약

시프트 레지스터(shift register)는 클럭 펄스가 액티브(active) 상태일 때마다 데이터를 이웃의 플립플롭으로 전달되도록 직렬로 연결되어 있다. 시프트 레지스터의 한 예로서 계산기의 디스플레이 창을 들 수 있는데, 키패드에 숫자를 입력할 때마다 이전에 입력된 숫자는 왼쪽으로 이동된다. 시프트 레지스터는 데이터를 왼쪽이나 오른쪽, 또는 제어 신호를 이용하여 양쪽 방향 중 어느 한 방향으로 이동하는 것이 가능하며, D 플립플롭이나 J-K 플립플롭으로 구성할 수 있다. D 플립플롭을 이용한 간단한 시프트 레지스터의 예를 그림 18-1(a)에 나타나 있다. 데이터를 직렬로 왼쪽으로부터 입력하여, 연속적으로 한 개씩 또는 동시에 이동시킬 수 있다. 부가적으로 논리를 추가함으로써 그림 18-1(b)와 같이 병렬

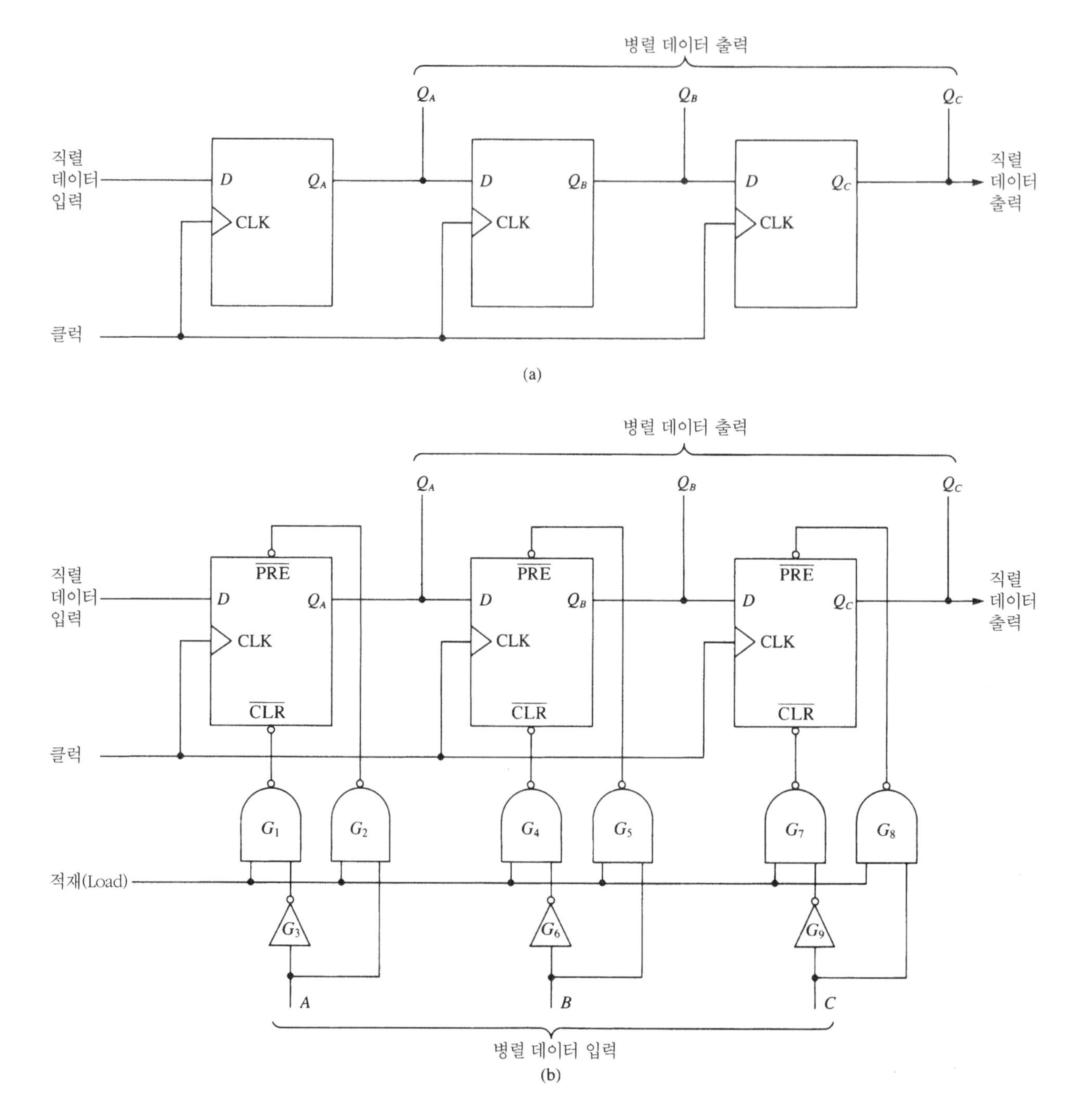

그림 18-1 D 플립플롭으로 구성한 시프트 레지스터

로 데이터를 입력할 수도 있다.

시프트 레지스터는 다양한 종류의 비트 길이, 데이터 로딩 방법, 이동 방향 특성을 갖는 여러 IC의 형태로 사용이 가능하다. 데이터를 직렬(serial) 형태에서 병렬(parallel) 형태로, 또는 그 반대로 변경하고

자 할 때 시프트 레지스터가 널리 사용된다. 시프트 레지스터를 사용하는 다른 응용으로는 컴퓨터 내에서의 산술 연산(arithmetic operation)을 들 수 있다. 어떤 수에 기수(base)를 곱하는 것은 간단히 숫자의 위치를 왼쪽으로 이동하는 것과 같다. 예를 들어, 7 × 2 = 14는 2진수로 0111 × 10 = 1110이다. 이는 원래의 수 0111이 왼쪽으로 한 번 이동(shift)된 것과 같다. 이와는 반대로 2로 나누는 것은 오른쪽으로 이동함으로써 가능하다.

시프트 레지스터에 대한 또 다른 응용으로 디지털 파형 발생기가 있다. 일반적으로 파형 발생기에는 피드백(feedback)이 필요하다. 즉, 레지스터의 출력이 입력으로 되돌아가며 재순환(recirculate)된다. 두 가지 중요한 파형 발생기로 존슨 카운터(Johnson counter 또는 twisted-ring counter)와 링 카운터(ring counter)가 있다. 회로를 그림 18-2처럼 그려 놓으면 이들 카운터에 대한 이름이 쉽게 연상될 것이다. 이번 실험에서 74195 4비트 시프트 레지스터를 사용하여 이들 두 카운터를 구성한다. 그 다음, 링 카운터를 사용하여 다양한 응용에서 사용될 수 있는 비트 스트림을 발생시켜 본다.

74195 함수표는 제조업체의 데이터 시트[1]에 있으며, 편의상 표 18-1에 다시 표시하였다. 표에서 첫 번째 입력은 비동기 $\overline{\text{CLEAR}}$이고, 다음은 하나의 핀에 할당된 병렬 SHIFT/$\overline{\text{LOAD}}$ 기능이다. 이 SHIFT/$\overline{\text{LOAD}}$의 기능은 HIGH에서는 다음 클럭 에지에서 레지스터가 Q_A로부터 Q_D까지 이동(shift)이 이루어지도록 하고, LOW에서는 다음 클럭 에지에서 레지스터가 $\overline{\text{LOAD}}$를 실행하도록 한다. *A*부터 *D*까지의 입력들은 단지 레지스터가 병렬로 적재될 때만 사용된다(이를 broadside load라고 한다). 74195의 내부 레지스터는 S-R 플립플롭으로 구성되어 있지만 가장 왼쪽 플립플롭의 직렬 입력은 *J*와 $\overline{K}$로 표시되어 있는 것에 주의한다. 이 입력들은 *K* 입력이 반전되어 있는 것을 제외하고는 보통의 J-K 플립플롭 입력과 같은 기능을 수행한다.

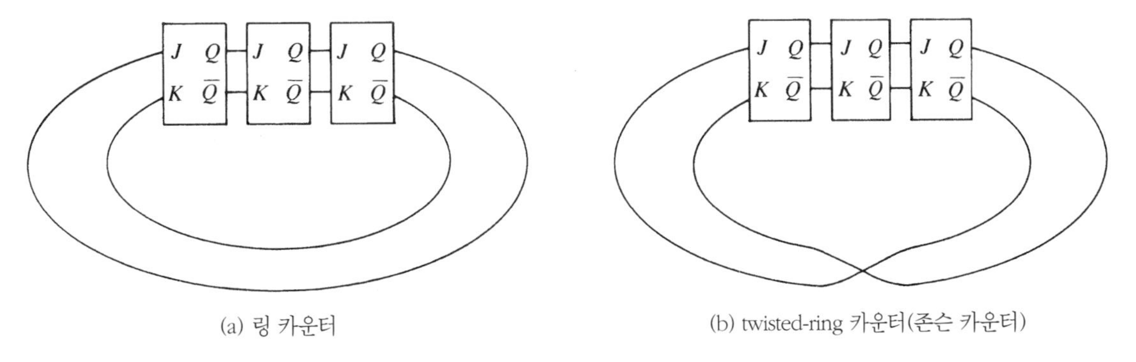

그림 18-2 이름을 강조하기 위한 시프트 레지스터 카운터. 이 회로는 J-K 플립플롭으로 구성되어 있으나 다른 플립플롭으로도 구성이 가능함. CLK, $\overline{\text{PRE}}$, $\overline{\text{CLR}}$ 입력은 표시하지 않았음.

1) 부록 A 참조.

표 18-1 74195 4비트 시프트 레지스터의 함수표

입력									출력				
			직렬		병렬								
$\overline{CLEAR}$	SHIFT/ $\overline{LOAD}$	CLOCK	J	$\overline{K}$	A	B	C	D	Q_A	Q_B	Q_C	Q_D	$\overline{Q}_D$
L	X	X	X	X	X	X	X	X	L	L	L	L	H
H	L	↑	X	X	a	b	c	d	a	b	c	d	$\overline{d}$
H	H	L	X	X	X	X	X	X	Q_{A0}	Q_{B0}	Q_{C0}	Q_{D0}	$\overline{Q}_{D0}$
H	H	↑	L	H	X	X	X	X	Q_{A0}	Q_{A0}	Q_{Bn}	Q_{Cn}	$\overline{Q}_{Cn}$
H	H	↑	L	L	X	X	X	X	L	Q_{An}	Q_{Bn}	Q_{Cn}	$\overline{Q}_{Cn}$
H	H	↑	H	H	X	X	X	X	H	Q_{An}	Q_{Bn}	Q_{Cn}	$\overline{Q}_{Cn}$
H	H	↑	H	L	X	X	X	X	$\overline{Q}_{An}$	Q_{An}	Q_{Bn}	Q_{Cn}	$\overline{Q}_{Cn}$

H = HIGH 레벨(정상 상태)

L = LOW 레벨(정상 상태)

X = 관계없음(전이를 포함한 어떤 입력)

↑ = LOW 레벨에서 HIGH 레벨로 전이

a, b, c, d = A, B, C, D 각각에서의 정상 상태 입력 레벨

Q_{A0}, Q_{B0}, Q_{C0}, Q_{D0} = 표시된 정상 상태 입력 조건이 완료되기 전의 Q_{A0} Q_{B0} Q_{C0} Q_D 각각의 레벨

Q_{An}, Q_{Bn}, Q_{Cn} = 가장 최근의 클럭 전환 이전의 Q_A, Q_B, Q_C 각각의 레벨

실험 순서

존슨 카운터와 링 카운터

1. 그림 18-3의 회로는 일부분만 완성한 시프트 레지스터 카운터의 회로도이다. 이 회로를 존슨(twisted-ring) 카운터나 링 카운터로 연결할 수 있다. 그림 18-2와 74195의 함수표(표 18-1)를 참조하여 존슨 카운터로 사용하기 위한 피드백 루프(loop)를 완성하여라. 실험 보고서에 완성된 회로도를 그려라.

2. 회로를 연결하여라($\overline{CLEAR}$와 SHIFT/$\overline{LOAD}$ 푸시버튼은 선으로 만들어 사용해도 된다). 펄스 발생기를 1 Hz의 TTL 펄스로 설정하여라. 순간적으로 $\overline{CLEAR}$ 스위치를 닫아라. 이 카운터의 한 가지 유용한 특징은 시퀀스가 상태 0에서 시작할 때 그레이 코드(gray code) 시퀀스를 형성한다는 것이다. 모두 0이 아닌 다른 패턴을 적재(load)해도 되지만 존슨 카운터는 일반적으로 이와 같이 시작한다.

3. LED의 패턴을 관찰하여라(0일 때 LED가 ON된다). 그 다음, 펄스 발생기를 1 kHz로 높이고, 존슨 카운터 출력에 대한 타이밍 다이어그램을 실험 보고서의 해당 공란에 그려라.

4. 그림 18-2와 74195 함수표를 참조하여 링 카운터의 회로로 변경하여라. 실험 보고서에 일부분만 완성한 회로가 있다. 링 카운터는 피드백 되는 비트를 반전시키지 않기 때문에 원하는 비트 패턴은 시

그림 18-3 존슨 카운터 또는 링 카운터의 부분 완성 회로

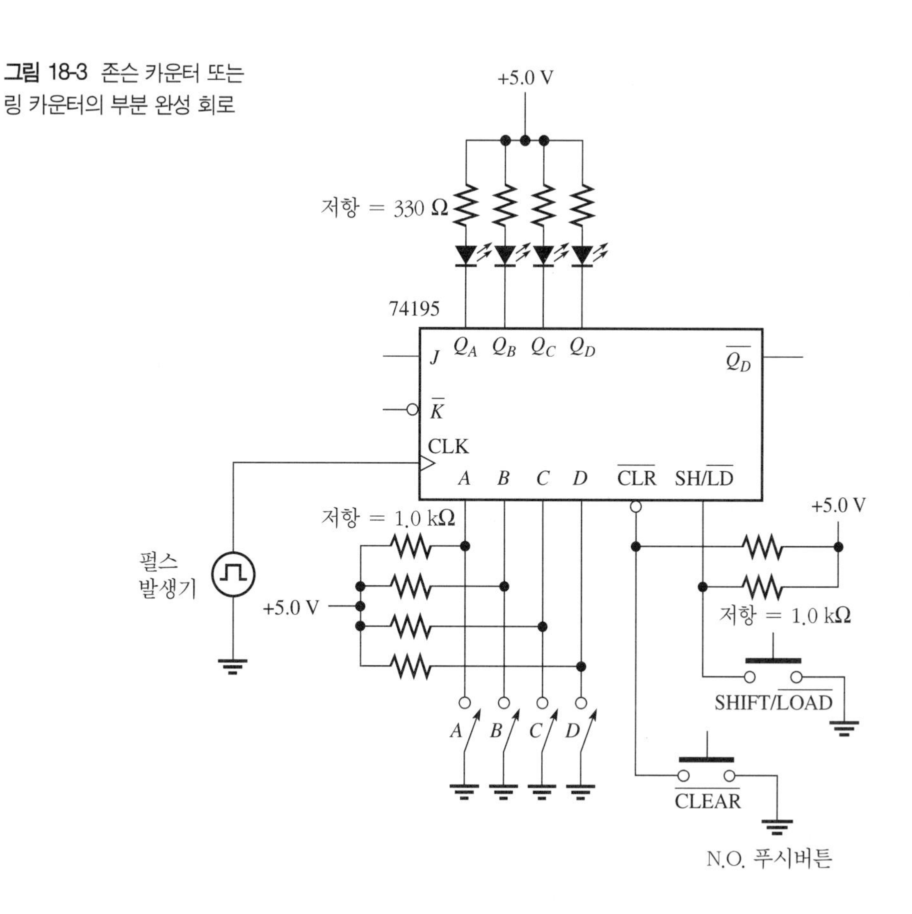

프트 레지스터의 병렬 적재 기능을 사용하여 미리 설정되어야 한다. 일반적인 패턴은 한 개의 1이나 0을 재순환시키는 것이다. 적재(load) 스위치를 1110_2으로 하고, SHIFT/$\overline{LOAD}$ 푸시버튼을 눌러라. 함수표로부터 적재가 동기적이기 때문에, 클럭이 존재할 때만 적재가 일어나게 된다.

5. 펄스 발생기를 1 Hz로 설정하고 LED의 패턴을 관찰하여라.[2] LED의 패턴을 관찰한 후에 펄스 발생기를 1 kHz로 높이고, 링 카운터 출력에 대한 타이밍 다이어그램을 실험 보고서의 해당 공란에 그려라.

추가 조사

이번 추가 조사에서는 이전과는 달리 회로를 구성하지 않고 상세한 타이밍만 조사해볼 것이다(물론 원한다면 회로를 구성할 수도 있다). 그림 18-4에 2-입력 게이트에 대한 자동화된 IC 검사기가 나타나

2) 이 패턴은 'Floyd, Digital Fundamentals: A Systems Approach' 책의 그림 7-28의 키보드 인코더를 위한 링 카운터에서 사용되는 것과 본질적으로 같은 패턴이다.

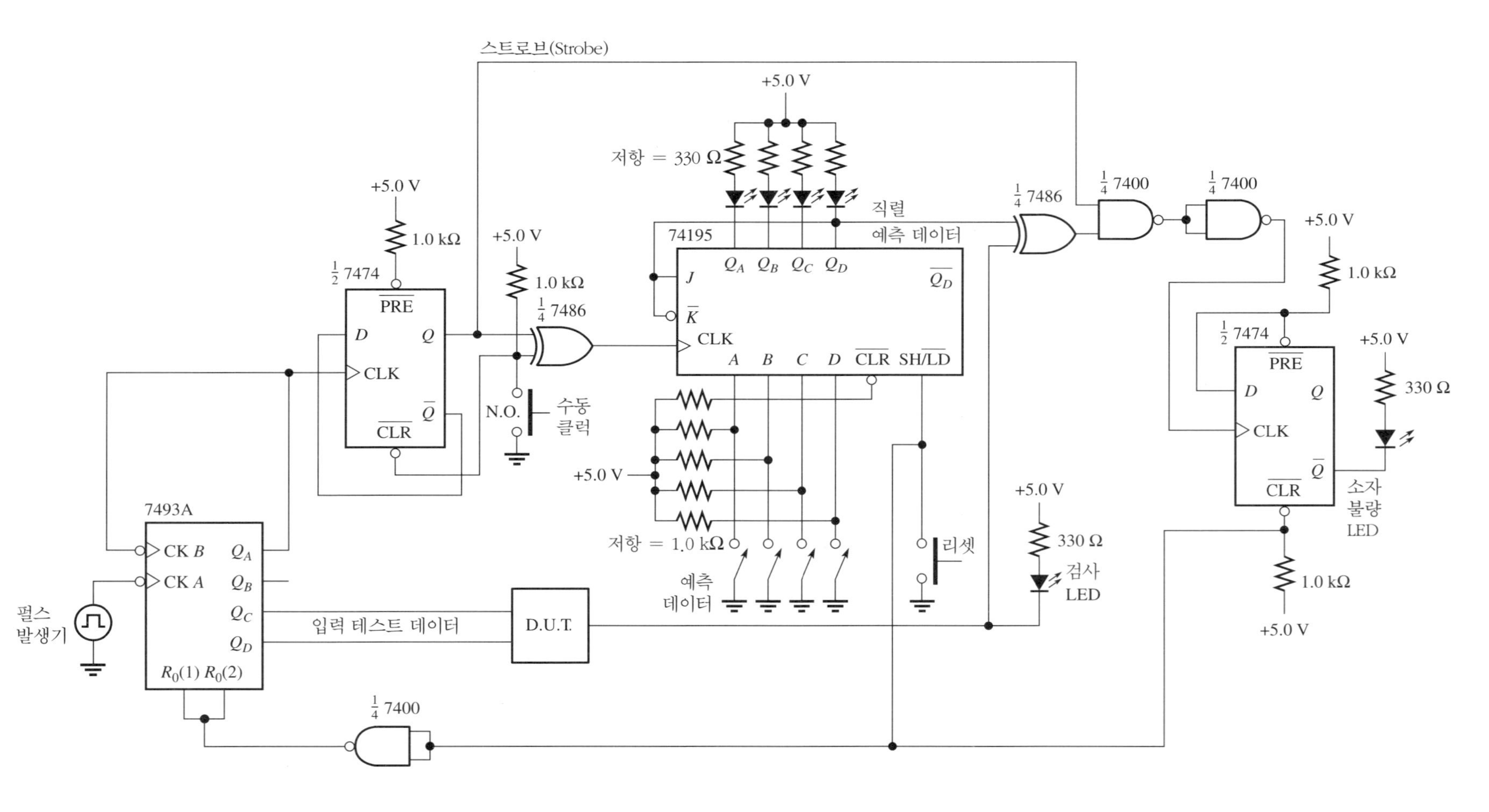

그림 18-4 자동 IC 검사기

있다. 74195 시프트 레지스터를 사용하여 검사 소자(device under test, D.U.T.)에 대한 예측 데이터를 나타내는 직렬 데이터 열을 발생시킨다. 회로는 2-입력 게이트가 7493A 카운터로부터 네 개의 상태를 받아 검사하려는 게이트의 유형에 따라 논리 1이나 0을 만들어 내는 방식으로 동작한다. 검사 대상 소자의 데이터가 시프트 레지스터의 데이터와 동일하다면 검사는 계속되고, 그렇지 않다면 '소자 불량 LED'가 ON이 된다. 이 시스템의 타이밍은 간단하지 않으므로 각 단계에서의 파형을 주의하여 그려야 시스템이 어떻게 동작하는지를 이해할 수 있다. 먼저 7493A의 파형을 그려라. 검사 소자(D.U.T)가 2-입력 NAND 게이트라고 가정하고, 예측 데이터는 $A = 0$이고, $B = C = D = 1$로 설정한다. 카운터와 '스토로브(Strobe)', '입력 테스트 데이터', '직렬 예측 데이터' 들 사이의 시간 관계를 보여라. 회로가 어떻게 동작하는지, 그리고 '입력 테스트 데이터'와 '직렬 예측 데이터'가 일치하지 않는 경우 어떤 일이 발생하는지를 실험 보고서에 요약 정리하여라.

실험보고서 18

이름 : ______________________

날짜 : ______________________

조 : ______________________

실험 목표

- □ 두 종류의 재순환(recirculating) 시프트 레지스터 카운터에 대한 테스트
- □ 오실로스코프 측정을 이용한 두 종류의 시프트 레지스터 카운터에 대한 타이밍 다이어그램 작성

데이터 및 관찰 내용

존슨 카운터 회로도 링 카운터 회로도

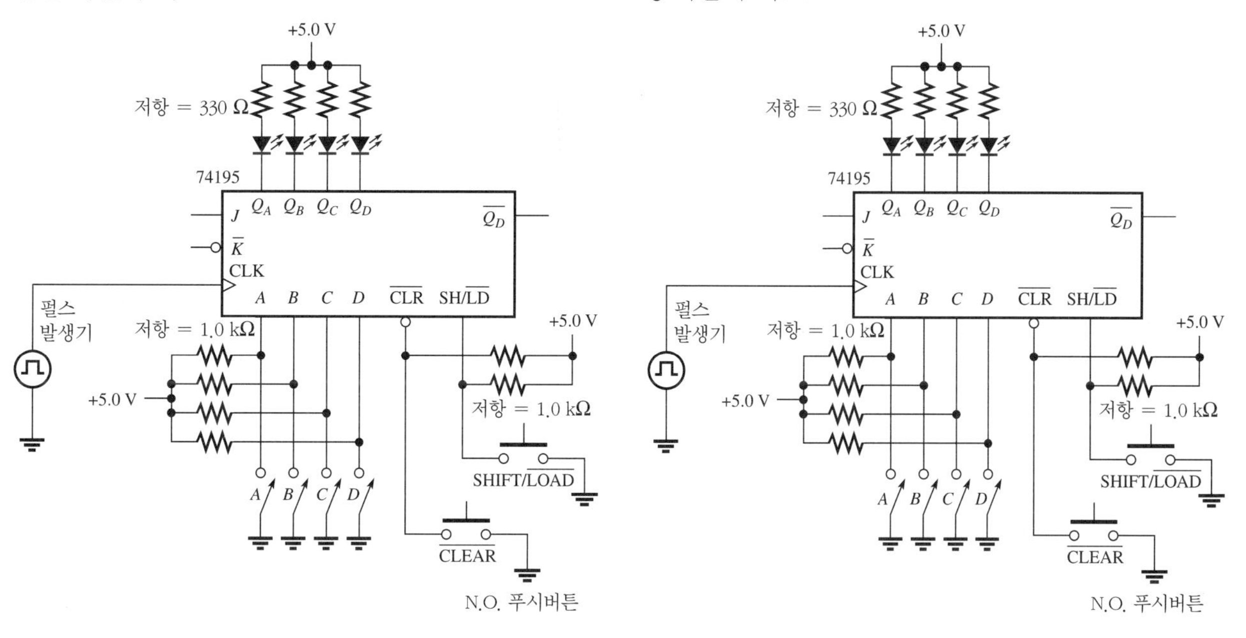

존슨 카운터 타이밍 다이어그램:

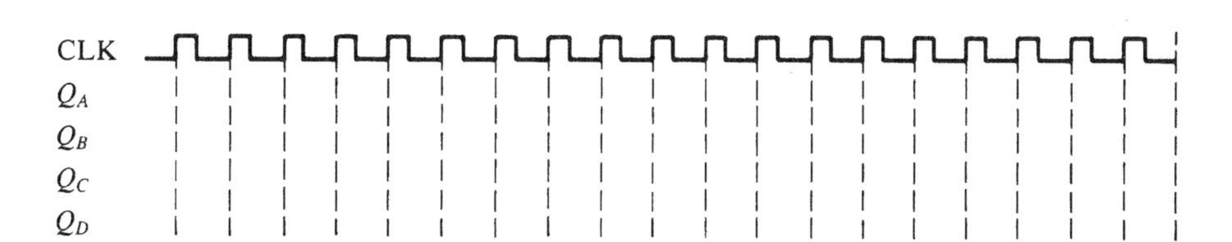

1110이 적재된 링 카운터 타이밍 다이어그램:

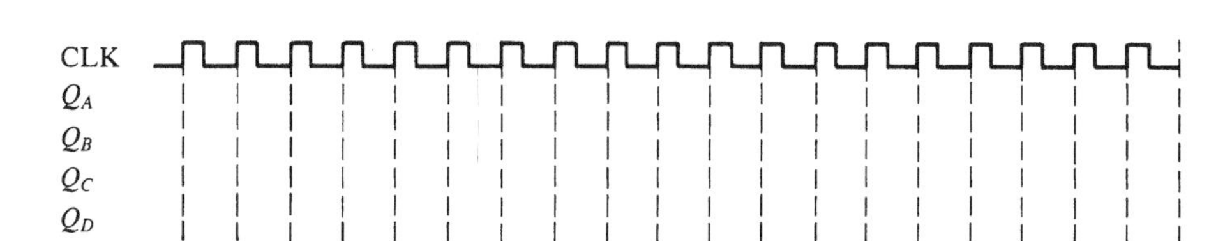

결과 및 결론

추가 조사 결과

평가 및 복습 문제

01 존슨 카운터를 8비트로 확장하기 위해 두 번째 74195를 어떻게 연결해야 하는가?

02 시프트 레지스터에 에지-트리거(edge-triggered) 소자를 사용해야 하는 이유를 설명하여라.

03 a. 3-단계 링 카운터가 2진수 101로 적재된다고 할 때, 카운터의 다음 세 가지 상태는 무엇인가?

b. 존슨 카운터에 대해 (a)를 반복하여라.

04 링 카운터와 존슨 카운터 모두 출력으로부터 입력으로의 피드백 경로를 가지고 있다. 두 카운터에서 이 피드백 경로가 개방된다면 출력에 어떤 일이 발생하겠는가?

05 실험 보고서에 그려진 존슨 카운터의 출력이 연속된 고유 코드를 보여주도록 디코딩된다고 가정하여라. 논리 분석기로 관찰할 경우 예상되는 파형을 그려라.

06 링 카운터에 대한 디코더를 구성하라는 지시를 받았다고 가정하자. 이러한 지시 사항에 대해 어떻게 생각하는가?

실 험

19 시프트 레지스터 회로 응용

Floyd, Digital Fundamentals: A Systems Approach
CHAPTER 7: SHIFT REGISTERS

실험 목표

- □ 비동기 데이터 송신기의 구성과 오실로스코프를 사용한 비동기 출력 신호의 관찰
- □ 데이터 수신기용 5개 클럭 펄스 발생 회로 설계
- □ 비동기 데이터 수신기 설계 완성

사용 부품

555 타이머
7474 2조 D 플립플롭
74195 시프트 레지스터
LED 6개
커패시터: 0.1 μF 1개, 1.0 μF 1개
저항: 330 Ω 6개, 1.0 kΩ 8개, 10 kΩ 1개, 22 kΩ 1개, 1.0 MΩ 1개
그 외 실험자 선택 부품

추가 조사용 실험 기기와 부품:
7400 4조 2-입력 NAND 게이트
7493A 카운터
74195 시프트 레지스터(추가 부품)
LED 4개
저항: 330 Ω 4개, 1.0 kΩ 3개

그림 19-1 비동기 데이터 전송

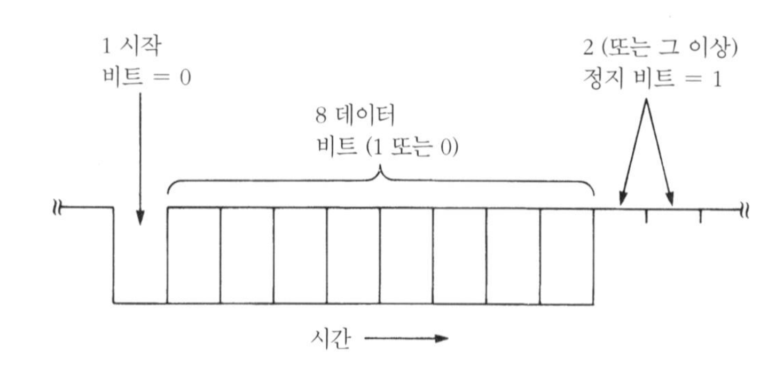

이론 요약

대부분의 디지털 시스템에서 데이터는 병렬 형태의 속도가 빠르기 때문에 이 방식으로 이동과 처리가 이루어진다. 데이터가 다른 시스템으로 전송될 때는 주로 직렬 형태로 보내게 되는데, 직렬 형태는 단지 하나의 데이터 선만 있으면 되기 때문이다. 이러한 시스템에서는 병렬 형태를 직렬 형태로, 또는 그 반대로 데이터를 전환시키는 것이 필요하다. 직렬 데이터를 전송하는 곳에 **비동기**(asynchronous) 데이터 전송을 많이 사용한다. 비동기 전송에서 비트는 일정한 속도로 전송되지만 비트 그룹들 사이에는 여러 공간이 존재한다. 새로운 그룹인지를 확인하기 위해서 항상 LOW인 시작 비트(start bit)가 전송된다. 이어서 보통 8비트인 데이터 비트와, 항상 HIGH인 한 개 또는 두 개의 정지 비트(stop bit)가 전송된다. 수신기는 새로운 시작 비트가 수신될 때까지 대기하게 된다. 그림 19-1에 이 시퀀스를 나타내었다.

이번 실험에서는 앞서 설명한 시스템을 간략화하여 비동기 데이터의 송신과 수신 과정을 설명할 것이다. 그림 19-2의 송신기는 4비트 74195 시프트 레지스터에 단순히 두 개의 D 플립플롭을 추가하여 6비트로 확장한 것이다. 먼저 74195에 전송할 4개의 데이터 비트가 적재된다. 시작 비트를 위해 D 플립플롭을 사용하며, 앞서 설명하였듯이 직렬 데이터 선을 HIGH로 유지하기 위해서도 D 플립플롭이 사용된다. 원-숏(one-shot)을 사용하여 SHIFT/$\overline{\text{LOAD}}$ 선의 바운스(bounce)[1]를 제거한다.

이번 실험의 한 부분으로 비동기 수신기를 설계해야 한다. 설계한 수신기를 '추가 조사' 절에서 구성하고 테스트해 볼 것이다. 이번 실험에서의 송신기와 수신기는 데이터 변환과 전송의 개념을 설명하고 있지만 이는 불과 몇 m 이상 되는 거리에서는 정상적으로 동작하지 않을 것이다. 먼 거리 전송에는 항상 특수 케이블이나 연선(twisted pair) 결선을 사용하는 **라인 드라이버**(line driver)와 **라인 수신기**(line receiver)라고 하는 특별한 회로를 사용해야 한다.

1) 역주) 바운스에 대해서는 '실험 14'의 '이론 요약' 참조.

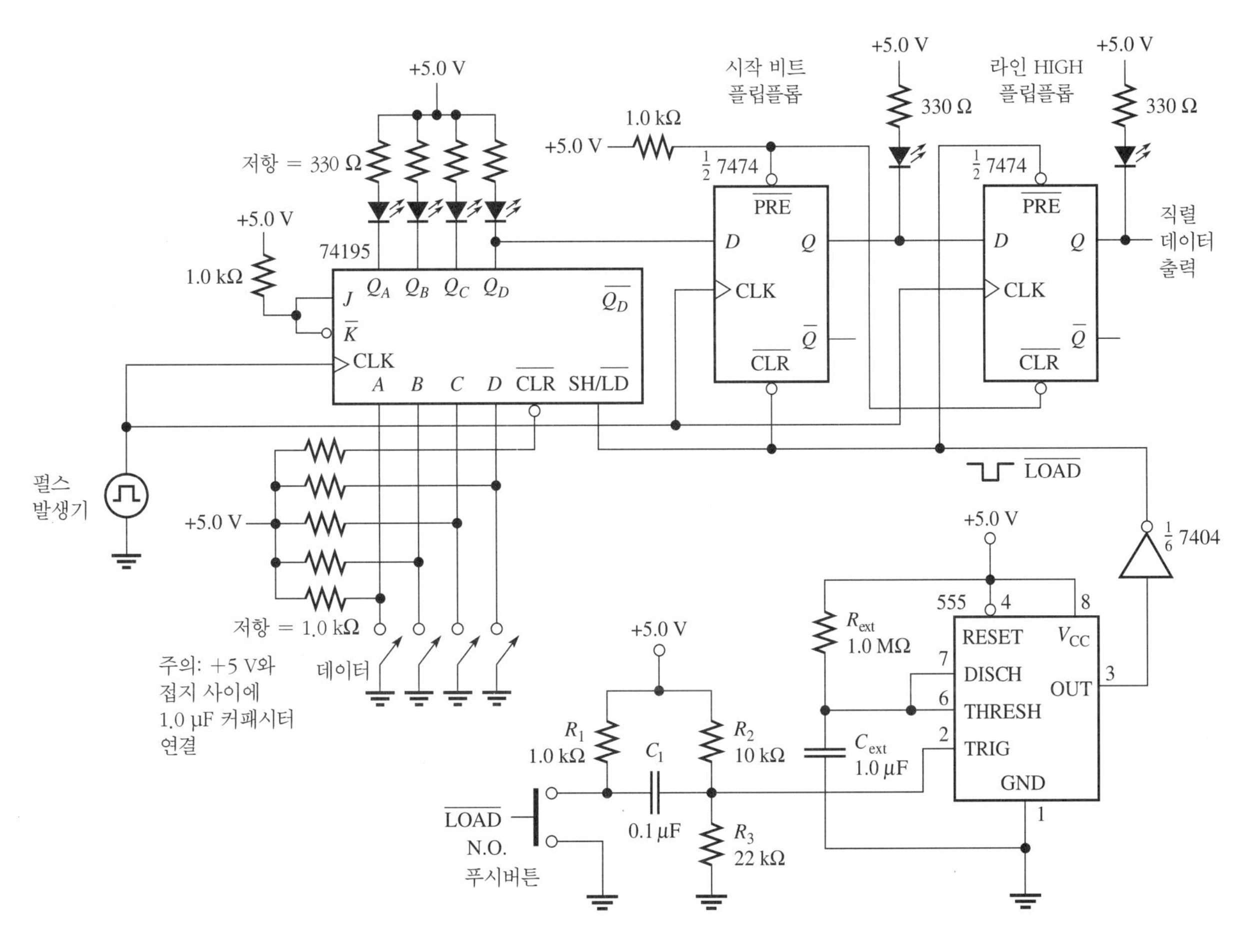

그림 19-2 비동기 데이터 송신기

실험 순서

1. 그림 19-2의 비동기 데이터 전송 회로는 한 개의 시작 비트와 네 개의 데이터 비트를 보낸다. 이는 데이터가 전송되지 않는 동안 직렬 데이터 선이 HIGH를 유지해야 하기 때문에 6비트 레지스터가 필요하다. 그림에는 없지만 수신기는 시작 비트에 의한 HIGH에서 LOW로의 전환을 기다리고, 시작 비트가 수신되면 데이터 비트를 시프트 레지스터의 클럭으로 보낸다. 그림 19-2의 송신기를 구성하여라. 555 타이머는 $\overline{\text{LOAD}}$ 스위치의 닫힘으로 인해 트리거 되어 약 1초 펄스를 발생시키는 원-숏으로 구성된다.

2. 데이터 스위치를 임의의 패턴으로 설정하여 회로를 테스트하여라. 펄스 발생기를 1 Hz로 설정하고 $\overline{\text{LOAD}}$ 푸시버튼을 눌러라. 데이터가 적재되자마자 바로 레지스터를 통하여 이동되어야 한다. 다른 데이터 패턴을 적용하여 결과를 관찰하여라. 데이터가 LOW일 때 LED가 ON된다는 것에 주의하여라. 관찰 결과를 실험 보고서의 해당 공란에 요약 정리하여라.

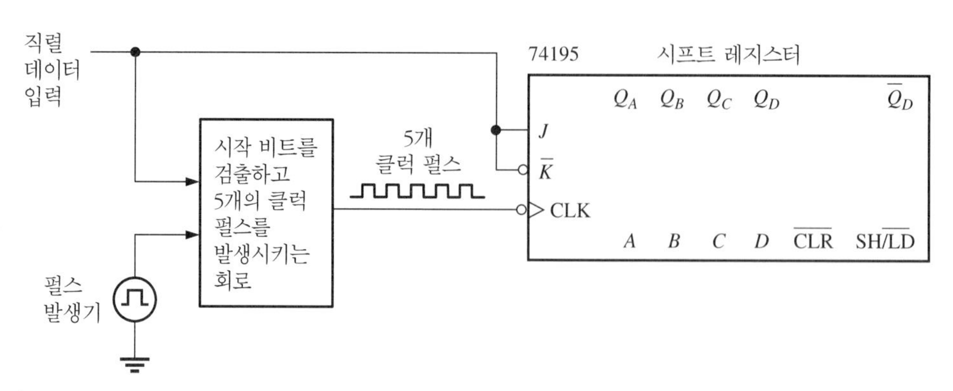

그림 19-4 비동기 데이터 수신기의 블록 다이어그램

3. 실제의 데이터 송신 시스템에서는 데이터를 상당히 빨리 전송한다. 각 전송 후에 자동적으로 데이터를 다시 적재하고 펄스 발생기를 높은 주파수로 설정한다면 실험 과정의 속도를 높일 수 있다. 이는 또한 오실로스코프를 사용하여 더 쉽게 데이터를 관찰할 수 있다. 펄스 발생기의 주파수를 10 kHz로 설정하여라. 자동적으로 데이터를 적재하기 위해서 1.0 kHz의 주파수와 대략 80%의 듀티 사이클(duty cycle)을 갖는 비안정 멀티바이브레이터(astable multivibrator)로 동작하도록 555 타이머를 변경하여라.[2] 실험 보고서의 일부분만 완성한 회로(그림 19-3)에 변경 사항을 표시하여라. 특히 555 타이머의 Discharge, Threshold, Trigger 입력에 대한 처리 방법을 나타내어라. 인버터는 더 이상 필요치 않다.

4. 오실로스코프나 논리 분석기를 사용하여 송신기로부터의 비동기 데이터 패턴을 관찰하여라. 데이터를 $DCBA$ = 0101로 설정하여라. 이 데이터가 반복적으로 보내지기 때문에 데이터 관찰을 위해서는 오실로스코프의 안정적인 화면 표시가 필요하다. 오실로스코프에서 안정적인 패턴을 볼 수 있으면 실험 보고서에 그 패턴을 그리고, 직렬 데이터 출력과 SHIFT/$\overline{\text{LOAD}}$ 신호 사이의 타이밍 관계를 보여라.

5. 수신기의 설계를 완성하여라. 시스템의 수신기 측에서는 시작 비트의 HIGH에서 LOW로의 전환이 검출되면 정확히 5개의 클럭 펄스를 발생시켜야 한다. 그림 19-4에서의 수신기 블록 다이어그램에서처럼 직렬 데이터를 시프트 레지스터로 이동시키기 위해 74195의 클럭 입력에 5개의 클럭 펄스가 연결되어 있다. 블록 다이어그램을 실험 보고서에 있는 그림 19-5의 일부분만 완성한 회로로 확장하였다. 이 회로의 설계를 완성하여라. 특히 74195 시프트 레지스터의 J, $\overline{K}$, $\overline{\text{CLR}}$, SH/$\overline{\text{LD}}$ 입력, 두 NAND 게이트의 입력, 7493A 카운터의 CK B에 대한 처리 방법을 표시하여라.

2) 'Floyd, Digital Fundamentals: A Systems Approach' 책의 6-5절 참조.

◆ 추가 조사

실험 순서 5에서 설계한 수신기를 구성하여라. 송신기에서 수신기로 직렬 데이터를 연결하고 데이터를 전송하여라. 7493A 카운터의 출력 Q_A는 펄스 발생기의 주파수를 2로 나눈다는 것을 기억하여라. 수신기가 송신기와 같은 속도로 데이터에 대해 확실하게 클럭 동작이 이루어지도록 수신기의 펄스 발생기 주파수는 송신기 측 펄스 발생기 주파수의 두 배로 설정되어야 한다. 송신기의 펄스 발생기를 10 kHz로, 수신기 펄스 발생기는 20 kHz로 설정하여라. 실험 보고서의 해당 공란에 관찰 결과를 요약 정리하여라.

실험보고서 19

이름 :

날짜 :

조 :

실험 목표

- 비동기 데이터 송신기의 구성과 오실로스코프를 사용한 비동기 출력 신호의 관찰
- 데이터 수신기용 5개 클럭 펄스 발생 회로 설계
- 비동기 데이터 수신기 설계 완성

데이터 및 관찰 내용

실험 순서 2의 관찰 내용

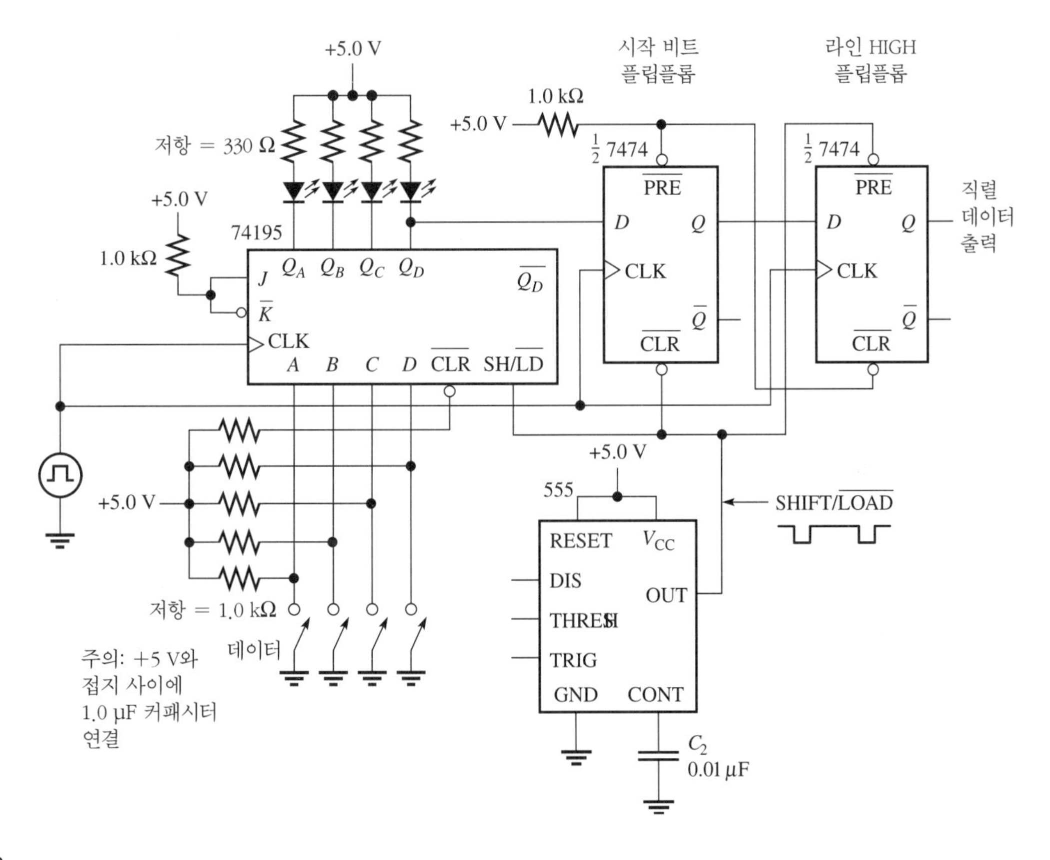

그림 19-3

실험 순서 4: 직렬 데이터 출력 선과 $\mathrm{SHIFT}/\overline{\mathrm{LOAD}}$ 신호의 타이밍 다이어그램

직렬 데이터 출력

$\mathrm{SHIFT}/\overline{\mathrm{LOAD}}$

실험 순서 5: 수신기 회로도(일부분만 완성됨)

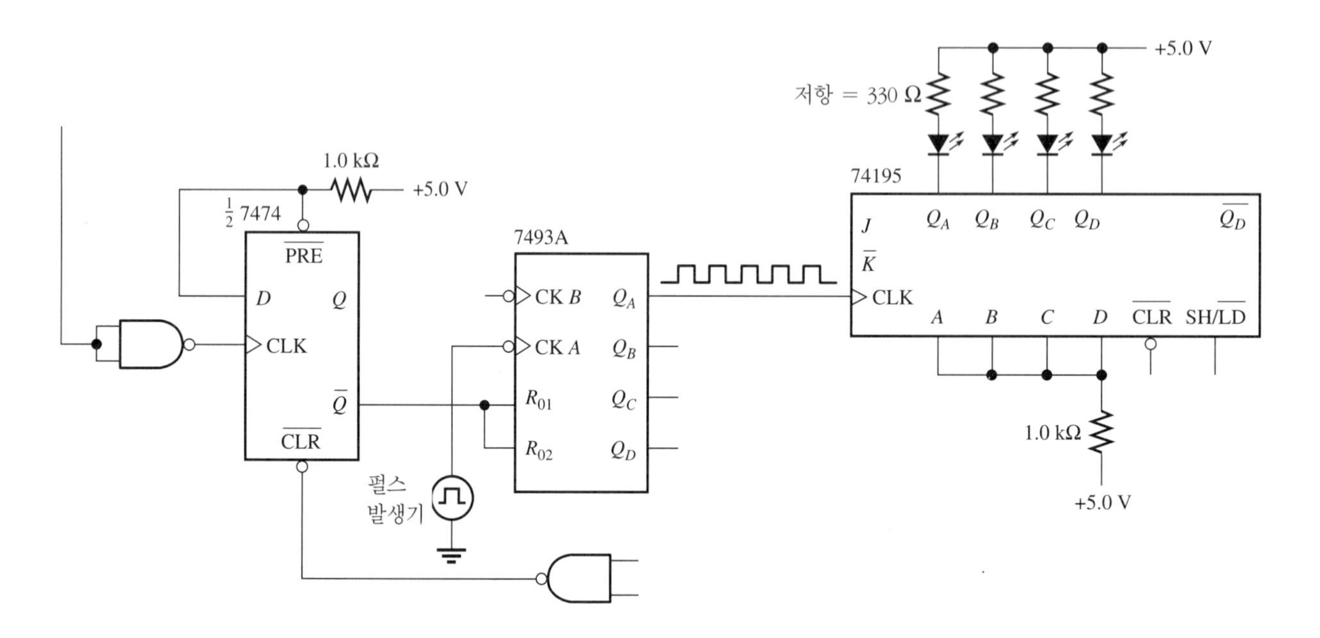

그림 19-5

결과 및 결론

추가 조사 결과

평가 및 복습 문제

01 송신기(그림 19–2)가 데이터를 전송한 후에 시프트 레지스터가 모두 1로 적재(load)되었다. 이 같은 일이 발생하는 이유를 설명하여라.

02 단지 네 개의 데이터 비트만 존재하지만 수신기는 시프트 레지스터로 5개 비트의 클럭을 입력하도록 설계되어 있다. 이유를 설명하여라.

03 그림 19–5의 수신기에서 7474의 클럭 입력에 인버터로서 동작하는 NAND 게이트를 사용하는 이유는 무엇인가?

04 a. 그림 19-6은 직렬 가산기를 형성하기 위해 시프트 레지스터가 어떻게 하나의 전가산기(full-adder)로 연결될 수 있는지를 보여주고 있다. 회로를 분석하고 어떻게 동작하는지를 설명하여라.

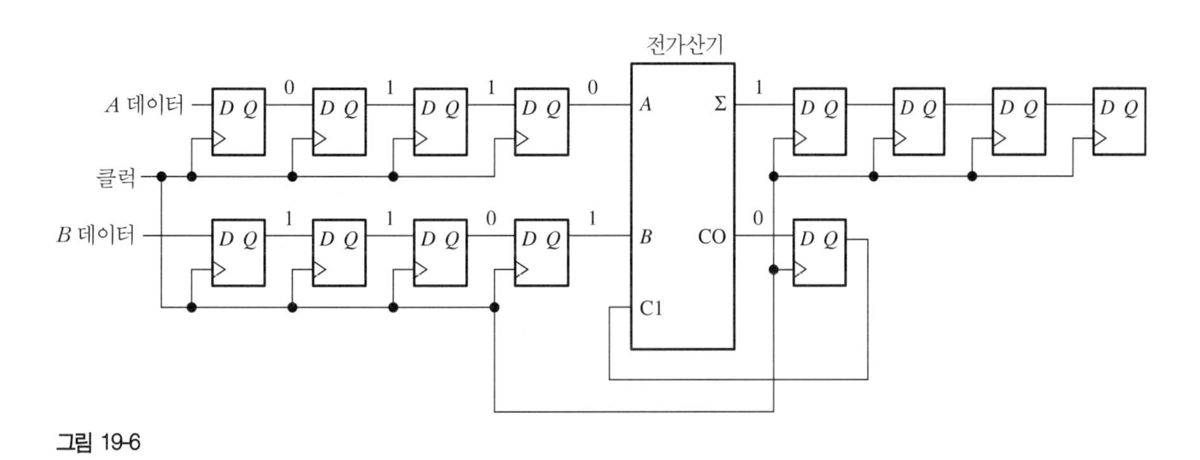

그림 19-6

b. 입력 시프트 레지스터가 그림과 같은 데이터를 포함하고 있다고 가정하여라. 네 개의 클럭 펄스 후에 출력 시프트 레지스터와 캐리-출력(carry-out) 플립플롭의 내용은 무엇인가?

05 4비트 시프트 레지스터를 사용하여 그림 19-7과 같은 2-위상(two-phase) 클럭 신호를 발생하는 회로를 설계하여라.

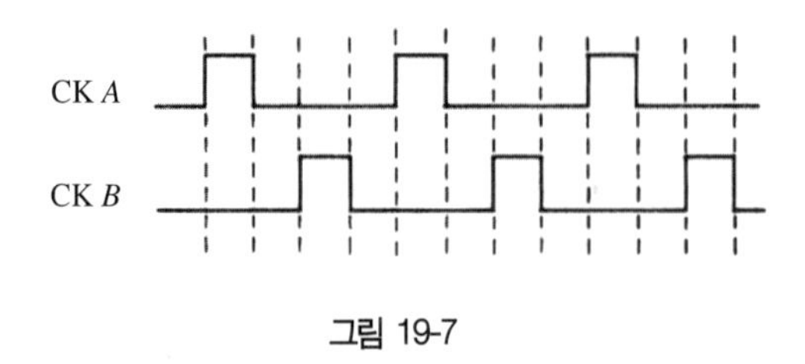

그림 19-7

06 시작 펄스를 전송하지 못하고 데이터만 전송하는 송신기에는 어떤 고장이 있다고 할 수 있겠는가?

실 험

20 야구 스코어보드

Floyd, Digital Fundamentals: A Systems Approach
CHAPTER 7: SHIFT REGISTERS

실험 목표

- 시프트 레지스터 또는 카운터를 사용하여 야구 스코어보드 일부분의 논리 회로 설계 및 구성
- 회로와 결과를 서술하는 보고서 작성

사용 부품

LED 5개(적색 2개, 녹색 3개)
N.O. 푸시버튼 2개
555 타이머 1개
저항: 1.0 kΩ 1개, 10 kΩ 1개, 22 kΩ 1개, 1.0 MΩ 1개
커패시터: 0.01 μF 1개, 0.1 μF 1개
그 외 실험자 선택 부품

이론 요약

카운터는 클럭 펄스가 발생할 때까지 바로 전의 계수(count)를 '기억'하기 위해 플립플롭을 사용한다. 시프트 레지스터는 레지스터의 길이에 따라 연속적으로 몇 개의 사건(event)을 저장할 수 있다. 존슨 카운터와 같은 시프트 레지스터를 카운터처럼 특정 시퀀스를 갖도록 설정하여 카운터가 필요한 응용에서 사용할 수 있다.

이번 실험에서는 두 개의 계수 시퀀스가 필요하다. 둘 중 어느 시퀀스도 먼저 완료될 수 있는데, 먼저 완료된 시퀀스는 두 계수 소자(counting device) 모두를 지워야 한다. 이에 대한 한 가지 방법은 두 개의 분리된 디코더를 사용하여 둘 중 하나가 카운터를 지울 수 있도록 하는 것이다. 해결 방법은 전적으로 실험자에게 달려 있다. 계수 소자는 수동으로 푸시버튼을 눌러 클럭으로 동작하게 한다. 푸시버튼은 바운스(bounce)[1)]가 제거된 상태이어야 한다. 이를 수행하는 한 가지 방법이 그림 20-1에 나타나 있다.

그림 20-1

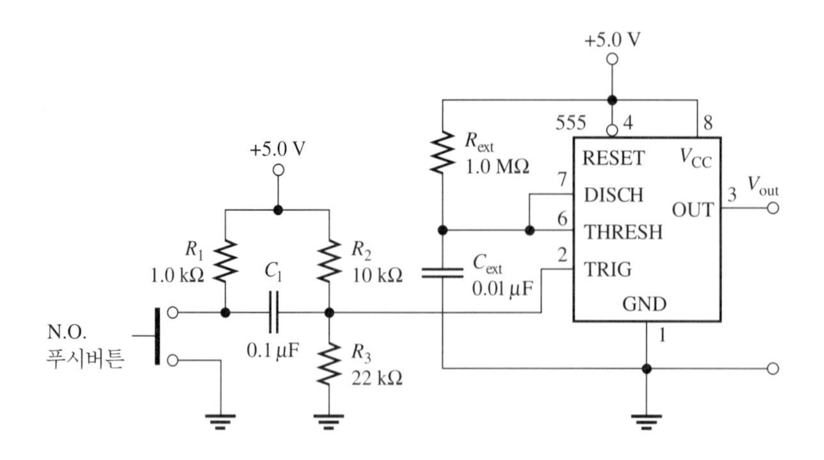

실험 순서

야구 스코어보드

다음에서 설명하는 야구 스코어보드 문제를 해결할 회로를 설계하여라. 푸시버튼 스위치(N.O. 즉, normally open 형태)로 제어되는 입력 두 개와 LED로 표시되는 5개의 출력이 있다. 회로를 구성하고, 설계 절차와 결과를 보고서에 요약 정리하여라.

문제 설명: Latchville 소년 야구 리그(Little League)에서는 그림 20-2와 같은 새로운 야구 스코어보드가 필요했다. 실험자에게 스트라이크와 볼을 표시해주기 위한 논리회로 설계를 의뢰했다고 하자. 스코어보드는 스트라이크에 대해 두 개, 볼에 대해 세 개의 램프(LED)가 필요하다. 스코어보드 운영자는 스트라이크와 볼을 표시하기 위해 두 개의 푸시버튼을 사용할 것이다. 두 개의 스트라이크 램프가 이미 켜져 있는 경우를 제외하고는 스트라이크 푸시버튼을 누르면 스트라이크 램프가 하나씩 더 켜진다. 만약 이미 스트라이크 램프 두 개가 켜져 있다면 스트라이크 푸시버튼을 눌렀을 때 스트라이크와 볼 램프가 모두 꺼져야 한다(스트라이크 램프에 대한 계수 시퀀스는 00-01-11-00이 된다). 볼에 대한 푸시버튼도 마찬가지 방법으로 동작한다. 이미 세 개의 볼 램프가 켜져 있는 경우를 제외하고는 볼 푸시버튼을 누르면 볼 램프가 하나씩 더 켜진다. 만약 볼 램프 세 개가 켜져 있을 때 볼 푸시버튼을 또 누르면 볼과 스트라이크의 모든 램프가 꺼져야 된다.

설계 힌트: 계수 소자로 74175 IC의 사용을 고려해보아라. 한 개의 47행 브레드보드에 맞게끔 회로를 설계할 수 있을 것이다.

1) 역주) 바운스에 대해서는 '실험 14'의 '이론 요약' 참조.

그림 20-2

보고서

회로와 테스트 결과를 요약하는 기술 보고서를 작성하여라. 기술 보고서는 강사가 요구하는 형식이나 '실험 개요' 에서 제시한 형식을 사용해도 된다.

추가 조사

그림 20-2와 같은 스코어보드를 완성하기 위해 필요한 논리회로를 설계하여라. 각 회(inning)에 해당하는 램프(LED)를 사용하여 몇 회가 진행 중인지 표시되게 하는데, 이는 한 개의 푸시버튼을 사용하여 진행 회에 따라 램프도 같이 켜지도록 제어한다. 아웃(out) 표시는 한 개의 푸시버튼으로 제어하고, 두 개의 아웃 램프로 나타낸다. 세 번째 아웃이 눌려지면 스코어보드의 제일 아래에 있는 모든 램프가 꺼져야 한다.

실 험

21 비동기 카운터

Floyd, Digital Fundamentals: A Systems Approach
CHAPTER 8: COUNTERS

실험 목표

- 업/다운 비동기 카운터 설계 및 분석
- 카운터의 모듈러스(modulus) 변경
- IC 카운터의 사용과 카운트 시퀀스 절단(truncation)

사용 부품

7400 4조 NAND 게이트
7474 2조 D 플립플롭
7493A 2진 카운터
LED 2개
저항: 330 Ω 2개, 1.0 kΩ 2개

추가 조사용 실험 기기와 부품:
7486 4조 XOR 게이트

이론 요약

디지털 카운터는 클럭의 형식에 따라 **동기**(synchronous)와 **비동기**(asynchronous)로 분류된다. 동기 카운터는 일련의 플립플롭들에 동시에 클럭이 수행되도록 구성되어 있다. 그에 반해 비동기 카운터는 각각이 번갈아 이전 단(stage)으로부터 클럭을 받는 일련의 플립플롭으로 구성되어 있다. 이는 카운터의 모든 단으로 동시에 클럭이 이루어지지 않고 여러 가지 플립플롭으로 클럭을 수행하므로 잔물결이 퍼져나가는 것과 같은 효과로 생각할 수 있다. 이러한 이유로 비동기 카운터를 **리플 카운터**(ripple counter)라고 한다. D 또는 J-K 플립플롭들을 토글 모드로 연결함으로써 간단히 리플 카운터를 만들 수 있다.

카운터가 가질 수 있는 서로 다른 출력 상태의 수를 카운터의 **모듈러스**(modulus)라고 한다. 이번 실험에서 실험 순서 4까지 테스트할 카운터는 0, 1, 2, 3의 수를 표현하므로 모듈러스 4를 갖는다. 어떤 출력 상태를 디코딩하고 현재 카운터를 비동기적으로 프리셋(preset)하거나 클리어(clear)하기 위해 디코드된 상태를 사용함으로써 리플 카운터의 모듈러스를 변경시킬 수 있다. 리플 카운터의 계수(count)시 수를 증가(up)시키거나 감소(down)하도록 만들 수 있다(증가와 감소를 동시에 수행하도록 할 수도 있으나, 일반적으로 업/다운 카운터의 경우는 동기 카운터를 사용하는 게 더 쉽다).

이번 실험에서는 증가에서 감소로 또는 그 반대로 카운터의 계수를 변경하는 두 가지 방법을 설명할 것이다. 첫 번째 방법은 카운터에서 '실제의' 논리 출력을 플립플롭의 다른 쪽 출력으로 옮김으로써 수행된다(그림 21-2와 21-3 참조). 두 번째 방법은 카운터가 트리거되는 방법을 변경하는 것이다.

순차적인 2진 계수를 표로 만들면 LSB(least significant bit)가 가장 빨리 변경되며, 그 변화율은 MSB로 갈수록 두 배씩 감소한다. 전형적인 3-단(stage) 카운터의 출력이 그림 21-1에 나타나 있다. 이 카운터에서 각각의 출력에 그 열에 해당하는 2진수의 가중치를 할당할 수 있다. 출력 Q_A는 1의 가중치, 출력 Q_B는 2의 가중치, 출력 Q_C는 4의 가중치를 갖는다. 이 카운터는 업 카운터에 대한 계수 시퀀스로 구성된다.

리플 카운터의 각 단에서는 약간씩 다른 시간에 상태를 변경시키기 때문에, 플립플롭이 상태를 변경할 때의 짧은 지연 시간으로 인해 출력이 디코드될 때 카운터가 '글리치(glitch, 짧은 시간동안의 스파이크)'를 발생시키기도 한다. 이와 같은 글리치는 리플 카운터를 사용하는 많은 응용에서 단점으로 작용한다. 또 다른 단점으로는 카운터를 통해 누적되는 지연 때문에 속도가 제한된다는 점이다. 하지만

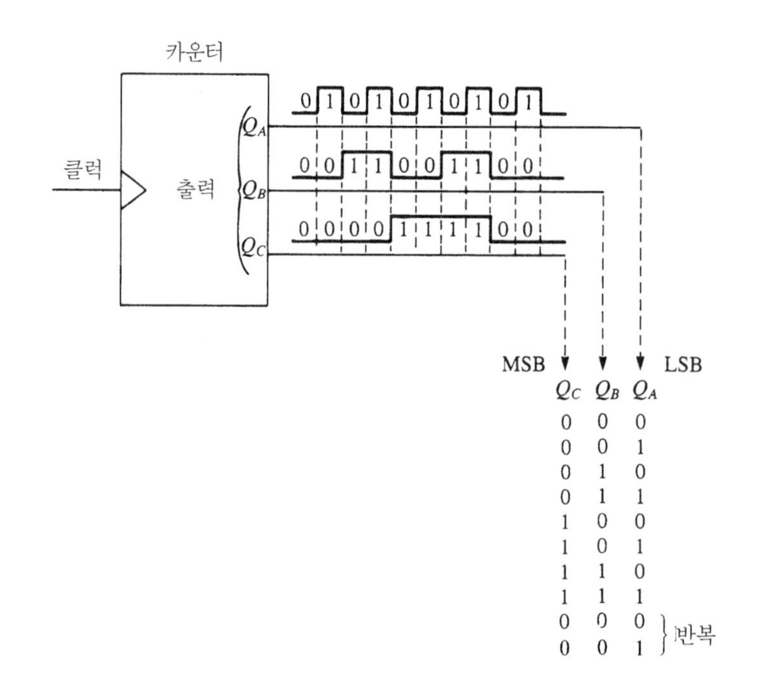

그림 21-1

디지털시계와 같은 응용에서 늦은 속도는 문제가 되지 않는다.

대부분의 카운터 응용에서는 MSI 카운터를 많이 사용한다. 7493A는 4조의 J-K 플립플롭을 포함하고 있는 비동기 카운터인데, J와 K 입력이 내부적으로 토글 모드에서 동작되도록 HIGH로 결선되어 있다. 플립플롭 중 세 개가 3비트 카운터로 서로 연결되어 있고, 네 번째 플립플롭은 분리되어 자신만의 클럭 입력을 가지고 있다. 4비트 카운터를 형성하기 위해서는 단일 J-K 플립플롭의 출력 Q_A를 3비트 카운터의 클럭 B 입력으로 연결한다. 공통 리셋(reset) 라인이 모든 플립플롭에 연결되어 있다. 이 리셋 라인은 내부 2-입력 NAND 게이트에 의해 제어된다. 내부 카운터를 선택하고, 원하는 계수를 감지하여 카운터를 리셋하기 위해 리셋 라인을 사용함으로써 16까지의 어떤 계수 시퀀스를 선택하는 것이 가능하다. '추가 조사'에서 제어 신호를 사용하여 업/다운 계수 시퀀스를 변경하는 개념을 소개할 것이다.

이번 실험과 카운터를 사용하는 다른 실험에서 여러 디지털 신호들 사이의 시간 관계를 결정하는 것이 필요하다. 실험실에 논리 분석기(logic analyzer)[1]가 있다면 카운터로부터 데이터를 획득하기 위하여 이 장비를 사용할 수 있다. 기본적인 논리 분석기는 다중 채널의 디지털 데이터를 수집, 저장, 처리하여 볼 수 있게 해주는 다용도의 디지털 장비이다. 논리 분석기는 각 채널의 입력 데이터를 일련의 디지털 정보인 1과 0으로 변환하고 디지털 메모리에 저장한다. 특정 시간 간격에서 데이터를 표본화(sampling)하기 위해 내부 또는 외부 클럭을 사용하여 데이터를 저장할 수 있고, 신호는 비동기 데이터 전송 시스템에서 볼 수 있는 비동기 신호를 사용하여 표본화될 수 있다. 표본화 후 데이터는 분석기에 따라 여러 가지 모드로 볼 수 있다. 주된 모드로는 재구성된 디지털 파형의 세트를 보거나 메모리에 있는 데이터의 상태 목록을 보는 것인데, 이러한 목록은 여러 형식으로 볼 수 있다. 좀 더 복잡한 분석기에는 디지털 저장 오실로스코프(DSO)가 포함되어 있기도 한다.

그 외 다른 중요한 특징들로 인해 디지털 회로를 테스트하고 고장 진단을 하는 데 논리 분석기는 중요한 장치가 된다. 논리 분석기마다 특징과 기능이 다르기 때문에 여기서 세부적인 동작을 설명하는 것은 불가능하다. 자세한 사항은 분석기의 사용자 매뉴얼을 참조하기 바란다.

◈ 실험 순서

2비트 비동기 카운터

주의: 이 실험에서 LED 표시기는 회로의 출력 표시 부분을 구성하도록 인버터로 동작하는 NAND 게

1) 'Floyd, Digital Fundamentals: A Systems Approach' 책의 1-8절 참조

이트를 통하여 연결된다. 반드시 이렇게 할 필요는 없지만, 이 방법은 7474의 I_O 조건에 위배되지 않으면서 이번 실험에서의 개념을 이해하기 쉽게 해 준다. 또한 이번 실험에서 전기적인 출력 Q와 논리적인 출력을 구별할 필요가 있다. 따라서 논리적 출력은 A와 B 문자로 표시한다. 전기적인 출력과 논리적인 출력이 반대의 의미를 갖는 것도 가능하다는 것을 보게 될 것이다.

1. 그림 21-2의 2비트 비동기 카운터를 구성하여라. 함수 발생기로부터 1 Hz TTL 펄스를 플립플롭 A의 클럭으로 입력하고 두 LED의 시퀀스를 관찰하여라. 그 다음, 함수 발생기를 1 kHz로 올리고 2-채널 오실로스코프로 A와 B 출력 파형을 관찰하여라. 채널 1로 B 신호를 살펴보고 A 신호 또는 클럭을 채널 2에서 살펴보면서 채널 1로 오실스코프를 트리거시켜라. 느린 B 신호를 트리거하는 것이 안정된 궤적을 볼 수 있게 해주며 타이밍 다이어그램을 결정하는 데 불명료함(아날로그 오실로스코프에서 발생함)을 없애준다. 출력 타이밍 다이어그램을 실험 보고서의 도표 1에 그려라.

   출력 B의 주파수가 출력 A 주파수의 반이 되는 것에 주의하여라. '이론 요약' 에서 설명한 것과 같이 플립플롭 B의 열에 대한 가중치는 플립플롭 A 가중치에 두 배가 되고, 따라서 이는 카운터의 MSB로서 간주될 수 있다. 파형을 관찰하여 이 카운터가 업 카운터(up counter)인지 다운 카운터(down counter)인지를 결정하고 기록하여라.

2. 이번 순서에서는 카운터에서 실제 논리 출력을 얻어내는 방법을 변경할 때 어떤 일이 일어나는지를 살펴볼 것이다. 논리 값을 각 플립플롭의 다른 쪽 출력으로부터 읽을 경우, 그림 21-3의 회로와 같이 구성한다. 회로를 변경하고 각 단에서의 출력 파형을 살펴보아라. 실험 보고서의 도표 2에 타이밍 다이어그램을 그려라.

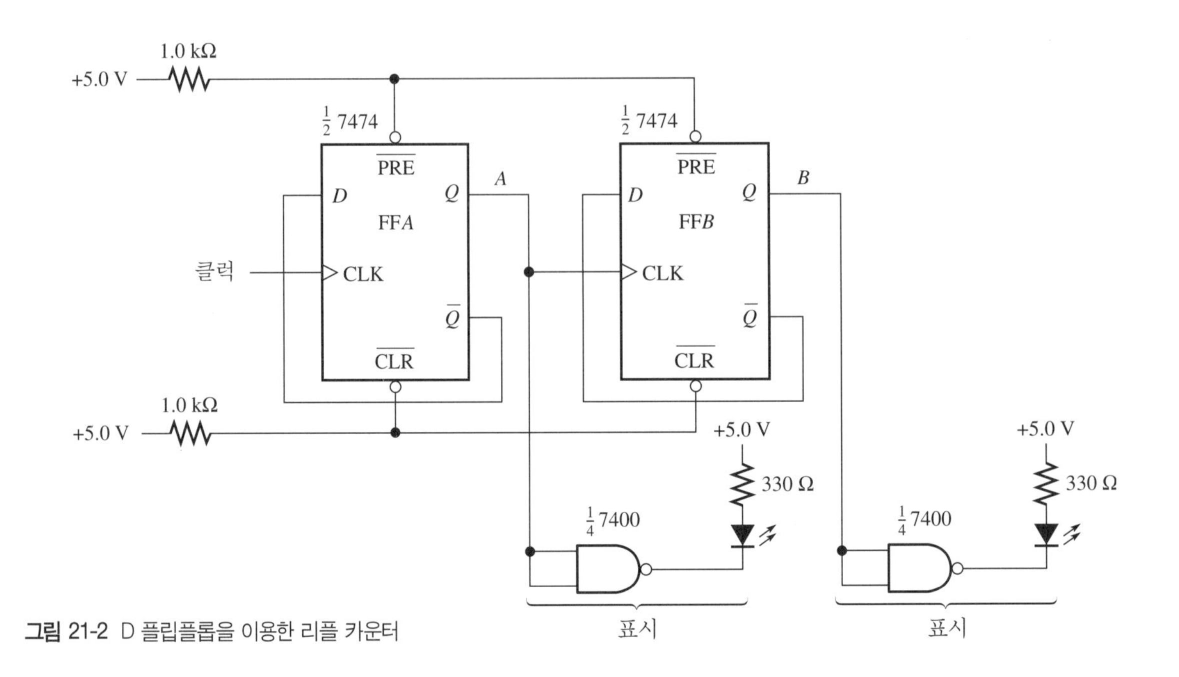

그림 21-2 D 플립플롭을 이용한 리플 카운터

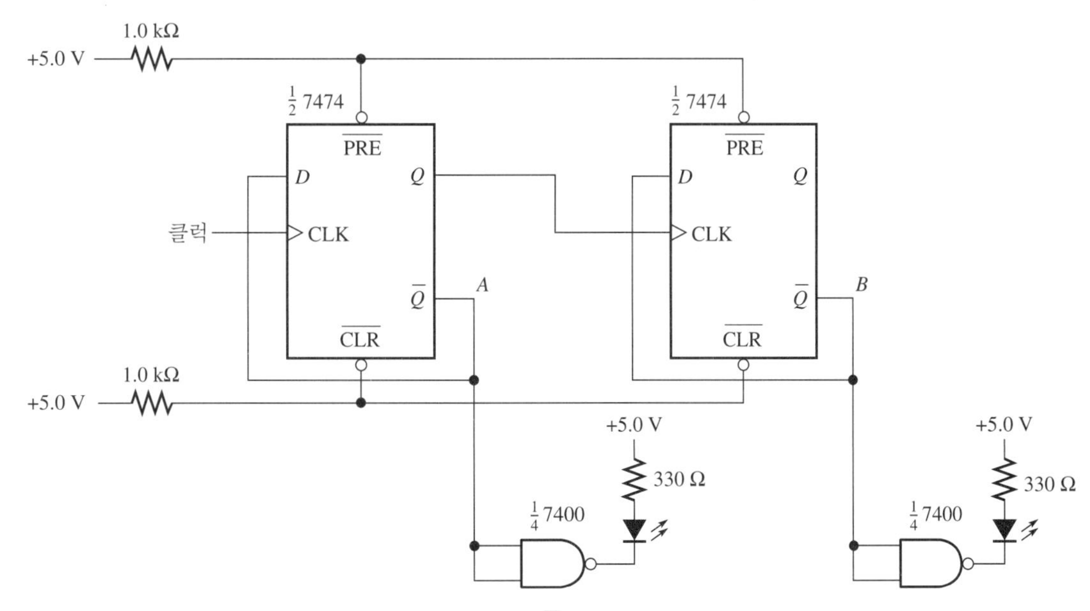

그림 21-3 D 플립플롭을 이용한 리플 카운터. '실제' 출력이 출력 $\overline{Q}$에 연결된 것에 주의할 것.

3. 다음은 플립플롭 *B*의 클럭 입력 방법을 변경할 것이다. 그림 21-4의 회로로 변경하여라. 카운터의 실제 출력은 플립플롭의 다른 쪽 출력 $\overline{Q}$에 그대로 연결되어 있다. 앞서와 같이 출력을 관찰하여 도표 3에 파형을 그려라.

4. 이번 순서에서는 그림 21-5와 같이 카운터의 실제 논리 출력을 변경하지만 클럭은 변경하지 않는다. 다시 각 플립플롭의 출력을 관찰하여 도표 4에 그려라.

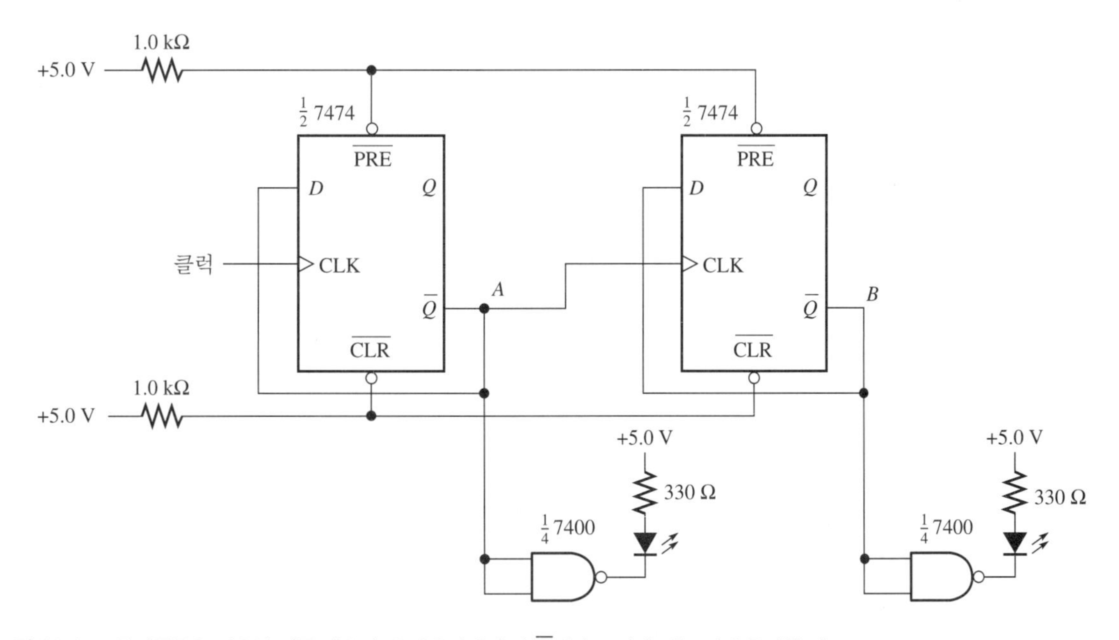

그림 21-4 D 플립플롭을 이용한 리플 카운터. *B* 카운터가 출력 $\overline{Q}$에서 트리거 되는 것에 주의할 것.

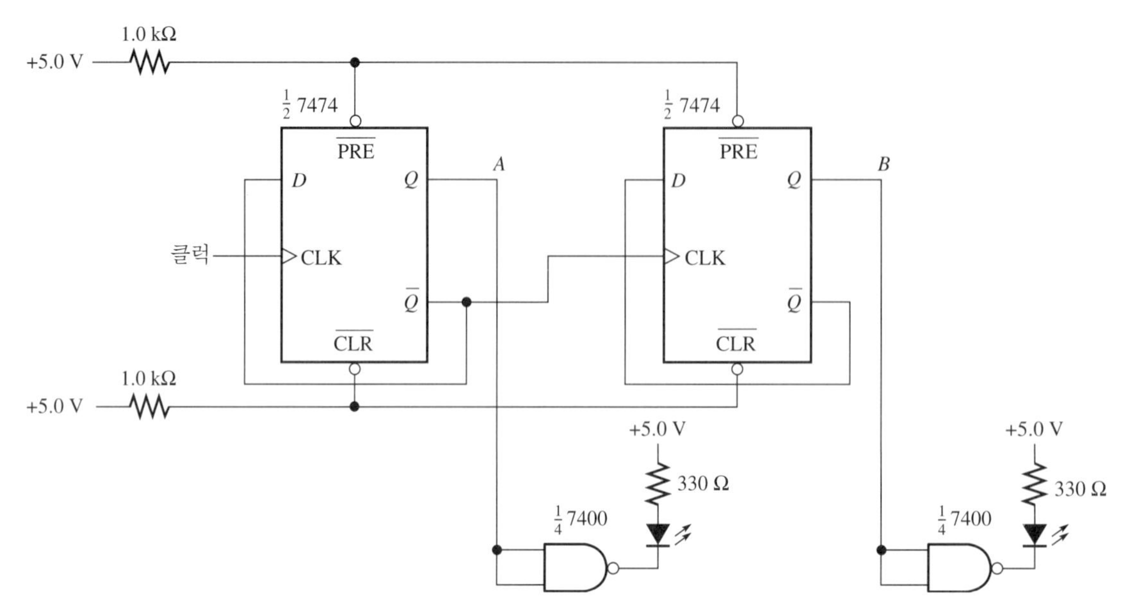

그림 21-5 D 플립플롭을 이용한 리플 카운터. '실제' 출력이 출력 Q에 연결된 것에 주의할 것.

5. 7474의 비동기 클리어($\overline{CLR}$)와 비동기 프리셋($\overline{PRE}$) 입력을 이용하여 카운터의 모듈러스를 변경할 수 있다. 그림 21-5 회로를 수정한 그림 21-6의 회로를 살펴보아라. 회로의 동작을 예측하고 회로를 구성하여라. 각 플립플롭의 출력 파형을 도표 5에 그리고, 계수 시퀀스(count sequence)를 결정하여라. 함수 발생기의 클럭 주파수를 500 kHz로 설정하고, 계수 시퀀스의 절단(truncation)을 유발하는 매우 짧은 스파이크를 찾아보아라.

6. 카운터를 리셋(reset)시키기 위해서 출력 A에 글리치(glitch)라고 하는 매우 짧은 스파이크가 필요하다. 이와 같은 목적으로 글리치를 사용하기도 하지만, 디지털 시스템에서의 글리치는 종종 고장의 원인이 된다. 거의 동시에 상태를 변경시키는 두 개의 플립플롭에 의해 발생하는 원치 않는 글리치를 살펴보자.

   그림 21-6 회로에 $\overline{\text{상태 0}}$을 디코드하는 하나의 2-입력 NAND 게이트를 추가 하여라(NAND 게이트의 입력을 $\overline{A}$와 $\overline{B}$로 연결하여라). 함수 발생기의 주파수를 500 kHz로 유지하여라. NAND 게이트의 출력을 주의 깊게 살펴보아라. 도표 6에 관찰된 파형을 그려라.

7493A 비동기 카운터

7. 7493A에서 플립플롭의 출력(Q_A)을 클럭 B 입력으로 연결함으로써 0부터 15까지 세기 위한 4비트 2진 카운터를 구성할 수 있다. 함수 발생기로부터 TTL 레벨 펄스의 출력을 클럭 A 입력으로 연결하여라. 데이터 시트를 참조하여 리셋 입력을 위해 필요한 연결을 결정하여라.

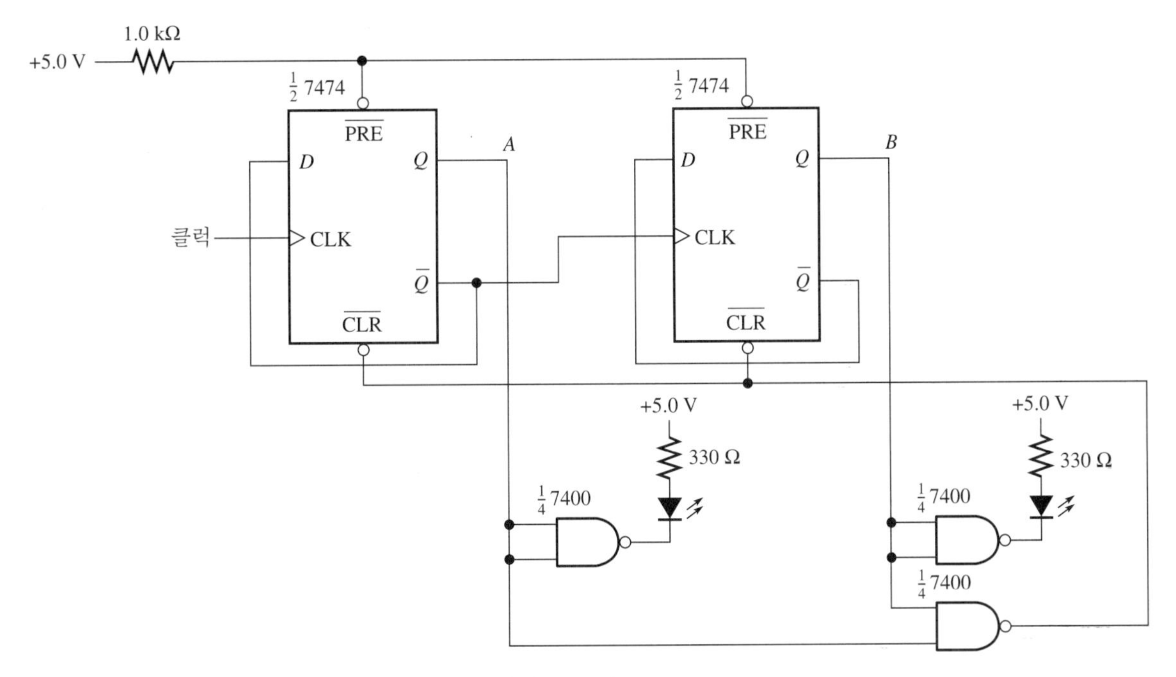

그림 21-6 D 플립플롭을 이용한 리플 카운터와 절단된 계수(count)

입력 주파수를 400 kHz로 설정하여라. 가장 낮은 주파수의 대칭 파형(Q_D)으로 2-채널 오실로스코프를 트리거시키고, 채널 2로 차례대로 각 출력을 관찰하여라(논리 분석기를 갖고 있다면 네 개의 모든 출력을 동시에 관찰할 수 있다). 도표 7에 타이밍 다이어그램을 그려라.

8. 그림 21-7은 절단된 계수 시퀀스를 갖도록 구성된 7493A 카운터이다. 지금까지 사용한 회로를 이 회로로 수정하고, 오실로스코프나 논리 분석기로 출력 파형을 관찰하여라. 다시 가장 낮은 주파수

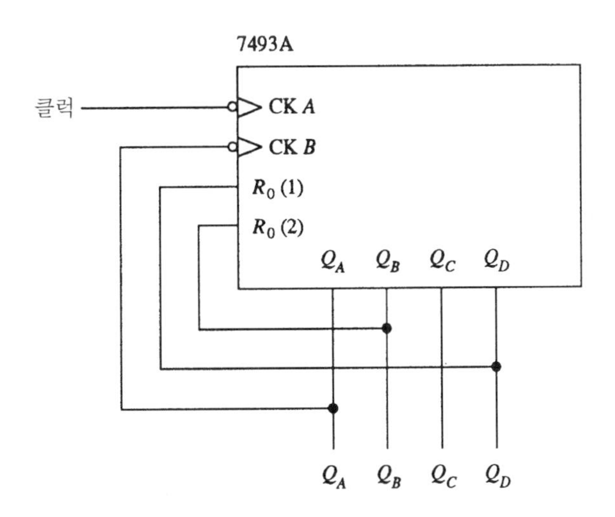

그림 21-7 절단 계수 시퀀스를 갖는 7493A

의 대칭 파형에 오실로스코프를 트리거시키고, 채널 2를 이용하여 각 출력을 관찰하여라. 도표 8에 타이밍 다이어그램을 그려라.

◆ 추가 조사

7493A에 업/다운 기능의 추가

지금까지는 하드웨어 회로를 변경해 가면서 카운터의 기능에 대해 조사하였다. 분리된 제어선으로 업/다운 기능을 제어할 수 있도록 하면 더욱 유용한 회로가 될 것이다. 그 제어선을 스위치 또는 소프트웨어 명령을 사용하여 컴퓨터로 제어할 수도 있다.

비트를 반전시킴으로써 계수 시퀀스를 반대로 할 수 있다는 것은 이미 알고 있을 것이다. 이는 계수가 아무리 길지라도 절단되지 않은 2진 계수 시퀀스에 대해서는 가능한 얘기가 된다. 출력 비트를 변경시키지 않고 보내거나 반전시켜 보냄으로써 이 개념을 이용할 수 있다. 7486 XOR 게이트를 이용하여 이 작업을 수행할 수 있다. 7493A의 각 출력을 XOR 게이트의 한 입력으로 연결하고, 다른 입력은 업/다운 제어선에 연결한다. 이는 카운터가 업(up) 또는 다운(down)으로 계수(count)를 할 수 있게 한다. 그러나 시퀀스가 반전되었을 때는 출력 수가 즉시 변경되는 단점이 있다.

7493A를 사용하여 4비트(0에서 15까지) 카운터 회로를 설계하여라. 업이나 다운 계수를 선택하기 위해 SPST 스위치를 사용하여 업/다운 제어를 추가하여라. 실험 보고서에 회로를 그리고, 동작을 테스트하여라. 리셋과 클럭 선을 포함하여 7493A의 모든 연결을 보여라. 실험 보고서에 결과를 요약 정리하여라.

실험보고서 21

이름 : ______________________

날짜 : ______________________

조 : ______________________

실험 목표

- □ 업/다운 비동기 카운터 설계 및 분석
- □ 카운터의 모듈러스(modulus) 변경
- □ IC 카운터의 사용과 카운트 시퀀스 절단(truncation)

데이터 및 관찰 내용

실험 순서 1의 파형:

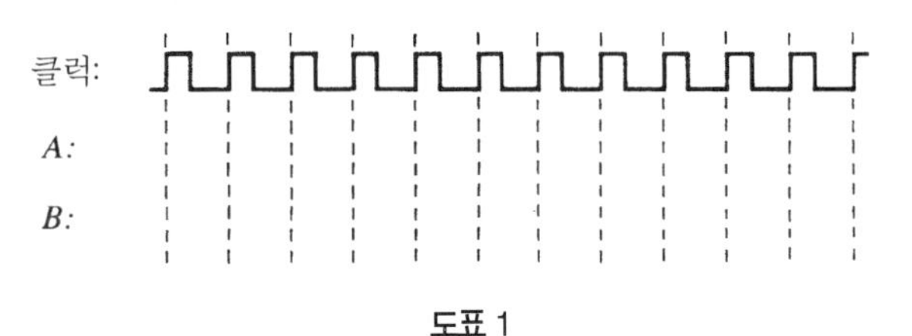

도표 1

이는 업 카운터(up counter)인가? 다운 카운터(down counter)인가? __________

실험 순서 2의 파형:

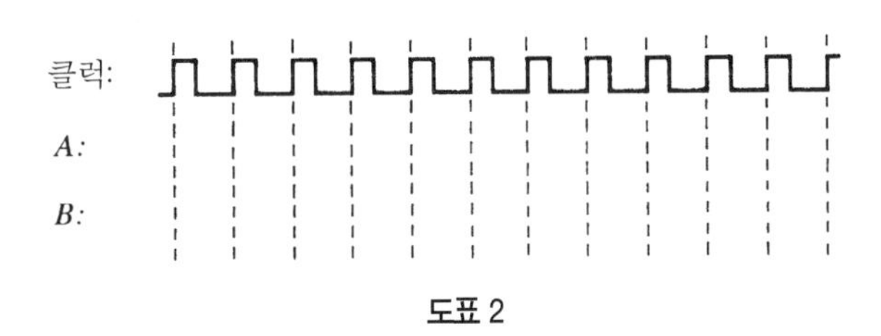

도표 2

이는 업 카운터(up counter)인가? 다운 카운터(down counter)인가? __________

실험 순서 3의 파형:

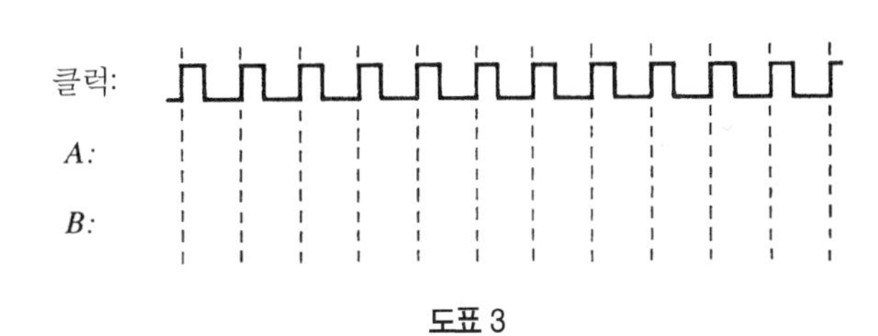

도표 3

이는 업 카운터(up counter)인가? 다운 카운터(down counter)인가? __________

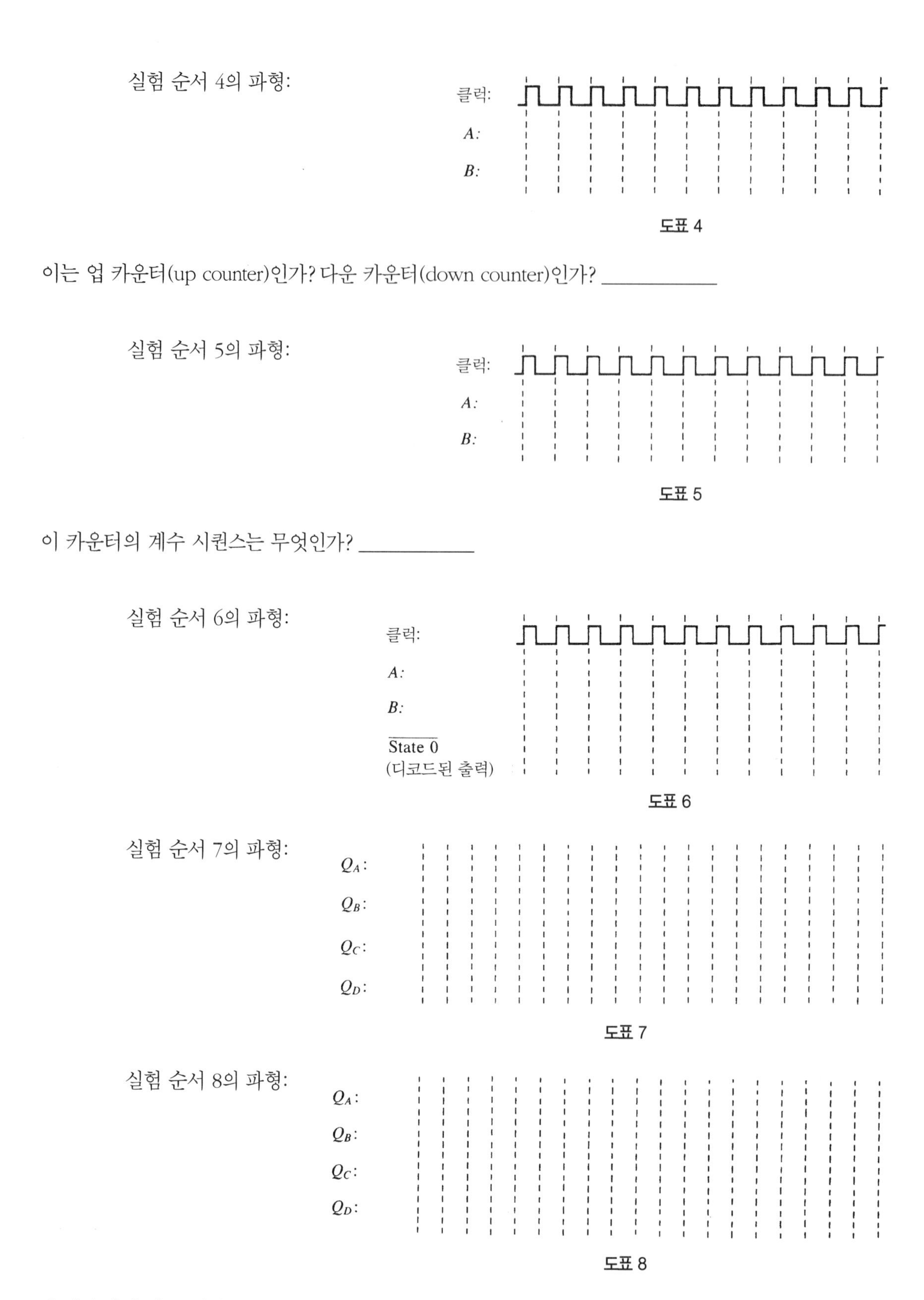

이 카운터의 계수 시퀀스는 무엇인가? __________

결과 및 결론

추가 조사 결과

평가 및 복습 문제

01 그림 21-8은 그림 18-2와는 다른 클럭 주파수를 갖는 그림 21-2 회로의 디지털 오실로스코프 화면이다. 상단 신호는 채널 1에서의 *B* 신호이고, 하단 신호는 채널 2에서의 *A* 신호이다.

a. 클럭 주파수는 얼마인가?

b. 채널 1로 오실로스코프를 트리거 하는 것이 가장 좋은 이유는 무엇인가?

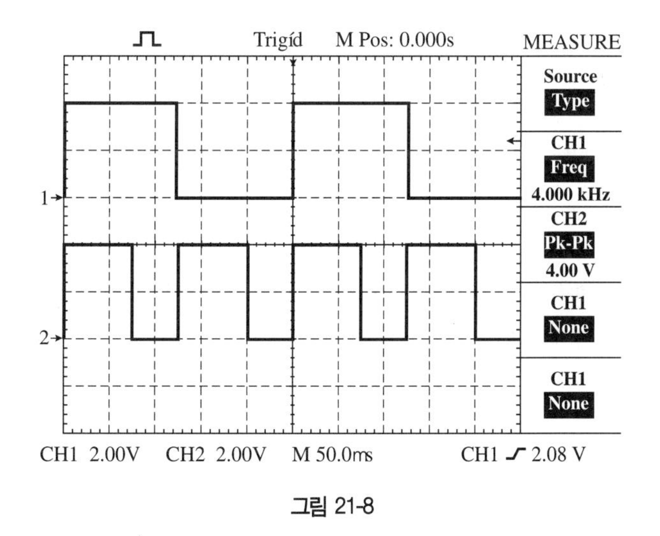

그림 21-8

02 a. 리플 카운터의 계수 시퀀스를 절단(truncation)하는 방법에 대하여 설명하여라.

b. 계수(count)를 하는 과정에서 글리치가 발생하는 이유는?

03 그림 21-2 카운터의 두 LED가 동시에 모두 ON 상태라고 가정하여라. 클럭을 검사하였고, 현재 존재하고 있다고 하자. 이런 조건을 발생시킬 수 있는 오류에는 어떤 것들이 있는가?

04 카운터 출력의 시간 관계를 결정할 때 클럭으로 오실로스코프를 트리거시키지 않는 이유는?

05 a. 모듈러스-9 카운터로 구성된 7493A 회로를 그려라.

b. 회로에서 관찰될 파형을 그려라.

Q_A

Q_B

Q_C

Q_D

06 그림 21-7에서 7493A가 7492A로 대체되고 같은 방법으로 결선되었다고 가정하여라. 데이터 시트[2)]에 나타난 계수 시퀀스를 참조하여 회로의 모듈러스와 계수 시퀀스를 결정하여라.

2) 부록 A 참조

실 험

22 디코더를 이용한 동기 카운터 분석

Floyd, Digital Fundamentals: A Systems Approach
CHAPTER 8: COUNTERS

실험 목표

- 도표 작성 방법(tabulation method)을 사용하여 동기 카운터의 계수 시퀀스 분석
- 디코더를 이용한 동기 카운터 구성 및 분석과 상태 다이어그램 작성
- 오실로스코프를 사용하여 플립플롭과 디코드된 출력의 시간 관계 측정
- 부분적 디코딩(partial decoding)의 개념 설명

사용 부품

74LS76A 2조 J-K 플립플롭 2개
7400 4조 NAND 게이트
SPST N.O. 푸시버튼[1] 2개
LED 4개
저항: 330 Ω 4개, 1.0 kΩ 2개

추가 조사용 실험 기기와 부품:
MAN-72 7-세그먼트 디스플레이 1개
470 Ω 저항 7개

이론 요약

동기 카운터(synchronous counter)는 공통 클럭이 동시에 모든 플립플롭을 변경시키기 때문에 모든 클럭 선이 하나의 공통 클럭으로 묶여있다. 이러한 이유로 클럭 펄스로부터 다음 계수(count) 전환까

1) 역주) N.O.은 normally open의 약자로 스위치가 보통 때는 개방된 상태로 되어 있다가 누를 때만 접점이 연결되는 푸시버튼을 말한다. 이와는 반대로 N.C.(normally closed) 푸시버튼은 보통 때는 스위치의 접점이 붙은 상태로 되어 있다.

지의 시간이 리플 카운터보다 훨씬 빠르다. 이와 같은 빠른 속도는 디코더 출력에서 글리치(glitch, 동기되지 않은 전환에 기인한 짧고 원치 않는 신호)의 문제를 감소시킨다. 그러나 약간씩 다른 전파 지연을 갖는 카운터 단(stage)에서 짧은 중간 상태가 나타나기 때문에 글리치를 항상 제거시킬 수 있는 것은 아니다. 글리치를 제거하는 한 가지 방법은 클럭 펄스 당 단지 하나의 플립플롭 전환만 일어나는 그레이 코드(gray code) 계수 시퀀스(count sequence)를 선택하는 것이다.

디코딩(decoding)이란 어떤 특정한 수를 '검출' 하는 것이다. 완전히 디코딩된 카운터는 시퀀스에서 각 상태에 대한 별도의 출력을 갖는다. 디코딩된 출력은 어떤 작업을 수행하는 논리를 구현하는 데 이용될 수 있으며, 또한 불규칙한 계수 시퀀스를 갖는 카운터를 개발하는 데 유용하다. 이번 실험에서는 전체 비트보다 적은 비트로 출력을 디코딩할 수 있는 기법인 부분적 디코딩(partial decoding)에 대해서도 소개한다.

동기와 비동기 프리셋(preset) 또는 클리어(clear), 업/다운 계수, 병렬 적재(parallel loading), 디스플레이 드라이버(driver) 등과 같은 특징들이 하나의 칩으로 들어 있는 많은 MSI 카운터가 있다. 응용에서 MSI 카운터의 사용이 가능하다면 일반적으로 이를 사용하는 것이 가장 경제적이다. 만약 MSI 카운터를 사용할 수 없다면 요구 사항을 만족하는 카운터를 설계해야 한다. 이번 실험에서는 이미 설계된 동기 카운터를 단계적으로 분석하고, 다음 실험에서는 특정 요구 사항을 만족하는 카운터를 설계해 볼 것이다.

동기 카운터 분석

동기 카운터를 분석하는 방법으로써 체계적인 도표 작성(tabulation) 기법이 있다. 그림 22-1의 카운터를 사용하여 이 방법을 설명하는데, 이는 표 22-1(a)를 작성하는 것으로부터 시작된다. 표에는 카운터의 각 플립플롭에 대한 입력과 출력이 목록으로 나타나 있다.

단계 1. 도면을 사용하여 각 카운터의 J와 K 입력에 대한 식을 기재하여라.

단계 2. 카운터가 어떤 상태에 있다고 가정하여라. 이 예에서는 임의적으로 0000_2 상태에 있다고 한다.

단계 3. 각 J와 K 입력을 결정함으로써 첫째 행을 완성하여라. 식과 입력 데이터 0000_2을 사용하여 J와 K의 2진 값을 계산한다.

단계 4. J-K 진리표를 사용하여 각 플립플롭의 다음 상태를 결정하여라. 이 예에서 $J_D = K_D = 0$은 Q_D가 변하지 않으며, Q_C와 Q_B도 변하지 않는다는 것을 의미한다. 그러나 $J_A = 1$, $K_A = 0$은 다음 클럭 펄스 후에 $Q_A = 1$이 된다는 것을 의미한다. 원래부터 가정했었던 현재 상태로부터 다음 상태를 결정하여 기재하여라.

단계 5. 모든 가능한 입력들이 설명될 수 있을 때까지 계속 반복한다. 이에 대한 결과가 표 22-1(b)에

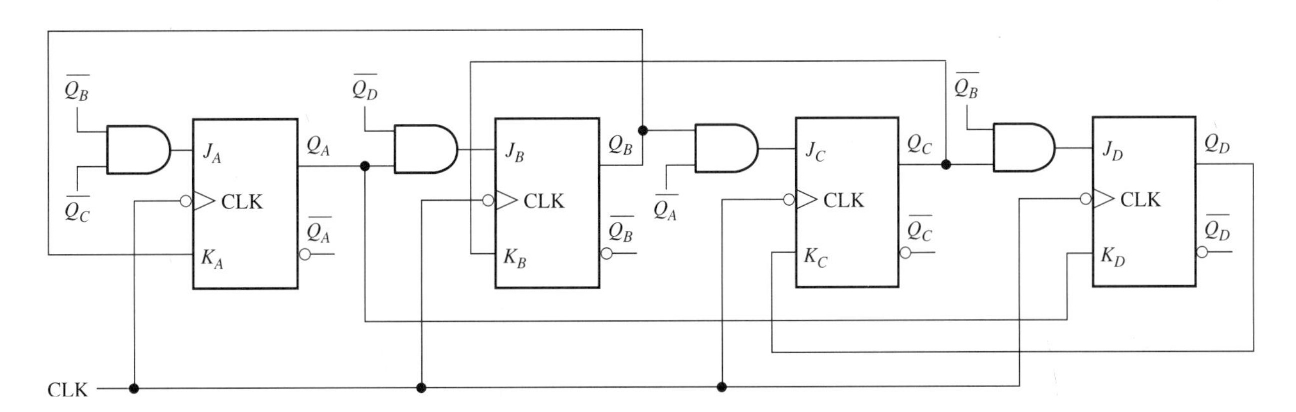

그림 22-1 스텝 모터를 half-step 모드로 구동하기 위한 불규칙적인 시퀀스를 갖는 동기 카운터

나타나 있다. 이 단계가 끝나면 시퀀스는 그림 22-2에서처럼 상태도(state diagram)로 나타낼 수 있다.

주 계수 시퀀스(main count sequence)에 포함되어 있지 않은 상태를 포함하여 모든 가능한 2^N개의 상태가 설명될 수 있을 때까지 분석을 계속한다. 완성된 표는 표 22-1(b)에 나타나 있다. 표의 정보를 사용하여 그림 22-2와 같이 상태도를 완성할 수 있다. 이 상태도는 카운터의 동작을 완전하게 설명해주고 있다. 이 같은 특이한 카운터는 다소 특별한 응용에서 사용되는데, 스텝 모터(stepper motor)를 half-step 모드로 구동하기 위해 필요한 신호의 적당한 시퀀스를 만들 때 사용된다.

실험 순서

동기 카운터 분석

1. 그림 22-3의 카운터를 조사하여라. 두 개의 플립플롭으로 인해 네 가지 출력 상태가 존재한다. '이론 요약'에서 설명한 방법으로 시퀀스를 분석하여라. 실험 보고서의 표 22-2를 완성하여라. 표로부터 실험 보고서에 예상되는 상태도(state diagram)를 그려라.

2. 회로를 구성하여라. TTL 레벨 펄스 발생기를 10 kHz로 설정하여 클럭 신호로 사용하여라. NAND 게이트는 각 상태에 대해 액티브-LOW 출력을 갖도록 상태 디코더로 사용된다. 혼동을 피하기 위해 카운터에서 디코더로의 선들은 회로도에서 제거하였다. 논리 분석기를 사용할 수 있다면 두 플립플롭과 4개의 디코더에 대한 출력을 동시에 살펴보아라. 논리 분석기가 없다면 2-채널 오실로스코프를 사용하여 신호 사이의 상대적인 시간을 설정할 수 있다. 다음 단계를 참조하여라.

   a. 채널 상에 보이는 가장 느린 신호인 Q_B로 채널 1을 트리거 설정하여라. 아날로그 오실로스코프

표 22-1 그림 22-1의 동기 카운터에 대한 분석

	출력				입력							
	Q_D	Q_C	Q_B	Q_A	$J_D = \overline{Q}_B \cdot Q_C$	$K_D = Q_A$	$J_C = \overline{Q}_A \cdot Q_B$	$K_C = Q_D$	$J_B = Q_A \cdot \overline{Q}_D$	$K_B = Q_C$	$J_A = \overline{Q}_B \cdot \overline{Q}_C$	$K_A = Q_B$
단계 2	0	0	0	0	0	0	0	0	0	0	1	0
	0	0	0	1								
단계 4					단계 3				단계 1			

(a) 표 작성 단계

	출력				입력							
	Q_D	Q_C	Q_B	Q_A	$J_D = \overline{Q}_B \cdot Q_C$	$K_D = Q_A$	$J_C = \overline{Q}_A \cdot Q_B$	$K_C = Q_D$	$J_B = Q_A \cdot \overline{Q}_D$	$K_B = Q_C$	$J_A = \overline{Q}_B \cdot \overline{Q}_C$	$K_A = Q_B$
	0	0	0	0	0	0	0	0	0	0	1	0
주 계수 시퀀스	0	0	0	1	0	1	0	0	1	0	1	0
주 계수 시퀀스	0	0	1	1	0	1	0	0	1	0	0	1
주 계수 시퀀스	0	0	1	0	0	0	1	0	0	0	0	1
주 계수 시퀀스	0	1	1	0	0	0	1	0	0	1	0	1
주 계수 시퀀스	0	1	0	0	1	0	0	0	0	1	0	0
주 계수 시퀀스	1	1	0	0	1	0	0	1	0	1	0	0
주 계수 시퀀스	1	0	0	0	0	0	0	1	0	0	1	0
주 계수 시퀀스	1	0	0	1	0	1	0	1	0	0	1	0
	0	0	0	1	이 단계에서 반복 패턴 기록해놓기							
다른 모든 상태에 대한 설명	1	1	0	1	1	1	0	1	0	1	0	0
다른 모든 상태에 대한 설명	0	0	0	1	주 계수 시퀀스로 복귀							
다른 모든 상태에 대한 설명	0	1	0	1	1	1	0	0	1	1	0	0
다른 모든 상태에 대한 설명	1	1	1	1	0	1	0	1	0	1	0	1
다른 모든 상태에 대한 설명	0	0	0	0	이전 테스트 상태 (0000)으로 복귀							
다른 모든 상태에 대한 설명	0	1	1	1	0	1	0	0	1	1	0	1
다른 모든 상태에 대한 설명	0	1	0	1	이전 테스트 상태 (0101)로 복귀							
다른 모든 상태에 대한 설명	1	0	1	0	0	0	1	1	0	0	0	1
다른 모든 상태에 대한 설명	1	1	1	0	0	0	1	1	0	1	0	1
다른 모든 상태에 대한 설명	1	0	0	0	주 계수 시퀀스로 복귀							
다른 모든 상태에 대한 설명	1	0	1	1	0	1	0	1	0	0	0	1
다른 모든 상태에 대한 설명	0	0	1	0	주 계수 시퀀스로 복귀							

(b) 완성된 표

그림 22-2 그림 22-1의 동기 카운터에 대한 분석을 상태도로 표시. 분석 단계는 표 22-1(b)에서 보임.

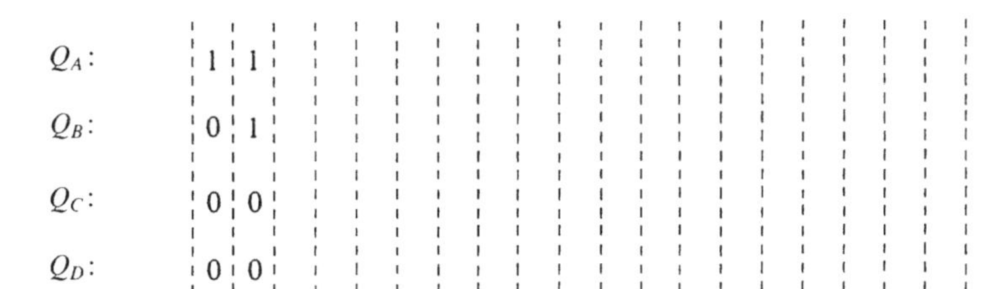

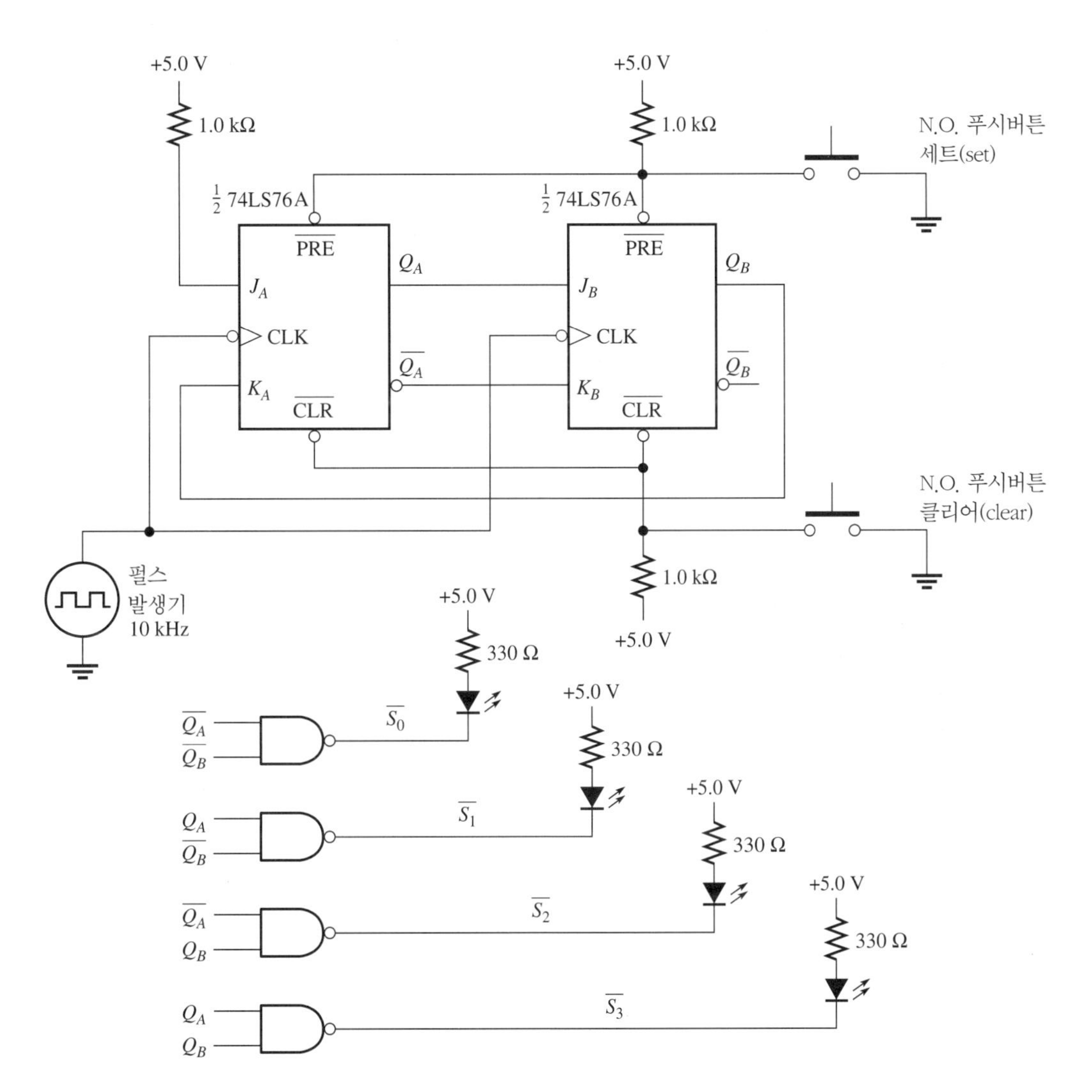

그림 22-3 상태 디코딩을 갖는 동기 카운터

를 사용하고 있다면 합성(composite)이나 수직(vertical) 모드 트리거를 사용하면 안 된다.

b. 채널 2로 펄스 발생기(클럭)를 관찰하여라. 각 클럭 펄스가 수평 축의 큰 눈금과 일치하도록 주파수 또는 SEC/DIV 조절기를 조정하여라.

c. 트리거 또는 트리거 채널의 Q_B 신호를 변경하지 마라. 채널 2로 회로를 조사하여라. 관찰된 신호가 Q_B 신호와 적당한 상태로 놓이게 될 것이다.

플립플롭과 디코더의 출력을 시간 관계가 적절하도록 실험 보고서의 도표 1에 그려라.

3. 도표에 그린 파형을 살펴보면서 예상한 상태도가 맞는지 점검하여라. 또한 클럭을 1 Hz로 줄이고 LED로 시퀀스를 확인하여라.

4. 회로에 문제가 발생하여 Q_B로부터 K_A로 연결된 선이 개방(open)되었다고 가정하여라. 이 문제가 출력에 어떤 영향을 주겠는가? 신호를 살펴보고 새로운 상태도를 결정하여라.

실험 보고서에 예상되는 상태도를 그려라. K_A 입력을 개방하고 결과를 관찰하여 예상한 내용을 테스트해 보아라. 클리어(clear) 푸시버튼을 눌러 카운터를 상태 0으로, 세트(set) 푸시버튼을 눌러 카운터를 상태 3으로 만들 수 있다.

5. 회로에 다른 J-K 플립플롭을 추가하고 J_A, K_A, J_B 입력을 그림 22-4와 같이 수정하여라. 7400 디코더 회로는 그대로 두고 세트와 클리어 스위치만 제거하여라. 디코더 회로는 컴퓨터에서 자주 사용되는 기법인 부분적 디코딩(partial decoding)의 한 예이다.

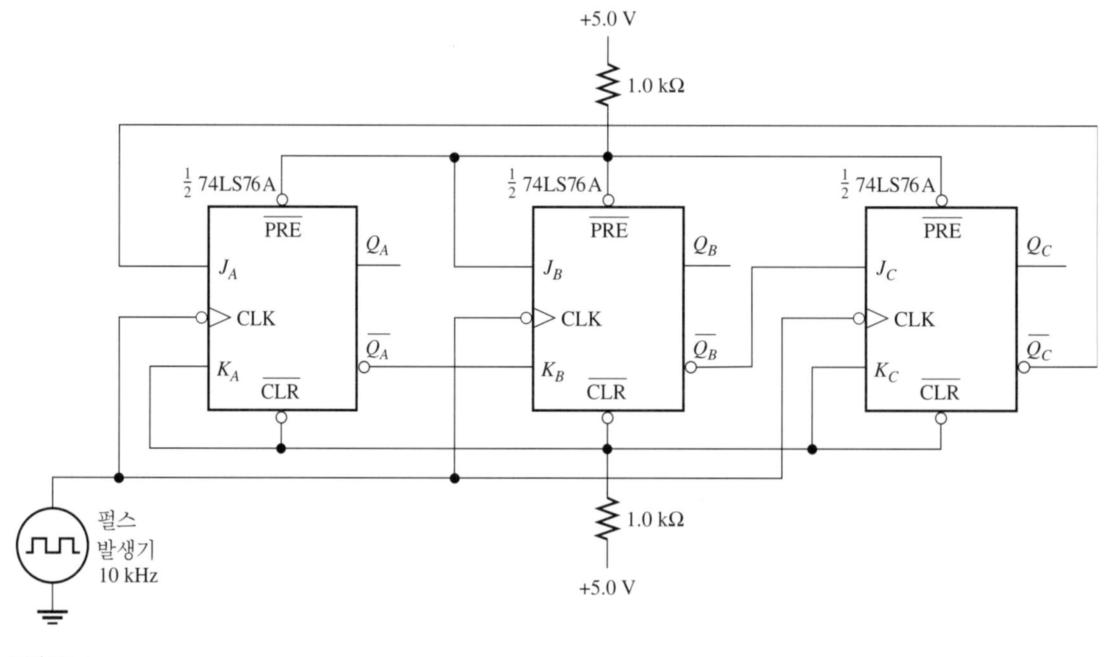

그림 22-4

6. 실험 보고서의 표 22-3을 완성하여 카운터를 분석하여라. 사용되지 않는 상태를 포함하여 가능한 모든 상태에 대해 설명하여라. 사용되지 않는 상태에 대해 제대로 검토가 되었다면, 모든 사용되지 않는 상태들이 상태 2로 복귀한다는 것을 알게 될 것이다. 상태도를 그려라.

7. 펄스 발생기를 1 Hz로 설정하고 상태 디코더로 연결된 LED를 관찰하여라. 상태 4는 카운터의 주 시퀀스(main sequence)에 속하지 않지만, 상태 0은 주 시퀀스에 포함된다. 이는 상태 0 LED의 불이 켜질 때마다 카운터가 실제로 상태 0에 있음을 의미한다. 이것이 부분적 디코딩의 예로서, 즉, MSB(most significant bit)는 디코더에 연결되지는 않지만 상태 4가 불가능하기 때문에 상태 0이라는 것이 확실하다. 또한 상태 0이나 상태 7에 대해서는 확실히 알 수 있지만, 부분적 디코딩은 상태 2와 상태 6을 유일하게 정의하기에는 적당하지 않다.

추가 조사

그림 22-5는 좀 특이한 회로인데, 일반적인 방법과 달리 출력이 직접 7-세그먼트로 연결되어 있다. 7-세그먼트 디스플레이에 나타나는 문자 시퀀스를 생각해보아라. 한 가지 단서는 7-세그먼트에 표시되는 문자가 탐정 작업과 관계된 영어 단어라는 것이다(회로를 구성하면 다른 단서를 알게 된다). 잘 모르겠다면 직접 회로를 구성하고 답을 찾아보아라.

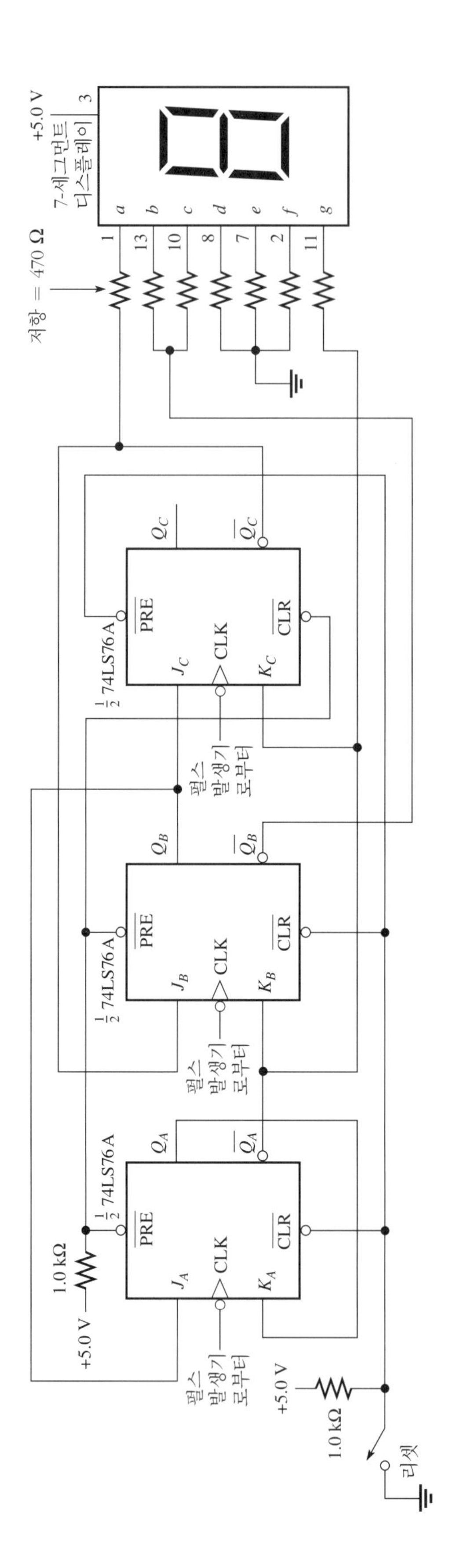

그림 22-5 '비밀' 출력을 갖는 동기 카운터

실험보고서 22

이름 : ______________________

날짜 : ______________________

조 : ______________________

실험 목표

- □ 도표 작성 방법(tabulation method)을 사용하여 동기 카운터의 계수 시퀀스 분석
- □ 디코더를 이용한 동기 카운터 구성 및 분석과 상태 다이어그램 작성
- □ 오실로스코프를 사용하여 플립플롭과 디코드된 출력의 시간 관계 측정
- □ 부분적 디코딩(partial decoding)의 개념 설명

데이터 및 관찰 내용

표 22-2 그림 22-3의 동기 카운터 분석

출력		입력			
Q_B	Q_A	$J_B =$	$K_B =$	$J_A =$	$K_A =$

상태도:

Q_A:

Q_B:

$\overline{S_0}$:

$\overline{S_1}$:

$\overline{S_2}$:

$\overline{S_3}$:

도표 1

실험 순서 4. 상태도:

표 22-3 그림 22-4의 동기 카운터 분석

출력	입력					
Q_C Q_B Q_A	$J_C =$	$K_C =$	$J_B =$	$K_B =$	$J_A =$	$K_A =$

실험 순서 6. 상태도:

결과 및 결론

추가 조사 결과

평가 및 복습 문제

01 그림 22-1의 예에서 스텝 모터를 half-step 모드로 구동하기 위해 사용되는 카운터가 그림 22-2의 상태도(state diagram) 시퀀스를 갖는다고 하자. 상태 1로부터 시작하여 Q_D, Q_C, Q_B, Q_A 출력을 그려라(힌트: 예로 보인 것처럼 파형이 시작되는 곳에서 수직으로 2진수를 써 놓으면 쉽게 그릴 수 있다).

Q_A:	1	1																	
Q_B:	0	1																	
Q_C:	0	0																	
Q_D:	0	0																	

02 그림 22-6의 카운터에 대한 시퀀스를 결정하고, 상태도를 그려라.

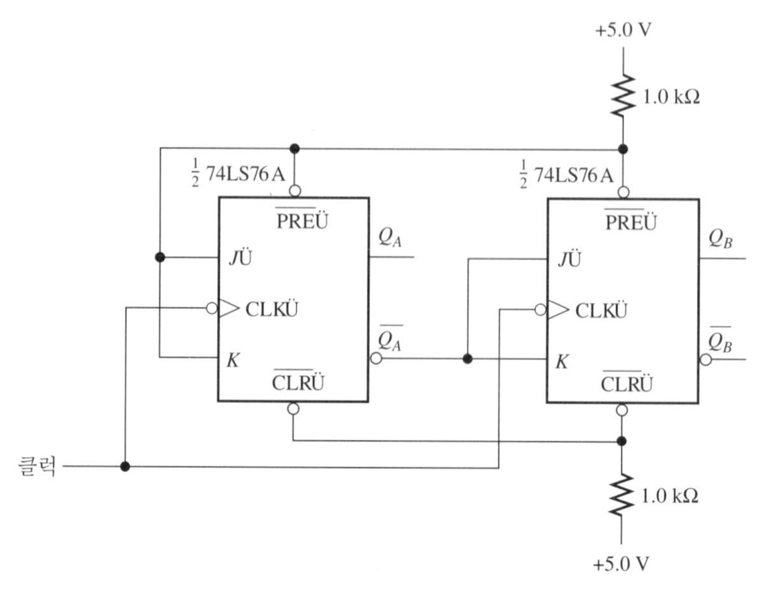

그림 22-6

03 그림 22-4의 카운터 회로에 전 디코딩(full decoding) 기능을 어떻게 추가할 수 있겠는가?

04 그림 22-4의 회로에서 카운터를 상태 2로 리셋(reset)시키는 푸시버튼을 추가하려고 할 때 회로에 어떤 변화를 주어야 하는지 설명하여라.

05 그림 22-3의 카운터에 문제가 있다고 가정하자. 카운터는 상태 3이 되면 주 시퀀스로 복귀하지 못하게 된다. 이 문제가 발생하는 두 가지 결점 사항은 무엇인가?

06 그림 22-1의 동기 카운터가 상태 9에서 주 시퀀스로 복귀하지 못한다고 가정하자. 전원, 접지, 클럭 모두 이상 없이 동작하고 있다. 어느 플립플롭 때문에 이 문제가 발생할 거 같은가? 이유는?

실 험

23 동기 카운터 설계

Floyd, Digital Fundamentals: A Systems Approach
CHAPTER 8: COUNTERS

실험 목표

- 선택 순서의 16 상태 동기 카운터 설계
- 카운터 구성과 테스트, 카운터의 상태도 작성

사용 부품

74LS76A 2조 J-K 플립플롭 2개
7408 4조 AND 게이트 또는 실험자가 결정한 다른 SSI IC

추가 조사용 실험 기기와 부품:

74LS139A 2조 2/4 라인 디코더
LED 6개

이론 요약

동기 카운터의 설계는 요구되는 시퀀스를 나타내는 상태도(state diagram)의 작성으로부터 시작한다. 주 시퀀스(main sequence)의 모든 상태가 상태도에 나타나 있어야 하는데, 사용되지 않는 상태가 특정 방법으로 주 시퀀스로 복귀하도록 하는 것이 설계상 필요할 때는 주 시퀀스에 없는 상태들도 나타내 줘야 한다. 시퀀스를 기존의 IC로부터 얻는 것이 가능하다면, 특별히 시퀀스를 설계하는 것보다는 이 IC를 사용하는 것이 항상 경제적이고 간단하다.

상태도로부터 다음-상태 표(next-state table)를 작성한다. 이 과정을 간단한 카운터에 대해서는 그림 23-1의 예에서, 좀 더 복잡한 설계에 대해서는 그림 23-3의 예에서 설명하고 있다. 그림 23-1에서의 다음-상태 표는 상태도에 포함된 정보를 단지 다른 방법으로 보여주는 것이다. 이 표의 장점은 각각의 플립플롭에 의해 발생되는 하나의 상태에서 다음 상태로 넘어가는 변화를 분명하게 볼 수 있다는 것이다.

세 번째 단계는 각 상태의 변화, 즉 전이(transition)를 살펴보는 것이다. 이들 전이를 일으키게 하는 논리를 카르노 맵(Karnaugh map)으로 맵핑하게 된다. 이 경우의 카르노 맵은 조합 논리에서 수행했던 것과 같은 방법이지만 다른 의미를 갖는다.[1] 맵에서의 각 셀은 카운터의 상태를 의미한다. 실제로 카운터 시퀀스는 각 클럭 펄스마다 카르노 맵의 한 셀에서 다음 셀로 이동된다. 플립플롭 출력에 필요한 변화를 일으키는 논리를 찾기 위해서 표 23-1의 J-K 플립플롭에 대한 전이표(transition table)[2]를 살펴보아라. 가능한 모든 출력 전이가 먼저 목록화 되어 있고, 그 다음에 이들 변화를 일으키는 입력들이 표시되어 있다. 전이표에는 J-K 플립플롭의 다양성 때문에 많은 X(무정의, don' t care)가 포함되어 있다. 그림에 나타나 있는 것처럼 데이터가 전이표로부터 카르노 맵으로 입력된다.

카르노 맵이 완성되면 맵으로부터 논리를 알아낼 수 있다. 그림 23-1의 단계 4에서 보인 회로를 구성하는데 이 논리를 이용한다. 설계 점검을 해야 하는데, 즉 계수 시퀀스가 옳은지, 그리고 주 시퀀스로 복귀하지 못하는 상태(state)가 없는지를 검증해야 한다. 설계 점검은 바로 전 실험에 있는 표 22-1과 같은 표를 완성함으로써 수행할 수 있다.

이 같은 설계 절차는 좀 더 복잡한 설계에도 적용할 수 있다. 실험 22에서 스텝 모터(stepper motor)를 half-step 모드로 구동하기 위한 파형을 발생시키는 카운터에 대해 살펴보았다(그림 22-1). 이 카운터는 그림 23-2(a)의 상태 시퀀스를 만들어 낸다. 이 시퀀스는 그림 23-2(b)에서의 스텝 모터에 필요한 네 가지 파형으로 그릴 수 있다.

여기서 서술하는 설계 방법이 원하는 시퀀스를 얻기 위한 유일한 방법은 아니지만, 상당히 간단한 설계를 가능하게 한다. 그림 23-3은 이 회로 설계 시의 세부적인 순서를 설명해 주고 있다. 상태도와 다음-상태 표에 단지 주 시퀀스만 나타나 있는데, 사용되지 않는 상태는 논리에서 여분의 '무정의(don't care)' 조건으로 제시되어 설계를 간단하게 해주기 때문이다. 모든 사용되지 않는 상태는 맵에서 '무정의' 로 지정된다. 각 플립플롭의 입력에 대한 논리식을 알아낸 후에 주 시퀀스로 복귀하지 못하는 상태가 없는지 점검해야 한다. '무정의' 논리를 검사하고 필요하다면 논리를 변경하여 주 시퀀스로 복귀하지 못하는 상태가 없도록 수정한다. A와 B 플립플롭에 대한 맵이 그림 23-3에는 나타나 있지 않다. 이에 대해서는 '평가 및 복습 문제' 의 1번 문제로 남겨 둔다.

그림 23-3에서 볼 수 있는 것처럼 복잡한 카운터에 대한 절차는 기본적으로 그림 23-1에서 사용한 것과 같다. 사용되지 않는 상태들은 카운터의 추가 논리를 최소화 하도록 해준다. 완성된 설계는 그림 22-1에 나타나 있고 실험 22에서 분석한 회로와 같다.

---

1) 이러한 유형의 카르노 맵은 카르노 상태 맵(Karnaugh state map)이라는 용어가 더 적절하다.

2) 역주) 전이표를 다른 교재에서는 여기표라고도 한다.

0-1-3-2 순으로 계수(count)하고 리셋 버튼을 누를 때까지 상태 2에 머무르는 카운터를 설계한다고 가정하자. 두 개의 플립플롭이 필요하다. Q_B = MSB, Q_A = LSB라고 하고, J-K 플립플롭을 사용한다.

단계 1: 상태도를 그린다.

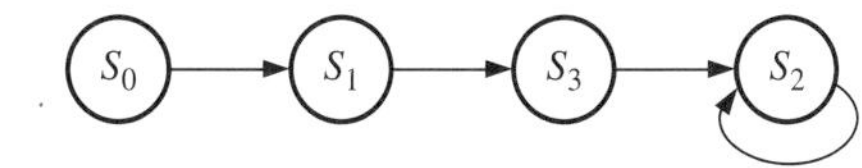

단계 2: 다음-상태 표를 그린다.

현재 상태 Q_B	현재 상태 Q_A	다음 상태 Q_B	다음 상태 Q_A
0	0	0	1
0	1	1	1
1	1	1	0
1	0	1	0

단계 3: 각 플립플롭에 요구되는 입력을 결정한다.

(a) 다음-상태 표에서 현재 상태 00을 찾는다.

(b) Q_B는 0 → 0(현재에서 다음 상태)로 변경되지 않으며, Q_A는 0 → 1로 변경된다.

(c) 표 23-1의 전이 상태로부터 이들 결과를 일으키는데 필요한 입력을 찾는다.

(d) 전이표로부터 카르노 맵으로 각 입력을 맵핑한다.

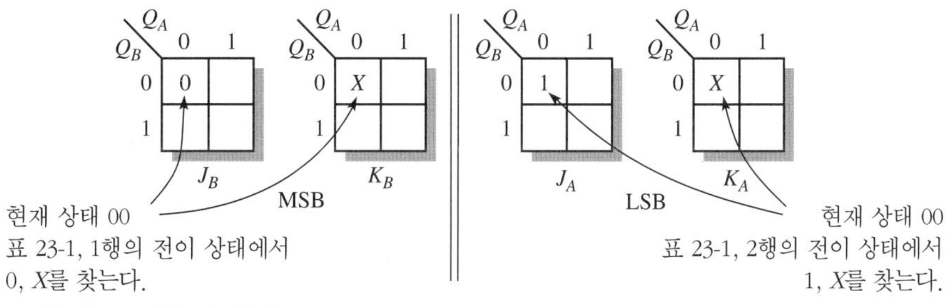

(e) 카르노 맵을 완성한다.

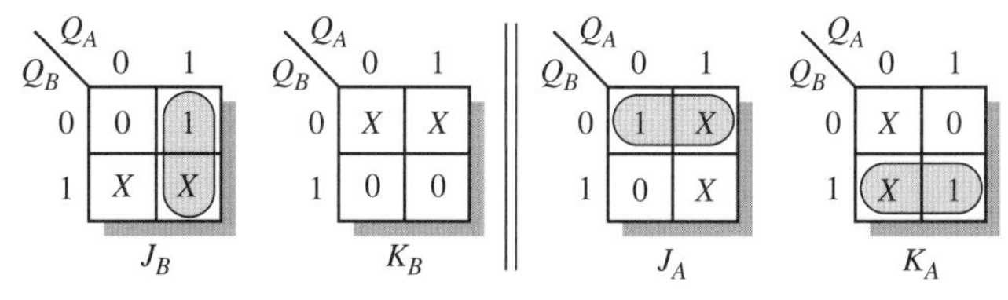

(f) 각 맵으로부터 최소 논리를 찾는다.

$J_B = Q_A$, $K_B = 0$, $J_A = \overline{Q_B}$, $K_A = Q_B$

단계 4: 회로도를 그린 후 점검한다.

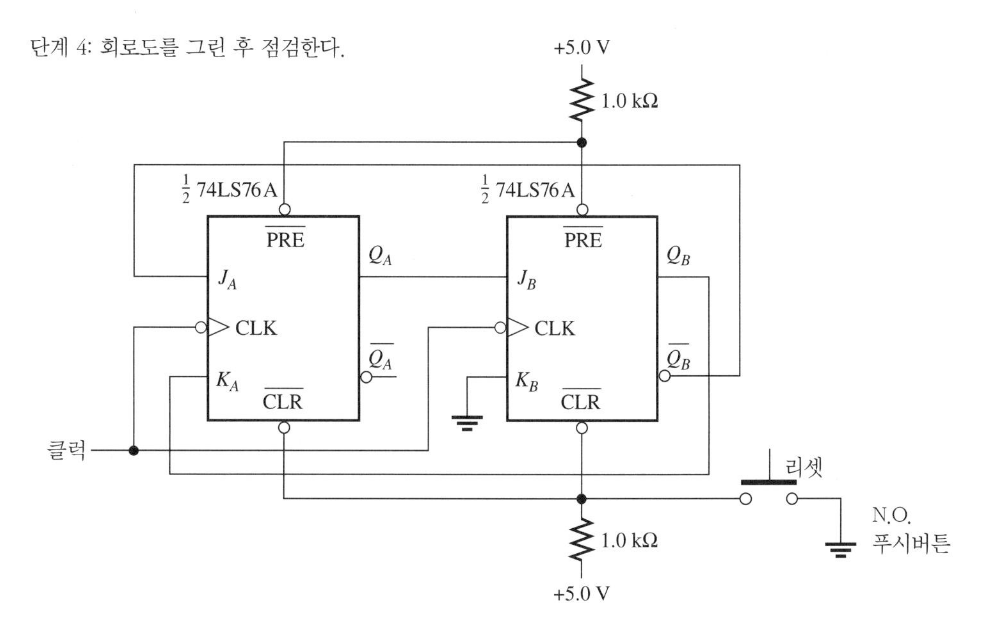

그림 23-1

표 23-1 J-K 플립플롭에 대한 전이표

출력 전이		입력	
Q_N	Q_{N+1}	J_N	K_N
0 →	0	0	X
0 →	1	1	X
1 →	0	X	1
1 →	1	X	0

Q_N = 클럭 이전의 출력
Q_{N+1} = 클럭 이후의 출력
J_N, K_N = 상태 전이를 일으키는데 필요한 입력
X = 무정의

그림 23-2

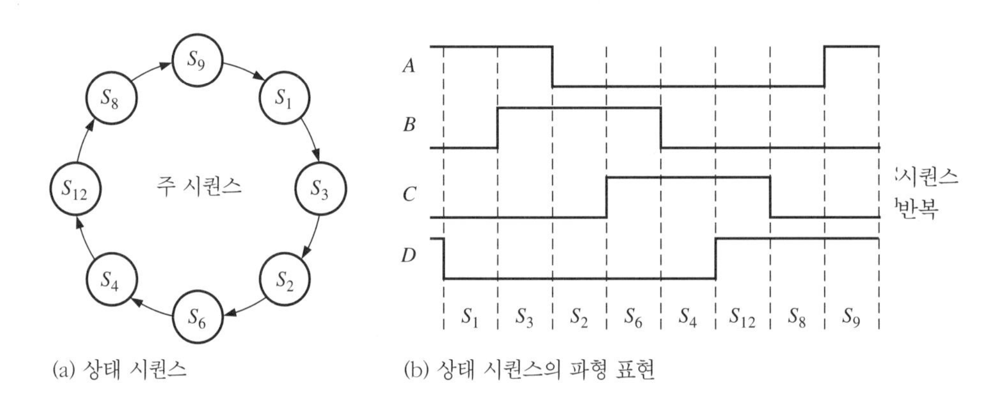

(a) 상태 시퀀스　　(b) 상태 시퀀스의 파형 표현

실험 순서

1. 그레이 코드(gray code) 동기 카운터는 종종 상태 기계(state machine) 설계에 사용된다. 이 경우 6-상태 그레이 코드 카운터가 필요하다. 일반적인 그레이 코드 시퀀스가 사용되지 않는데, 카운터가 상태 0으로 복귀를 할 때 6번째 상태가 그레이 코드의 성질을 잃어버리기 때문이다. 이 때문에 대신 그림 23-4와 같은 시퀀스를 사용한다. 사용되지 않는 두 개의 상태로 상태 5와 상태 7이 있다. 초기 설계에서는 이들 상태를 표시하지 않는다. 여기서의 주 시퀀스에 대해 실험 보고서의 다음-상태표를 완성하여라.

2. J-K 플립플롭에 대한 전이표를 사용하여 실험 보고서의 카르노 맵을 완성하여라. 편의상 J-K 플립플롭의 전이표(표 23-1)를 실험 보고서에 다시 표시하였다.

3. 실험 순서 2에서 완성한 각 맵으로부터 필요한 논리식을 찾아라. 사용되지 않는 상태가 주 시퀀스로 복귀하는지를 점검하여라. 만약 그렇지 않다면 확실히 복귀가 되도록 설계를 수정하여라. 그 다

단계 1: 상태도를 그린다(이 문제에서 사용되지 않는 상태는 중요하지 않기 때문에 단지 주 시퀀스만 보여주고 있다).

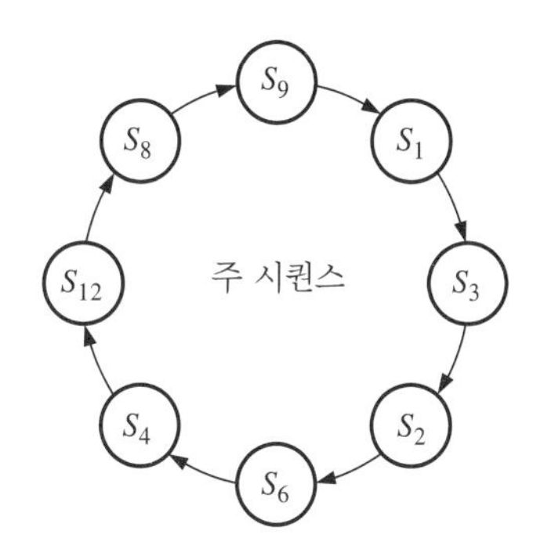

단계 2: 다음-상태 표를 그린다. 시퀀스에 사용된 비트 수로 인해 4개의 플립플롭이 필요하다.

현재 상태				다음 상태			
Q_D	Q_C	Q_B	Q_A	Q_D	Q_C	Q_B	Q_A
0	0	0	1	0	0	1	1
0	0	1	1	0	0	1	0
0	0	1	0	0	1	1	0
0	1	1	0	0	1	0	0
0	1	0	0	1	1	0	0
1	1	0	0	1	0	0	0
1	0	0	0	1	0	0	1
1	0	0	1	0	0	0	1

단계 3: 다음-상태 표와 전이표를 사용하여 각 플립플롭에 대한 카르노 맵을 그린다. 예를 들어, 상태 1에서 Q_D와 Q_C는 다음 상태로 가는 동안 $0 \rightarrow 0$으로 변경되지 않는다. 전이표에서 $0 \rightarrow 0$은 $J = 0$, $K = X$가 필요한 것을 알 수 있다. 이 값을 D와 C 카운터에 대한 맵에서 상태 1을 나타내는 셀에 입력한다. 사용되지 않는 상태는 X로 표시한다. 단지 D와 C 맵을 이 예에서 나타내었다(주의: 아래의 맵에서 Q_B와 Q_A를 좀 더 이해하기 쉽도록 표시하였다).

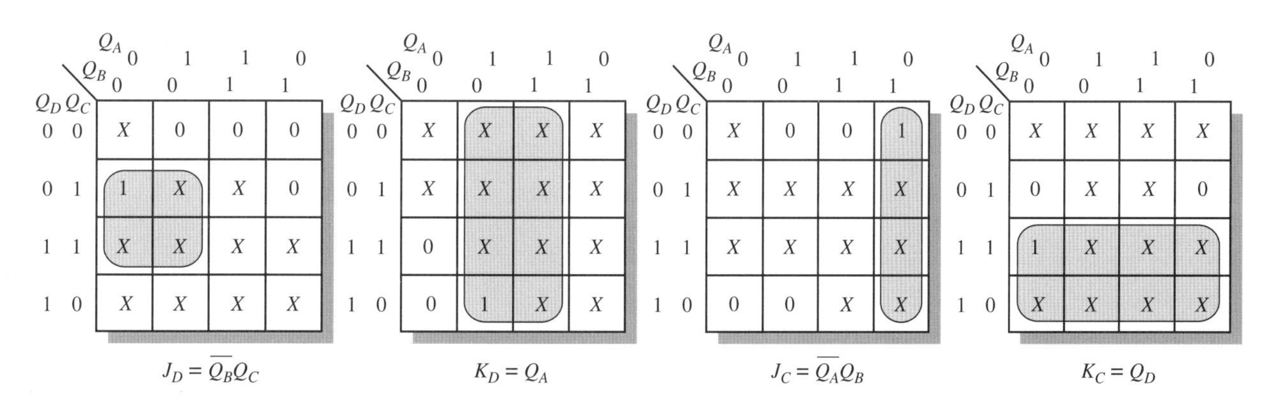

그림 23-3

그림 23-4 그레이 코드 카운터에 필요한 시퀀스

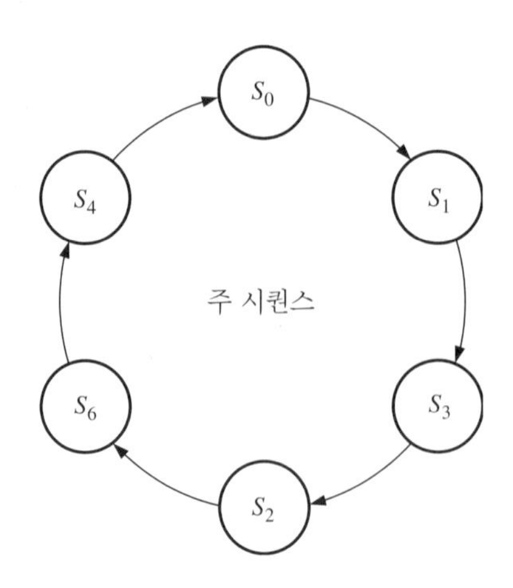

음, 회로를 구성하고 테스트하여라. 오실로스코프나 논리 분석기를 사용하여 상태 시퀀스를 점검할 수 있다. 실험 보고서에 테스트 결과를 요약 정리하여라.

◆ 추가 조사

설계한 카운터에 디코딩된 출력이 필요하다. 공교롭게도 디코딩하는 데 사용할 수 있는 유일한 IC는 2-입력 × 4-출력 74LS139A 디코더뿐이라고 하자. 출력 전부를 디코딩하기 위해 이 IC를 어떻게 연결해야 하는지를 설명하여라. 그 다음, 회로를 구성하고, 카운터가 동작할 때 단지 하나의 LED만 켜지도록 각 출력에 LED를 연결하여라(힌트: 74LS139A의 ENABLE 입력을 어떻게 사용할지를 생각하여라).

실험보고서 23

이름 : ______________________

날짜 : ______________________

조 : ______________________

실험 목표

- 선택 순서의 16 상태 동기 카운터 설계
- 카운터 구성과 테스트, 카운터의 상태도 작성

데이터 및 관찰 내용

현재 상태			다음 상태		
Q_C	Q_B	Q_A	Q_C	Q_B	Q_A
0	0	0			
0	0	1			
0	1	1			
0	1	0			
1	1	0			
1	0	0			

표 23-1 J-K 플립플롭에 대한 전이표 (설계에 참조할 것)

출력 전이			입력	
Q_N		Q_{N+1}	J_N	K_N
0	→	0	0	X
0	→	1	1	X
1	→	0	X	1
1	→	1	X	0

Q_N = 클럭 이전의 출력

Q_{N+1} = 클럭 이후의 출력

J_N, K_N = 상태 전이를 일으키는 데 필요한 입력

X = 무정의

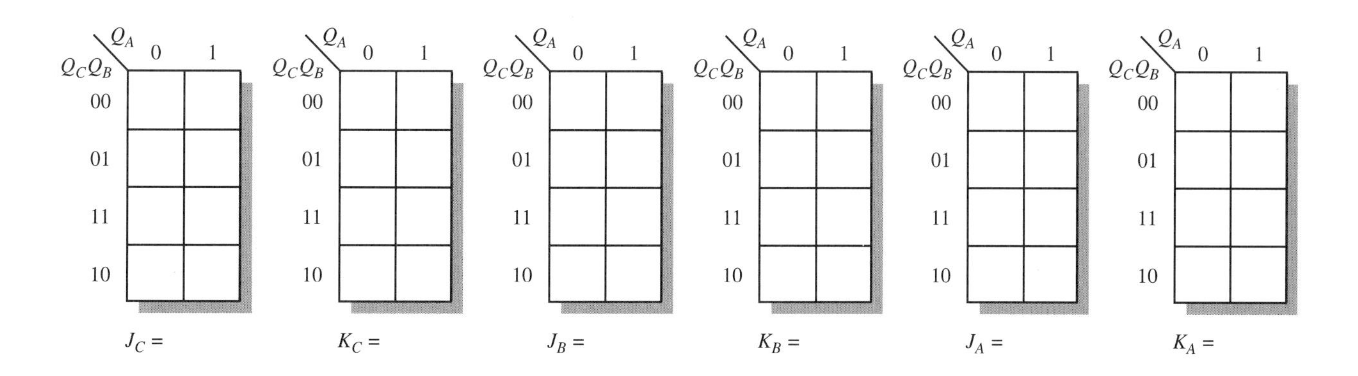

회로 설계

결과 및 결론

추가 조사 결과

평가 및 복습 문제

01 B와 A 플립플롭에 대한 카르노 맵을 작성하여 그림 23-3의 순차 카운터 설계를 완성하여라. 결과를 그림 22-1의 회로와 비교하여라.

02 이 실험에서 설계한 회로에 카운터의 상태를 보여주는 7-세그먼트를 추가하려고 할 때 필요한 논리를 설명하여라.

03 이 실험에서 설계한 순차 회로에 대해 리셋 푸시버튼을 누르면 상태 6에서 시작되게 하려고 한다. 이 기능을 추가하기 위해서 회로를 어떻게 수정해야 하는지 설명하여라.

04 시퀀스가 반대로 진행되도록 이 실험의 회로를 변경하려고 한다. 이를 위해서는 어떤 작업을 해주어야 하는가?

05 설계한 회로가 상태 2나 상태 4로 갈 때마다 원-숏(74121)을 트리거시키려고 한다. 이를 실행할 방법을 설명하여라.

06 a. D 플립플롭에 대한 전이표를 그려라. (J-K 플립플롭의 경우에서와 같이) 모든 가능한 출력 전이를 보이고, 전이를 일으키기 위해 D 플립플롭에 어떤 입력이 놓여야 하는지 설명하여라.

b. 불규칙한 시퀀스를 갖는 동기 카운터를 설계하는 데 J-K 플립플롭이 용도가 더 다양한 이유를 설명하여라.

실 험

24 교통 신호 제어기

Floyd, Digital Fundamentals: A Systems Approach
CHAPTER 8: COUNTERS

실험 목표

- 입력 변수에 의해 제어되는 순차 카운터 설계 완성
- 설계된 카운터의 회로 구성과 테스트

사용 부품

7408 4조 AND 게이트
7474 2조 D 플립플롭
74121 원-숏(one-shot, 단안정 멀티바이브레이터)
74LS153 2조 데이터 선택기
150 μF 커패시터 1개
LED 2개
저항: 330 Ω 2개, 1.0 kΩ 6개, 실험자가 결정할 저항 1개

이론 요약

동기 카운터는 작은 규모의 디지털 시스템에서 주요한 역할을 수행한다. 실험 13과 17에서 소개한 교통 신호 제어기는 네 가지의 출력 '상태'를 표시하기 위해 작은 동기 카운터를 사용하였다. 시스템의 블록 다이어그램이 그림 13-4에 나타나 있다. 실험 23에서의 카운터와는 달리 교통 신호 제어기의 카운터 상태는 세 개의 입력 변수와 두 개의 상태 변수로 결정된다. 이들 변수들이 어떤 조건을 만족했을 때, 카운터가 다음 상태로 이동한다. 세 가지 입력 변수를 다음과 같이 정의한다.

부도로(side street) 위의 차량 = V_s
25초 타이머(긴 타이머) ON = T_L
4초 타이머(짧은 타이머) ON = T_S

이 입력 변수에 보수를 취한 것은 반대되는 조건을 나타낸다. 참고로 그림 24-1에 상태도(state diagram)를 나타내었다. 이 상태도를 근거로 한 순차적인 동작은 다음과 같다.

첫 번째 상태: 카운터는 그레이 코드 00으로서, 주도로(main street)는 녹색, 부도로는 적색을 표시한다. 긴 타이머(long timer)가 ON이거나 부도로에 차량이 없다면($T_L + \overline{V}_s$), 첫 번째 상태에 머무르게 된다. 긴 타이머가 OFF이고 부도로에 차량이 있다면($\overline{T}_L V_s$), 두 번째 상태로 이동한다.

두 번째 상태: 카운터는 01로서, 주도로는 황색, 부도로는 적색으로 표시한다. 짧은 타이머(short timer)가 ON(T_S)이면 두 번째 상태에서 머무르고, OFF($\overline{T}_S$)이면 세 번째 상태로 이동한다.

세 번째 상태: 카운터는 11로서, 주도로는 적색, 부도로는 녹색으로 표시한다. 긴 타이머가 ON이고 부도로에 차량이 있다면($T_L V_s$), 세 번째 상태에 머무른다. 긴 타이머가 OFF이거나 부도로에 차량이 없다면($\overline{T}_L + \overline{V}_s$), 네 번째 상태로 이동한다.

네 번째 상태: 카운터는 10으로서, 주도로는 적색, 부도로는 황색으로 표시한다. 짧은 타이머가 ON(T_S)이면 네 번째 상태에 머무르고, OFF($\overline{T}_S$)이면 첫 번째 상태로 이동한다.

그림 24-2의 블록 다이어그램은 순차 논리를 자세하게 정의해준다. 입력 논리 블록은 세 개의 입력 변수들(V_s, T_L, T_S)을 플립플롭으로 연결시켜주는 두 개의 데이터 선택기(data selector)로 구성된다. 이에 대해서는 실험 보고서에서 그림 24-4의 일부분만 완성한 회로도에 좀 더 자세히 나타나 있다. 데이터

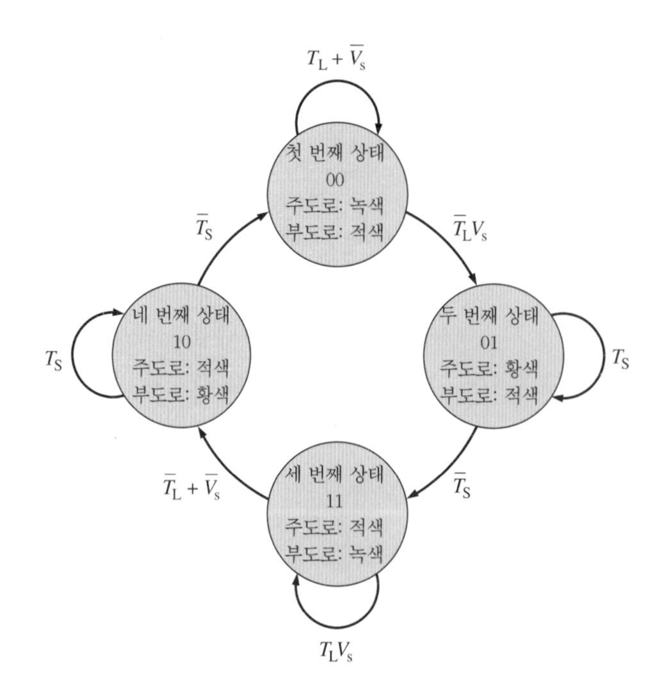

그림 24-1 상태도

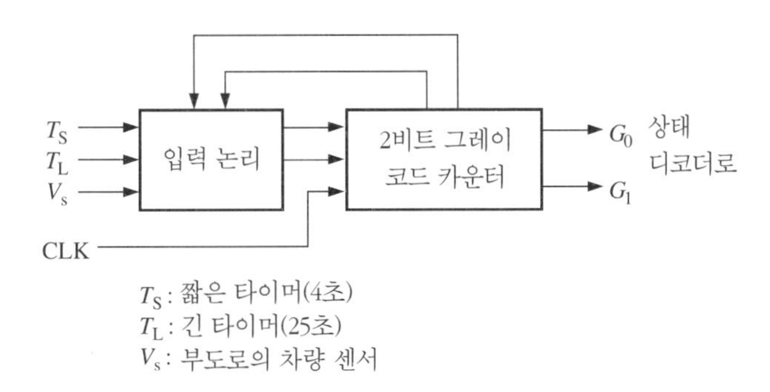

그림 24-2 순차 논리 블록 다이어그램

선택기(DS-0과 DS-1)는 74LS153 칩을 사용한다. 선택 라인(C_0에서 C_3까지)은 현재 상태에 의해 결정된다(이는 플립플롭의 출력이 SELECT 입력으로 연결되었기 때문이다). 이는 실험 12에서 설명한 MUX로 조합 논리를 구현하는 개념과 유사하다.

이번 실험에서 시스템의 한 부분을 설계하고 구성할 것이다. 좀 더 현실적으로 모의실험을 하기 위해서는 짧은 타이머를 구동하는 것이 더 나을 것이다. 짧은 타이머는 실험 17에서 74121 원-숏(one-shot)으로 구성하였다. 이번 실험에서도 같은 IC를 사용하지만 트리거 논리를 사용할 수 없기 때문에 트리거 연결은 다르다. 다음-상태 표로부터 짧은 타이머가 두 번째와 네 번째 상태(그레이 코드 01과 10)에서 ON이어야 한다는 것을 알 수 있다. 짧은 타이머가 클럭의 후미 에지(trailing edge)에서 트리거 되도록 트리거를 설정하여 어느 상태에서도 타이머가 시작될 수 있게 한다. 이번 실험에서는 상태 00과 11로 이동하는 것만을 테스트하기 때문에 이는 별로 중요하지 않다. 출력이 선두 에지(leading edge)에서 변하기 때문에 짧은 타이머를 트리거시키는 데는 후미 에지를 사용한다. 이는 클럭과 상태가 동시에 모두 변경되는 '경쟁 상태(race condition)' [1]를 피할 수 있게 해 준다. 이번 실험에 대한 트리거 회로가 그림 24-3에 나타나 있다.

입력 조건과 현재 상태, 다음 상태에 대한 표가 실험 보고서의 표 24-1에 나타나 있다. 표 24-1에서 두 줄로 묶여 있는 각 그룹은 카운터가 취할 수 있는 두 개의 가능한 상태를 나타낸다. 예를 들어, 첫 번째 그룹은 카운터가 첫 번째 상태(그레이 코드 00)에 있고, 긴 타이머와 차량 센서 입력에 따라 계속 첫 번째 상태(그레이 코드 00)에 머무르거나 두 번째 상태(그레이 코드 01)로 이동할 수 있다. 첫 번째 상태(그레이 코드 00)에서 다음 상태로 이동할 때 입력과 상관없이 Q_1은 계속 0으로 남아야 한다. 그러므로 데이터 선택기-1(DS-1)의 입력 항목에 0을 입력한다. 반면에 단지 긴 타이머가 LOW(시간 종료)이고 차량 센서가 HIGH(차량 대기)일 경우만 Q_0가 1이 된다. 따라서 DS-0에 대한 입력 항목은 $\overline{T}_L V_s$가 된다. 한 가지 더 예를 들면 두 번째 상태(그레이 코드 01)에서 다음 상태로 이동할 때 입력과는 상

1) 역주) 장치나 시스템이 두 개 이상의 동작을 동시에 수행하려고 시도했을 때 발생하는 바람직하지 않은 상태를 말한다.

그림 24-3

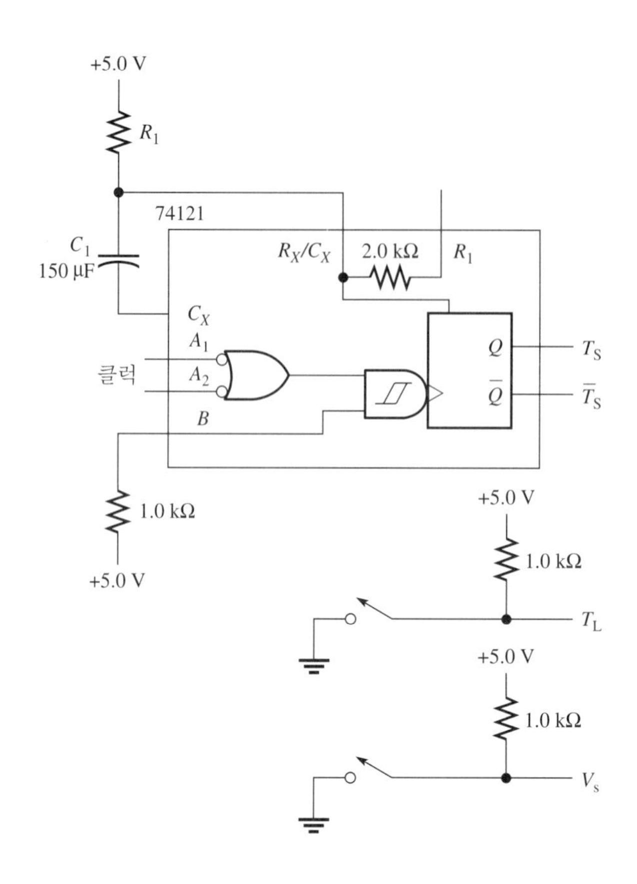

관없이 Q_0은 1이 되므로 표에 1을 입력한다.

실험 순서

1. 회로에 대한 개념을 확실히 이해하기 위해 '이론 요약'을 복습하여라. 입력 조건을 갖는 다음-상태 표가 실험 보고서의 표 24-1에 나타나 있다. 데이터 선택기의 입력 중 세 개가 예로서 표시되어 있다. 표 24-1의 남은 5개의 입력을 완성하여라.

2. 실험 순서 1에서 결정된 입력으로부터 실험 보고서에 있는 그림 24-4의 회로도를 완성하여라. 각 데이터 선택기와 ENABLE 단자에 대한 입력을 나타내어라. 데이터 선택기의 선택(select) 라인은 플립플롭의 출력으로 연결되어 있다는 것에 주의하여라.

3. 입력을 모의실험 하기 위해 실험 17의 원-숏(one-shot)과 발진기(oscillator)를 구성할 수 있다. 그러나 시간과 브레드보드의 공간을 절약하기 위해 그림 24-3의 짧은 타이머만 구성하여라. 4초 타이머를 만들기 위해서 R_1의 값을 계산해야 한다. 짧은 타이머를 트리거시키는 것은 단순화시켰기 때문에 전체 시스템에서 사용하는 것과는 다르다는 것에 주의한다. 긴 타이머와 차량 센서는 그림 24-3

에서와 같이 SPST 스위치로 구성된다. $\overline{T}_L$처럼 반전된 변수는 스위치가 닫혔을 때 동작한다.

4. 긴 타이머와 차량 센서를 대신하여 짧은 타이머와 스위치로 구성된 브레드보드에 그림 24-4의 순차 논리 회로를 추가하여라. LED는 상태 표시기로 동작한다. 실험 순서 1의 설계에 따라 모든 입력을 연결하여라. 펄스 발생기를 10 kHz로 설정하여라.

5. 상태도(그림 24-1)는 회로를 테스트하기 위해 시퀀스에 요구되는 입력이 무엇인지 알려준다. 긴 타이머와 차량 센서 스위치를 개방(open)하는 것부터 시작하여라(모두 HIGH). $\overline{CLR}$ 입력을 순간적으로 접지시킴으로써 카운터를 첫 번째 상태(그레이 코드 00)에 놓이도록 하여라. 이 조건에서 차량은 부도로에 있지만(V_S가 HIGH) 주도로의 긴 타이머는 자기 주기(cycle)를 끝내지 않았다. 긴 타이머 스위치를 닫아라. 이는 회로를 즉시 두 번째 상태(그레이 코드 01)로 되게 하고 4초 짧은 타이머를 동작시킬 것이다. 4초 타이머가 ON인 상태에서 긴 타이머 스위치를 다시 개방하여라. 회로는 스스로 4초 후 세 번째 상태(그레이 코드 11)로 넘어가게 된다.

6. 성공적으로 네 번째 상태(그레이 코드 10)에 도달했다면, 상태도를 살펴보고, 첫 번째 상태로 복귀하고 그 상태에 머무르기 위해 어떤 단계가 필요한지 결정하여라. 그런 다음, 스위치를 사용하여 첫 번째 상태로 되돌려라. '결과 및 결론' 에 결과를 정리하여라.

◆ 추가 조사

어느 날 회사 사장이 "짧은 타이머를 제거하고 클럭(펄스 발생기)이 4초의 주기로 동작하도록 교통 신호 제어기를 단순화 할 수 있는가? 이는 어떤 장점이 있는가? 또한 트리거 논리를 사용하지 않고 클럭만으로 짧은 타이머를 트리거시켰다고 할 때, 이와 같은 방법으로 긴 타이머 또한 트리거시키는 것이 가능한가?" 라고 물었다고 가정하자.

이 두 가지 의견에 대해 생각해보아라. 두 가지 각각을 완성하기 위해 회로에 어떤 변경을 해야 줘야 하는지 결정하여라. 첫 번째 의견에 대해서 회로를 수정하여 테스트해 보아라. 그 다음, 사장의 의견에 대한 본인의 생각을 간단히 요약 정리하여라.

실험보고서 24

이름 :

날짜 :

조 :

실험 목표

- □ 입력 변수에 의해 제어되는 순차 카운터 설계 완성
- □ 설계된 카운터의 회로 구성과 테스트

데이터 및 관찰 내용

표 24-1

현재 상태		다음 상태				
Q_1	Q_0	Q_1	Q_0	입력 조건	데이터 선택기-1에 대한 입력 항목	데이터 선택기-1에 대한 입력 항목
0 0	0 0	0 0	0 1	$T_L + \overline{V}_s$ $\overline{T}_L V_s$	0	$\overline{T}_L V_s$
0 0	1 1	0 1	1 1	T_S $\overline{T}_S$		1
1 1	1 1	1 1	1 0	$T_L V_s$ $\overline{T}_L + \overline{V}_s$		
1 1	0 0	1 0	0 0	T_S $\overline{T}_S$		

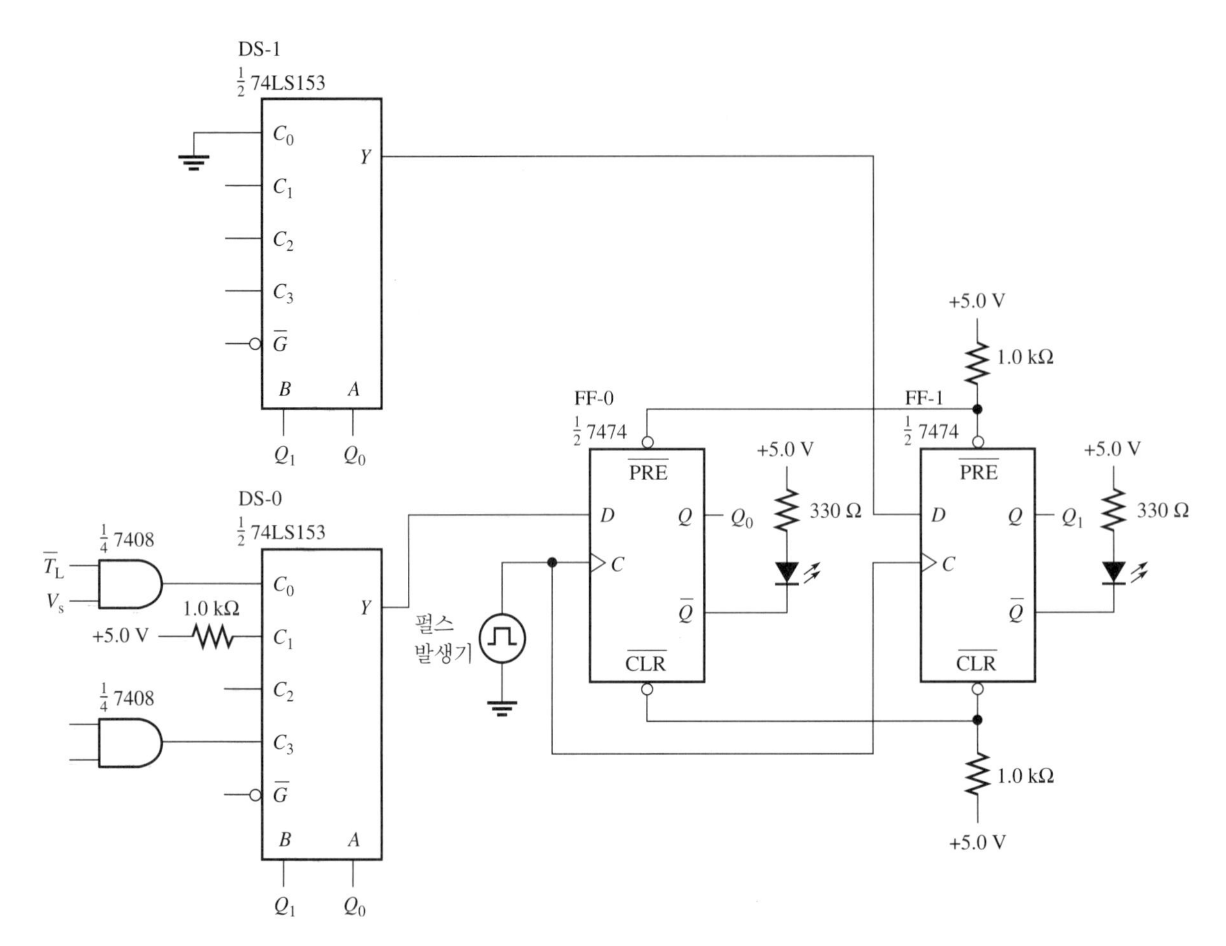

그림 24-4

결과 및 결론

추가 조사 결과

평가 및 복습 문제

01 교통 신호 제어기의 설계에 그레이 코드를 선택한 이유는?

02 카운터가 세 번째 상태(그레이 코드 11)에 머물기 위해서는 어떤 두 가지 조건이 필요한가?

03 교통 신호 제어기를 네 가지의 상태 대신에 8가지 상태의 주기로 동작시키려고 할 때 필요한 수정 사항에 대해 설명하여라.

04 D 플립플롭 대신에 J-K 플립플롭을 사용하여 교통 신호 제어기를 설계하려고 한다. J와 K 입력이 어떻게 연결되어야 하는가?

05 74121(그림 24-3)의 B 입력은 HIGH로 연결되어 있다. 그 이유를 설명하여라.

06 교통 신호 제어기가 첫 번째 상태(그레이 코드 00)에서 주 시퀀스로 복귀하지 못하는 상태라고 가정한다. 부도로에 차량이 존재할 때도 신호등이 순환되지 않아 교통 흐름이 혼란에 빠졌다. 차량 센서를 검사해 본 후 7408 AND 게이트로의 입력에서 HIGH를 발견하였다. 이 문제를 확인하는 데 사용할 수 있는 고장 진단 절차를 기술하여라.

실 험

25 반도체 기억장치

Floyd, Digital Fundamentals: A Systems Approach
CHAPTER 10: MEMORY AND STORAGE

◆ 실험 목표

□ 직렬 회로를 8비트 병렬 변환기 논리로 설계 구현
□ 구현된 설계와 결과 점검 및 확인

◆ 사용 부품

VHDL 또는 Verilog 프로그래밍 소프트웨어가 설치된 PC (저자 머리말 참조)
선택사항 : 쿼터스 II(Quartus II) 또는 프로젝트 네비게이터(Project Navigator)와 호환되는 프로젝트 보드(Project Board)
http://www.pearsonhighered.com/floyd에 있는 RW_RAM 메모리 프로젝트 파일

◆ 이론 요약

정적 RAM(static RAM, 일명 SRAM) 내의 기본 셀은 플립플롭이며, 쓰기 동작에서는 세트(set) 또는 리셋(reset)되고, 읽기 동작에서는 셀의 상태는 변화되지 않고 검사만 된다. 또한 SRAM은 그림 25-1과 같이 읽기와 쓰기 기능을 제어하기 위한 논리 게이트와 디코딩 회로를 포함하고 있다.

SRAM 셀을 선택하기 위해서는 주소 선택(AddSel) 입력을 HIGH로 설정한다. 저장될 비트(BitIn)는 세트 또는 리셋을 위한 J-K 플립플롭 입력으로 설정한다. 읽기/쓰기(Read/Write) 입력은 J-K 플립플롭에 대한 입력을 허용하도록 LOW로 설정하고 클럭 펄스의 클럭들은 데이터를 저장한다. 읽기/쓰기 입력을 HIGH로 설정하면 저장된 비트를 출력한다.

모든 RAM은 그림 25-2에 나타난 바와 같이 행과 열에 메모리 셀을 포함하는 배열(array) 형태로 구성되어 있다. 메모리에서는 하나의 실체로서 처리되는 비트의 수를 워드(word) 크기로 간주한다. 워드는 한 번에 접근(access)할 수 있는 비트의 수이며 최소 1비트부터 64비트까지 다양하다. 컴퓨터 응용에서 워드는 일반적으로 16비트를 의미하지만, 메모리에 따라 워드의 정의는 달라지며 한 번에 메모

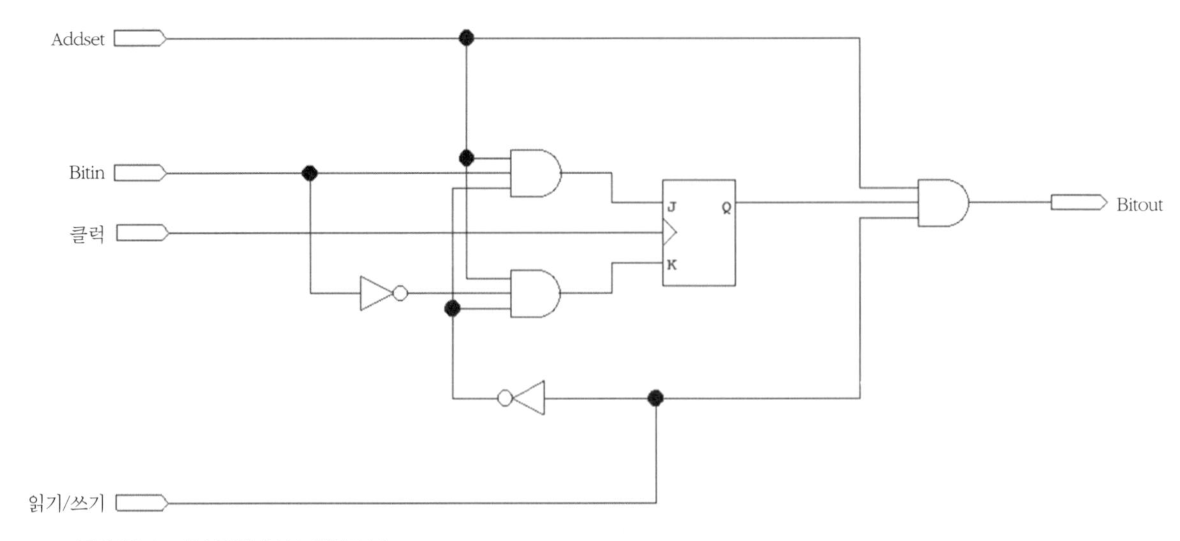

그림 25-1 기본 정적 RAM 셀(SRAM)

리로부터 읽거나 메모리에 쓸 수 있는 최소 비트의 수로 정의한다. 그림 25-2에서 워드의 크기는 4비트이다.

읽기/쓰기 메모리에서 각각의 워드는 행렬(matrix) 내에서 워드의 위치를 나타내는 주소(address) 선에 의해 접근 가능하다. 특정 워드에 접근하기 위해서는 주소가 디코딩되어야 하는데, 이 디코딩된 주소는 메모리에서 적절한 행(row)을 선택하는 데 사용된다. 메모리 행렬의 구조에 따라 열(column)의 정보가 요구되기도 한다. 또한 읽기/쓰기 동작을 선택하고 출력을 제어하며 IC의 동작 여부 선택에 사용되는 한 개 이상의 제어선도 존재한다. 메모리의 출력과 다른 소자들은 대부분 버스(bus)라고 하는 공통 선으로 연결되어 있다. 하나 이상의 출력이 버스에 연결되기 위해서는 각 소자의 출력이 3상(tristate)이나 개방 콜렉터(open-collector) 유형이어야 한다. 3상 소자는 LOW, HIGH 또는 (고 임피던스) 차단 상태(disconnect)인 세 가지 논리 레벨을 갖는다. 개방 콜렉터 소자는 각각의 선에 연결되는 한 개의 풀업(pull-up) 저항을 사용한다. 이 풀업 저항은 선에 연결된 출력의 하나가 LOW를 발생하지 않는 한, 선을 HIGH로 유지한다. 3상 소자는 풀업 저항을 사용하지 않는다.

위에 제시된 메모리 소자는 회로도 캡처에 사용하기 위해 제작된 기본 4-비트 정적 RAM(SRAM)이다. 메모리의 각 셀은 그림 25-1 SRAM 셀의 개별 인스턴스이다. SRAM의 장점은 리프레시(refresh) 회로가 필요하지 않다는 것이다.

네 개의 주소 입력 비트 A0-A3는 입력 $\overline{ME}$ (메모리 사용)를 LOW로 설정하는 데 사용된다. 입력 $\overline{ME}$는 글리치(glitch)를 방지하기 위해 주소 입력을 읽기 전에 처리하도록 한다. 글리치는 타이밍(timing)이 올바르지 않는 경우에 발생하는 원하지 않는 스파이크(spike)이며, 이는 그림 25-4에 나타나 있다. 입력 A0-A3는 4-16 디코딩(decoding)하기 위한 입력이다. 비록 디코더(decoder)가 회로도 기호로 표시

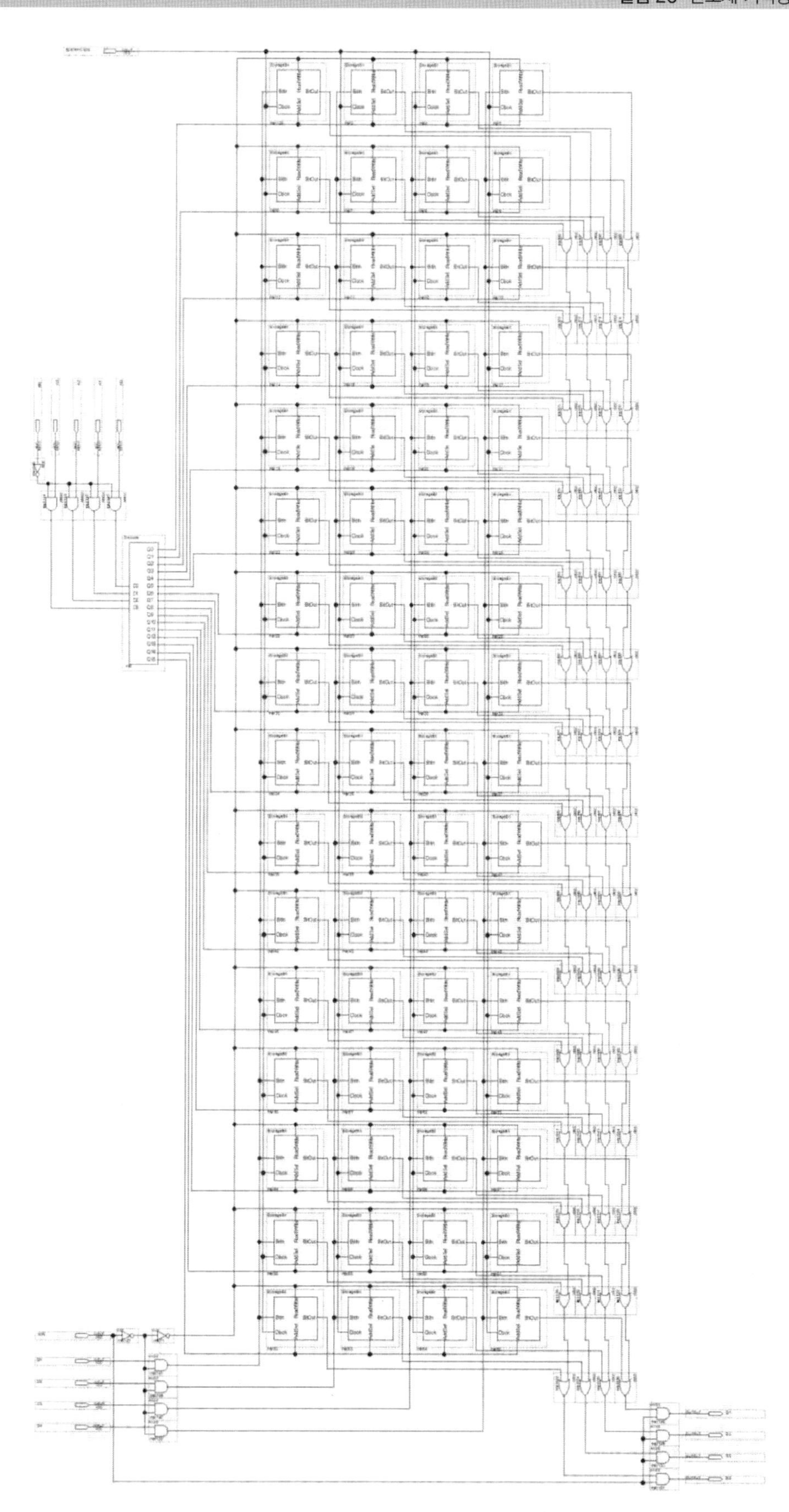

그림 25-2 회로도 캡처(capture)를 위해 개발된 소형 SRAM R/W 메모리에 대한 논리 다이어그램

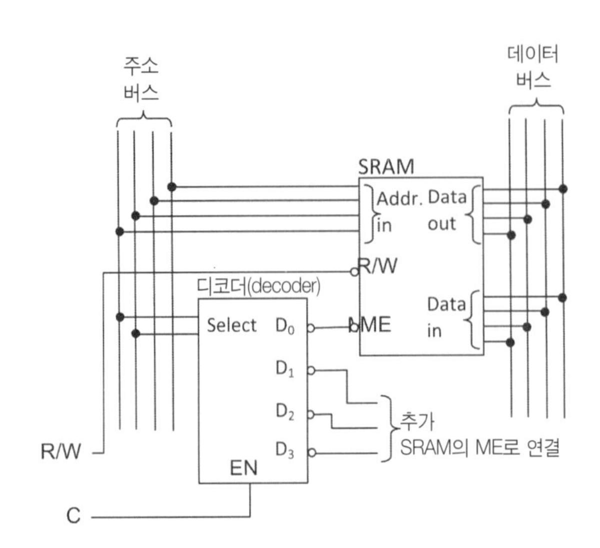

그림 25-3 디코더를 사용하여 주소 확장

되어 있지만, 소자의 이 부분을 설명하는 코드는 VHDL에 작성된다. 디코더의 각 출력은 서로 다른 4-비트 SRAM 배열(array)을 선택한다. SRAM에 데이터를 저장하기 위해 읽기/쓰기 입력은 데이터 입력 D1-D4가 인에이블링(enabling)되도록 LOW로 설정한다. 설정 $R/\overline{W}$ HIGH는 읽기 동작을 위한 출력 Q1-Q4를 가능하게 한다.

제어선 $\overline{ME}$는 서로 다른 외부 주소를 갖는 또 다른 메모리를 사용할 수 있도록 메모리 확장을 허용한

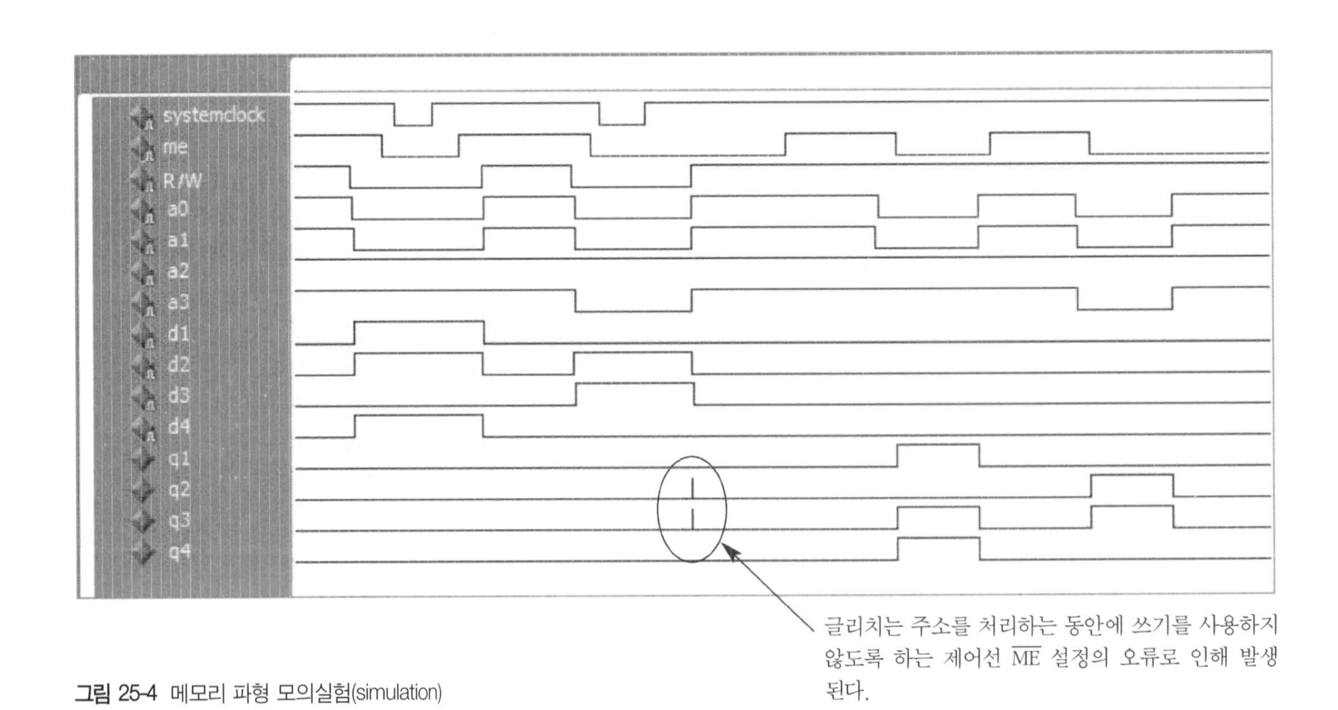

그림 25-4 메모리 파형 모의실험(simulation)

다. 그림 25-3은 두 개의 메모리 소자가 확장되는 방법을 보여준다.

완성된 메모리는 모의실험(simulation)을 통해 검사된다. 시스템클럭(systemclock) 입력은 그림 25-1에 있는 메모리 셀 내의 J-K 플립플롭에 저장되는 비트를 기록한다. 메모리 인에이블(enable) 입력 $\overline{\text{ME}}$는 읽기 또는 쓰기 동작을 위해 LOW로 설정되기 이전에 데이터와 주소를 처리하기 위해 HIGH로 설정한다. $\overline{\text{ME}}$ 입력이 주소를 설정하기 전에 LOW로 남아 있을 때, 글리치가 발생한다는 사실을 인지하여라. 모의실험을 통한 이런 유형의 점검은 문제점이 없도록 설계하는 데 있어서 매우 중요하다.

실험 순서

1. 교재에 있는 RW_RAM 메모리 프로젝트를 다운 받아라. 모든 파일은 본 실험 책과 관련된 웹 사이트에서 다운 받을 수 있다.
2. 프로젝트 모의실험을 위해 준비된 회로도 캡처 설계를 컴파일(compile)하여라. 쿼터스 II 회로도 캡처 설명서(Quartus II schematic capture tutorial)를 참조하여라.
3. 보고서의 그림 25-6에 숫자 6, 4, 8과 9를 저장하는 데 필요한 모의실험 파형을 그려라. 파형의 예상 출력을 포함시켜라.
4. ModelSim을 사용하여 단계 3의 파형을 모의실험 하여라. 단계 3의 예상 출력과 모의실험 결과를 확인하여라. ModelSim 모의실험 설명서(simulation tutorial)를 참조하여라.

추가 조사

그림 25-5에 있는 부분적으로 완성된 보안 시스템에 대한 파일을 다운받아라. 웹 사이트에서 'Floyd, Digital Fundamentals: A Systems Approach' 책의 7장에 있는 보안 시스템을 보여주는 CodeSelection 모듈(module)을 참조하여라. 주어진 네 개 숫자의 조합은 프로그램 코드에 직접 기록되어 있으며 변경할 수 없다. 이 실험에서 제시된 정적 메모리를 사용하여 사용자가 네 개 숫자를 입력하고 사용자의 네 개 숫자의 조합을 저장할 수 있는 새로운 CodeSelection 모듈을 구축하여라. 필요한 회로를 그림으로 나타내고 회로에 대하여 간단히 설명하여라.

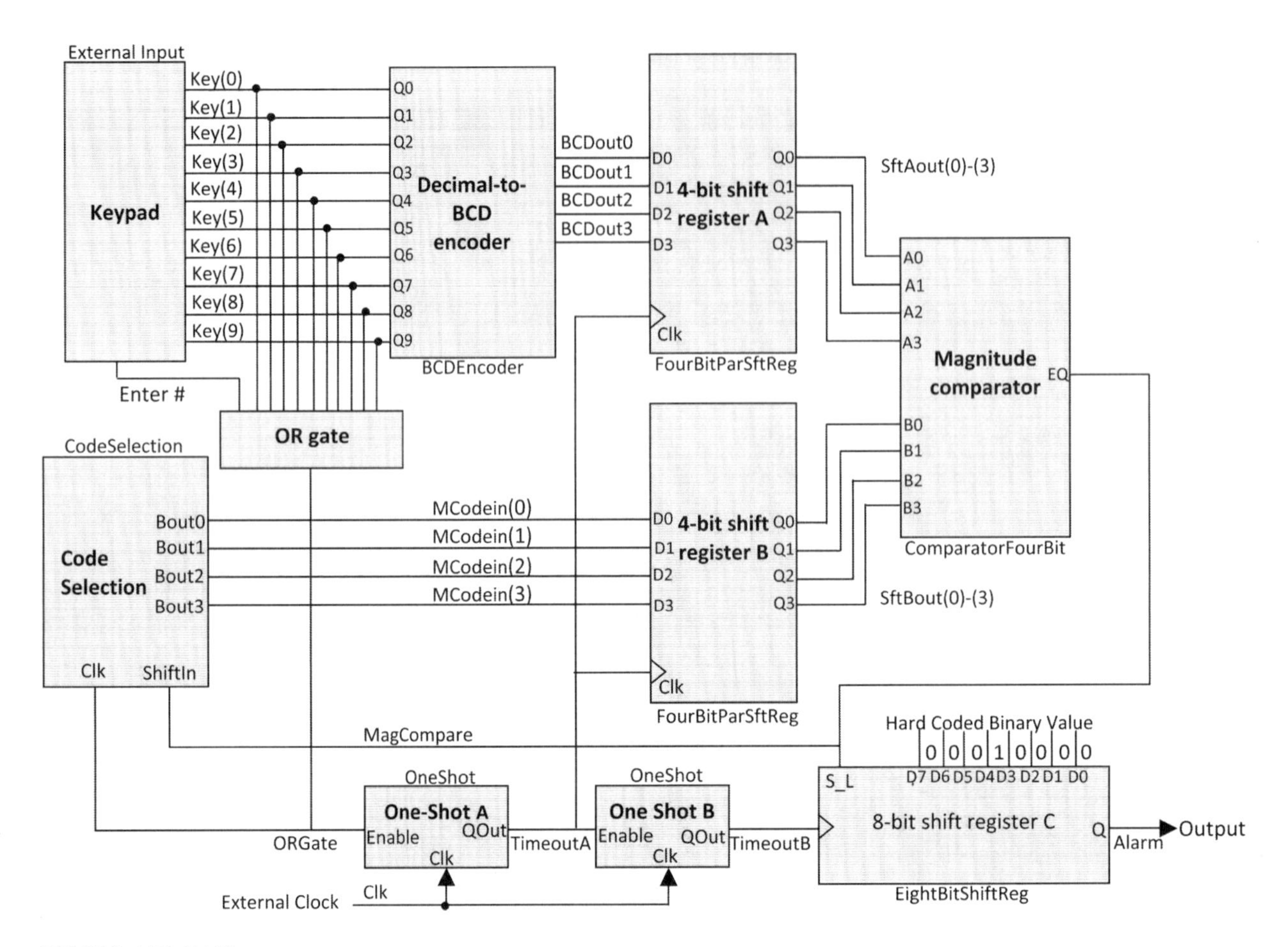
External Input
Keypad
Key(0)
Key(1)
Key(2)
Key(3)
Key(4)
Key(5)
Key(6)
Key(7)
Key(8)
Key(9)
Enter #
Q0
Q1
Q2
Q3
Q4
Q5
Q6
Q7
Q8
Q9
Decimal-to-BCD encoder
BCDEncoder
BCDout0
BCDout1
BCDout2
BCDout3
D0
D1
D2
D3
4-bit shift register A
Q0
Q1
Q2
Q3
Clk
FourBitParSftReg
SftAout(0)-(3)
A0
A1
A2
A3
Magnitude comparator
EQ
B0
B1
B2
B3
ComparatorFourBit
OR gate
CodeSelection
Code Selection
Bout0
Bout1
Bout2
Bout3
Clk
ShiftIn
MCodein(0)
MCodein(1)
MCodein(2)
MCodein(3)
4-bit shift register B
FourBitParSftReg
SftBout(0)-(3)
MagCompare
Hard Coded Binary Value
0 0 0 1 0 0 0 0
D7 D6 D5 D4 D3 D2 D1 D0
S_L
8-bit shift register C
Q
Alarm
Output
EightBitShiftReg
OneShot
One-Shot A
Enable
QOut
Clk
TimeoutA
OneShot
One Shot B
Enable
QOut
Clk
TimeoutB
ORGate
External Clock
Clk

그림 25-5 보안 시스템

실험보고서 25

이름 :

날짜 :

조 :

데이터 및 관찰 내용

단계 2:

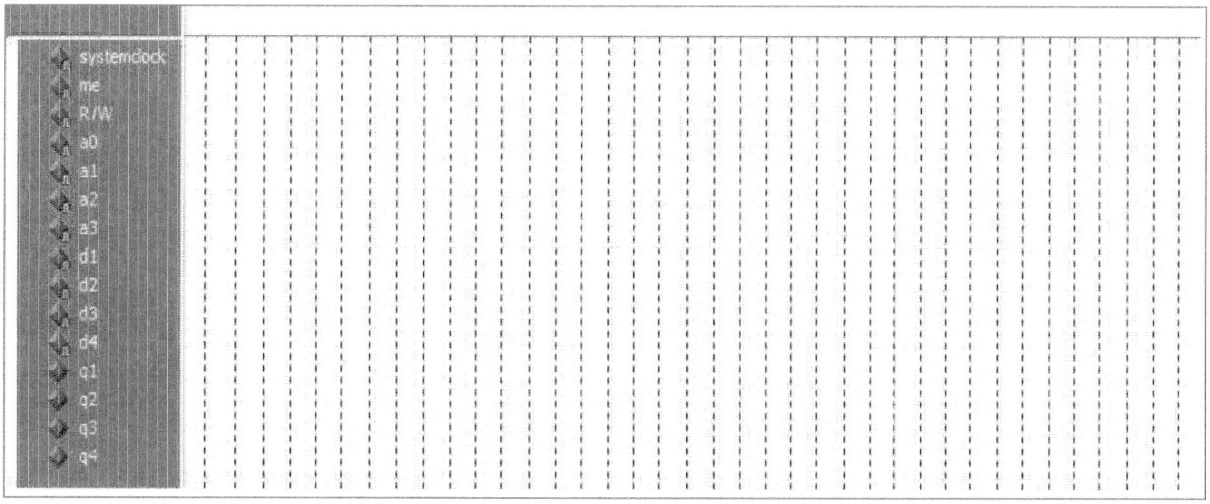

systemclock
me
R/W
a0
a1
a2
a3
d1
d2
d3
d4
q1
q2
q3
q4

그림 25-6 숫자 6, 4, 8과 9를 저장하는데 필요한 메모리 파형 모의실험

추가 조사 결과

평가 및 복습 문제

01 그림 25-1에 있는 기본 SRAM 셀의 동작을 설명하여라.

02 그림 25-2의 디코더 모듈이 8-비트 메모리를 디코딩하는 데 사용할 수 있는 방법을 설명하여라.

03 공통 컬렉터 소자가 버스에 연결되어 있는 방식은? 만약 PLD 트레이너(trainer)를 사용하는 경우, PLD 소자를 버스에 직접 연결할 수 있는가? 그렇다면 이유를 설명하여라.

04 그림 25-2에서 각 메모리 셀의 출력은 직렬연결의 OR 게이트를 통해 공통 출력(Q1-Q3)에 연결되어 있다.

a. OR 게이트를 사용하는 목적은 무엇인가?

b. OR 게이트를 제거하고 각 메모리 셀의 출력을 Q1-Q3 출력에 직접 연결하는 경우, 어떤 현상이 발생되는가?

실 험

26 직-병렬 데이터 변환기

Floyd, Digital Fundamentals: A Systems Approach
CHAPTER 11: DATA TRANSMISSION

실험 목표

- 직렬 회로를 8비트 병렬 변환기 논리로 설계 구현
- 구현된 설계와 결과 점검 및 확인

사용 부품

VHDL 또는 Verilog 프로그래밍 소프트웨어가 설치된 PC (머리글 참조)

http://www.pearsonhighered.com에 있는 SerialParallelConverter 이름의 데이터 파일

이론 요약

직-병렬 변환기는 USB나 직렬 입력 포트에 연결된 장치로부터 입력을 받는 시스템에 널리 사용된다. 이번 실험에서의 직-병렬 변환기는 직렬 데이터 열을 수신하여 8-비트 병렬의 바이트로 변환하는 데 사용된다.

동작에 있어서 메시지가 시작될 때 뿐만 아니라 메시지가 종료될 때 8-비트 직-병렬 변환이 필요함을 알 수 있다. 'Floyd, Digital Fundamentals: A Systems Approach' 책의 그림 11-14에서와 같이 데이터 비트는 11비트의 패킷에 포함되어 있다. 첫 번째 비트는 8개 데이터 비트가 있음을 나타내는 시작(start) 비트이다. 마지막 두 비트는 패리티(parity)와 정지(stop) 비트이지만, 이 실험에서는 두 개의 정지 비트가 패킷을 완료하기 위해 전송될 것이다. 이는 패리티 발생기(generator)의 추가적인 복잡성을 방지한다.

그림 26-1에 있는 논리도는 직-병렬 변환기에 대한 기본 논리이다. 직-병렬 변환기는 클럭 발생기 모듈을 사용가능하게 하는 제어(control) 플립플롭으로 구성되어 있다. 클럭 발생기 모듈은 직렬 입력 데이터를 데이터 입력 레지스터에 전송하고 8 분주 카운터(divide-by 8 counter)를 증가시킨다. 클럭 발생기와 데이터 입력은 1과 0의 데이터열이 클럭 발생기의 선행 구간(leading edge) 시간에서 존재하도록

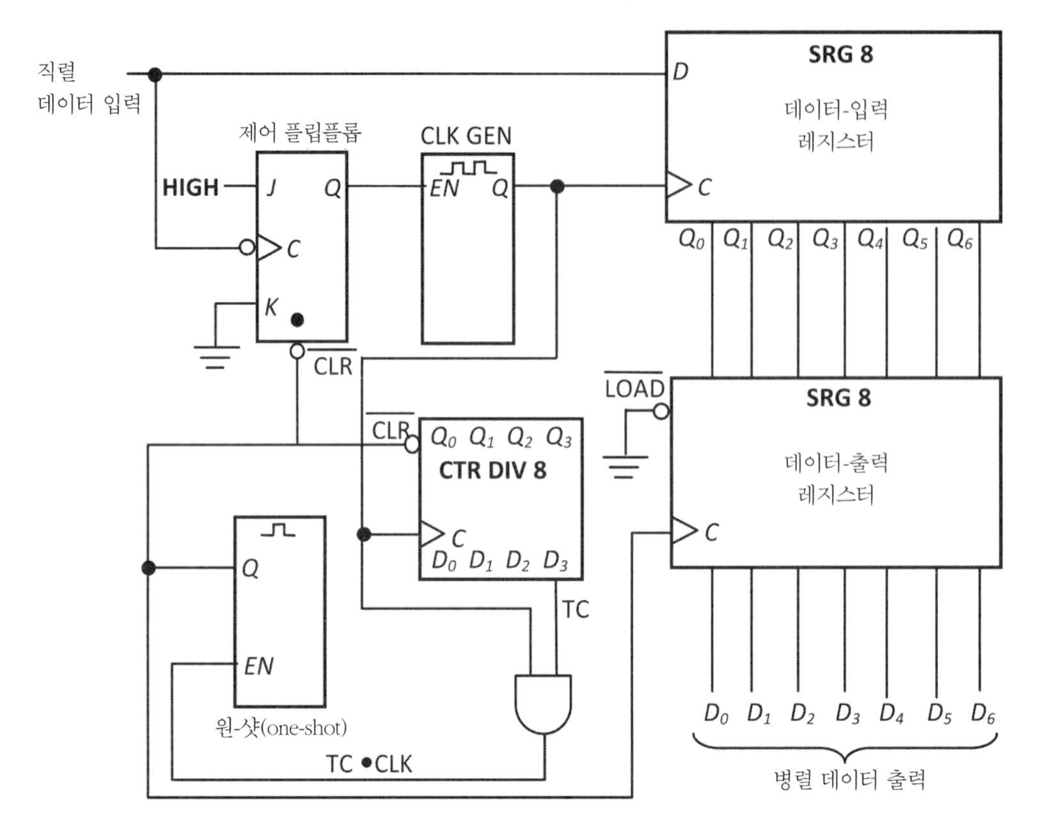

그림 26-1 직-병렬 변환기의 기본 논리도

동기화된다. 9 분주 카운터가 9번째의 카운터에 도달하면, 데이터 입력 레지스터 내의 클럭을 정지하도록 하는 데이터 신호인 TC(terminal count) 선은 HIGH가 된다.

그림 26-2의 타이밍도는 직-병렬 변환기의 동작을 나타내고 있다. 직렬 입력 데이터열의 초기 HIGH에서 LOW로 상태 변화는 불안정한 멀티바이브레이터(multivibrator)인 클럭 발생기에 인에이블(enable) 신호를 전송하는 제어 플립플롭을 설정한다. 클럭 발생기는 직렬의 입력 데이터열에서 데이터 입력 시프트 레지스터까지의 클럭 데이터로 8개의 클럭 펄스를 생성하며, 또한 원-샷(one-shot) 인에이블 입력에서 8개의 카운터 신호에 대한 종료를 전송하는 CTR DIV 8 카운터의 클럭이다. 원-샷의 출력은 제어 플립플롭을 지우고 CTR DIV 8 카운터를 재설정(reset)하며, 또한 데이터-입력 시프트 레지스터에서 출력 시프트 레지스터까지의 데이터에 대한 클럭이다. 입력 데이터열의 두 번째 HIGH에서 LOW로 상태 변화는 다시 위의 과정을 시작한다. 데이트는 클럭의 상승 구간(rising clock edge)에서 읽는다.

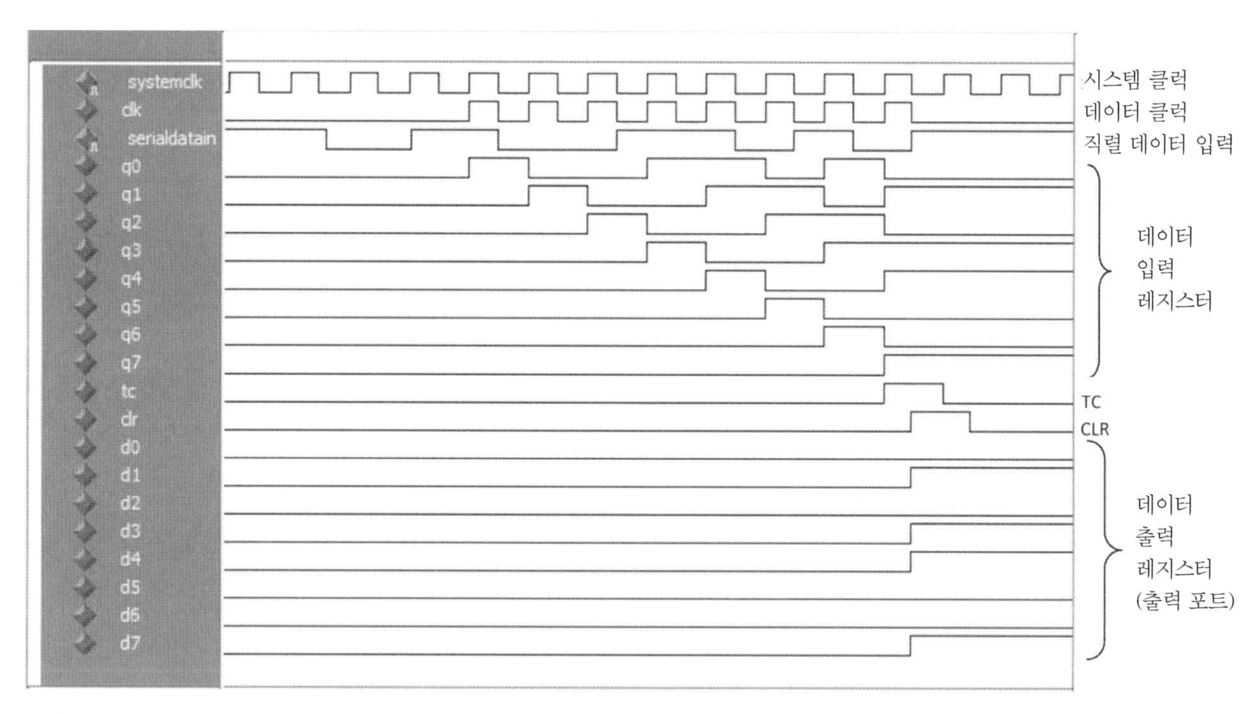

그림 26-2 직-병렬 데이터 변환기의 타이밍도

◆ 실험 순서

1. SerialParallelConverter 프로젝트 파일을 열어라. 심볼(symbol) 편집기로부터 "Project"를 선택하고 그림 26-3에서와 같이 회로도를 구축하기 위해 제공되는 블록(block) 심볼을 사용하여라.

2. 그림 26-4에 있는 회로도를 설계하여라. 쿼터스 II 회로 캡처 지침서(schematic capture tutorial)를 참조하여라.

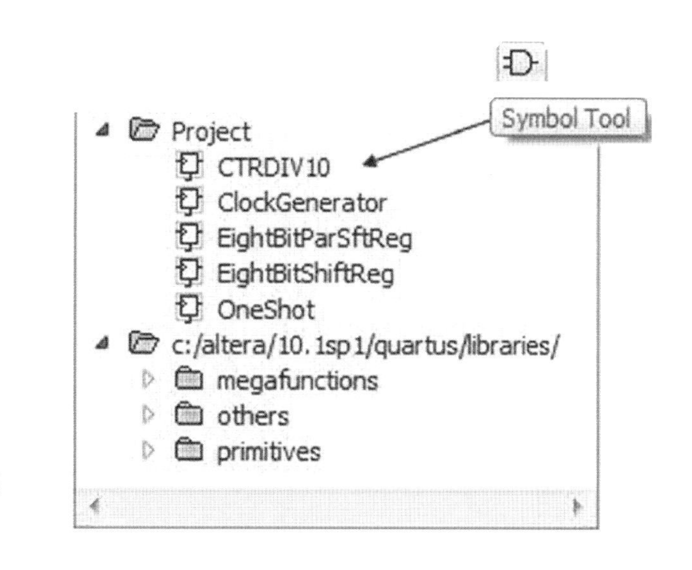

그림 26-3 회로 캡처를 위한 작업 영역 (실험 순서 3)

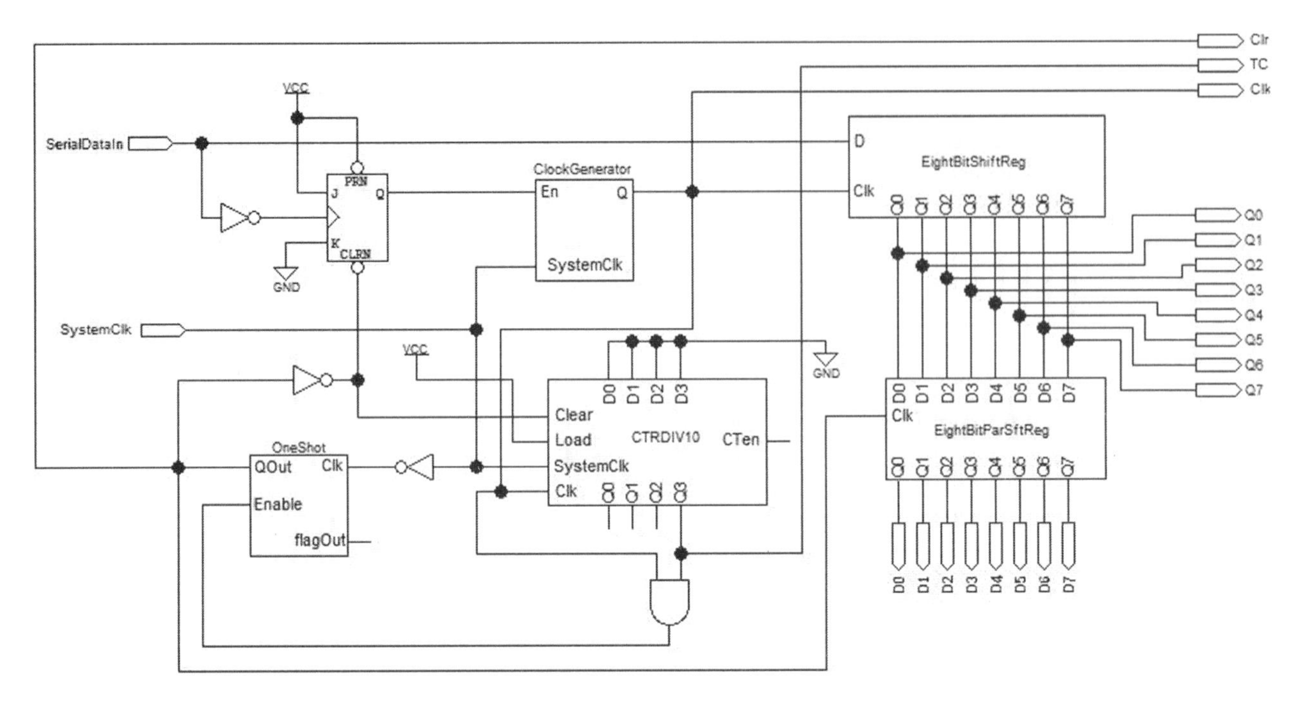

그림 26-4 직-병렬 데이터 변환기 회로도

3. 쿼터스 II 회로 캡처 지침서에 설명된 대로 프로젝트 모의실험을 위한 준비로 설계된 회로도 캡처를 컴파일하여라.

4. ModelSim 파형 편집기(waveform editor)를 사용하여 그림 26-5에 있는 모의실험에서의 파형을 완성하여라. 이 모의실험에서는 시스템의 클럭 파형과 직렬 데이터 입력에 대한 파형을 생성해야 할 것이다.

5. 그림 26-4에 표시된 직-병렬 데이터 변환기 회로도에 대한 모의실험 결과를 증명하여라.

◆ 복습 문제

1. 직-병렬 변환기가 16비트 변환기로 수정할 수 있는 방법을 설명하여라.

2. 직-병렬 변환기의 전체 논리에서 시작과 정지 비트의 사용이 필요한 이유를 설명하여라.

3. 클럭의 하강 구간에서 직렬 데이터를 읽기 위해 필요한 수정 사항은 무엇인가?

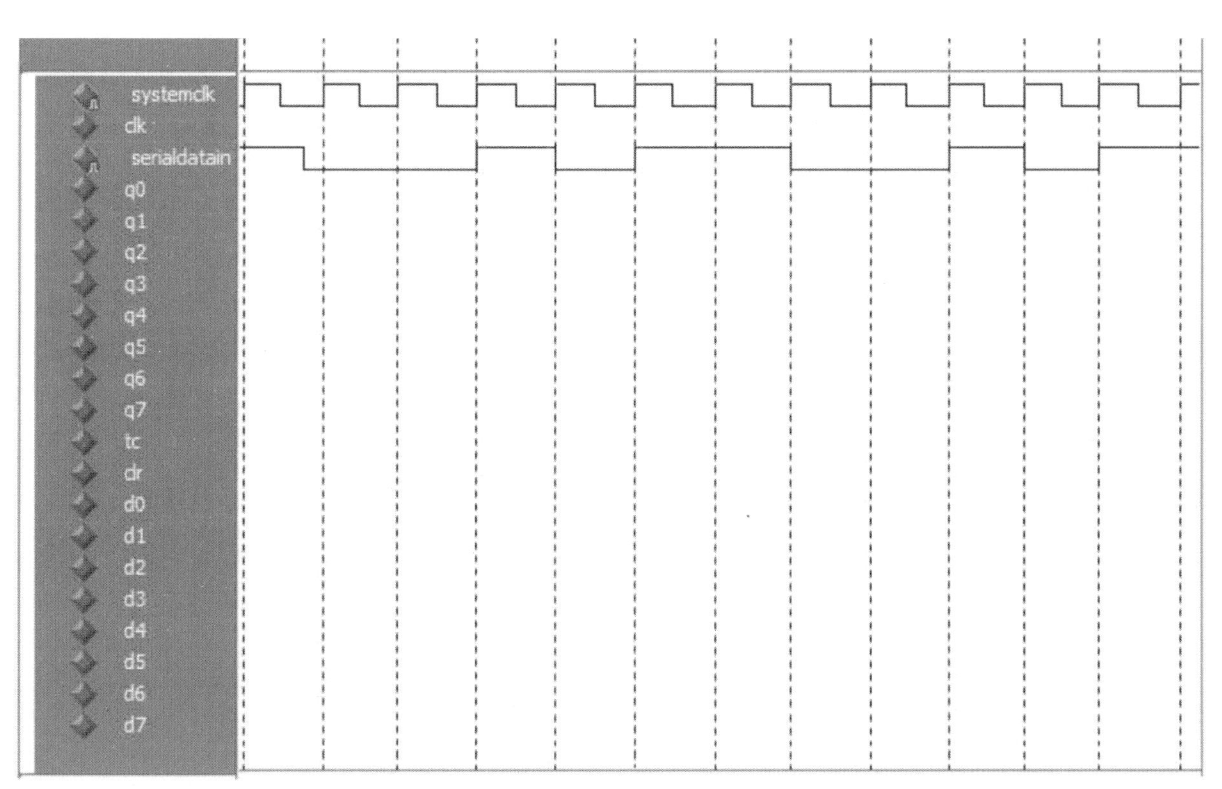

그림 26-5 모의실험에서의 입력 파형

4. 다음과 같은 4비트 메시지를 전송하기 위해 회로는 어떻게 수정되어야 하는가?

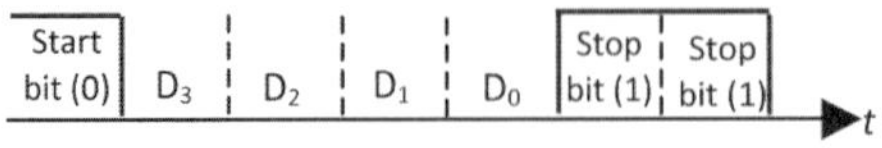

Start bit (0)	D_3	D_2	D_1	D_0	Stop bit (1)	Stop bit (1)

t

5. 제어 플립플롭의 목적을 설명하여라.

6. 원-샷(one-shot)이 데이터 변환기에서 직렬 데이터를 재설정하는 방법과 데이터 출력 레지스터에서 현재 정보를 출력하는 방법을 설명하여라.

실 험

27 D/A 및 A/D 변환

Floyd, Digital Fundamentals: A Systems Approach
CHAPTER 12: SIGNAL CONVERSION AND PROCESSING

실험 목표

- 2진 카운터와 디지털/아날로그 변환기(digital-to-analog converter, DAC)를 이용한 회로 구성
- 회로 보정(calibration) 점검, 해상도(Volts/step) 측정, 오실로스코프를 사용하여 파형 관찰
- 아날로그/디지털 변환기(analog-to-digital converter, ADC)로 회로 수정과 이를 사용하여 디지털 조도계(digital light meter) 구성

사용 부품

74191 업/다운 카운터
MC1408 디지털/아날로그 변환기[1]
7447A BCD/7-세그먼트 디코더/드라이버
MAN-72 7-세그먼트 디스플레이
LM741 연산 증폭기(operational amplifier, OP AMP)
3906 PNP 트랜지스터
CdS 포토셀 (Jameco 120299 또는 동급)
저항: 330 Ω 7개, 1.0 kΩ 2개, 2.0 kΩ 2개, 5.1 kΩ 1개, 10 kΩ 1개
150 pF 커패시터 1개

추가 조사용 실험 기기와 부품:

ADC0804 아날로그/디지털 변환기
저항: 2.2 kΩ 2개, 1.0 kΩ 1개
1.0 kΩ 전위차계 1개
SPDT 스위치 1개(결선으로 대용 가능)

1) www.mouser.com 참조

◆ 이론 요약

디지털 신호 처리(Digital Signal Processing, DSP)는 많은 디지털 설계에서, 특히 실시간(real time)으로 동작하는 곳에서 중요한 요소가 된다. 실시간이란 최종 결과에 영향을 주지 않고 요구된 처리가 완성되기에 충분히 짧은 시간으로 정의할 수 있다. DSP에는 세 가지의 기본 단계가 있는데, 즉 아날로그 신호를 디지털로 변환, 특정 마이크로프로세서에서 신호에 대한 처리, 디지털 신호를 다시 아날로그로 변환하는 단계가 있다.

이번 실험의 목적은 아날로그로부터 디지털로, 그리고 디지털로부터 아날로그로 변환하는 과정을 살펴보는 것이다. 아날로그 입력에서 디지털 양으로의 변환은 아날로그/디지털 변환기(analog-to-digital converter, ADC)로 수행할 수 있고, 그 반대의 과정, 즉 디지털 양을 입력에 비례한 전압이나 전류로 변환하는 것은 디지털/아날로그 변환기(digital-to-analog converter, DAC)를 사용하면 된다.

ADC의 종류는 다양한데, 변환 속도, 해상도(resolution), 정확도(accuracy), 가격 등의 요구 사항에 따라 적당한 것을 선택한다. 해상도는 풀스케일(full-scale) 신호를 몇 단계(step)로 나누었는지를 의미하며, 이는 풀스케일에 대한 백분율(%)로 표시하거나, 단계 당 전압(Volts/step)으로, 또는 좀 더 간단하게 변환에서 사용된 비트 수로 표시할 수 있다. 정확도는 종종 해상도와 혼동되곤 하는데, 실제 출력과 예상 출력 사이의 차이를 백분율로 나타낸 것이다.

간단한 아날로그 장치인 전위차계는 조절기의 위치에 비례한 전압을 만들어 내기 위한 센서로서 사용될 수 있다. 그림 27-1은 전위차계의 조절기 위치가 어떻게 디지털 수로 변환될 수 있는지를 개념적으로 설명해 주는 간략화된 회로이다(시스템을 간단히 하기 위해 단지 하나의 수만 표시된다). 이 회로에는 8비트 ADC인 ADC0804를 사용하였다. 디지털 출력 값은 +5.0 V 기준 전압(reference voltage)에 대한 비율로 조절되는데, 즉 입력이 +5.0 V일 때 출력은 최댓값이 된다. 약간만 수정을 하면 다른 입력 전압에 대해 출력을 조절할 수 있다. 회로는 이용도에 따라 AD673이나 ADC0804로 구성이 가능하다. 이 회로의 실제 구성은 '추가 조사'에서 다루어볼 것이다.

이번 실험의 첫 부분에서는 디지털 입력을 위해 2진 업/다운 카운터를 사용하여 DAC(MC1408) IC를 테스트할 것이다. +5.0 V에 연결된 5.1 kΩ 저항으로 약 1.0 mA의 기준 전류(reference current)를 설정하는데, 이 전류는 2.0 kΩ 부하 저항에 풀스케일 출력을 설정하기 위해 사용된다.

DAC를 테스트한 후에 비교기와 인터페이스 회로를 추가함으로써 ADC의 동작을 추적하는 회로로 변환할 수 있다(그림 27-3). 업/다운 카운터로부터의 2진 출력은 DAC에 의해 아날로그 양으로 변환되며 이는 아날로그 입력과 비교된다. 이 회로는 그림 27-1의 회로보다 약간 복잡하지만 ADC의 동작을 어떻게 추적하는지를 잘 설명해준다. 원칙적으로 어떠한 아날로그 입력(예를 들어, 안테나 추적 시스템의 입력)도 사용 가능하지만, 이번 실험에서는 포토셀(photocell)을 사용하여 간단한 디지털 조도계

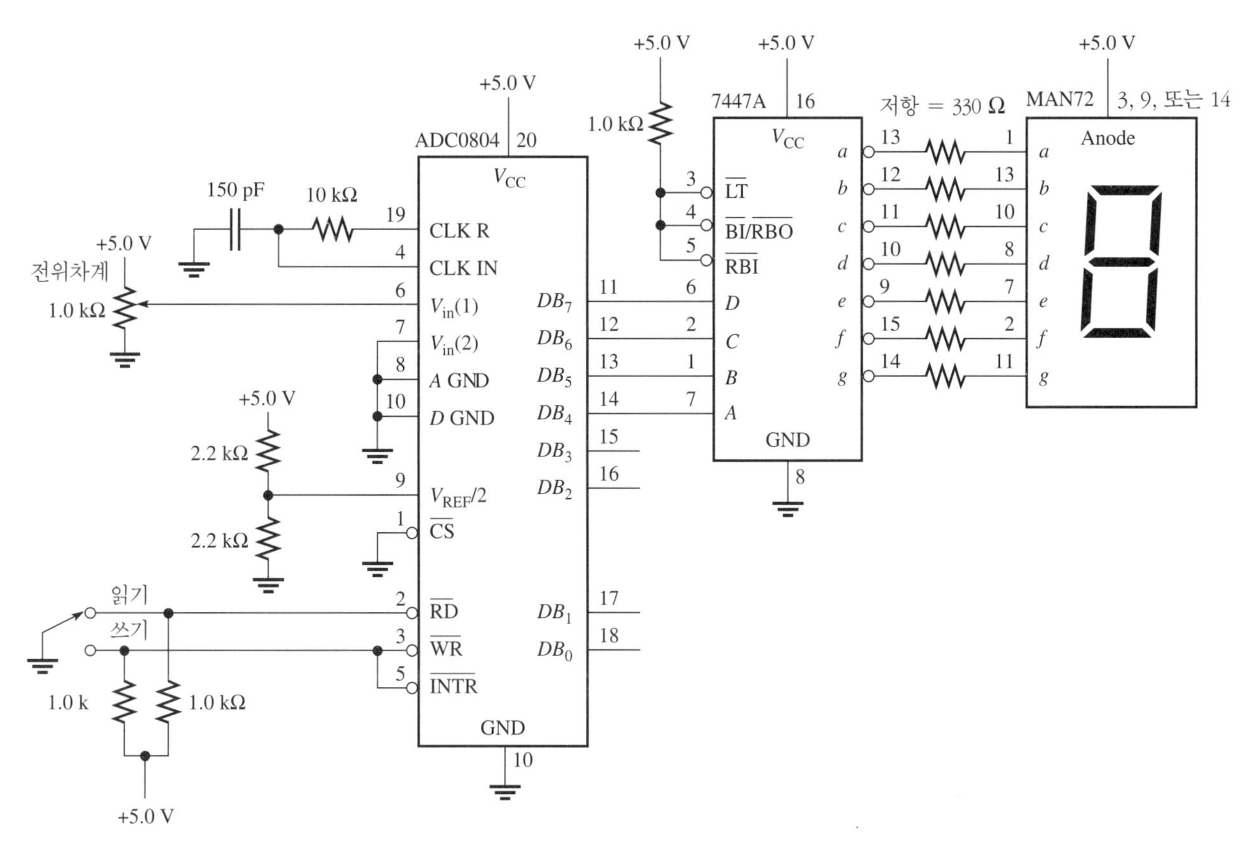

그림 27-1

(digital light meter)를 구성할 것이다.

실험 순서

증배 DAC(Multiplying DAC)

1. 그림 27-2의 회로를 구성하여라. MC1408 DAC는 8비트 해상도를 갖지만 2진/BCD(binary-to-BCD) 디코더를 사용하는 데 문제가 발생하지 않도록 상위 네 개의 비트만 사용할 것이다. DAC의 입력 핀은 MSB가 가장 낮은 번호인 것에 주의하여라. 펄스 발생기를 TTL 레벨 1 Hz로 설정하고 S_1을 닫아라. 카운터의 출력 파형을 관찰하여라. 관찰 파형을 실험 보고서의 도표 1에 그려라.

2. S_1을 개방하여라. 카운터의 출력 파형을 관찰하여 도표 2에 그려라.

3. 카운터의 $\overline{\text{LOAD}}$ 입력을 접지로 단락(short) 시켜라. 이로써 카운터에 병렬로 모두 1이 적재된다. 이제 DAC의 보정(calibration) 상태를 점검하여라. 단락한 채로 두고 MC1408 4번 핀의 출력 전압을

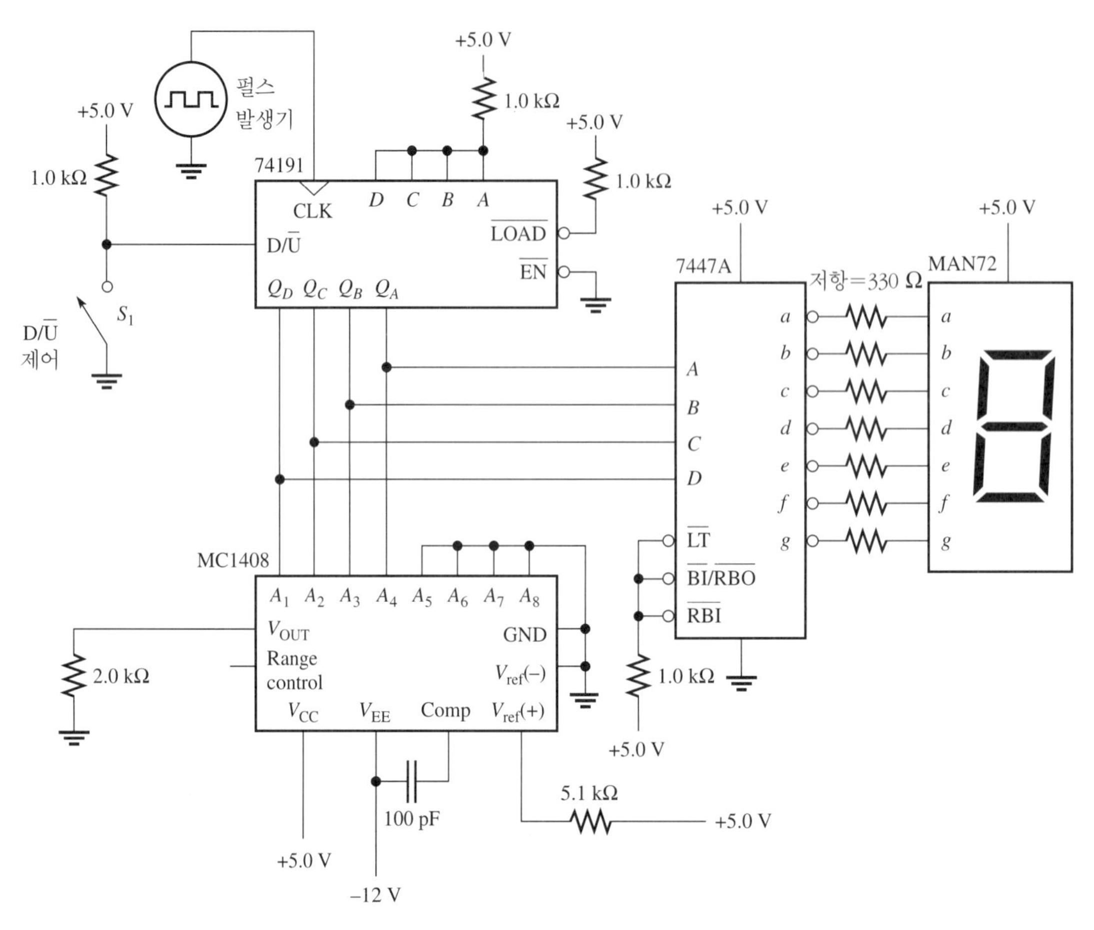

그림 27-2

측정하여라. 이 전압은 풀스케일(full-scale) 출력을 나타낸다. 현재 15단계(step)이므로 이 풀스케일 출력 전압을 15로 나누어 단계 당 전압(volts/step)을 결정하여라. 실험 보고서의 표 27-1에 전압과 단계 당 전압을 기록하여라.

4. 카운터의 S_1 입력에서 접지로의 단락을 제거하여라. 펄스 발생기를 1 kHz로 높여라. 오실로스코프를 사용하여 DAC의 아날로그 출력(4번 핀)을 관찰하여라. 도표 3에 관찰한 파형을 그리고, 전압과 시간을 표시하여라.

5. S_1을 닫고, DAC의 아날로그 출력을 관찰하여라. 도표 4에 관찰한 파형을 그려라.

디지털 조도계 – 트래킹 ADC(Tracking ADC)

6. 그림 27-3과 같이 포토셀(photocell), 연산 증폭기(operational amplifier, OP AMP), 트랜지스터를 추가하여 ADC 동작을 추적하도록 회로를 수정하여라. 이 회로는 빛을 감지하여 연산 증폭기의 비반

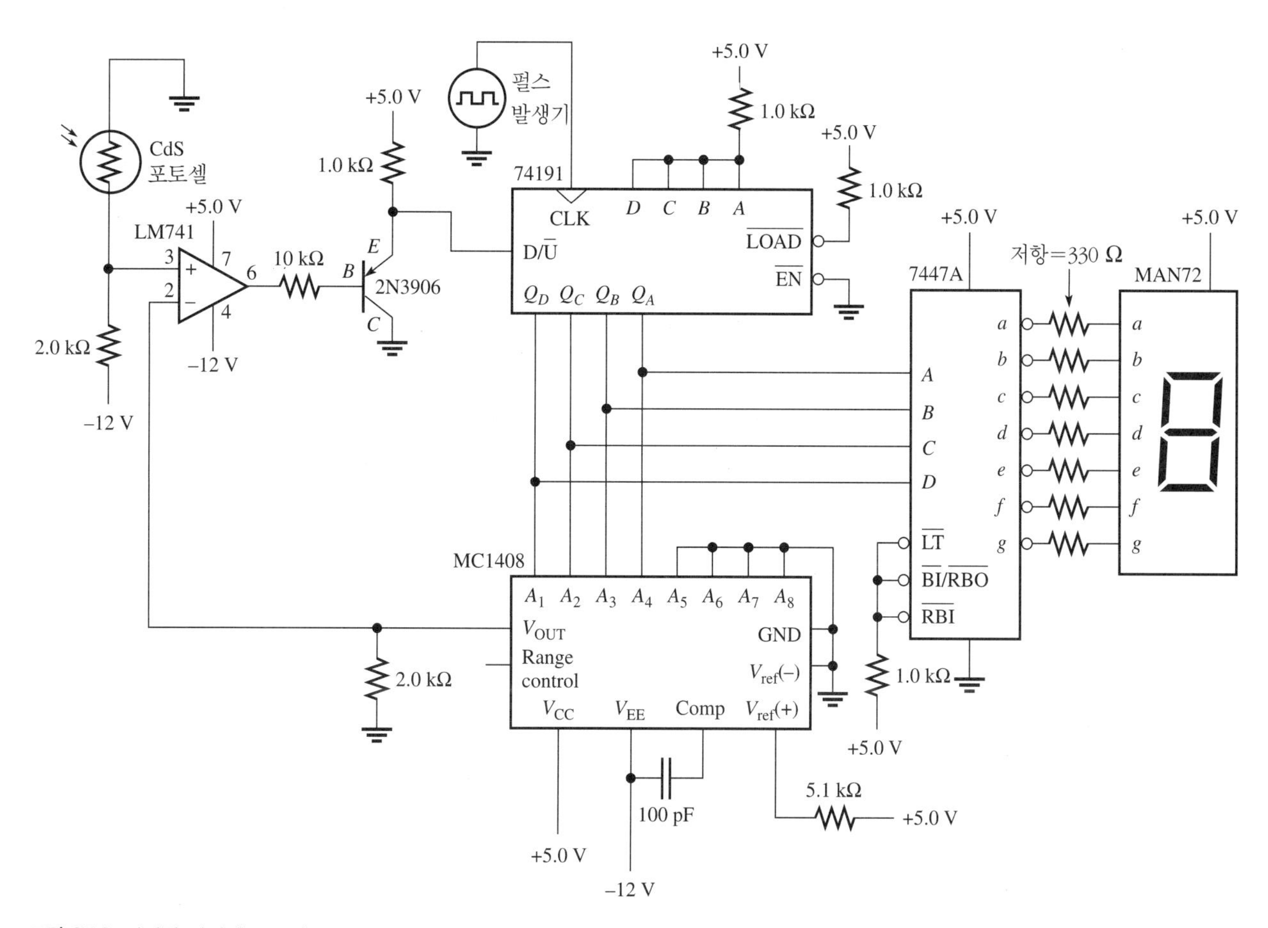

그림 27-3 간단한 디지털 조도계

전 입력(3번 핀)으로 전압을 발생시켜 준다. 포토셀로부터의 입력 전압은 DAC의 출력 전압과 비교되고 카운터를 업 또는 다운으로 계수(count)가 되도록 한다. 트랜지스터를 사용하는 목적은 연산증폭기의 출력을 카운터에 적합한 TTL 호환 레벨로 변경하기 위해서이다.

7. 펄스 발생기를 1 Hz로 설정하고, 손으로 포토셀을 가렸을 때 7-세그먼트의 계수에 어떤 일이 일어나는지를 살펴보아라. 일정한 빛을 포토셀에 비춘다 해도 출력은 계속 진동한다. 이 같은 진동 현상은 ADC의 특성 때문이다. 펄스 발생기의 주파수를 높이고 오실로스코프로 DAC의 아날로그 출력을 관찰하여라. 포토셀을 손으로 가리고 오실로스코프로 관찰된 신호를 설명하여라.

8. 그림 27-4의 수정 회로는 7-세그먼트의 진동 현상을 제거하기 위한 간단한 방법이다. 카운터의 Q_D 출력이 7447A의 C 입력으로 연결되는 것에 주의하여라. 이 회로를 시험하고 동작 방법에 대해 설명하여라.

그림 27-4

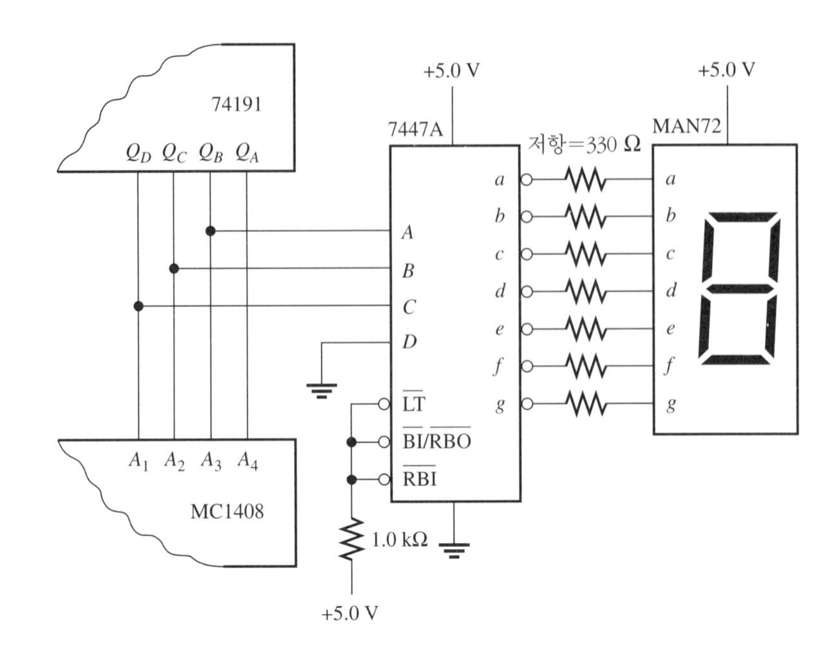

◆ 추가 조사

그림 27-1의 회로를 구성하여라. 시간을 절약하기 위해 핀 번호가 그림에 포함되어 있다. 전원을 인가한 후에 읽기/쓰기 스위치는 임시로 쓰기 위치로 놓는다. 그 다음, 읽기 위치로 이동한다. 전위차계의 조절기를 회전시킴에 따라 출력 숫자가 변경되어야 한다. 숫자가 변경되는 순간의 입력 전압(threshold)을 기록하여라. 출력이 입력 전압에 대해 선형(linear)적으로 변경되는가?

실험보고서 27

이름 : ____________________

날짜 : ____________________

조 : ____________________

실험 목표

- 2진 카운터와 디지털/아날로그 변환기(digital-to-analog converter, DAC)를 이용한 회로 구성
- 회로 보정(calibration) 점검, 해상도(Volts/step) 측정, 오실로스코프를 사용하여 파형 관찰
- 아날로그/디지털 변환기(analog-to-digital converter, ADC)로 회로 수정과 이를 사용하여 디지털 조도계(digital light meter) 구성

데이터 및 관찰 내용

Q_A
Q_B
Q_C
Q_D

도표 1

Q_A
Q_B
Q_C
Q_D

도표 2

표 27-1

양	측정 값
DAC 풀스케일 출력 전압	
Volts/step	

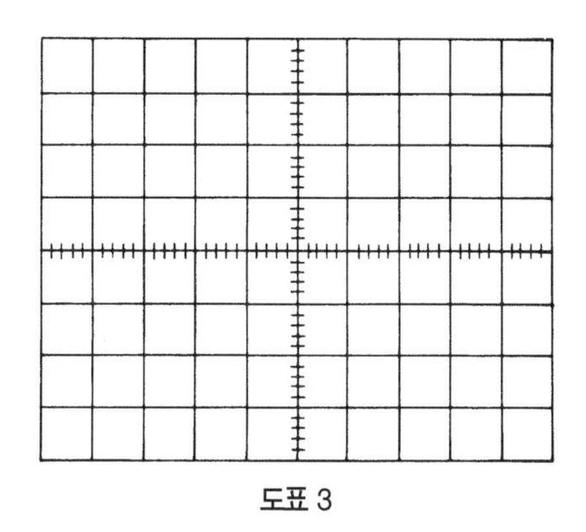

도표 3

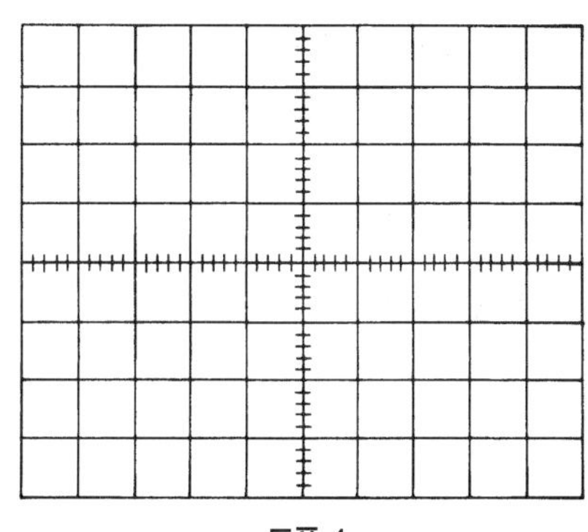

도표 4

실험 순서 7의 관찰 내용:

실험 순서 8의 관찰 내용:

결과 및 결론

추가 조사 결과

평가 및 복습 문제

01 a. 실험 순서 4에서 DAC의 아날로그 출력을 관찰하였다. 2진수 1010 입력에 대해 어떤 출력 전압이 나타나겠는가?

b. DAC의 출력 주파수는 무엇인가?

02 DAC의 모든 8개 입력 비트가 사용된다고 하면, volts/step 단위의 출력 해상도는 어떻게 되겠는가?

03 a. 5.1 kΩ 저항을 더 작은 값의 저항으로 변경하였다면 출력 전압에는 어떤 일이 일어나겠는가?

b. 출력 해상도에는 어떤 일이 벌어지겠는가?

04 그림 27-3의 회로가 진동 현상을 일으키는 이유를 설명하여라.

05 a. 그림 27-3의 회로에서 전압 단계(step)의 크기를 어떻게 감소시킬 수 있는가?

b. 전압 단계의 크기가 감소함에 따라 조도계의 민감도(sensitivity)가 변경되는가?

06 디지털 조도계를 높은 클럭 주파수로 동작하였을 때의 장단점 한 가지씩을 기술하여라.

실 험

28 인텔 프로세서

Floyd, Digital Fundamentals: A Systems Approach
CHAPTER 13: DATA PROCESSING AND CONTROL

실험 목표

- Debug 명령을 사용하여 내부 레지스터 검사와 변경, 메모리 내용 검사와 수정, 데이터 블록 비교, 컴퓨터 하드웨어 구성 결정
- Debug를 사용하여 선택된 어셈블리어 명령 실행 관찰
- 간단한 어셈블리어 프로그램 어셈블과 실행

사용 부품

PC

이론 요약

인텔 마이크로프로세서(microprocessor)는 컴퓨터의 심장부로서 널리 사용되고 있다. 마이크로프로세서를 이해하는 데 좋은 시작점이 되는 근본 프로세서로는 1978년에 출시된 8086/8088 프로세서가 있다. 이후 새로운 프로세서들이 계속 개발되었고 그 제품군은 80X86과 펜티엄(Pentium) 프로세서라는 이름으로 출시되었으며, 그 이후에 인텔 코어 프로세서로 향상되었다. 속도와 크기, 구조에 중요한 개선 사항이 있었지만 프로세서가 작업을 수행하는 방법에 대한 개념은 동일하다. 그렇기 때문에 예전 8086/8088에서 작성된 코드(code)가 더욱 새로워진 프로세서에서도 여전히 실행이 가능하다.

어셈블리어(assembly language)를 사용하는 컴퓨터 프로그래머는 주로 레지스터(register) 구조와 사용 가능한 명령어 집합(instruction set)에 관심을 갖는다. 레지스터 구조는 프로그래머가 여러 기능을 사용할 수 있도록 해주는 레지스터들의 집합이며, 레지스터는 종종 특별한 기능을 갖고 있기도 한다. 80386 프로세서의 레지스터 구조는 8086 레지스터의 확장된 버전이다. 그림 28-1은 인텔 프로세서에 대한 레지스터 구조를 보여주고 있다.

명령어 집합은 프로그래밍에서 사용 가능한 명령들의 목록이다. 인텔 마이크로프로세서의 대부분은

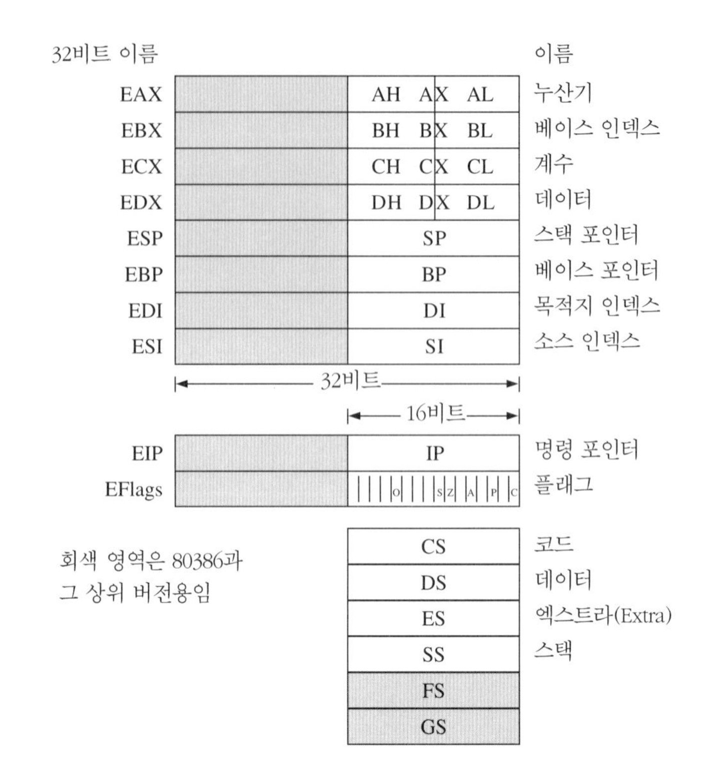

그림 28-1 인텔 프로세서의 레지스터 구조

굉장히 많은 종류의 복잡한 명령어 집합을 가지고 있다. 이번 실험에서는 어셈블리어 프로그램을 실행하기 위해 레지스터와 몇 개의 기본 명령에 대해 소개할 것이다.

모든 DOS 기반 컴퓨터에서 사용 가능한 프로그램으로 Debug(디버그)가 있다. 이 Debug는 실행 파일을 테스트하고 디버깅이 가능하도록 해주는 DOS 프로그램이다. Debug는 단지 기본적인 16비트 레지스터 집합에서 동작하지만, 레지스터를 검사하고 간단한 프로그램을 테스트하며 메모리 값을 변경하는 것과 같은 기본적인 프로그래밍 작업에 여전히 유용한 프로그램이다. 그러므로 Debug 명령은 Microsoft Assembler(MASM)와 같은 더 복잡한 어셈블러(assembler)를 이해하기에 좋은 출발점이 될 것이다. 표 28-1은 일반적인 Debug 명령을 예를 들어 보여주고 있다. Debug 명령과 어셈블리어에 더욱 익숙해지기 위해서 이번 실험 연습에서 이들 명령의 대부분을 사용할 것이다.

이번 실험은 지침서의 형태이며 하드웨어를 구성하는 것은 필요치 않으므로, 일반적인 실험실 실험보다는 지침서에 의한 실습에 더 가깝다. 실험 순서는 짧은 실행으로 이루어진 많은 Debug 명령의 예들로 구성되어 있다. 따로 배정된 '실험 보고서' 대신에 '실험 순서' 절에서의 빈 공간에 실습에 대한 답을 기입하기 바란다.

표 28-1 일반적인 Debug 명령

Debug 명령어	예	설명
A (assemble)	A 100 A 1234:100	CS:100에서부터 시작하는 어셈블 명령(기본 세그먼트는 CS) 1234:100에서 시작하는 어셈블 명령
C (compare)	C 200,2FF,600	DS:600에서 시작하는 블록과 DS:200에서 DS:2FF까지 코드 블록 비교
D (dump)	D 120 D SS:FFEE FFFD	DS:120에서 시작하는 메모리의 128바이트 내용을 덤프 또는 표시 (기본 세그먼트는 DS, 기본 128바이트 출력) SS:FFEE에서 FFFD까지의 메모리(16바이트) 덤프
E (enter)	E 120 E:0100:0000	DS:120에서 시작하는 메모리의 내용 확인 및 새로운 데이터를 16진수로 입력(기본 세그먼트는 DS, '엔터' 키는 입력 종료, '스페이스 바'는 다음 입력) 0100:0000에서 시작하는 메모리의 내용 확인 및 새로운 데이터 입력
F (fill)	F 300, 400,FF	DS:300에서 DS:400까지의 메모리에 16진수 FF로 채우기 (기본 세그먼트는 DS)
G (go)	G = 100,120	CS:100에서 CS:120까지 명령어 실행 (주의: '=' 기호 필요, 기본 세그먼트는 CS)
H (hex)	H A000, B000	A000H와 B000H 두 16진수의 합과 차를 계산(출력 결과는 5000 F000)
I (input)	I 300	300H번지 포트에서 I/O 입력(표준 카드 위치)
M (move)	M 200,2FF,600	DS:200에서 DS:2FF까지 코드 블록을 DS:600에서 시작하는 블록으로 이동(실제로는 복사, 기본 세그먼트는 DS)
O (output)	O 43,36	43H번지 포트로 36H 값을 출력(타이머 제어 레지스터)
P (proceed)	P = 100 10	CS:100번지에서 시작하는 10개의 연속 명령을 실행. 마치 단일 명령인 것처럼 반복문(loops)이나 서브루틴 호출에서 사용
Q (quit)	Q	Debug 종료
R (register)	R R SI	16비트 레지스터와 플래그의 내용을 표시 SI 레지스터의 내용을 표시하고 새로운 값으로 변경 가능
S (search)	S 100, FFF, 0A	DS:100에서 DS:FFF까지의 메모리에서 0AH 값이 있는 위치를 검색. 이 값을 가진 주소가 표시됨.
T (trace)	T T 5	한 명령의 실행 추적 다음 5개 명령의 실행 추적
U (unassemble)	U 100 U 100 110	CS:100 위치에서 시작하는 코드 역어셈블[1] (기본 세그먼트는 CS) CS:100에서 CS:110까지의 코드 역어셈블

1) 역주) 컴퓨터 코드를 인간 언어로 바꾸는 과정

◆ 실험 순서

1. Debug 프로그램은 Windows 7의 경우 C 드라이브의 Windows 폴더 아래의 system32 폴더에 존재한다. 자신의 PC에서 DOS 명령 프롬프트([시작]-[모든 프로그램]-[보조 프로그램]에서 찾을 수 있다)를 실행하여 **Debug〈cr〉**를 입력하여라([시작]-[실행]을 선택한 후, Debug를 입력하면 바로 실행이 가능하며, 〈cr〉은 캐리지 리턴(carriage return), 즉, 엔터키를 누르는 것을 의미한다). system32 폴더가 미리 경로 지정이 되어 있지 않다면 Debug 명령을 실행하기 위해서 드라이브 이름과 Debug 명령이 있는 폴더를 함께 써 주어야 한다(즉, **C:\Windows\system32〉Debug〈cr〉**). Debug를 실행하면 Debug 프롬프트를 의미하는 마이너스 기호(−)가 표시된다.

Debug는 '이론 요약' 에서 언급한 것처럼 많은 Debug 명령을 실행할 수 있는 다용도의 프로그램이다. Debug 프롬프트에 ?를 입력하면 Debug 명령의 목록이 표시된다. 지금 이 명령을 실행해보아라. 메모리와 레지스터의 내용을 보거나 명령을 실행하기 위해서 이들 명령 중 몇 개를 사용해볼 것이다. 이번 실험에서 Debug 명령은 굵은 글씨로 표시하며 컴퓨터의 응답은 일반 글씨로 나타낼 것이다. Debug에서의 모든 값은 16진수이기 때문에 H를 수의 끝에 붙인다. Debug는 16진수를 사용하기로 되어 있기 때문에 Debug 명령에서 수를 입력할 때는 H를 사용하지 않는다(그러나 MASM과 같은 어셈블러에서는 가끔 H를 요구하기도 한다).

시스템 장비 점검과 ROM BIOS 날짜

2. Debug를 사용하여 메모리의 첫 1 M 내의 선택한 메모리 위치의 내용을 살펴보고, 몇몇 컴퓨터의 시스템 데이터를 알아볼 수 있다. 이를 실행하기 위해서 다음과 같이 우선 Dump 명령을 사용하여 BIOS 데이터 영역(RAM 영역)을 살펴보아라.

-D 40:0 〈cr〉

이 명령은 40:0(세그먼트:오프셋을 나타내는 기호법)번지에서 시작하는 메모리의 내용을 줄당 16바이트로 해서 8줄을 덤프(화면 표시)해준다. 결과는 그림 28-2(a)와 같이 표시될 것이다. 화면의 왼쪽에는 각 줄의 첫 번째 바이트의 주소가 있고, 그 오른쪽에는 다음 16개 위치의 내용인 16진수의 16개 바이트가 표시되어 있다. 가장 오른쪽에는 표시가 가능한 문자를 포함한 16개 바이트의 ASCII 값이 나타나 있다.

Dump 명령 결과 화면에 보이는 데이터는 BIOS의 '작업 영역' 이며 현재 사용 중인 컴퓨터의 많은 정보를 가지고 있다. 예를 들어, 40:17 위치는 키보드 제어 정보가 된다. 키보드의 Insert가 ON 상태라면 비트 7(most significant bit, MSB)이 1이 되고, Caps Lock이 ON이라면 비트 6이 1이 된다. Caps Lock 버튼을 누르고 앞서와 같이 Dump 명령을 반복하여라. 40:17의 비트 6이 그림 28-2(b)와 같이 1로 설

```
C:\WINDOWS>Debug
-D 40:0
0040:0000  F8 03 F8 02 00 00 00 00-78 03 00 00 00 00 0F 02   ........x.......
0040:0010  27 C2 00 80 02 00 00 20-00 00 38 00 38 00 44 20   '...... ..8.8.D
0040:0020  65 12 62 30 75 16 67 22-0D 1C 44 20 20 39 34 05   e.b0u.g"..D  94.
0040:0030  30 0B 3A 27 30 0B 0D 1C-00 00 00 00 00 00 00 C0   0.:'0...........
0040:0040  00 01 80 00 00 00 00 00-00 03 50 00 00 10 00 00   ..........P.....
0040:0050  00 0C 00 00 00 00 00 00-00 00 00 00 00 00 00 00   ................
0040:0060  0E 0D 00 D4 03 29 30 A4-17 3D 85 00 CE 61 0A 00   .....)0..=...a..
0040:0070  00 00 00 00 00 01 00 00-14 14 14 3C 01 01 01 01   ...........<....
```

(a)

```
-D 40:0
0040:0000  F8 03 F8 02 00 00 00 00-78 03 00 00 00 00 0F 02   ........x.......
0040:0010  27 C2 00 80 02 00 00 60-00 00 2C 00 2C 00 44 20   '......`..,.,.D
0040:0020  20 39 34 05 30 0B 3A 27-30 0B 0D 1C 20 39 34 05    94.0.:'0... 94.
0040:0030  30 0B 3A 27 30 0B 0D 1C-0D 1C 0D 1C 0D 1C 00 C0   0.:'0...........
0040:0040  00 01 80 00 00 00 00 00-00 03 50 00 00 10 00 00   ..........P.....
0040:0050  00 18 00 00 00 00 00 00-00 00 00 00 00 00 00 00   ................
0040:0060  0E 0D 00 D4 03 29 30 A4-17 3D 85 00 72 63 0A 00   .....)0..=..rc..
0040:0070  00 00 00 00 00 01 00 00-14 14 14 3C 01 01 01 01   ...........<....
```

(b)

그림 28-2

정되는 것을 관찰해야 한다(그림 28-1(a)에서 40:17의 값이 20이었으나 Caps Lock을 누른 후 (b) 그림에서 60으로 변경되었다). 관찰 후 Caps Lock 키를 다시 꺼놓아라.

이제 40:10에서 첫 두 개의 위치를 관찰하여라. 이들 위치는 장비 상태 워드(equipment status word)를 포함하고 있다. 이 정보를 해석하기 위해서는 2바이트를 바꾸어 놓고 2진수로 변환해야 한다. 예를 들어, 그림 28-2(b)에서 장비 상태 워드는 27 C2이다(두 번째 줄의 왼쪽 2바이트). 인텔은 역순으로 워드를 나타내는데, MSB(most significant byte)가 첫 번째이고 그 다음이 LSB(least significant byte)이다. 바이트를 서로 바꾸고 2진수로 변환한 결과는 다음과 같다.

비트:	15	14	13	12	11	10	9	8	7	6	5	4	3	2	1	0
2진수:	1	1	0	0	0	0	1	0	0	0	1	0	0	1	1	1

왼쪽에서 오른쪽으로 이 패턴은 다음을 의미한다.

15, 14　　부착된 병렬 프린터 포트의 수 = 3 (2진수 11)

13, 12　　사용되지 않음

11−9　　부착된 직렬 포트의 수 = 1 (2진수 001)

8　　사용되지 않음

7, 6 디스켓 장치의 수 = 1 (00 = 1, 01 = 2, 10 = 3, 11 = 4)

5, 4 초기 비디오 모드 = 80 × 25 컬러 (01 = 40 × 25 컬러, 10 = 80 × 25 컬러, 11 = 80 × 25 흑백)

3, 2 사용되지 않음

1 수치 보조프로세서(Math coprocessor)의 존재 유무 = 예 (0 = 아니오, 1 = 예)

0 디스켓 드라이브의 존재 유무 = 예 (0 = 아니오, 1 = 예)

다음 공란에 40:10에서 40:11까지 위치 값의 비트 패턴을 역순으로 적어라. 그 다음, BIOS로부터 설치된 장비가 무엇인지를 결정하여라.

비트:	15	14	13	12	11	10	9	8	7	6	5	4	3	2	1	0
2진수:																

부착된 병렬 프린터 포트의 수 = ____________

부착된 직렬 포트의 수 = ____________

디스켓 드라이브의 수 = ____________

초기 비디오 모드 = ____________

수치 보조프로세서가 존재하는가? ____________

디스켓 드라이브가 존재하는가? ____________

3. 이 실험 순서에서는 FFFF:5 위치에서 시작하는 월/일/년도 순으로 기록된 ROM BIOS의 제조 날짜를 점검해 본다. 다음의 Dump 명령을 실행하여라.

-D FFFF: 0 〈cr〉

날짜는 화면 표시의 제일 오른쪽에서 직접 읽을 수 있는 ASCII 문자로 부호화되어 있다(오프셋 5에서 시작한다). 아래 공란에 자기 PC의 ROM BIOS 제조 날짜를 표시하여라.

ROM BIOS의 날짜: ____________

메모리의 데이터 변경 및 블록 비교

4. 이번 순서에서는 Fill 명령을 사용하여 256 메모리 위치의 내용을 ASCII 문자 0(16진수로는 30)으로 변경할 것이다. 우선 다음과 같은 Dump 명령을 사용하여 오프셋(offset) 주소 0에서 100 사이에 현재 데이터 세그먼트(segment)의 내용을 점검하여라.

-D 0 100 〈cr〉

메모리에서의 임의의 바이트 패턴을 관찰해야 한다. 이제 이 영역을 ASCII 문자 '0' (30H)으로 채우기 위하여 다음과 같이 Fill 명령을 호출하여라(, 대신 공백을 사용해도 된다).

-F 0,FF,30 〈cr〉

다시 Dump 명령을 사용하여 결과를 관찰하여라. 화면 표시의 우측 편에 보이는 패턴을 알아보아라.

5. 이제 메모리의 한 위치를 다른 문자로 변경하기 위해서 다음과 같이 Enter 명령을 호출하여라.

-E 20 〈cr〉

화면에는 주소(DS:20)와 내용(30), 그 다음에 점이 표시될 것이다. 점 뒤로 '31〈cr〉' 을 입력하여라. 이는 DS:20 위치의 바이트를 ASCII 문자 1로 변경한다(Dump 명령을 사용하여 이를 확인할 수 있다).

6. 메모리의 두 블록을 비교하기 위하여 다음 명령을 실행하여라(, 대신 공백을 사용해도 된다).

-C 0,2F,30 〈cr〉

화면에 표시되는 내용을 아래에 기술하여라. 두 블록의 내용이 서로 다른 것들만 출력된다.

내부 레지스터 내용 확인 및 수정

7. 다음 레지스터 명령을 실행하여라.

-R 〈cr〉

그림 28-3과 유사한 초기 값들을 가진 16비트 레지스터 집합의 내용을 볼 수 있다. 범용 레지스터(AX, BX, CX, DX)와 베이스 포인터(base pointer, BP), 소스와 목적지 인덱스 레지스터(SI와 DI)가 모두 0000H로 표시될 것이다. 세그먼트(segment) 레지스터(DS, ES, SS, CS)는 DOS가 사용 가능한 주소 공간을 어디서 찾는지에 따라 실험자마다 그 값이 변하는 16진수로 되어 있다. 스택 포인터(stack pointer, SP)는 오프셋(offset) 주소 (FFEE)의 거의 상단으로부터 시작되고, 명령 포인터(instruction pointer)는 0100H에서 시작된다. 플래그(flag)는 두 개의 문자로 표시된다. 그 다음의 레지스터 목록은 세그먼트:오프셋 표기법으로 된 주소와 임의의 명령이다.

```
-R
AX=0000  BX=0000  CX=0000  DX=0000  SP=FFEE  BP=0000  SI=0000  DI=0000
DS=1E8E  ES=1E8E  SS=1E8E  CS=1E8E  IP=0100   NV UP EI PL NZ NA PO NC
1E8E:0100 BAAB81        MOV     DX,81AB
-
```

그림 28-3

8. AX 레지스터의 내용을 변경하기 위해서 AX 레지스터에 대한 다음 레지스터 명령을 실행하여라.

-R AX 〈cr〉

프로세서는 다음과 같이 현재의 내용과 콜론(:)으로 답을 표시할 것이다.

AX 0000:

콜론은 실험자의 응답을 기다리고 있다는 뜻이다. 다음을 입력하여라.

:0100 〈cr〉

그러면 값 0100H가 AX 레지스터로 입력된다. 다음과 같은 레지스터 명령을 실행함으로써 이를 확인할 수 있다.

-R 〈cr〉

AX 레지스터에 새로운 값이 입력된 것이 보여야 한다. 다른 레지스터도 같은 방법으로 수정할 수 있다. 레지스터 명령을 사용하여 BX 레지스터의 내용을 0200H로, CX 레지스터의 내용을 F003H로 변경하여라. 자신이 사용한 명령을 아래 공란에 기술하여라.

BX 레지스터에 0200H를 입력하기 위한 명령:

____

CX 레지스터에 F003H를 입력하기 위한 명령:

____

명령 추적

9. 이번 실험 순서에서는 Debug를 사용하여 기본 어셈블리어 명령을 어셈블(assemble)하고, 실행한 후에 그 결과를 관찰할 것이다. 다음 Debug 명령을 실행하여라.

-A 100 〈cr〉

이 명령은 Debug가 CS:100에서 시작하는 명령을 어셈블하도록 한다. 프로세서는 시작 번지와 깜박이는 밑줄 커서를 화면에 보여준다. 다음 어셈블리어 명령을 입력하여라. 세그먼트(segment) 주소는 여기에 보이는 것과 다르지만 오프셋(offset) 주소는 같아야 한다는 것에 주의하여라.

1E8C:0100 mov cx, 04 〈cr〉

1E8C:0103 mov ax, 40 〈cr〉

1E8C:0106 mov ds,ax 〈cr〉

1E8C:0108 **mov si, 17 〈cr〉**

1E8C:010B **xor byte ptr [si], 40 〈cr〉**

1E8C:010E **loop 10B 〈cr〉**

1E8C:0110 **nop 〈cr〉**

다시 〈cr〉을 눌러 어셈블러를 빠져나와라.

10. 이 코드를 추적하고 각 명령이 실행되었을 때의 레지스터를 관찰할 수 있다. 첫 네 개의 명령은 모두 레지스터를 어떤 값으로 미리 설정하는 데 사용되는 이동 명령이다. 코드에 대한 설명은 다음과 같다. 우선 IP가 0100H로 적재(load)되었는지를 확인하여라. 만약 그렇지 않다면 **R IP** 명령을 사용하여 코드의 시작 번지를 0100H로 설정하여라. 그 다음, **-T** 명령을 사용하여 단일 명령을 추적하여라. 이 명령을 실행한 후 CX 레지스터의 값이 0004H로 되었는지를 확인해야 한다.

    xor byte ptr [si], 40 명령에 도달할 때까지 **-T** 명령을 세 번 더 실행하여라. 이 시점까지 어떤 레지스터가 적재되는지를 확인해야 한다. 레지스터 쌍 DS:SI는 실험 순서 2에서 살펴보았던 메모리 위치를 지시하는 세그먼트:오프셋 주소를 나타낸다. 이 메모리 위치는 키보드 제어 정보를 갖는 BIOS 작업 영역이다. 비트 6은 Caps Lock이 켜져 있을 때 1이 된다는 것을 상기하여라. 또한 변경되지 않은 비트를 통과시키거나 비트의 보수(complement)를 구하는 데 XOR 게이트를 사용할 수 있다는 것도 상기하여라.[2] 명령에서 XOR 함수를 사용하여 선택적으로 비트 6의 보수를 구하고, DS:SI에 의해 지시되는 위치에서 다른 값들을 변하지 않은 상태로 남겨둔다. 다시 Trace 명령을 실행하여 XOR 명령이 실행된 후에 어떤 일이 발생했는지를 관찰한 다음, 아래 공란에 관찰 내용을 기록하여라.

____

____

11. 그 다음의 XOR 명령이 **loop 10B** 명령이다. loop 명령은 어떤 과정을 반복하도록 하는 빠른 방법이다. loop 명령은 CX 레지스터를 1씩 감소시키고, CX가 0이 아니라면 10B 위치의 명령으로 이동하여 실행된다. 만약 0이면 다음 명령 줄이 실행된다. CX 레지스터가 4로 초기화되었기 때문에 루프는 4번 반복될 것이다. CS:110 줄이 **nop**('no operation'을 의미) 명령에 도달할 때까지 명령 추적을 계속하고 어떤 일이 일어나는지를 살펴보아라. 주의: 이번 실험 순서에서 설명한 절차를 반복하고자 한다면 IP를 100으로 리셋(reset)해야 할 것이다. 그 다음에 프로그램을 다시 추적할 수 있다.

---

2) 실험 5 참조.

실험 순서 11의 관찰 내용:

____

____

어셈블리어 프로그램의 어셈블 및 실행

12. 이번 실험 순서에서 프로그램은 'Floyd, Digital Fundamentals: A Systems Approach' 책의 예 13-2와 매우 유사하다. 실험을 좀 재밌게 하기 위해 데이터가 입력되는 방법을 변경하고, 워드(word) 크기를 사용하던 것을 바이트(byte) 크기로 변경한다. 이로 인해 코드에서 몇 가지 명령을 변경해야 한다. 여기서 해야 할 내용은 목록에서 부호 없는(unsigned) 가장 큰 수를 찾아 그 수를 마지막 위치로 옮기는 어셈블리어 프로그램을 작성하는 것이다. 이번 실습에서 데이터는 워드(16비트)가 아니라 바이트(8비트)이다. 마지막 데이터 항목은 0이 된다. 참조를 위해 그림 28-4에 흐름도(flowchart)를 나타내었다.[3)]

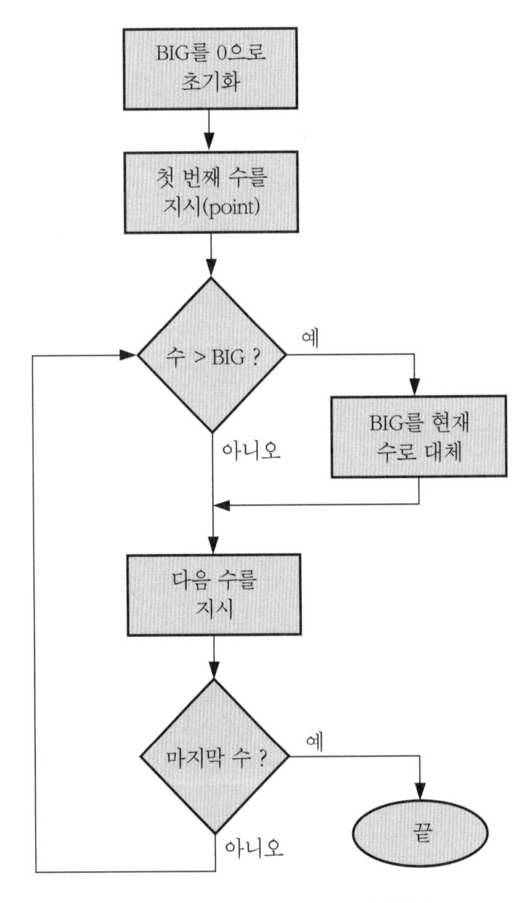

그림 28-4 가장 큰 수 문제에 대한 흐름도. 변수 BIG이 가장 큰 수를 나타낸다.

Debug 명령을 사용하여 데이터를 목록에 입력할 수 있다. 목록은 (DOS에 의해 할당된) 현재 데이터 세그먼트와 오프셋 주소 50에서 시작하는 16개의 데이터 항목이다. 어떤 순서를 따르지 않은 16개 임의의 바이트를 선택하고, DS:50에서 시작하는 Debug Enter 명령(**-E 50**)을 사용하여 메모리를 수정하여라. DS:60에 다다를 때까지 각 항목 후에 스페이스 바를 사용할 수 있다. DS:60번지에서 17번째 바이트에 대한 마지막 데이터의 표식으로 0을 추가하고, 그 다음, 〈cr〉을 눌러라. Debug Dump 명령을 사용하여 데이터가 올바르게 입력되었는지를 점검하여라.

13. 이번 실험 순서에서는 수정된 프로그램의 Debug 목록을 보일 것이다. 100의 위치에서 어셈블리를 시작함으로써 프로그램이 입력된다. 먼저 **-A 100** 명령을 실행하여라. 그러고 나서 다음을 입력하여라(실험자의 세그먼트(segment) 주소는 다를 수 있다는 것에 주의하여라).

1E8C:0100 **mov ax,0 〈cr〉**

1E8C:0103 **mov bx,50 〈cr〉**

1E8C:0106 **cmp [bx],al 〈cr〉**

1E8C:0108 **jbe 010c 〈cr〉**

1E8C:010A **mov al,[bx] 〈cr〉**

1E8C:010C **inc bx 〈cr〉**

1E8C:010D **cmp byte ptr [bx],0 〈cr〉**

1E8C:0110 **jnz 0106 〈cr〉**

1E8C:0112 **mov [bx],al 〈cr〉**

1E8C:0114 **nop 〈cr〉**

다음과 같이 **u** 명령을 사용하여 역어셈블(unassemble) 함으로써 코드가 올바르게 입력되었는지를 점검하여라.

-u 100 114

코드가 올바르게 입력되었다면 Go 명령으로 코드를 실행할 수 있다(만약 원한다면 각 명령을 추적할 수도 있다). 다음과 같이 Go 명령을 실행하여라(= 기호에 주의하여라).

-g = 100 114 〈cr〉

코드가 실행되고 코드의 끝에 레지스터의 내용을 보여준다. 코드 실행 후에 3개의 레지스터 값을 다음 공란에 기술하여라.

---

3) 흐름도는 'Floyd, Digital Fundamentals: A Systems Approach' 책의 그림 13-33과 동일하지만, 데이터가 워드가 아니라 바이트이기 때문에 명령어는 같지 않다.

AX = ______________________ BX = ______________________

CX = ______________________

어셈블러를 빠져나오기 위해 다시 〈cr〉을 눌러라.

14. DS:50에서 DS:60까지의 메모리 위치를 Dump 실행하여라. 어떤 일이 일어나는가?

____

____

추가 조사

실험 순서 13의 코드에서 100번 줄 명령 **mov ax,0**을 **mov ax,ffff**로 변경하고, 108번 줄 명령 **jbe 010c**를 **jae 010c**로 변경하여라. DS:50에 있는 마지막 데이터 항목에 0을 다시 입력하여라. 코드를 실행하고 데이터와 레지스터를 관찰하여라. 관찰 내용을 요약 정리하여라.

평가 및 복습 문제

01 RAM과 ROM 모두를 살펴보기 위해 Debug Dump 명령을 사용할 수 있다는 것을 실험으로부터의 증거로 설명하여라.

02 Debug 명령 **–F 1F0,1FF,FA 〈cr〉**의 결과로서 어떤 일이 발생할지 설명하여라.

03 인텔 인터럽트 벡터(interrupt vector)를 포함하여 메모리에서의 가장 낮은 10개의 워드를 볼 수 있도록 해주는 Debug 명령을 보여라.

04 메모리에서 BIOS의 '작업 영역'은 어디인가? 그곳에서 알아낼 수 있는 데이터 유형의 예를 설명하여라.

05 어셈블리어 명령 XOR AX,AX는 AX 레지스터가 클리어(clear)되도록 해준다. 이유를 설명하여라.

06 어셈블리어 LOOP 명령으로 무엇을 할 수 있는지를 설명하여라.

실 험

29 버스 시스템 응용

Floyd, Digital Fundamentals: A Systems Approach
CHAPTER 13: DATA PROCESSING AND CONTROL

실험 목표

- 액체 수위 감지기와 버스 시스템으로 상호 연결된 디스플레이 구성
- 다른 실험자의 시스템과 연결. 각 검출기에 고유 주소 할당
- 원하는 감지기를 선택하고 디스플레이로 데이터를 전송하는 디코더 회로 설계 및 구성

사용 부품

14051B 아날로그 MUX/DMUX
14532B 우선순위 인코더
555 타이머
저항: 330 Ω 1개, 1.0 kΩ 6개, 27 kΩ 6개, 200 kΩ 1개, 4.7 MΩ 8개
커패시터: 0.01 μF 1개, 0.1 μF 2개, 1.0 μF 1개
DIP 스위치 10개(점퍼 선으로 대용 가능)
2N3904 NPN 트랜지스터 4개(또는 동급)
LED 8개
그 외 실험자 선택 부품

이론 요약

많은 디지털 시스템에서는 시스템의 다양한 장치들끼리 서로 데이터를 교환할 수 있어야 한다. 이와 같은 장치에는 컴퓨터나 주변 장치, 메모리, 전압계나 신호 발생기와 같은 전자 기기 등이 포함된다. 데이터를 교환하기 위해서 이 장치들을 각자의 선들로 연결하면 매우 복잡해질 것이다. 그러므로 여러 장치들의 연결을 위해서는 데이터 버스(data bus)라고 하는 공통된 선을 사용한다.

버스 시스템에서는 단지 하나의 장치만이 한 번에 데이터를 전송할 수 있으나 데이터를 받을 때는 하나 이상의 장치에서 모두 수신이 가능하다. 그러므로 시스템을 설계할 때는 프로토콜(누가 보내고 누

가 받을 수 있는지)을 정할 필요가 있다. 데이터의 이동을 제어하기 위해 사용되는 신호는 제어 버스(control bus)라고 하는 다른 버스를 통해 전송된다.

컴퓨터에서 사용되는 또 다른 유형의 버스로 주소 버스(address bus)가 있다. 이 버스는 메모리나 장치에서의 특정 위치를 선택하는 주소 정보를 전송한다.

버스 충돌을 막기 위해서 버스를 구동하는 논리 장치는 데이터를 전송하지 않을 때는 버스로부터 연결되어 있지 않아야 한다. 이를 수행하는 데는 두 가지 방법이 있다. 첫째는 개방 콜렉터(open-collector) 논리를 사용하는 것인데, 이는 단순히 토템-폴(totem-pole)로부터 상단 출력 트랜지스터를 제거하는 것이다(그림 29-1 참조). 하나의 외부 풀업 저항이 각 버스 선에 연결되는데, 이는 버스 선에 연결된 모든 개방 콜렉터 소자에 대해 부하로서 작용한다. 예를 들어, 몇 개의 개방 콜렉터 NAND 게이트가 선에 연결되어 있다면 그들 중 하나는 선을 LOW로 만들 수 있다. 버스에 영향을 주지 않고 여러 장치를 추가하거나 제거하기 위해서 동작 명령 신호는 항상 LOW가 된다.

두 번째 방법은 더 빠르고 잡음에 덜 민감한 방법으로 3상태 논리(Tristate 논리라고도 하는데, 이는 National Semiconductor사의 등록 상표임)를 사용하는 것이다. 3상태 논리는 버스로 장치를 연결하기 위해서 서로 다른 ENABLE 선을 사용한다. 3상태 논리에서는 ENABLE 상태가 아니라면 높은 임피던스(high-impedance) 또는 플로팅(floating) 상태가 된다. 이는 개방 콜렉터 논리 상태가 되어 풀업 저항이 필요치 않다.

실제로 개방 콜렉터 논리는 개방 콜렉터 장치를 위해 개별적인 트랜지스터를 사용함으로써 특별한 개방 콜렉터 유형이 아닌 IC로 구현될 수 있다. 이러한 기술의 장점은 구동 전류(drive current)를 추가로 공급할 수 있다는 것이다(하지만 복잡도와 가격은 증가한다). 이 방법을 이번 실험에서 설명할 것이다.

그림 29-2의 회로는 원거리에 있는 '컨테이너'의 액체 수위 감지 회로를 나타낸다. 액체 수위 데이터

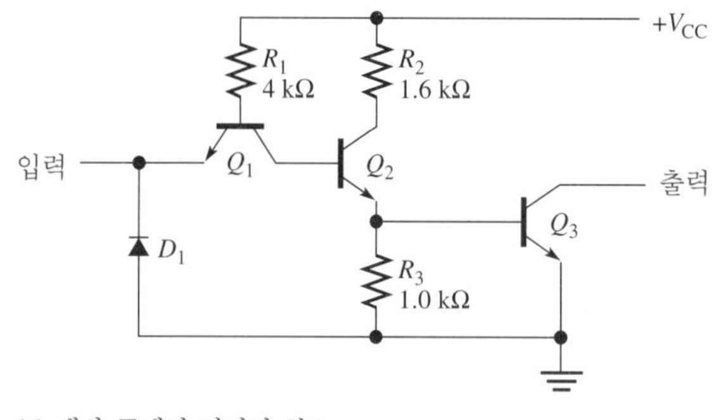

(a) 개방 콜렉터 인버터 회로

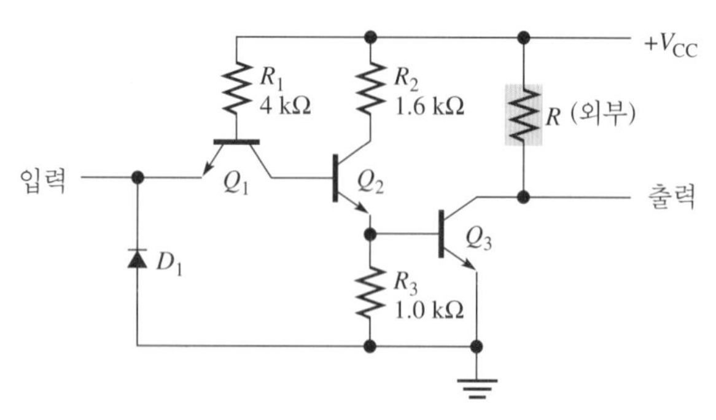

(b) 외부 풀업 저항 연결

그림 29-1

는 액체의 수위가 올라감에 따라 하나씩 닫히는 일련의 스위치에 의해 감지된다. 데이터는 데이터 버스를 통해 디스플레이 회로로 전송되고 LED에 의해 수위가 표시된다. 트랜지스터는 콜렉터 저항인 R_{17}, R_{18}, R_{19}, R_{20}을 사용하여 개방 콜렉터 소자로서 연결된다. '컨테이너'가 더 추가되더라도 단지 하나의 콜렉터 저항만이 데이터 버스의 각 선에 필요하다. 각각의 트랜지스터는 전자적인 스위치로 동작한다. 우선순위 인코더(priority encoder)로부터의 논리 LOW는 트랜지스터를 OFF 상태(스위치 개방)로 유지시키고 풀업 저항에 의해 버스 선을 HIGH 상태가 되게 한다. 우선순위 인코더로부터의 HIGH는 트랜지스터를 ON 상태(스위치 닫힘)로 하여 버스 선에 LOW가 나타나도록 한다. 이처럼 트랜지스터는 데이터 버스 선에 나타날 논리를 반전시킨다. 트랜지스터는 데이터 선에 추가된 구동 전류를 허용하고 우선순위 인코더를 개방 콜렉터 소자로 전환시켜 같은 버스에 다른 센서가 추가될 수 있도록 해준다. 주소 버스는 스위치 이외의 다른 연결은 없는 것으로 보인다. 이번 실험에서 우선순위 인코더에 주소 버스를 연결하는 회로를 설계할 것이다.

디스플레이를 위해 선택된 14051B 아날로그 MUX/DMUX는 다양하게 사용되는 IC이다. 데이터 시트에서 볼 수 있는 것처럼 이 IC는 디지털 방식으로 제어되는 스위치 세트의 기능을 한다. 공통(common) out/in 선이 모든 스위치의 한쪽 편에 연결되어 있다. 한 스위치가 제어 선에 의해 닫히게 되고 나머지 스위치들은 개방 상태로 남아 있게 된다. 이 과정은 공통된 쪽이나 스위치 쪽으로부터 아날로그 신호가 전달되도록 해준다. 그림 29-2의 회로는 정확한 수위를 나타내는 빛이 보이도록 555 타이머로부터 클럭 신호를 전송함으로써 이 기능을 사용한다.

실험 순서

1. 그림 29-2의 액체 수위 감지 회로를 결선하여라.[1] 다른 실험자의 장치와 쉽게 연결되도록 하기 위해 버스 선들을 색상 있는 선으로 나타내었다. 주소 선은 이 실험 순서에서는 연결하지 않는 것에 주의하여라.

2. 상승하는 액체 수위를 모의실험하기 위해 S_0에서 S_7까지 스위치를 닫으면서 회로를 테스트하여라. 스위치를 닫을 때 해당 LED가 켜져야 한다. 즉, 어떤 스위치도 닫혀 있지 않다면 모든 LED는 불이 꺼져 있어야 한다.

3. 회로에서 GS 선의 영향을 테스트하여라. 임시로 GS 버스 선에서 14051B의 INHIBIT(6번 핀)으로의 연결을 제거하고, 모든 스위치를 OFF시켜 INHIBIT 선을 LOW로 만들어라. 이에 대한 결과는 14532B 진리표(표 29-2)의 두 번째 줄과 14051B 진리표(표 29-1)의 마지막 바로 전 줄을 자세히 살

1) 회로를 단순화할 필요가 있다면, 555 타이머를 제거하고 R_{16}의 왼쪽에 +5.0 V를 연결하여라.

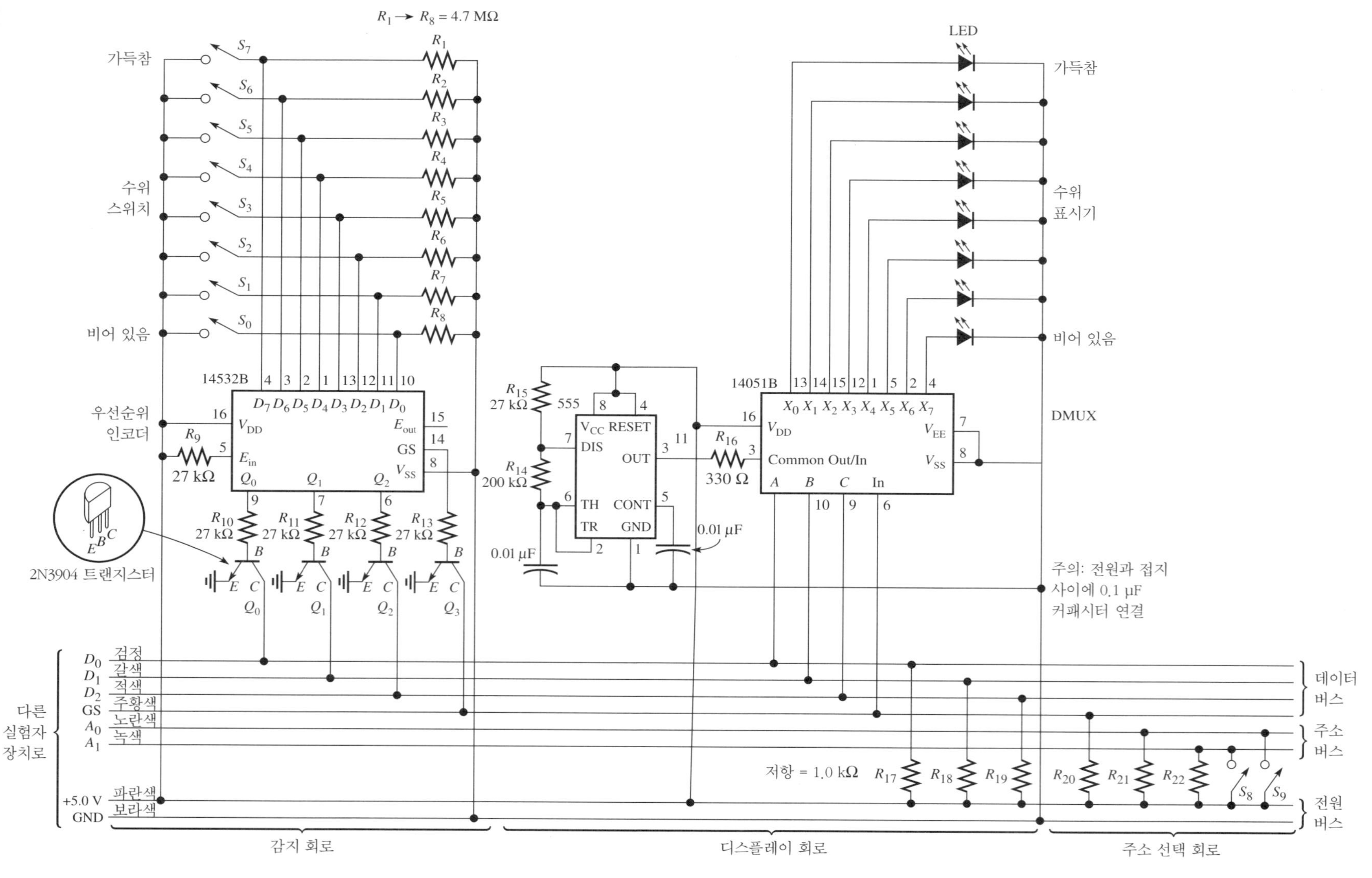

그림 29-2 원격 액체 수위 감지 및 디스플레이 회로

표 29-1 MC14051B 진리표

제어 입력				스위치 ON		
	선택(Select)					
금지(Inhibit)	C*	B	A	MC14051B	MC14052B	MC14053B
0	0	0	0	X0	Y0 X0	Z0 Y0 X0
0	0	0	1	X1	Y1 X1	Z0 Y0 X1
0	0	1	0	X2	Y2 X2	Z0 Y1 X0
0	0	1	1	X3	Y3 X3	Z0 Y1 X1
0	1	0	0	X4		Z1 Y0 X0
0	1	0	1	X5		Z1 Y0 X1
0	1	1	0	X6		Z1 Y1 X0
0	1	1	1	X7		Z1 Y1 X1
1	X	X	X	None	None	None

*MC14052에서는 사용 불가
X = 무정의(Don' t Care)

표 29-2 MC14532B 진리표

입력									출력				
E_{in}	D7	D6	D5	D4	D3	D2	D1	D0	GS	Q2	Q1	Q0	E_{out}
0	X	X	X	X	X	X	X	X	0	0	0	0	0
1	0	0	0	0	0	0	0	0	0	0	0	0	1
1	1	X	X	X	X	X	X	X	1	1	1	1	0
1	0	1	X	X	X	X	X	X	1	1	1	0	0
1	0	0	1	X	X	X	X	X	1	1	0	1	0
1	0	0	0	1	X	X	X	X	1	1	0	0	0
1	0	0	0	0	1	X	X	X	1	0	1	1	0
1	0	0	0	0	0	1	X	X	1	0	1	0	0
1	0	0	0	0	0	0	1	X	1	0	0	1	0
1	0	0	0	0	0	0	0	1	1	0	0	0	0

X = 무정의(Don' t Care)

펴봄으로써 알 수 있을 것이다(트랜지스터는 논리를 반전시킨다는 것을 기억하여라). 그 다음, 회로를 원래의 조건으로 복원시켜라. 실험 보고서에 이 실험 순서에서의 관찰 내용을 요약 정리하여라.

4. 이번에는 버스 선을 다른 한 실험자나 두 명의 실험자 회로의 버스 선에 연결할 것이다. 단지 한 명의 실험자만이 주소 선택 회로와 R_{17}에서 R_{22}까지의 풀업 저항을 보유해야 한다. 같은 버스에 연결된 다른 실험자는 이 저항과 주소 선택 스위치를 제거해야 한다. 또한 전원과 접지도 하나의 전원 공급 장치(power supply)로부터 공급되어야 한다. 버스에 각 실험자의 인코더에 대한 고유 주소를 선택하고 각 주소를 디코딩할 회로를 설계하여라.[2] 선택된 인코더를 버스 상에 놓기 위하여 14532B의 ENABLE 입력 E_{in}을 '칩 선택 장치' 로 사용하여라. 실험 보고서에 공통 버스를 사용하는 자신의 디코더와 다른 디코더에 대한 회로를 그려라.

5. 회로가 정상적으로 동작한다면 주소 스위치(S_8과 S_9)에 주소를 설정할 수 있으며, 선택된 컨테이너(인코더)에 대한 '액체' 수위(스위치 설정)를 볼 수 있다. 모든 디스플레이는 같은 컨테이너를 보여주어야 한다. 강사에게 동작 회로를 설명하여라.

◆ 추가 조사

이번 실험의 회로는 주소 선에 카운터를 추가함으로써 선택 주소가 순환되도록 할 수 있다. 주소 버스에 네 개의 가능한 주소를 선택하게 해주는 카운터를 설계하여라. 카운터는 7-세그먼트에 어떤 주소가 선택되었는지를 항상 표시해야 한다. 선택된 주소가 사용되지 않는다면 모든 LED 수위 표시기는 꺼져야 한다. 실험 보고서에 회로를 그려라.

추가 조사 대안

컴퓨터 프로그래밍의 능력이 있다면 주소 버스를 컴퓨터의 출력 포트로 연결하여 입력 포트에서 각 액체 수위를 읽을 수 있도록 컴퓨터를 프로그래밍할 수 있다.

---

2) 14532와 상호연결하기 위해 TTL 회로를 사용하는 경우, 전압을 풀업(pull up)하기 위해 TTL 출력과 +5.0 V 사이에 3.3 kΩ 저항을 연결하며 TTL 출력에 다른 부하는 연결하지 마라. 7400은 각 디코더에 사용될 수 있다.

실험보고서 29

이름 : ______________________

날짜 : ______________________

조 : ______________________

실험 목표

- □ 액체 수위 감지기와 버스 시스템으로 상호 연결된 디스플레이 구성
- □ 다른 실험자의 시스템과 연결. 각 검출기에 고유 주소 할당
- □ 원하는 감지기를 선택하고 디스플레이로 데이터를 전송하는 디코더 회로 설계 및 구성

데이터 및 관찰 내용

실험 순서 3의 관찰 내용:

디코더 회로도:

결과 및 결론

추가 조사 결과

평가 및 복습 문제

01 a. 그림 29-2 회로에서 트랜지스터의 용도는 무엇인가?

b. 디스플레이 회로에서 3상태나 개방 콜렉터 소자가 필요치 않는 이유는?

02 같은 선에 연결된 몇 개의 다른 우선순위 인코더가 데이터 버스 상에 있어도 충돌이 일어나지 않는다고 어떻게 확신하는가?

03 이번 실험에서의 회로는 DMUX로서 연결된 14051B를 사용하고 있다. MUX가 필요한 회로에서 같은 IC를 사용하고 싶다고 가정하자. 입력과 출력을 어디로 연결할지를 설명하여라.

04 R_{16}의 용도는 무엇인가? 이 저항이 개방된다면 어떤 일이 발생하겠는가?

05 그림 29-2의 555 타이머로부터의 출력이 일정한 HIGH 상태라고 가정하자.

a. 이는 LED 수위 표시기에 어떤 영향을 주겠는가?

b. 555 타이머 출력이 접지로 단락되었다면 LED 수위 표시기에는 어떤 영향이 있겠는가?

06 같은 버스 상에 있는 두 개의 수위 표시기가 동시에 표시기로 데이터를 전송하려고 한다고 가정하자(이를 버스 경쟁 오류(bus contention error)라고 한다). 표시기 중 하나는 논리 LOW를, 다른 하나는 논리 HIGH를 보내려고 시도하고 있다고 하자.

a. 누구의 데이터가 전송되겠는가?

b. 이유는?

c. 어느 수위 표시기가 버스 상에 놓여야 하는지를 결정하기 위해 어떻게 회로를 수정해야 하는가?

부 록

A 제조업체 데이터 시트

National Semiconductor

DM5400/DM7400 Quad 2-Input NAND Gates

General Description

This device contains four independent gates each of which performs the logic NAND function.

Absolute Maximum Ratings (Note 1)

Supply Voltage	7V
Input Voltage	5.5V
Storage Temperature Range	−65°C to 150°C

Note 1: The "Absolute Maximum Ratings" are those values beyond which the safety of the device can not be guaranteed. The device should not be operated at these limits. The parametric values defined in the "Electrical Characteristics" table are not guaranteed at the absolute maximum ratings. The "Recommended Operating Conditions" table will define the conditions for actual device operation.

Connection Diagram

Dual-In-Line Package

TL/F/6613-1

DM5400 (J) DM7400 (N)

Function Table

$Y = \overline{AB}$

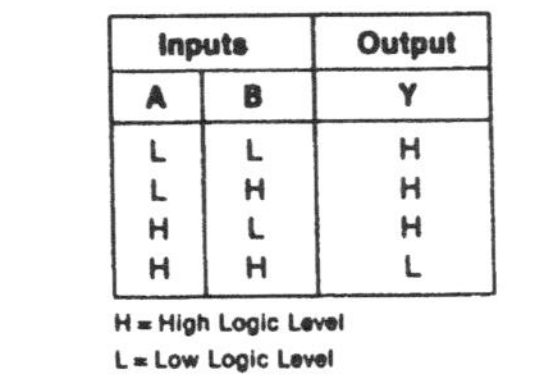

Inputs		Output
A	B	Y
L	L	H
L	H	H
H	L	H
H	H	L

H = High Logic Level
L = Low Logic Level

Recommended Operating Conditions

Symbol	Parameter	DM5400			DM7400			Units
		Min	Nom	Max	Min	Nom	Max	
V_{CC}	Supply Voltage	4.5	5	5.5	4.75	5	5.25	V
V_{IH}	High Level Input Voltage	2			2			V
V_{IL}	Low Level Input Voltage			0.8			0.8	V
I_{OH}	High Level Output Current			−0.4			−0.4	mA
I_{OL}	Low Level Output Current			16			16	mA
T_A	Free Air Operating Temperature	−55		125	0		70	°C

Electrical Characteristics over recommended operating free air temperature (unless otherwise noted)

Symbol	Parameter	Conditions		Min	Typ (Note 1)	Max	Units
V_I	Input Clamp Voltage	V_{CC} = Min, I_I = −12 mA				−1.5	V
V_{OH}	High Level Output Voltage	V_{CC} = Min, I_{OH} = Max, V_{IL} = Max		2.4	3.4		V
V_{OL}	Low Level Output Voltage	V_{CC} = Min, I_{OL} = Max, V_{IH} = Min			0.2	0.4	V
I_I	Input Current @ Max Input Voltage	V_{CC} = Max, V_I = 5.5V				1	mA
I_{IH}	High Level Input Current	V_{CC} = Max, V_I = 2.4V				40	µA
I_{IL}	Low Level Input Current	V_{CC} = Max, V_I = 0.4V				−1.6	mA
I_{OS}	Short Circuit Output Current	V_{CC} = Max (Note 2)	DM54	−20		−55	mA
			DM74	−18		−55	
I_{CCH}	Supply Current With Outputs High	V_{CC} = Max			4	8	mA
I_{CCL}	Supply Current With Outputs Low	V_{CC} = Max			12	22	mA

Switching Characteristics at V_{CC} = 5V and T_A = 25°C (See Section 1 for Test Waveforms and Output Load)

Parameter	Conditions	C_L = 15 pF, R_L = 400Ω			Units
		Min	Typ	Max	
t_{PLH} Propagation Delay Time Low to High Level Output			12	22	ns
t_{PHL} Propagation Delay Time High to Low Level Output			7	15	ns

Note 1: All typicals are at V_{CC} = 5V, T_A = 25°C.

Note 2: Not more than one output should be shorted at a time.

National Semiconductor

DM5402/DM7402 Quad 2-Input NOR Gates

General Description

This device contains four independent gates each of which performs the logic NOR function.

Absolute Maximum Ratings (Note 1)

Supply Voltage	7V
Input Voltage	5.5V
Storage Temperature Range	−65°C to 150°C

Note 1: The "Absolute Maximum Ratings" are those values beyond which the safety of the device can not be guaranteed. The device should not be operated at these limits. The parametric values defined in the "Electrical Characteristics" table are not guaranteed at the absolute maximum ratings. The "Recommended Operating Conditions" table will define the conditions for actual device operation.

Connection Diagram

Dual-In-Line Package

V_{CC} Y4 B4 A4 Y3 B3 A3 (14 13 12 11 10 9 8)

Y1 A1 B1 Y2 A2 B2 GND (1 2 3 4 5 6 7)

TL/F/6492-1

DM5402 (J) DM7402 (N)

Function Table

$Y = \overline{A + B}$

Inputs		Output
A	B	Y
L	L	H
L	H	L
H	L	L
H	H	L

H = High Logic Level
L = Low Logic Level

Absolute Maximum Ratings (Note)

If Military/Aerospace specified devices are required, please contact the National Semiconductor Sales Office/Distributors for availability and specifications.

Supply Voltage	7V
Input Voltage	5.5V
Operating Free Air Temperature Range	
DM54 and 54	−55°C to +125°C
DM74	0°C to +70°C
Storage Temperature Range	−65°C to +150°C

Note: *The "Absolute Maximum Ratings" are those values beyond which the safety of the device cannot be guaranteed. The device should not be operated at these limits. The parametric values defined in the "Electrical Characteristics" table are not guaranteed at the absolute maximum ratings. The "Recommended Operating Conditions" table will define the conditions for actual device operation.*

Recommended Operating Conditions

Symbol	Parameter	DM5402			DM7402			Units
		Min	Nom	Max	Min	Nom	Max	
V_{CC}	Supply Voltage	4.5	5	5.5	4.75	5	5.25	V
V_{IH}	High Level Input Voltage	2			2			V
V_{IL}	Low Level Input Voltage			0.8			0.8	V
I_{OH}	High Level Output Current			−0.4			−0.4	mA
I_{OL}	Low Level Output Current			16			16	mA
T_A	Free Air Operating Temperature	−55		125	0		70	°C

Electrical Characteristics

over recommended operating free air temperature range (unless otherwise noted)

Symbol	Parameter	Conditions		Min	Typ (Note 1)	Max	Units
V_I	Input Clamp Voltage	V_{CC} = Min, I_I = −12 mA				−1.5	V
V_{OH}	High Level Output Voltage	V_{CC} = Min, I_{OH} = Max, V_{IL} = Max		2.4	3.4		V
V_{OL}	Low Level Output Voltage	V_{CC} = Min, I_{OL} = Max, V_{IH} = Min			0.2	0.4	V
I_I	Input Current @ Max Input Voltage	V_{CC} = Max, V_I = 5.5V				1	mA
I_{IH}	High Level Input Current	V_{CC} = Max, V_I = 2.4V				40	µA
I_{IL}	Low Level Input Current	V_{CC} = Max, V_I = 0.4V				−1.6	mA
I_{OS}	Short Circuit Output Current	V_{CC} = Max (Note 2)	DM54	−20		−55	mA
			DM74	−18		−55	
I_{CCH}	Supply Current with Outputs High	V_{CC} = Max			8	16	mA
I_{CCL}	Supply Current with Outputs Low	V_{CC} = Max			14	27	mA

Switching Characteristics at V_{CC} = 5V and T_A = 25°C (See Section 1 for Test Waveforms and Output Load)

Symbol	Parameter	Conditions	Min	Max	Units
t_{PLH}	Propagation Delay Time Low to High Level Output	C_L = 15 pF, R_L = 400Ω		22	ns
t_{PHL}	Propagation Delay Time High to Low Level Output			15	ns

Note 1: All typicals are at V_{CC} = 5V, T_A = 25°C.

Note 2: Not more than one output should be shorted at a time.

DM5404/DM7404 Hex Inverting Gates

General Description

This device contains six independent gates each of which performs the logic INVERT function.

Absolute Maximum Ratings (Note 1)

Supply Voltage	7V
Input Voltage	5.5V
Storage Temperature Range	−65°C to 150°C

Note 1: The "Absolute Maximum Ratings" are those values beyond which the safety of the device can not be guaranteed. The device should not be operated at these limits. The parametric values defined in the "Electrical Characteristics" table are not guaranteed at the absolute maximum ratings. The "Recommended Operating Conditions" table will define the conditions for actual device operation.

Connection Diagram

Dual-In-Line Package

V_{CC} 14, A6 13, Y6 12, A5 11, Y5 10, A4 9, Y4 8

A1 1, Y1 2, A2 3, Y2 4, A3 5, Y3 6, GND 7

TL/F/6494-1

DM5404 (J) DM7404 (N)

Function Table

$Y = \bar{A}$

Input	Output
A	Y
L	H
H	L

H = High Logic Level
L = Low Logic Level

Absolute Maximum Ratings (Note)

If Military/Aerospace specified devices are required, please contact the National Semiconductor Sales Office/Distributors for availability and specifications.

Supply Voltage	7V
Input Voltage	5.5V
Operating Free Air Temperature Range	
DM54 and 54	−55°C to +125°C
DM74	0°C to +70°C
Storage Temperature Range	−65°C to +150°C

Note: *The "Absolute Maximum Ratings" are those values beyond which the safety of the device cannot be guaranteed. The device should not be operated at these limits. The parametric values defined in the "Electrical Characteristics" table are not guaranteed at the absolute maximum ratings. The "Recommended Operating Conditions" table will define the conditions for actual device operation.*

Recommended Operating Conditions

Symbol	Parameter	DM5402			DM7402			Units
		Min	Nom	Max	Min	Nom	Max	
V_{CC}	Supply Voltage	4.5	5	5.5	4.75	5	5.25	V
V_{IH}	High Level Input Voltage	2			2			V
V_{IL}	Low Level Input Voltage			0.8			0.8	V
I_{OH}	High Level Output Current			−0.4			−0.4	mA
I_{OL}	Low Level Output Current			16			16	mA
T_A	Free Air Operating Temperature	−55		125	0		70	°C

Electrical Characteristics

over recommended operating free air temperature range (unless otherwise noted)

Symbol	Parameter	Conditions		Min	Typ (Note 1)	Max	Units
V_I	Input Clamp Voltage	V_{CC} = Min, I_I = −12 mA				−1.5	V
V_{OH}	High Level Output Voltage	V_{CC} = Min, I_{OH} = Max, V_{IL} = Max		2.4	3.4		V
V_{OL}	Low Level Output Voltage	V_{CC} = Min, I_{OL} = Max, V_{IH} = Min			0.2	0.4	V
I_I	Input Current @ Max Input Voltage	V_{CC} = Max, V_I = 5.5V				1	mA
I_{IH}	High Level Input Current	V_{CC} = Max, V_I = 2.4V				40	μA
I_{IL}	Low Level Input Current	V_{CC} = Max, V_I = 0.4V				−1.6	mA
I_{OS}	Short Circuit Output Current	V_{CC} = Max (Note 2)	DM54	−20		−55	mA
			DM74	−18		−55	
I_{CCH}	Supply Current with Outputs High	V_{CC} = Max			8	16	mA
I_{CCL}	Supply Current with Outputs Low	V_{CC} = Max			14	27	mA

Switching Characteristics at V_{CC} = 5V and T_A = 25°C (See Section 1 for Test Waveforms and Output Load)

Symbol	Parameter	Conditions	Min	Max	Units
t_{PLH}	Propagation Delay Time Low to High Level Output	C_L = 15 pF, R_L = 400Ω		22	ns
t_{PHL}	Propagation Delay Time High to Low Level Output			15	ns

Note 1: All typicals are at V_{CC} = 5V, T_A = 25°C.

Note 2: Not more than one output should be shorted at a time.

TYPES SN5408, SN54LS08, SN54S08, SN7408, SN74LS08, SN74S08 QUADRUPLE 2-INPUT POSITIVE-AND GATES

REVISED DECEMBER 1983

- **Package Options Include Both Plastic and Ceramic Chip Carriers in Addition to Plastic and Ceramic DIPs**
- **Dependable Texas Instruments Quality and Reliability**

description

These devices contain four independent 2-input AND gates.

The SN5408, SN54LS08, and SN54S08 are characterized for operation over the full military temperature range of −55°C to 125°C. The SN7408, SN74LS08 and SN74S08 are characterized for operation from 0°C to 70°C.

SN5408, SN54LS08, SN54S08 . . . J OR W PACKAGE
SN7408 . . . J OR N PACKAGE
SN74LS08, SN74S08 . . . D, J OR N PACKAGE
(TOP VIEW)

1A	1	14	VCC
1B	2	13	4B
1Y	3	12	4A
2A	4	11	4Y
2B	5	10	3B
2Y	6	9	3A
GND	7	8	3Y

SN54LS08, SN54S08 . . . FK PACKAGE
SN74LS08, SN74S08 . . . FN PACKAGE
(TOP VIEW)

1B 3, 1A 2, NC 1, VCC 20, 4B 19
1Y 4, NC 5, 2A 6, NC 7, 2B 8
4A 18, NC 17, 4Y 16, NC 15, 3B 14
2Y 9, GND 10, NC 11, 3Y 12, 3A 13

NC - No internal connection

FUNCTION TABLE (each gate)

INPUTS		OUTPUT
A	B	Y
H	H	H
L	X	L
X	L	L

logic diagram (each gate)

A, B → Y

positive logic

$Y = A \cdot B$ or $Y = \overline{\overline{A} + \overline{B}}$

recommended operating conditions

		SN5408 MIN	SN5408 NOM	SN5408 MAX	SN7408 MIN	SN7408 NOM	SN7408 MAX	UNIT
V_{CC}	Supply voltage	4.5	5	5.5	4.75	5	5.25	V
V_{IH}	High-level input voltage	2			2			V
V_{IL}	Low-level input voltage			0.8			0.8	V
I_{OH}	High-level output current			−0.8			−0.8	mA
I_{OL}	Low-level output current			16			16	mA
T_A	Operating free-air temperature	−55		125	0		70	°C

electrical characteristics over recommended operating free-air temperature range (unless otherwise noted)

PARAMETER	TEST CONDITIONS †	SN5408 MIN	SN5408 TYP‡	SN5408 MAX	SN7408 MIN	SN7408 TYP‡	SN7408 MAX	UNIT
V_{IK}	V_{CC} = MIN, I_I = −12 mA			−1.5			−1.5	V
V_{OH}	V_{CC} = MIN, V_{IH} = 2 V, I_{OH} = −0.8 mA	2.4	3.4		2.4	3.4		V
V_{OL}	V_{CC} = MIN, V_{IL} = 0.8 V, I_{OL} = 16 mA		0.2	0.4		0.2	0.4	V
I_I	V_{CC} = MAX, V_I = 5.5 V			1			1	mA
I_{IH}	V_{CC} = MAX, V_I = 2.4 V			40			40	μA
I_{IL}	V_{CC} = MAX, V_I = 0.4 V			−1.6			−1.6	mA
I_{OS}§	V_{CC} = MAX	−20		−55	−18		−55	mA
I_{CCH}	V_{CC} = MAX, V_I = 4.5 V		11	21		11	21	mA
I_{CCL}	V_{CC} = MAX, V_I = 0 V		20	33		20	33	mA

† For conditions shown as MIN or MAX, use the appropriate value specified under recommended operating conditions.
‡ All typical values are at V_{CC} = 5 V, T_A = 25°C.
§ Not more than one output should be shorted at a time.

switching characteristics, V_{CC} = 5 V, T_A = 25°C (see note 2)

PARAMETER	FROM (INPUT)	TO (OUTPUT)	TEST CONDITIONS	MIN	TYP	MAX	UNIT
t_{PLH}	A or B	Y	R_L = 400 Ω, C_L = 15 pF		17.5	27	ns
t_{PHL}					12	19	ns

NOTE 2: See General Information Section for load circuits and voltage waveforms.

- Package Options Include Plastic "Small Outline" Packages, Ceramic Chip Carriers and Flat Packages, and Plastic and Ceramic DIPs
- Dependable Texas Instruments Quality and Reliability

SN5432, SN54LS32, SN54S32 . . . J OR W PACKAGE
SN7432 . . . N PACKAGE
SN74LS32, SN74S32 . . . D OR N PACKAGE
(TOP VIEW)

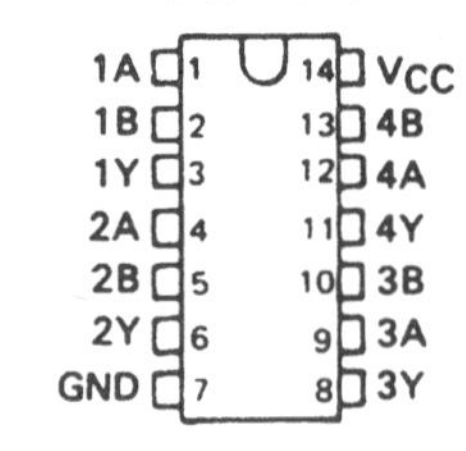

description

These devices contain four independent 2-input OR gates.

The SN5432, SN54LS32 and SN54S32 are characterized for operation over the full military range of −55°C to 125°C. The SN7432, SN74LS32 and SN74S32 are characterized for operation from 0°C to 70°C.

SN54LS32, SN54S32 . . . FK PACKAGE
(TOP VIEW)

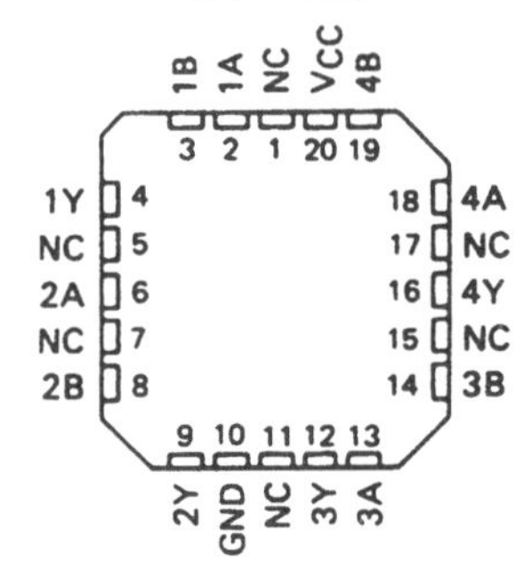

NC - No internal connection

FUNCTION TABLE (each gate)

INPUTS		OUTPUT
A	B	Y
H	X	H
X	H	H
L	L	L

logic symbol†

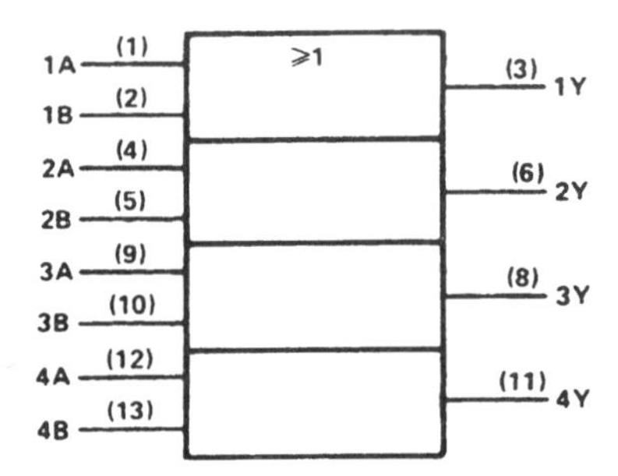

† This symbol is in accordance with ANSI/IEEE Std 91-1984 and IEC Publication 617-12.
Pin numbers shown are for D, J, N, or W packages.

logic diagram

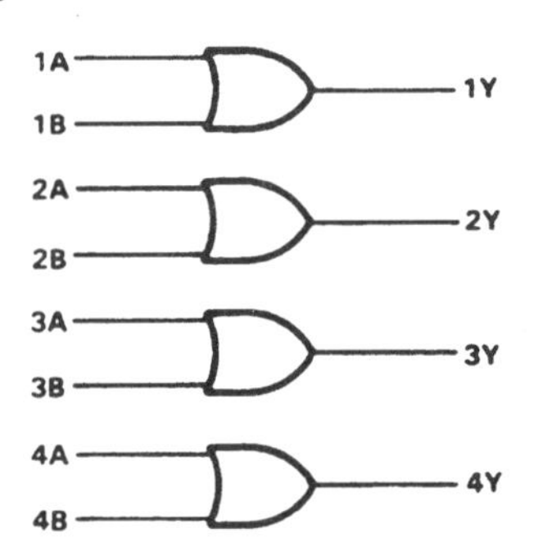

positive logic

$Y = A + B$ or $Y = \overline{\overline{A} \cdot \overline{B}}$

2 TTL Devices

Courtesy of Texas Instruments Incorporated

TYPES SN5446A, '47A, '48, '49, SN54L46, 'L47, SN54LS47, 'LS48, 'LS49, SN7446A, '47A, '48, SN74LS47, 'LS48, 'LS49 BCD-TO-SEVEN-SEGMENT DECODERS/DRIVERS

MARCH 1974. REVISED DECEMBER 1983

'46A, '47A, 'L46, 'L47, 'LS47 feature

- Open-Collector Outputs Drive Indicators Directly
- Lamp-Test Provision
- Leading/Trailing Zero Suppression

'48, 'LS48 feature

- Internal Pull-Ups Eliminate Need for External Resistors
- Lamp-Test Provision
- Leading/Trailing Zero Suppression

'49, 'LS49 feature

- Open-Collector Outputs
- Blanking Input

SN54L46, SN54L47 . . . J PACKAGE
SN5446A, SN5447A, SN54LS47, SN5448, SN54LS48 . . . J OR W PACKAGE
SN7446A, SN7447A, SN7448 . . . J OR N PACKAGE
SN74LS47, SN74LS48 . . . D, J OR N PACKAGE
(TOP VIEW)

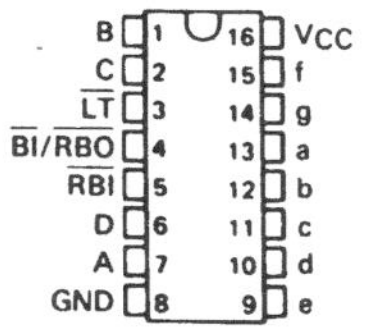

SN54LS47, SN54LS48 . . . FK PACKAGE
SN74LS47, SN74LS48 . . . FN PACKAGE
(TOP VIEW)

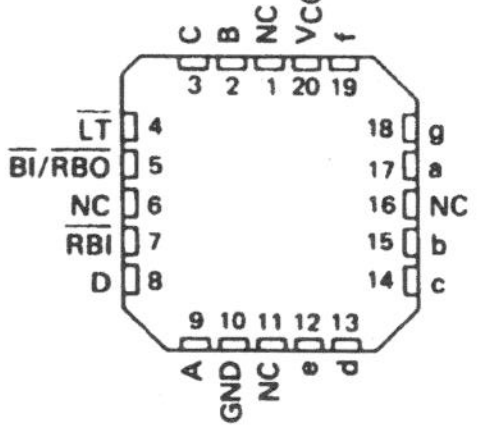

SN5449 . . . W PACKAGE
SN54LS49 . . . J OR W PACKAGE
SN74LS49 . . . D, J OR N PACKAGE
(TOP VIEW)

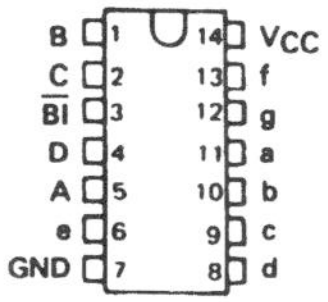

SN54LS49 . . . FK PACKAGE
SN74LS49 . . . FN PACKAGE
(TOP VIEW)

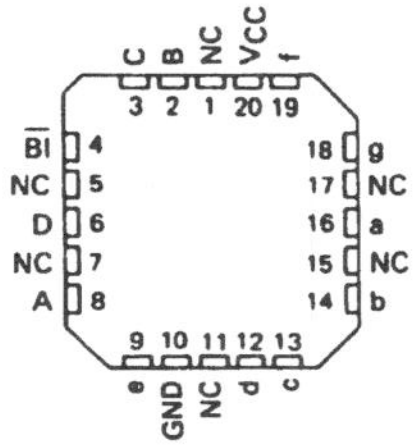

NC – No internal connection

PRODUCTION DATA
This document contains information current as of publication date. Products conform to specifications per the terms of Texas Instruments standard warranty. Production processing does not necessarily include testing of all parameters.

TEXAS INSTRUMENTS
POST OFFICE BOX 225012 • DALLAS, TEXAS 75265

TYPES SN5446A, '47A, '48, '49, SN54L46, 'L47, SN54LS47, 'LS48, 'LS49, SN7446A, '47A, '48, SN74LS47, 'LS48, 'LS49 BCD-TO-SEVEN-SEGMENT DECODERS/DRIVERS

- All Circuit Types Feature Lamp Intensity Modulation Capability

TYPE	DRIVER OUTPUTS				TYPICAL POWER DISSIPATION	PACKAGES
	ACTIVE LEVEL	OUTPUT CONFIGURATION	SINK CURRENT	MAX VOLTAGE		
SN5446A	low	open-collector	40 mA	30 V	320 mW	J, W
SN5447A	low	open-collector	40 mA	15 V	320 mW	J, W
SN5448	high	2-kΩ pull-up	6.4 mA	5.5 V	265 mW	J, W
SN5449	high	open-collector	10 mA	5.5 V	165 mW	W
SN54L46	low	open-collector	20 mA	30 V	160 mW	J
SN54L47	low	open-collector	20 mA	15 V	160 mW	J
SN54LS47	low	open-collector	12 mA	15 V	35 mW	J, W
SN54LS48	high	2-kΩ pull-up	2 mA	5.5 V	125 mW	J, W
SN54LS49	high	open-collector	4 mA	5.5 V	40 mW	J, W
SN7446A	low	open-collector	40 mA	30 V	320 mW	J, N
SN7447A	low	open-collector	40 mA	15 V	320 mW	J, N
SN7448	high	2-kΩ pull-up	6.4 mA	5.5 V	265 mW	J, N
SN74LS47	low	open-collector	24 mA	15 V	35 mW	J, N
SN74LS48	high	2-kΩ pull-up	6 mA	5.5 V	125 mW	J, N
SN74LS49	high	open-collector	8 mA	5.5 V	40 mW	J, N

logic symbols

'46, '47

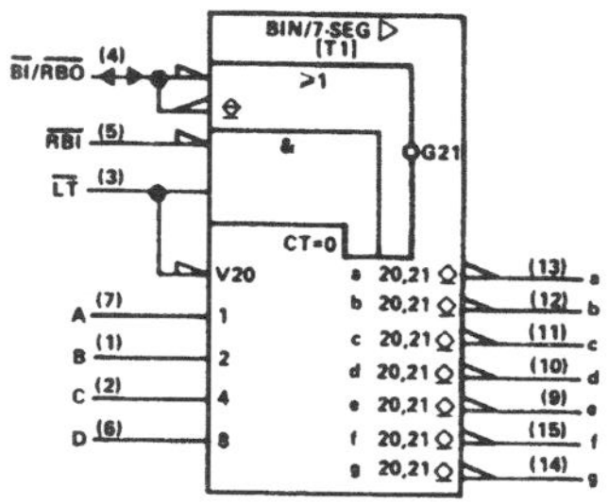

'48

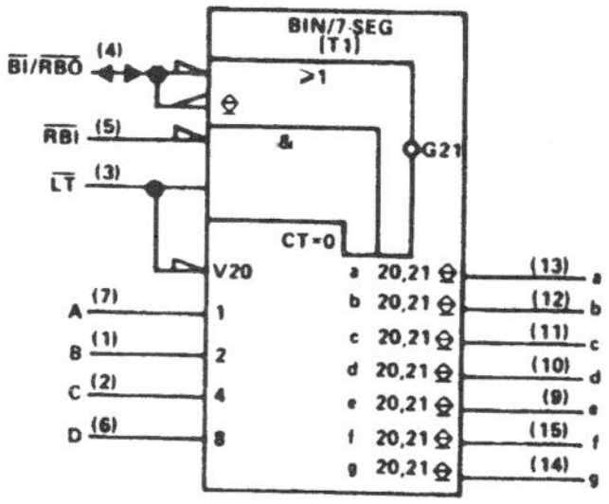

'49

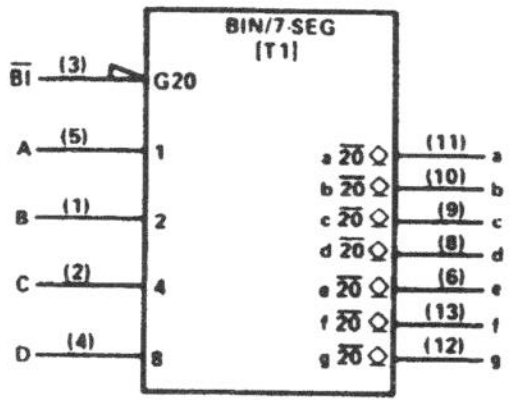

Pin numbers shown on logic notation are for D, J or N packages.

TEXAS INSTRUMENTS
POST OFFICE BOX 225012 • DALLAS, TEXAS 75265

description

The '46A, 'L46, '47A, 'L47, and 'LS47 feature active-low outputs designed for driving common-anode VLEDs or incandescent indicators directly, and the '48, '49, 'LS48, 'LS49 feature active-high outputs for driving lamp buffers or common-cathode VLEDs. All of the circuits except '49 and 'LS49 have full ripple-blanking input/output controls and a lamp test input. The '49 and 'LS49 circuits incorporate a direct blanking input. Segment identification and resultant displays are shown below. Display patterns for BCD input counts above 9 are unique symbols to authenticate input conditions.

The '46A, '47A, '48, 'L46, 'L47, 'LS47, and 'LS48 circuits incorporate automatic leading and/or trailing-edge zero-blanking control ($\overline{RBI}$ and $\overline{RBO}$). Lamp test ($\overline{LT}$) of these types may be performed at any time when the $\overline{BI}/\overline{RBO}$ node is at a high level. All types (including the '49 and 'LS49) contain an overriding blanking input ($\overline{BI}$) which can be used to control the lamp intensity by pulsing or to inhibit the outputs. Inputs and outputs are entirely compatible for use with TTL logic outputs.

The SN54246/SN74246 through '249 and the SN54LS247/SN74LS247 through 'LS249 compose the 6 and the 9 with tails and have been designed to offer the designer a choice between two indicator fonts. The SN54249/SN74249 and SN54LS249/SN74LS249 are 16-pin versions of the 14-pin SN5449 and 'LS49. Included in the '249 circuit and 'LS249 circuits are the full functional capability for lamp test and ripple blanking, which is not available in the '49 or 'LS49 circuit.

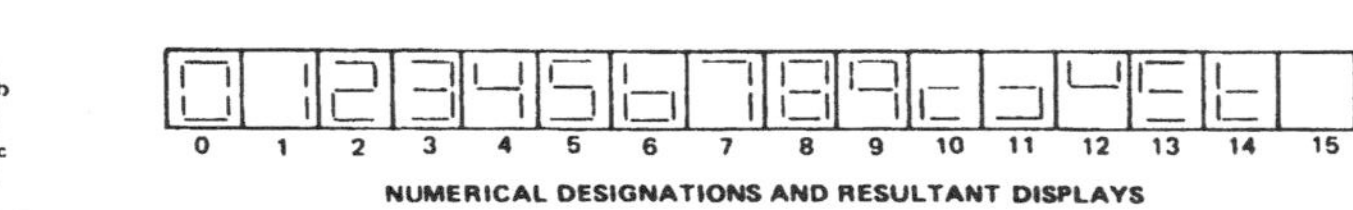

SEGMENT IDENTIFICATION

NUMERICAL DESIGNATIONS AND RESULTANT DISPLAYS

'46A, '47A, 'L46, 'L47, 'LS47 FUNCTION TABLE

DECIMAL OR FUNCTION	INPUTS						$\overline{BI}/\overline{RBO}$†	OUTPUTS							NOTE
	$\overline{LT}$	$\overline{RBI}$	D	C	B	A		a	b	c	d	e	f	g	
0	H	H	L	L	L	L	H	ON	ON	ON	ON	ON	ON	OFF	1
1	H	X	L	L	L	H	H	OFF	ON	ON	OFF	OFF	OFF	OFF	1
2	H	X	L	L	H	L	H	ON	ON	OFF	ON	ON	OFF	ON	1
3	H	X	L	L	H	H	H	ON	ON	ON	ON	OFF	OFF	ON	1
4	H	X	L	H	L	L	H	OFF	ON	ON	OFF	OFF	ON	ON	1
5	H	X	L	H	L	H	H	ON	OFF	ON	ON	OFF	ON	ON	1
6	H	X	L	H	H	L	H	OFF	OFF	ON	ON	ON	ON	ON	1
7	H	X	L	H	H	H	H	ON	ON	ON	OFF	OFF	OFF	OFF	1
8	H	X	H	L	L	L	H	ON	ON	ON	ON	ON	ON	ON	1
9	H	X	H	L	L	H	H	ON	ON	ON	OFF	OFF	ON	ON	1
10	H	X	H	L	H	L	H	OFF	OFF	OFF	ON	ON	OFF	ON	1
11	H	X	H	L	H	H	H	OFF	OFF	ON	ON	OFF	OFF	ON	1
12	H	X	H	H	L	L	H	OFF	ON	OFF	OFF	OFF	ON	ON	1
13	H	X	H	H	L	H	H	ON	OFF	OFF	ON	OFF	ON	ON	1
14	H	X	H	H	H	L	H	OFF	OFF	OFF	ON	ON	ON	ON	1
15	H	X	H	H	H	H	H	OFF	OFF	OFF	OFF	OFF	OFF	OFF	1
BI	X	X	X	X	X	X	L	OFF	OFF	OFF	OFF	OFF	OFF	OFF	2
RBI	H	L	L	L	L	L	L	OFF	OFF	OFF	OFF	OFF	OFF	OFF	3
LT	L	X	X	X	X	X	H	ON	ON	ON	ON	ON	ON	ON	4

H = high level, L = low level, X = irrelevant

NOTES: 1. The blanking input ($\overline{BI}$) must be open or held at a high logic level when output functions 0 through 15 are desired. The ripple-blanking input ($\overline{RBI}$) must be open or high if blanking of a decimal zero is not desired.

2. When a low logic level is applied directly to the blanking input ($\overline{BI}$), all segment outputs are off regardless of the level of any other input.

3. When ripple-blanking input ($\overline{RBI}$) and inputs A, B, C, and D are at a low level with the lamp test input high, all segment outputs go off and the ripple-blanking output ($\overline{RBO}$) goes to a low level (response condition).

4. When the blanking input/ripple blanking output ($\overline{BI}/\overline{RBO}$) is open or held high and a low is applied to the lamp test input, all segment outputs are on.

† $\overline{BI}/\overline{RBO}$ is wire AND logic serving as blanking input ($\overline{BI}$) and/or ripple-blanking output ($\overline{RBO}$).

absolute maximum ratings over operating free-air temperature range (unless otherwise noted)

Supply voltage, V_{CC} (see Note 1) . . . 7 V
Input voltage . . . 5.5 V
Current forced into any output in the off state . . . 1 mA
Operating free-air temperature range: SN5446A, SN5447A . . . −55°C to 125°C
SN7446A, SN7447A . . . 0°C to 70°C
Storage temperature range . . . −65°C to 150°C

NOTE 1: Voltage values are with respect to network ground terminal.

recommended operating conditions

		SN5446A			SN5447A			SN7446A			SN7447A			UNIT
		MIN	NOM	MAX	MIN	NOM	MAX	MIN	NOM	MAX	MIN	NOM	MAX	
Supply voltage, V_{CC}		4.5	5	5.5	4.5	5	5.5	4.75	5	5.25	4.75	5	5.25	V
Off-state output voltage, $V_{O(off)}$	a thru g			30			15			30			15	V
On-state output current, $I_{O(on)}$	a thru g			40			40			40			40	mA
High-level output current, I_{OH}	$\overline{BI}/\overline{RBO}$			−200			−200			−200			−200	μA
Low-level output current, I_{OL}	$\overline{BI}/\overline{RBO}$			8			8			8			8	mA
Operating free-air temperature, T_A		−55		125	−55		125	0		70	0		70	°C

electrical characteristics over recommended operating free-air temperature range (unless otherwise noted)

PARAMETER			TEST CONDITIONS†		MIN	TYP‡	MAX	UNIT
V_{IH}	High-level input voltage				2			V
V_{IL}	Low-level input voltage						0.8	V
V_{IK}	Input clamp voltage		V_{CC} = MIN, I_I = −12 mA				−1.5	V
V_{OH}	High-level output voltage	$\overline{BI}/\overline{RBO}$	V_{CC} = MIN, V_{IH} = 2 V, V_{IL} = 0.8 V, I_{OH} = −200 μA		2.4	3.7		V
V_{OL}	Low-level output voltage	$\overline{BI}/\overline{RBO}$	V_{CC} = MIN, V_{IH} = 2 V, V_{IL} = 0.8 V, I_{OL} = 8 mA			0.27	0.4	V
$I_{O(off)}$	Off-state output current	a thru g	V_{CC} = MAX, V_{IH} = 2 V, V_{IL} = 0.8 V, $V_{O(off)}$ = MAX				250	μA
$V_{O(on)}$	On-state output voltage	a thru g	V_{CC} = MIN, V_{IH} = 2 V, V_{IL} = 0.8 V, $I_{O(on)}$ = 40 mA			0.3	0.4	V
I_I	Input current at maximum input voltage	Any input except $\overline{BI}/\overline{RBO}$	V_{CC} = MAX, V_I = 5.5 V				1	mA
I_{IH}	High-level input current	Any input except $\overline{BI}/\overline{RBO}$	V_{CC} = MAX, V_I = 2.4 V				40	μA
I_{IL}	Low-level input current	Any input except $\overline{BI}/\overline{RBO}$	V_{CC} = MAX, V_I = 0.4 V				−1.6	mA
		$\overline{BI}/\overline{RBO}$					−4	mA
I_{OS}	Short-circuit output current	$\overline{BI}/\overline{RBO}$	V_{CC} = MAX				−4	mA
I_{CC}	Supply current		V_{CC} = MAX, See Note 2	SN54'		64	85	mA
				SN74'		64	103	mA

† For conditions shown as MIN or MAX, use the appropriate value specified under recommended operating conditions.
‡ All typical values are at V_{CC} = 5 V, T_A = 25°C.
NOTE 2: I_{CC} is measured with all outputs open and all inputs at 4.5 V.

switching characteristics, V_{CC} = 5 V, T_A = 25°C

PARAMETER		TEST CONDITIONS	MIN	TYP	MAX	UNIT
t_{off}	Turn-off time from A input	C_L = 15 pF, R_L = 120 Ω, See Note 3			100	ns
t_{on}	Turn-on time from A input				100	ns
t_{off}	Turn-off time from $\overline{RBI}$ input				100	ns
t_{on}	Turn-on time from $\overline{RBI}$ input				100	ns

NOTE 3: See General Information Section for load circuits and voltage waveforms; t_{off} corresponds to t_{PLH} and t_{on} corresponds to t_{PHL}.

National Semiconductor

DM5474/DM7474 Dual Positive-Edge-Triggered D Flip-Flops with Preset, Clear and Complementary Outputs

General Description

This device contains two independent positive-edge-triggered D flip-flops with complementary outputs. The information on the D input is accepted by the flip-flops on the positive going edge of the clock pulse. The triggering occurs at a voltage level and is not directly related to the transition time of the rising edge of the clock. The data on the D input may be changed while the clock is low or high without affecting the outputs as long as the data setup and hold times are not violated. A low logic level on the preset or clear inputs will set or reset the outputs regardless of the logic levels of the other inputs.

Absolute Maximum Ratings (Note 1)

Supply Voltage	7V
Input Voltage	5.5V
Storage Temperature Range	− 65°C to 150°C

Note 1: The "Absolute Maximum Ratings" are those values beyond which the safety of the device can not be guaranteed. The device should not be operated at these limits. The parametric values defined in the "Electrical Characteristics" table are not guaranteed at the absolute maximum ratings. The "Recommended Operating Conditions" table will define the conditions for actual device operation.

Connection Diagram

Dual-In-Line Package

TL/F/6526-1

DM5474 (J) DM7474 (N)

Function Table

Inputs				Outputs	
PR	CLR	CLK	D	Q	$\bar{Q}$
L	H	X	X	H	L
H	L	X	X	L	H
L	L	X	X	H*	H*
H	H	↑	H	H	L
H	H	↑	L	L	H
H	H	L	X	Q_0	$\bar{Q}_0$

H = High Logic Level
X = Either Low or High Logic Level
L = Low Logic Level
↑ = Positive-going transition of the clock.
* = This configuration is nonstable; that is, it will not persist when either the preset and/or clear inputs return to their inactive (high) level.
Q_0 = The output logic level of Q before the indicated input conditions were established.

Recommended Operating Conditions

Sym	Parameter		DM5474 Min	DM5474 Nom	DM5474 Max	DM7474 Min	DM7474 Nom	DM7474 Max	Units
V_{CC}	Supply Voltage		4.5	5	5.5	4.75	5	5.25	V
V_{IH}	High Level Input Voltage		2			2			V
V_{IL}	Low Level Input Voltage				0.8			0.8	V
I_{OH}	High Level Output Current				− 0.4			− 0.4	mA
I_{OL}	Low Level Output Current				16			16	mA
f_{CLK}	Clock Frequency		0		20	0		20	MHz
t_W	Pulse Width	Clock High	30			30			ns
		Clock Low	37			37			
		Clear Low	30			30			
		Preset Low	30			30			
t_{SU}	Input Setup Time (Note 1)		20↑			20↑			ns
t_H	Input Hold Time (Note 1)		5↑			5↑			ns
T_A	Free Air Operating Temperature		− 55		125	0		70	°C

Note 1: The symbol (↑) indicates the rising edge of the clock pulse is used for reference.

TYPES SN5476, SN54H76, SN54LS76A, SN7476, SN74H76, SN74LS76A DUAL J-K FLIP-FLOPS WITH PRESET AND CLEAR

REVISED DECEMBER 1983

- Package Options Include Plastic and Ceramic DIPs
- Dependable Texas Instruments Quality and Reliability

SN5476, SN54H76, SN54LS76A . . . J OR W PACKAGE
SN7476, SN74H76 . . . J OR N PACKAGE
SN74LS76A . . . D, J OR N PACKAGE
(TOP VIEW)

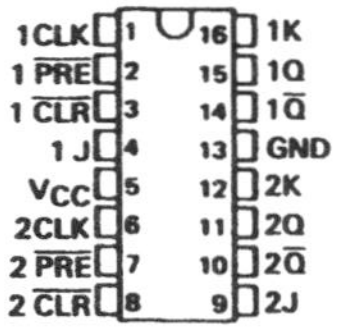

Pin	Name	Pin	Name
1	1CLK	16	1K
2	1 $\overline{PRE}$	15	1Q
3	1 $\overline{CLR}$	14	1 $\overline{Q}$
4	1J	13	GND
5	V_{CC}	12	2K
6	2CLK	11	2Q
7	2 $\overline{PRE}$	10	2 $\overline{Q}$
8	2 $\overline{CLR}$	9	2J

description

The '76 and 'H76 contain two independent J-K flip-flops with individual J-K, clock, preset, and clear inputs. The '76 and 'H76 are positive-edge-triggered flip-flops. J-K input is loaded into the master while the clock is high and transferred to the slave on the high-to-low transition. For these devices the J and K inputs must be stable while the clock is high.

The 'LS76A contain two independent negative-edge-triggered flip-flops. The J and K inputs must be stable one setup time prior to the high-to-low clock transition for predictable operation. The preset and clear are asynchronous active low inputs. When low they override the clock and data inputs forcing the outputs to the steady state levels as shown in the function table.

The SN5476, SN54H76, and the SN54LS76A are characterized for operation over the full military temperature range of −55°C to 125°C. The SN7476, SN74H76, and the SN74LS76A are characterized for operation from 0°C to 70°C.

'76, 'H76
FUNCTION TABLE

INPUTS					OUTPUTS	
$\overline{PRE}$	$\overline{CLR}$	CLK	J	K	Q	$\overline{Q}$
L	H	X	X	X	H	L
H	L	X	X	X	L	H
L	L	X	X	X	H†	H†
H	H	⎍	L	L	Q_0	$\overline{Q}_0$
H	H	⎍	H	L	H	L
H	H	⎍	L	H	L	H
H	H	⎍	H	H	TOGGLE	

'LS76A
FUNCTION TABLE

INPUTS					OUTPUTS	
$\overline{PRE}$	$\overline{CLR}$	CLK	J	K	Q	$\overline{Q}$
L	H	X	X	X	H	L
H	L	X	X	X	L	H
L	L	X	X	X	H†	H†
H	H	↓	L	L	Q_0	$\overline{Q}_0$
H	H	↓	H	L	H	L
H	H	↓	L	H	L	H
H	H	↓	H	H	TOGGLE	
H	H	H	X	X	Q_0	$\overline{Q}_0$

† This configuration is nonstable; that is, it will not persist when either preset or clear returns to its inactive (high) level.

FOR CHIP CARRIER INFORMATION, CONTACT THE FACTORY

logic diagrams

'76

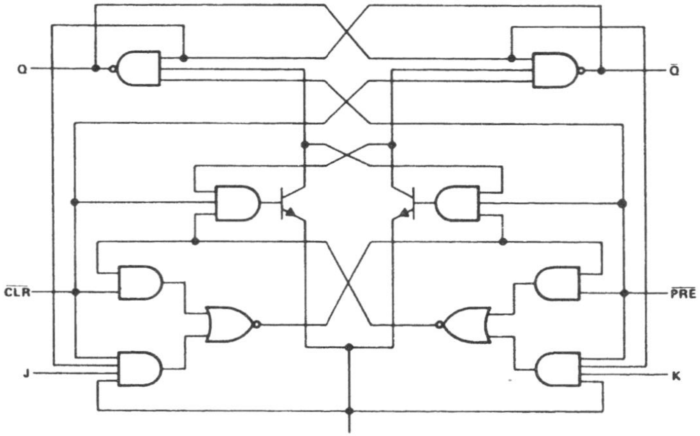

'H76

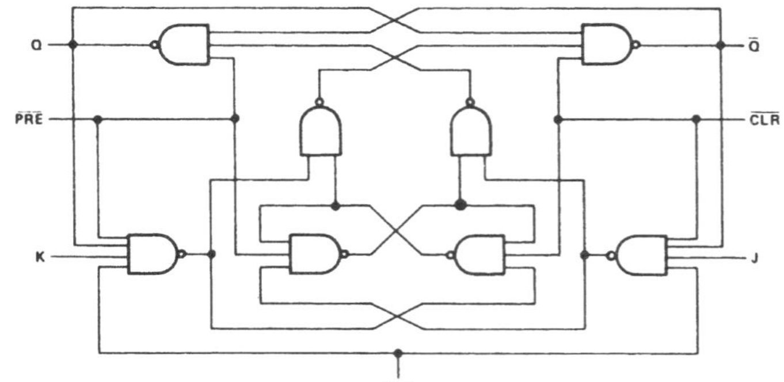

logic diagrams (continued)

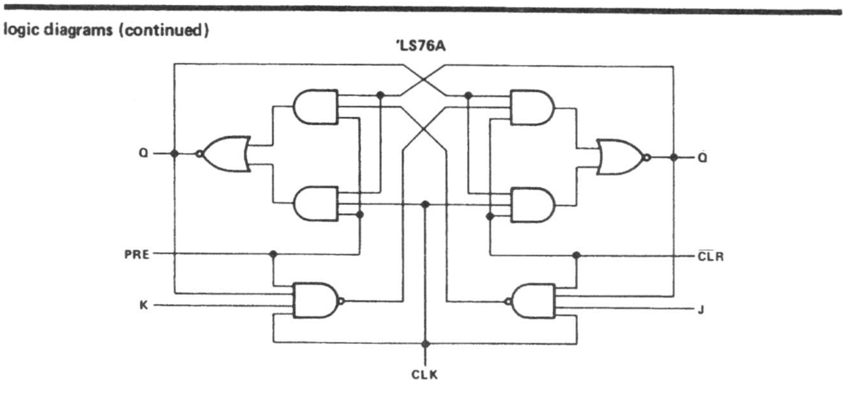

logic symbols

'76, 'H76

1PRE (2), 1J (4), 1CLK (1), 1K (16), 1CLR (3), 2PRE (7), 2J (9), 2CLK (6), 2K (12), 2CLR (8)
S, 1J, C1, 1K, R
(15) 1Q, (14) 1Q̄, (11) 2Q, (10) 2Q̄

'LS76A

1PRE (2), 1J (4), 1CLK (1), 1K (16), 1CLR (3), 2PRE (7), 2J (9), 2CLK (6), 2K (12), 2CLR (8)
S, 1J, C1, 1K, R
(15) 1Q, (14) 1Q̄, (11) 2Q, (10) 2Q̄

Pin numbers shown on logic notation are for D, J or N packages.

schematics of inputs and outputs

'76

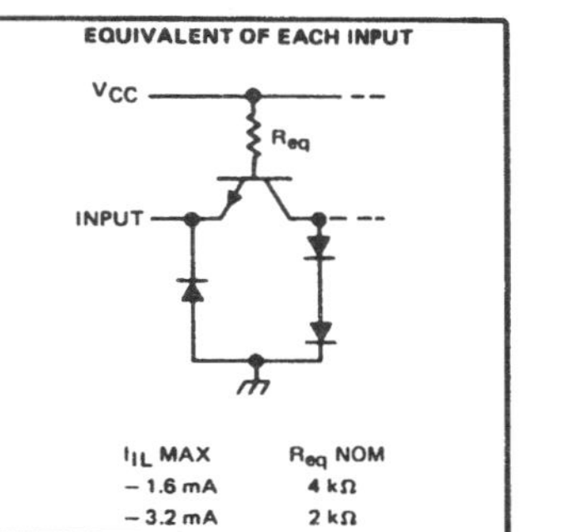

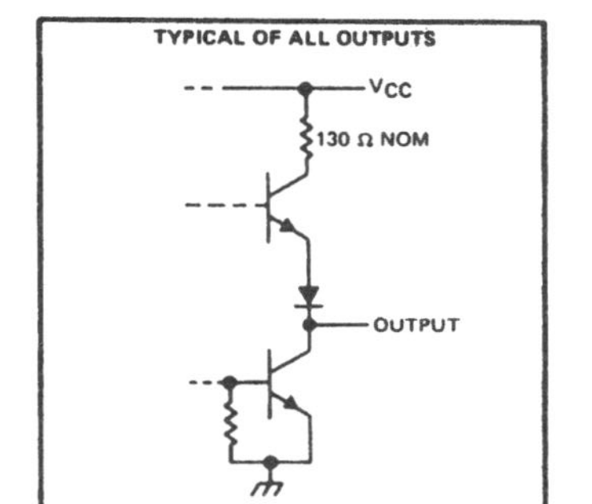

recommended operating conditions

			SN5476			SN7476			UNIT
			MIN	NOM	MAX	MIN	NOM	MAX	
V_{CC}	Supply voltage		4.5	5	5.5	4.75	5	5.25	V
V_{IH}	High-level input voltage		2			2			V
V_{IL}	Low-level input voltage				0.8			0.8	V
I_{OH}	High-level output current				− 0.4			− 0.4	mA
I_{OL}	Low-level output current				16			16	mA
t_w	Pulse duration	CLK high	20			20			ns
		CLK low	47			47			
		PRE or CLR low	25			25			
t_{su}	Input setup time before CLK↑		0			0			ns
t_h	Input hold time-data after CLK↓		0			0			ns
T_A	Operating free-air temperature		− 55		125	0		70	°C

electrical characteristics over recommended operating free-air temperature range (unless otherwise noted)

PARAMETER		TEST CONDITIONS†			SN5476			SN7476			UNIT
					MIN	TYP‡	MAX	MIN	TYP‡	MAX	
V_{IK}		V_{CC} = MIN,	I_I = − 12 mA				− 1.5			− 1.5	V
V_{OH}		V_{CC} = MIN, I_{OH} = − 0.4 mA	V_{IH} = 2 V,	V_{IL} = 0.8 V,	2.4	3.4		2.4	3.4		V
V_{OL}		V_{CC} = MIN, I_{OL} = 16 mA	V_{IH} = 2 V,	V_{IL} = 0.8 V,		0.2	0.4		0.2	0.4	V
I_I		V_{CC} = MAX,	V_I = 5.5 V				1			1	mA
I_{IH}	J or K	V_{CC} = MAX,	V_I = 2.4 V				40			40	μA
	All other						80			80	
I_{IL}	J or K	V_{CC} = MAX,	V_I = 0.4 V				− 1.6			− 1.6	mA
	All other*						− 3.2			− 3.2	
I_{OS}§		V_{CC} = MAX			− 20		− 57	− 18		− 57	mA
I_{CC}		V_{CC} = MAX,	See Note 2			10	20		10	20	mA

† For conditions shown as MIN or MAX, use the appropriate value specified under recommended operating conditions.
‡ All typical values are at V_{CC} = 5 V, T_A = 25°C.
§ Not more than one output should be shorted at a time.
*Clear is tested with preset high and preset is tested with clear high.
NOTE 2: With all outputs open, I_{CC} is measured with the Q and Q̄ outputs high in turn. At the time of measurement, the clock input is grounded.

switching characteristics, V_{CC} = 5 V, T_A = 25°C (see note 3)

PARAMETER	FROM (INPUT)	TO (OUTPUT)	TEST CONDITIONS	MIN	TYP	MAX	UNIT
f_{max}			R_L = 400 Ω, C_L = 15 pF	15	20		MHz
t_{PLH}	PRE or CLR	Q or Q̄			16	25	ns
t_{PHL}					25	40	ns
t_{PLH}	CLK	Q or Q̄			16	25	ns
t_{PHL}					25	40	ns

NOTE 3: See General Information Section for load circuits and voltage waveforms.

MARCH 1974–REVISED DECEMBER 1983

- Full-Carry Look-Ahead across the Four Bits
- Systems Achieve Partial Look-Ahead Performance with the Economy of Ripple Carry
- SN54283/SN74283 and SN54LS283/SN74LS283 Are Recommended For New Designs as They Feature Supply Voltage and Ground on Corner Pins to Simplify Board Layout

TYPE	TYPICAL ADD TIMES TWO 8-BIT WORDS	TYPICAL ADD TIMES TWO 16-BIT WORDS	TYPICAL POWER DISSIPATION PER 4-BIT ADDER
'83A	23 ns	43 ns	310 mW
'LS83A	25 ns	45 ns	95 mW

description

These improved full adders perform the addition of two 4-bit binary numbers. The sum (Σ) outputs are provided for each bit and the resultant carry (C4) is obtained from the fourth bit. These adders feature full internal look ahead across all four bits generating the carry term in ten nanoseconds typically. This provides the system designer with partial look-ahead performance at the economy and reduced package count of a ripple-carry implementation.

The adder logic, including the carry, is implemented in its true form meaning that the end-around carry can be accomplished without the need for logic or level inversion.

Designed for medium-speed applications, the circuits utilize transistor-transistor logic that is compatible with most other TTL families and other saturated low-level logic families.

Series 54 and 54LS circuits are characterized for operation over the full military temperature range of −55°C to 125°C, and Series 74 and 74LS circuits are characterized for operation from 0°C to 70°C.

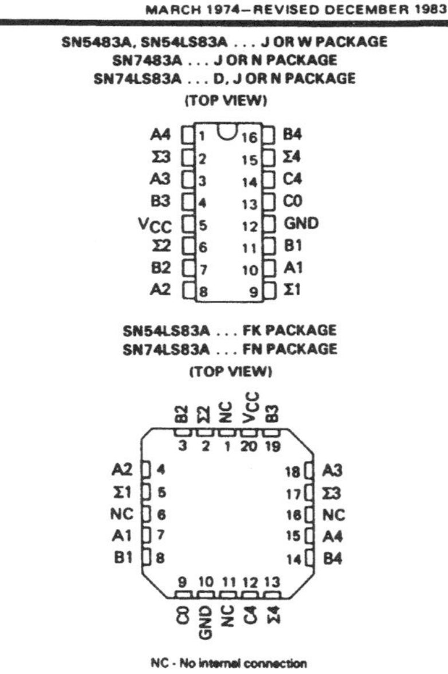

FUNCTION TABLE

INPUT				OUTPUT WHEN C0 = L / WHEN C2 = L			OUTPUT WHEN C0 = H / WHEN C2 = H		
A1 / A3	B1 / B3	A2 / A4	B2 / B4	Σ1 / Σ3	Σ2 / Σ4	C2 / C4	Σ1 / Σ3	Σ2 / Σ4	C2 / C4
L	L	L	L	L	L	L	H	L	L
H	L	L	L	H	L	L	L	H	L
L	H	L	L	H	L	L	L	H	L
H	H	L	L	L	H	L	H	H	L
L	L	H	L	L	H	L	H	H	L
H	L	H	L	H	H	L	L	L	H
L	H	H	L	H	H	L	L	L	H
H	H	H	L	L	L	H	H	L	H
L	L	L	H	L	H	L	H	H	L
H	L	L	H	H	H	L	L	L	H
L	H	L	H	H	H	L	L	L	H
H	H	L	H	L	L	H	H	L	H
L	L	H	H	L	L	H	H	L	H
H	L	H	H	H	L	H	L	H	H
L	H	H	H	H	L	H	L	H	H
H	H	H	H	L	H	H	H	H	H

H = high level, L = low level

NOTE: Input conditions at A1, B1, A2, B2, and C0 are used to determine outputs Σ1 and Σ2 and the value of the internal carry C2. The values at C2, A3, B3, A4, and B4 are then used to determine outputs Σ3, Σ4, and C4.

logic diagram

B4 (16), A4 (1), B3 (4), A3 (3), B2 (7), A2 (8), B1 (11), A1 (10), C0 (13)

(14) C4, (15) Σ4, (2) Σ3, (6) Σ2, (9) Σ1

Pin numbers shown on logic notation are for D, J or N packages.

absolute maximum ratings over operating free-air temperature range (unless otherwise noted)

Supply voltage, V_{CC} (see Note 1)	7 V
Input voltage: '83A	5.5 V
'LS83A	7 V
Interemitter voltage (see Note 2)	5.5 V
Operating free-air temperature range: SN5483A, SN54LS83A	−55°C to 125°C
SN7483A, SN74LS83A	0°C to 70°C
Storage temperature range	−65°C to 150°C

NOTES: 1. Voltage values, except interemitter voltage, are with respect to network ground terminal.
2. This is the voltage between two emitters of a multiple-emitter transistor. This rating applies for the '83A only between the following pairs: A1 and B1, A2 and B2, A3 and B3, A4 and B4.

National Semiconductor

DM5485/DM7485 4-Bit Magnitude Comparators

General Description

These 4-bit magnitude comparators perform comparison of straight binary or BCD codes. Three fully-decoded decisions about two 4-bit words (A, B) are made and are externally available at three outputs. These devices are fully expandable to any number of bits without external gates. Words of greater length may be compared by connecting comparators in cascade. The A>B, A<B, and A=B outputs of a stage handling less-significant bits are connected to the corresponding inputs of the next stage handling more-significant bits. The stage handling the least-significant bits must have a high-level voltage applied to the A=B input. The cascading paths are implemented with only a two-gate-level delay to reduce overall comparison times for long words.

Features

- Typical power dissipation 275 mW
- Typical delay (4-bit words) 23 ns

Absolute Maximum Ratings (Note 1)

Supply Voltage	7V
Input Voltage	5.5V
Storage Temperature Range	−65°C to 150°C

Note 1: The "Absolute Maximum Ratings" are those values beyond which the safety of the device can not be guaranteed. The device should not be operated at these limits. The parametric values defined in the "Electrical Characteristics" table are not guaranteed at the absolute maximum ratings. The "Recommended Operating Conditions" table will define the conditions for actual device operation.

Connection Diagram

Dual-In-Line Package

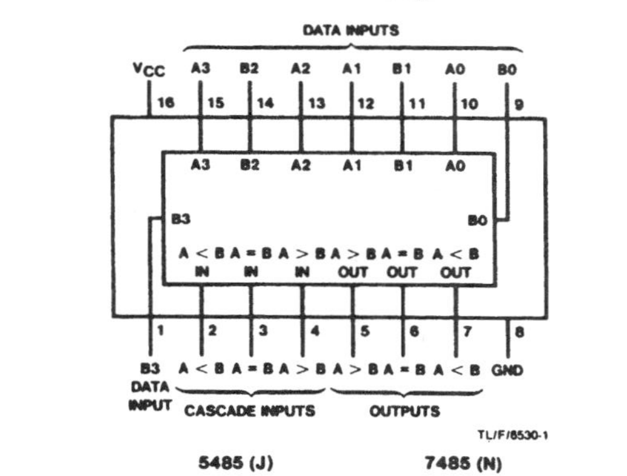

5485 (J) 7485 (N)

Recommended Operating Conditions

Sym	Parameter	DM5485			DM7485			Units
		Min	Nom	Max	Min	Nom	Max	
V_{CC}	Supply Voltage	4.5	5	5.5	4.75	5	5.25	V
V_{IH}	High Level Input Voltage	2			2			V
V_{IL}	Low Level Input Voltage			0.8			0.8	V
I_{OH}	High Level Output Current			−0.8			−0.8	mA
I_{OL}	Low Level Output Current			16			16	mA
T_A	Free Air Operating Temperature	−55		125	0		70	°C

Electrical Characteristics over recommended operating free air temperature (unless otherwise noted)

Sym	Parameter	Conditions		Min	Typ (Note 1)	Max	Units
V_I	Input Clamp Voltage	V_{CC} = Min, I_I = −12 mA				−1.5	V
V_{OH}	High Level Output Voltage	V_{CC} = Min, I_{OH} = Max, V_{IL} = Max, V_{IH} = Min		2.4			V
V_{OL}	Low Level Output Voltage	V_{CC} = Min, I_{OL} = Max, V_{IH} = Min, V_{IL} = Max				0.4	V
I_I	Input Current @ Max Input Voltage	V_{CC} = Max, V_I = 5.5V				1	mA
I_{IH}	High Level Input Current	V_{CC} = Max, V_I = 2.4V	A<B			40	μA
			A>B			40	
			Others			120	
I_{IL}	Low Level Input Current	V_{CC} = Max, V_I = 0.4V	A<B			−1.6	mA
			A>B			−1.6	
			Others			−4.8	
I_{OS}	Short Circuit Output Current	V_{CC} = Max (Note 2)	DM54	−20		−55	mA
			DM74	−18		−55	
I_{CC}	Supply Current	V_{CC} = Max (Note 3)			55	88	mA

Note 1: All typicals are at V_{CC} = 5V, T_A = 25°C.

Note 2: Not more than one output should be shorted at a time.

Note 3: I_{CC} is measured with all outputs open, A=B input grounded and all other inputs at 4.5V.

QUADRUPLE 2-INPUT EXCLUSIVE-OR GATES

DECEMBER 1972–REVISED MARCH 1988

- Package Options Include Plastic "Small Outline" Packages, Ceramic Chip Carriers and Flat Packages, and Standard Plastic and Ceramic 300-mil DIPs
- Dependable Texas Instruments Quality and Reliability

TYPE	TYPICAL AVERAGE PROPAGATION DELAY TIME	TYPICAL TOTAL POWER DISSIPATION
'86	14 ns	150 mW
'LS86A	10 ns	30.5 mW
'S86	7 ns	250 mW

SN5486, SN54LS86A, SN54S86 . . . J OR W PACKAGE
SN7486 . . . N PACKAGE
SN74LS86A, SN74S86 . . . D OR N PACKAGE
(TOP VIEW)

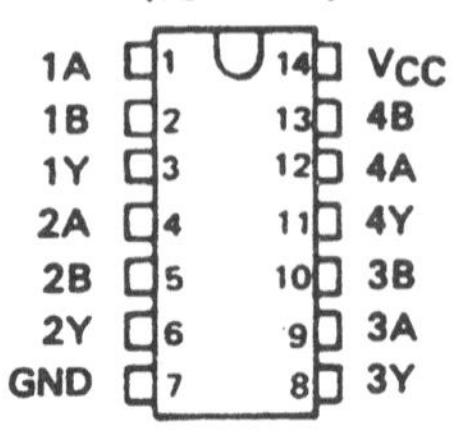

SN54LS86A, SN54S86 . . . FK PACKAGE
(TOP VIEW)

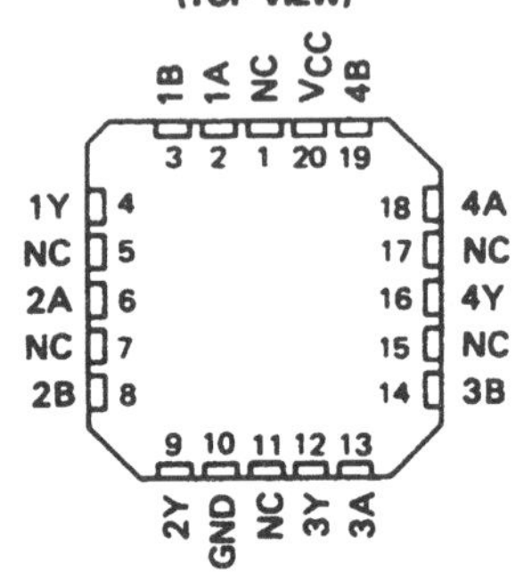

NC – No internal connection

description

These devices contain four independent 2-input Exclusive-OR gates. They perform the Boolean functions $Y = A \oplus B = \overline{A}B + A\overline{B}$ in positive logic.

A common application is as a true/complement element. If one of the inputs is low, the other input will be reproduced in true form at the output. If one of the inputs is high, the signal on the other input will be reproduced inverted at the output.

The SN5486, 54LS86A, and the SN54S86 are characterized for operation over the full military temperature range of −55°C to 125°C. The SN7486, SN74LS86A, and the SN74S86 are characterized for operation from 0°C to 70°C.

exclusive-OR logic

An exclusive-OR gate has many applications, some of which can be represented better by alternative logic symbols.

EXCLUSIVE-OR

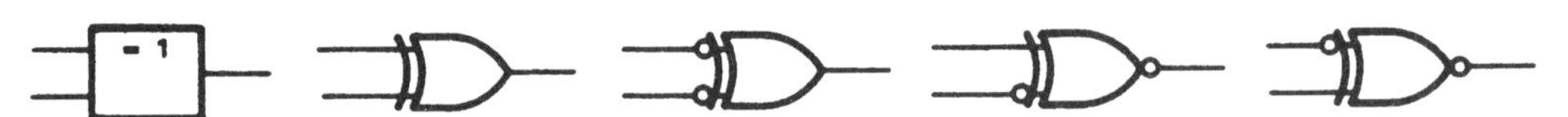

These are five equivalent Exclusive-OR symbols valid for an '86 or 'LS86A gate in positive logic; negation may be shown at any two ports.

LOGIC IDENTITY ELEMENT

The output is active (low) if all inputs stand at the same logic level (i.e., A = B).

EVEN-PARITY

The output is active (low) if an even number of inputs (i.e., 0 or 2) are active.

ODD-PARITY ELEMENT

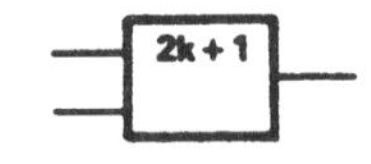

The output is active (high) if an odd number of inputs (i.e., only 1 of the 2) are active.

POST OFFICE BOX 655012 • DALLAS, TEXAS 75265

MARCH 1974 – REVISED DECEMBER 1983

'90A, 'L90, 'LS90 . . . DECADE COUNTERS

'92A, 'LS92 . . . DIVIDE-BY-TWELVE COUNTERS

'93A, 'L93, 'LS93 . . . 4-BIT BINARY COUNTERS

TYPES	TYPICAL POWER DISSIPATION
'90A	145 mW
'L90	20 mW
'LS90	45 mW
'92A, '93A	130 mW
'LS92, 'LS93	45 mW
'L93	16 mW

description

Each of these monolithic counters contains four master-slave flip-flops and additional gating to provide a divide-by-two counter and a three-stage binary counter for which the count cycle length is divide-by-five for the '90A, 'L90, and 'LS90, divide-by-six for the '92A and 'LS92, and divide-by-eight for the '93A, 'L93, and 'LS93.

All of these counters have a gated zero reset and the '90A, 'L90, and 'LS90 also have gated set-to-nine inputs for use in BCD nine's complement applications.

To use their maximum count length (decade, divide-by-twelve, or four-bit binary) of these counters, the CKB input is connected to the Q_A output. The input count pulses are applied to CKA input and the outputs are as described in the appropriate function table. A symmetrical divide-by-ten count can be obtained from the '90A, 'L90, or 'LS90 counters by connecting the Q_D output to the CKA input and applying the input count to the CKB input which gives a divide-by-ten square wave at output Q_A.

SN5490A, SN54LS90 . . . J OR W PACKAGE
SN54L90 . . . J PACKAGE
SN7490A . . . J OR N PACKAGE
SN74LS90 . . . D, J OR N PACKAGE
(TOP VIEW)

Pin	Name	Pin	Name
1	CKB	14	CKA
2	R0(1)	13	NC
3	R0(2)	12	Q_A
4	NC	11	Q_D
5	V_{CC}	10	GND
6	R9(1)	9	Q_B
7	R9(2)	8	Q_C

SN5492A, SN54LS92 . . . J OR W PACKAGE
SN7492A . . . J OR N PACKAGE
SN74LS92 . . . D, J OR N PACKAGE
(TOP VIEW)

Pin	Name	Pin	Name
1	CKB	14	CKA
2	NC	13	NC
3	NC	12	Q_A
4	NC	11	Q_B
5	V_{CC}	10	GND
6	R0(1)	9	Q_C
7	R0(2)	8	Q_D

SN5493A, SN54LS93 . . . J OR W PACKAGE
SN7493A . . . J OR N PACKAGE
SN74LS93 . . . D, J OR N PACKAGE
(TOP VIEW)

Pin	Name	Pin	Name
1	CKB	14	CKA
2	R0(1)	13	NC
3	R0(2)	12	Q_A
4	NC	11	Q_D
5	V_{CC}	10	GND
6	NC	9	Q_B
7	NC	8	Q_C

SN54L93 . . . J PACKAGE
(TOP VIEW)

Pin	Name	Pin	Name
1	R0(1)	14	CKA
2	R0(2)	13	Q_A
3	NC	12	Q_D
4	V_{CC}	11	GND
5	NC	10	Q_C
6	NC	9	Q_B
7	NC	8	CKB

NC - No internal connection

For new chip carrier design, use 'LS290, 'LS292, and 'LS293.

'90A, 'L90, 'LS90
BCD COUNT SEQUENCE
(See Note A)

COUNT	OUTPUT			
	Q_D	Q_C	Q_B	Q_A
0	L	L	L	L
1	L	L	L	H
2	L	L	H	L
3	L	L	H	H
4	L	H	L	L
5	L	H	L	H
6	L	H	H	L
7	L	H	H	H
8	H	L	L	L
9	H	L	L	H

'90A, 'L90, 'LS90
BI-QUINARY (5-2)
(See Note B)

COUNT	OUTPUT			
	Q_A	Q_D	Q_C	Q_B
0	L	L	L	L
1	L	L	L	H
2	L	L	H	L
3	L	L	H	H
4	L	H	L	L
5	H	L	L	L
6	H	L	L	H
7	H	L	H	L
8	H	L	H	H
9	H	H	L	L

'92A, 'LS92
COUNT SEQUENCE
(See Note C)

COUNT	OUTPUT			
	Q_D	Q_C	Q_B	Q_A
0	L	L	L	L
1	L	L	L	H
2	L	L	H	L
3	L	L	H	H
4	L	H	L	L
5	L	H	L	H
6	H	L	L	L
7	H	L	L	H
8	H	L	H	L
9	H	L	H	H
10	H	H	L	L
11	H	H	L	H

'90A, 'L90, 'LS90
RESET/COUNT FUNCTION TABLE

RESET INPUTS				OUTPUT			
$R_{0(1)}$	$R_{0(2)}$	$R_{9(1)}$	$R_{9(2)}$	Q_D	Q_C	Q_B	Q_A
H	H	L	X	L	L	L	L
H	H	X	L	L	L	L	L
X	X	H	H	H	L	L	H
X	L	X	L	COUNT			
L	X	L	X	COUNT			
L	X	X	L	COUNT			
X	L	L	X	COUNT			

'92A, 'LS92, '93A, 'L93, 'LS93
RESET/COUNT FUNCTION TABLE

RESET INPUTS		OUTPUT			
$R_{0(1)}$	$R_{0(2)}$	Q_D	Q_C	Q_B	Q_A
H	H	L	L	L	L
L	X	COUNT			
X	L	COUNT			

'93A, 'L93, 'LS93
COUNT SEQUENCE
(See Note C)

COUNT	OUTPUT			
	Q_D	Q_C	Q_B	Q_A
0	L	L	L	L
1	L	L	L	H
2	L	L	H	L
3	L	L	H	H
4	L	H	L	L
5	L	H	L	H
6	L	H	H	L
7	L	H	H	H
8	H	L	L	L
9	H	L	L	H
10	H	L	H	L
11	H	L	H	H
12	H	H	L	L
13	H	H	L	H
14	H	H	H	L
15	H	H	H	H

NOTES:
A. Output Q_A is connected to input CKB for BCD count.
B. Output Q_D is connected to input CKA for bi-quinary count.
C. Output Q_A is connected to input CKB.
D. H = high level, L = low level, X = irrelevant

TYPES SN54121, SN54L121, SN74121 MONOSTABLE MULTIVIBRATORS WITH SCHMITT-TRIGGER INPUTS

REVISED MAY 1983

- Programmable Output Pulse Width
  With R_{int} . . . 35 ns Typ
  With R_{ext}/C_{ext} . . . 40 ns to 28 Seconds
- Internal Compensation for Virtual Temperature Independence
- Jitter-Free Operation up to 90% Duty Cycle
- Inhibit Capability

SN54121 . . . J OR W PACKAGE
SN54L121 . . . J PACKAGE
SN74121 . . . J OR N PACKAGE

(TOP VIEW)

Pin	Name	Pin	Name
1	$\bar{Q}$	14	V_{CC}
2	NC	13	NC
3	A1	12	NC
4	A2	11	R_{ext}/C_{ext}
5	B	10	C_{ext}
6	Q	9	R_{int}
7	GND	8	NC

NC - No internal connection.

FUNCTION TABLE

INPUTS			OUTPUTS	
A1	A2	B	Q	$\bar{Q}$
L	X	H	L	H
X	L	H	L†	H†
X	X	L	L†	H†
H	H	X	L†	H†
H	↓	H	⊓	⊔
↓	H	H	⊓	⊔
↓	↓	H	⊓	⊔
L	X	↑	⊓	⊔
X	L	↑	⊓	⊔

For explanation of function table symbols, see page

† These lines of the function table assume that the indicated steady-state conditions at the A and B inputs have been setup long enough to complete any pulse started before the setup.

description

These multivibrators feature dual negative-transition-triggered inputs and a single positive-transition-triggered input which can be used as an inhibit input. Complementary output pulses are provided.

Pulse triggering occurs at a particular voltage level and is not directly related to the transition time of the input pulse. Schmitt-trigger input circuitry (TTL hysteresis) for the B input allows jitter-free triggering from inputs with transition rates as slow as 1 volt/second, providing the circuit with an excellent noise immunity of typically 1.2 volts. A high immunity to V_{CC} noise of typically 1.5 volts is also provided by internal latching circuitry.

Once fired, the outputs are independent of further transitions of the inputs and are a function only of the timing components. Input pulses may be of any duration relative to the output pulse. Output pulse length may be varied from 40 nanoseconds to 28 seconds by choosing appropriate timing components. With no external timing components (i.e., R_{int} connected to V_{CC}, C_{ext} and R_{ext}/C_{ext} open), an output pulse of typically 30 or 35 nanoseconds is achieved which may be used as a d-c triggered reset signal. Output rise and fall times are TTL compatible and independent of pulse length.

Pulse width stability is achieved through internal compensation and is virtually independent of V_{CC} and temperature. In most applications, pulse stability will only be limited by the accuracy of external timing components.

Jitter-free operation is maintained over the full temperature and V_{CC} ranges for more than six decades of timing capacitance (10 pF to 10 μF) and more than one decade of timing resistance (2 kΩ to 30 kΩ for the SN54121/SN54L121 and 2 kΩ to 40 kΩ for the SN74121). Throughout these ranges, pulse width is defined by the relationship $t_{w(out)} = C_{ext}R_T \ln 2 \approx 0.7\, C_{ext}R_T$. In circuits where pulse cutoff is not critical, timing capacitance up to 1000 μF and timing resistance as low as 1.4 kΩ may be used. Also, the range of jitter-free output pulse widths is extended if V_{CC} is held to 5 volts and free-air temperature is 25°C. Duty cycles as high as 90% are achieved when using maximum recommended R_T. Higher duty cycles are available if a certain amount of pulse-width jitter is allowed.

TEXAS INSTRUMENTS
POST OFFICE BOX 225012 • DALLAS, TEXAS 75265

TYPES SN54121, SN54L121, SN74121 MONOSTABLE MULTIVIBRATORS WITH SCHMITT-TRIGGER INPUTS

logic diagram (positive logic)

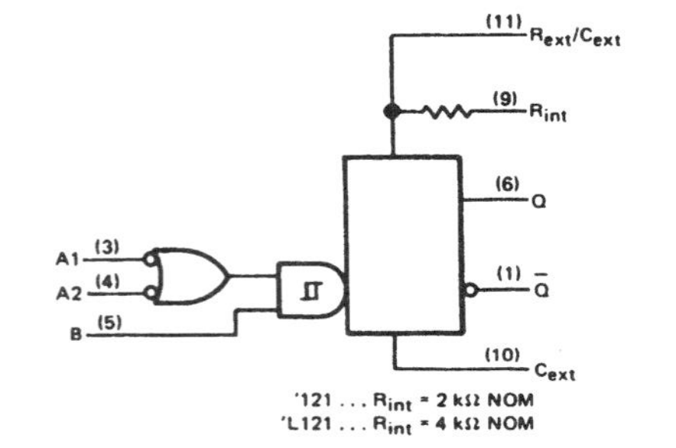

Pin numbers shown on logic notation are for J or N packages.

NOTES: 1. An external capacitor may be connected between C_{ext} (positive) and R_{ext}/C_{ext}.
2. To use the internal timing resistor, connect R_{int} to V_{CC}. For improved pulse width accuracy and repeatability, connect an external resistor between R_{ext}/C_{ext} and V_{CC} with R_{int} open-circuited.

schematics of inputs and outputs

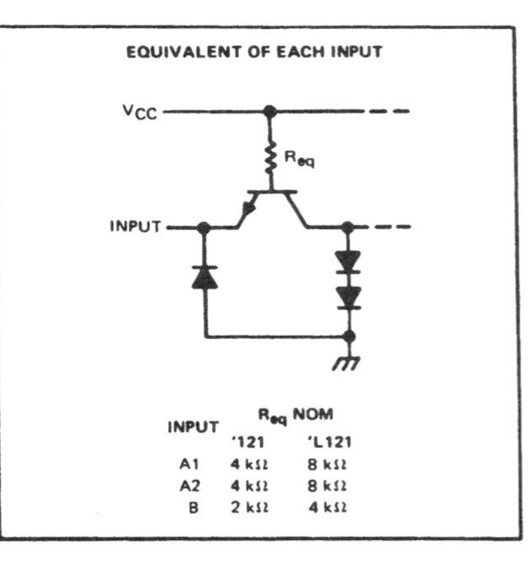

INPUT	R_{eq} NOM '121	R_{eq} NOM 'L121
A1	4 kΩ	8 kΩ
A2	4 kΩ	8 kΩ
B	2 kΩ	4 kΩ

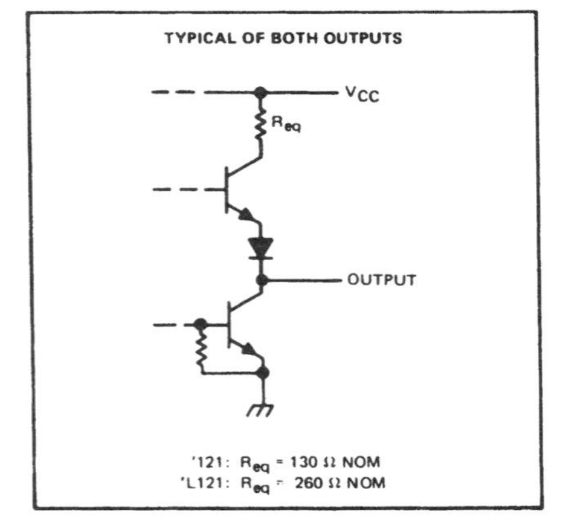

TEXAS INSTRUMENTS
POST OFFICE BOX 225012 • DALLAS, TEXAS 75265

TYPES SN54LS139A, SN54S139, SN74LS139A, SN74S139
DUAL 2-LINE TO 4-LINE DECODERS/DEMULTIPLEXERS

REVISED APRIL 1985

- **Designed Specifically for High-Speed:**
  - **Memory Decoders**
  - **Data Transmission Systems**
- **Two Fully Independent 2-to-4-Line Decoders/Demultiplexers**
- **Schottky Clamped for High Performance**

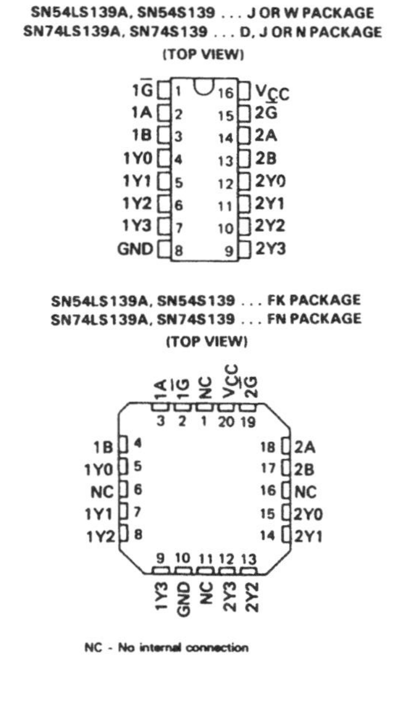

description

These Schottky-clamped TTL MSI circuits are designed to be used in high-performance memory decoding or data-routing applications requiring very short propagation delay times. In high-performance memory systems these decoders can be used to minimize the effects of system decoding. When employed with high-speed memories utilizing a fast enable circuit the delay times of these decoders and the enable time of the memory are usually less than the typical access time of the memory. This means that the effective system delay introduced by the Schottky-clamped system decoder is negligible.

The circuit comprises two individual two-line to four-line decoders in a single package. The active-low enable input can be used as a data line in demultiplexing applications.

All of these decoders/demultiplexers feature fully buffered inputs, each of which represents only one normalized load to its driving circuit. All inputs are clamped with high-performance Schottky diodes to suppress line-ringing and to simplify system design. The SN54LS139A and SN54S139 are characterized for operation range of −55°C to 125°C. The SN74LS139A and SN74S139 are characterized for operation from 0°C to 70°C.

FUNCTION TABLE

INPUTS			OUTPUTS			
ENABLE	SELECT					
G̅	B	A	Y0	Y1	Y2	Y3
H	X	X	H	H	H	H
L	L	L	L	H	H	H
L	L	H	H	L	H	H
L	H	L	H	H	L	H
L	H	H	H	H	H	L

H = high level, L = low level, X = irrelevant

logic diagram

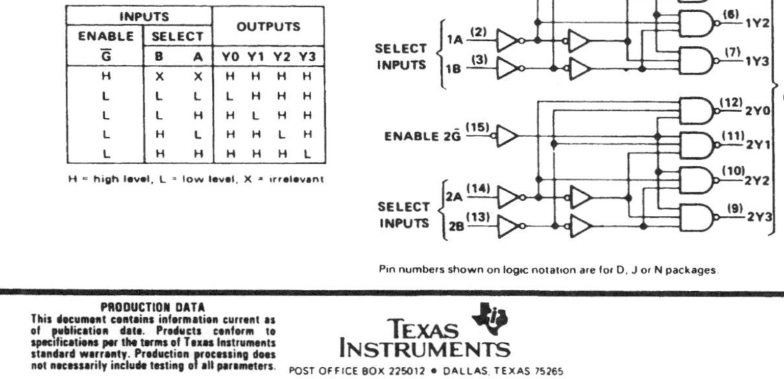

Pin numbers shown on logic notation are for D, J or N packages.

TYPES SN54LS139A, SN54S139, SN74LS139A, SN74S139
DUAL 2-LINE TO 4-LINE DECODERS/DEMULTIPLEXERS

schematics of inputs and outputs

EQUIVALENT OF EACH INPUT OF 'LS139A

VCC — 20 kΩ NOM — INPUT

EQUIVALENT OF EACH INPUT OF 'S139

VCC — 2.8 kΩ NOM — INPUT

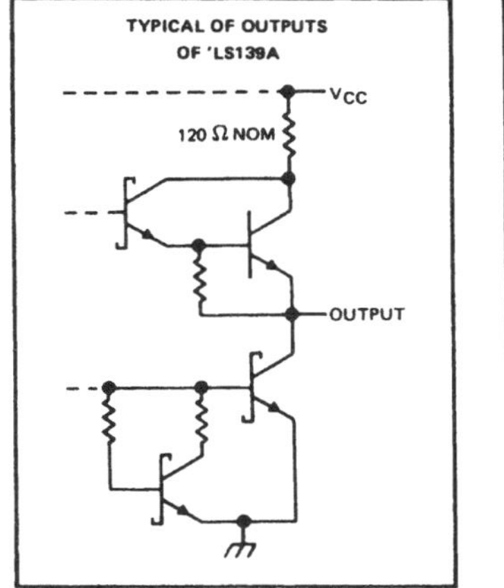

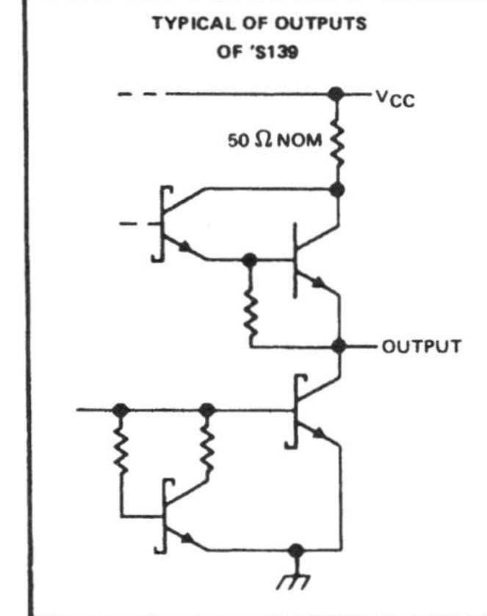

absolute maximum ratings over operating free-air temperature range (unless otherwise noted)

Supply voltage, V_{CC} (see Note 1)	7 V
Input voltage: 'LS139A, 'LS139	7 V
'S139	5.5 V
Operating free-air temperature range: SN54LS139A, SN54S139	−55°C to 125°C
SN74LS139A, SN54S139	0°C to 70°C
Storage temperature range	−65°C to 150°C

NOTE 1: Voltage values are with respect to network ground terminal.

TYPES SN54LS139A, SN74LS139A
DUAL 2-LINE TO 4-LINE DECODERS/DEMULTIPLEXERS

recommended operating conditions

		SN54LS139A			SN74LS139A			UNIT
		MIN	NOM	MAX	MIN	NOM	MAX	
V_{CC}	Supply voltage	4.5	5	5.5	4.75	5	5.25	V
V_{IH}	High-level input voltage	2			2			V
V_{IL}	Low-level input voltage			0.7			0.8	V
I_{OH}	High-level output current			– 0.4			– 0.4	mA
I_{OL}	Low-level output current			4			8	mA
T_A	Operating free-air temperature	– 55		125	0		70	°C

electrical characteristics over recommended operating free-air temperature range (unless otherwise noted)

PARAMETER	TEST CONDITIONS †			SN54LS139A			SN74LS139A			UNIT
				MIN	TYP ‡	MAX	MIN	TYP ‡	MAX	
V_{IK}	V_{CC} = MIN,	I_I = – 18 mA				– 1.5			– 1.5	V
V_{OH}	V_{CC} = MIN, I_{OH} = – 0.4 mA	V_{IH} = 2 V,	V_{IL} = MAX,	2.5	3.4		2.7	3.4		V
V_{OL}	V_{CC} = MIN, V_{IL} = MAX	V_{IH} = 2 V,	I_{OL} = 4 mA		0.25	0.4		0.25	0.4	V
			I_{OL} = 8 mA					0.35	0.5	
I_I	V_{CC} = MAX,	V_I = 7V				0.1			0.1	mA
I_{IH}	V_{CC} = MAX,	V_I = 2.7 V				20			20	μA
I_{IL}	V_{CC} = MAX,	V_I = 0.4 V				– 0.4			– 0.4	mA
I_{OS}§	V_{CC} = MAX			– 20		– 100	– 20		– 100	mA
I_{CC}	V_{CC} = MAX,	Outputs enabled and open			6.8	11		6.8	11	mA

switching characteristics, V_{CC} = 5 V, T_A = 25°C (see note 2)

PARAMETER¶	FROM (INPUT)	TO (OUTPUT)	LEVELS OF DELAY	TEST CONDITIONS	SN54LS139A SN74LS139A			UNIT
					MIN	TYP	MAX	
t_{PLH}	Binary Select	Any	2	R_L = 2 kΩ, C_L = 15 pF		13	20	ns
t_{PHL}						22	33	ns
t_{PLH}			3			18	29	ns
t_{PHL}						25	38	ns
t_{PLH}	Enable	Any	2			16	24	ns
t_{PHL}						21	32	ns

¶ t_{PLH} = propagation delay time, low to high level output; t_{PHL} = propagation delay time, high-to-low level output.
NOTE 2: See General Information Section for load circuits and voltage waveforms.

TYPES SN54S139, SN74S139
DUAL 2-LINE TO 4-LINE DECODERS/DEMULTIPLEXERS

recommended operating conditions

		SN54S139			SN74S139			UNIT
		MIN	NOM	MAX	MIN	NOM	MAX	
V_{CC}	Supply voltage	4.5	5	5.5	4.75	5	5.25	V
V_{IH}	High-level input voltage	2			2			V
V_{IL}	Low-level input voltage			0.8			0.8	V
I_{OH}	High-level output current			– 1			– 1	mA
I_{OL}	Low-level output current			20			20	mA
T_A	Operating free-air temperature	– 55		125	0		70	°C

electrical characteristics over recommended operating free-air temperature range (unless otherwise noted)

PARAMETER	TEST CONDITIONS†				SN54S139 SN74S138			UNIT
					MIN	TYP‡	MAX	
V_{IK}	V_{CC} = MIN,	I_I = 18 mA					– 1.2	V
V_{OH}	V_{CC} = MIN I_{OH} = – 1 mA	V_{IH} = 2 V,	V_{IL} = 0.8 V,	SN54S'	2.5	3.4		V
				SN74S'	2.7	3.4		
V_{OL}	V_{CC} = MIN, I_{OL} = 20 mA	V_{IH} = 2 V,	V_{IL} = 0.8 V,				0.5	V
I_I	V_{CC} = MAX,	V_I = 5.5 V					1	mA
I_{IH}	V_{CC} = MAX,	V_I = 2.7 V					50	μA
I_{IL}	V_{CC} = MAX,	V_I = 0.5 V					– 2	mA
I_{OS}§	V_{CC} = MAX				– 40		– 100	mA
I_{CC}	V_{CC} = MAX,	Outputs enabled and open		SN54S'		60	74	mA
				SN74S'		75	90	

†For conditions shown as MIN or MAX, use the appropriate value specified under recommended operating conditions.
‡All typical values are at V_{CC} = 5 V, T_A = 25°C.
§Not more than one output should be shorted at a time, and duration of the short circuit test should not exceed one second.

switching characteristics, V_{CC} = 5 V, T_A = 25°C (see note 2)

PARAMETER¶	FROM (INPUT)	TO (OUTPUT)	LEVELS OF DELAY	TEST CONDITIONS	SN54S139 SN74S139			UNIT
					MIN	TYP	MAX	
t_{PLH}	Binary Select	Any	2	R_L = 280 Ω, C_L = 15 pF		5	7.5	ns
t_{PHL}						6.5	10	ns
t_{PLH}			3			7	12	ns
t_{PHL}						8	12	ns
t_{PLH}	Enable	Any	2			5	8	ns
t_{PHL}						6.5	10	ns

¶ t_{PLH} = propagation delay time, low to high-level output
t_{PHL} = propagation delay time, high to low-level output
NOTE 2: See General Information Section for load circuits and voltage waveforms.

DECEMBER 1972—REVISED DECEMBER 1983

- '150 Selects One-of-Sixteen Data Sources
- Others Select One-of-Eight Data Sources
- Performs Parallel-to-Serial Conversion
- Permits Multiplexing from N Lines to One Line
- Also For Use as Boolean Function Generator
- Input-Clamping Diodes Simplify System Design
- Fully Compatible with Most TTL Circuits

TYPE	TYPICAL AVERAGE PROPAGATION DELAY TIME DATA INPUT TO W OUTPUT	TYPICAL POWER DISSIPATION
'150	13 ns	200 mW
'151A	8 ns	145 mW
'152A	8 ns	130 mW
'LS151	13 ns	30 mW
'LS152	13 ns	28 mW
'S151	4.5 ns	225 mW

SN54150 . . . J OR W PACKAGE
SN74150 . . . J OR N PACKAGE
(TOP VIEW)

Pin	Name	Pin	Name
1	E7	24	VCC
2	E6	23	E8
3	E5	22	E9
4	E4	21	E10
5	E3	20	E11
6	E2	19	E12
7	E1	18	E13
8	E0	17	E14
9	$\overline{G}$	16	E15
10	W	15	A
11	D	14	B
12	GND	13	C

SN54151A, SN54LS151, SN54S151 . . . J OR W PACKAGE
SN74151A . . . J OR N PACKAGE
SN74LS151, SN74S151 . . . D, J OR N PACKAGE
(TOP VIEW)

Pin	Name	Pin	Name
1	D3	16	VCC
2	D2	15	D4
3	D1	14	D5
4	D0	13	D6
5	Y	12	D7
6	W	11	A
7	$\overline{G}$	10	B
8	GND	9	C

SN54LS151, SN54S151 . . . FK PACKAGE
SN74LS151, SN74S151 . . . FN PACKAGE
(TOP VIEW)

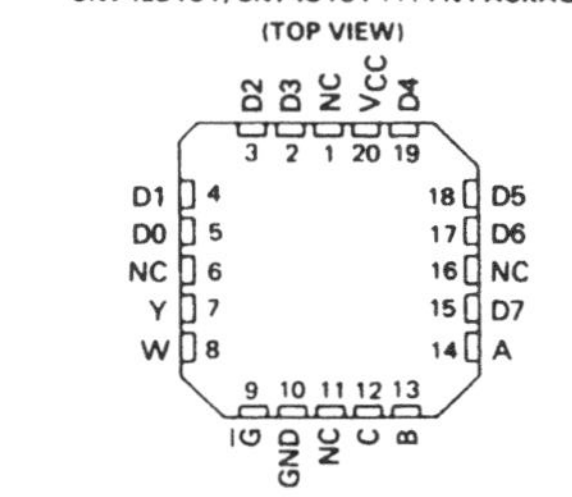

NC - No internal connection

SN54152A, SN54LS152 . . . W PACKAGE
(TOP VIEW)

Pin	Name	Pin	Name
1	D4	14	VCC
2	D3	13	D5
3	D2	12	D6
4	D1	11	D7
5	D0	10	A
6	W	9	B
7	GND	8	C

For SN54LS152 Chip Carrier Information, Contact The Factory.

description

These monolithic data selectors/multiplexers contain full on-chip binary decoding to select the desired data source. The '150 selects one-of-sixteen data sources; the '151A, '152A, 'LS151, 'LS152, and 'S151 select one-of-eight data sources. The '150, '151A, 'LS151, and 'S151 have a strobe input which must be at a low logic level to enable these devices. A high level at the strobe forces the W output high, and the Y output (as applicable) low.

The '151A, 'LS151, and 'S151 feature complementary W and Y outputs whereas the '150, '152A, and 'LS152 have an inverted (W) output only.

The '151A and '152A incorporate address buffers which have symmetrical propagation delay times through the complementary paths. This reduces the possibility of transients occurring at the output(s) due to changes made at the select inputs, even when the '151A outputs are enabled (i.e., strobe low).

TEXAS INSTRUMENTS
POST OFFICE BOX 225012 • DALLAS, TEXAS 75265

TYPES SN54150, SN54151A, SN54152A, SN54LS151, SN54LS152, SN54S151
SN74150, SN74151A, SN74LS151, SN74S151
DATA SELECTORS/MULTIPLEXERS

schematics of inputs and outputs

TYPICAL OF ALL OUTPUTS OF '150, '151A, '152A — VCC, 130 Ω NOM, OUTPUT

TYPICAL OF ALL OUTPUTS OF 'LS151, 'LS152 — VCC, 120 Ω NOM, OUTPUT

TYPICAL OF ALL OUTPUTS OF 'S151 — VCC, 50 Ω NOM, OUTPUT

logic

'150
FUNCTION TABLE

INPUTS					OUTPUT
SELECT				STROBE	W
D	C	B	A	$\overline{G}$	
X	X	X	X	H	H
L	L	L	L	L	$\overline{E0}$
L	L	L	H	L	$\overline{E1}$
L	L	H	L	L	$\overline{E2}$
L	L	H	H	L	$\overline{E3}$
L	H	L	L	L	$\overline{E4}$
L	H	L	H	L	$\overline{E5}$
L	H	H	L	L	$\overline{E6}$
L	H	H	H	L	$\overline{E7}$
H	L	L	L	L	$\overline{E8}$
H	L	L	H	L	$\overline{E9}$
H	L	H	L	L	$\overline{E10}$
H	L	H	H	L	$\overline{E11}$
H	H	L	L	L	$\overline{E12}$
H	H	L	H	L	$\overline{E13}$
H	H	H	L	L	$\overline{E14}$
H	H	H	H	L	$\overline{E15}$

'151A, 'LS151, 'S151
FUNCTION TABLE

INPUTS				OUTPUTS	
SELECT			STROBE	Y	W
C	B	A	$\overline{G}$		
X	X	X	H	L	H
L	L	L	L	D0	$\overline{D0}$
L	L	H	L	D1	$\overline{D1}$
L	H	L	L	D2	$\overline{D2}$
L	H	H	L	D3	$\overline{D3}$
H	L	L	L	D4	$\overline{D4}$
H	L	H	L	D5	$\overline{D5}$
H	H	L	L	D6	$\overline{D6}$
H	H	H	L	D7	$\overline{D7}$

'152A, 'LS152
FUNCTION TABLE

SELECT INPUTS			OUTPUT
C	B	A	W
L	L	L	$\overline{D0}$
L	L	H	$\overline{D1}$
L	H	L	$\overline{D2}$
L	H	H	$\overline{D3}$
H	L	L	$\overline{D4}$
H	L	H	$\overline{D5}$
H	H	L	$\overline{D6}$
H	H	H	$\overline{D7}$

H = high level, L = low level, X = irrelevant
$\overline{E0}$, $\overline{E1}$ . . . $\overline{E15}$ = the complement of the level of the respective E input
D0, D1 . . . D7 = the level of the D respective input

TEXAS INSTRUMENTS
POST OFFICE BOX 225012 • DALLAS, TEXAS 75265

SN54153, SN54LS153, SN54S153
SN74153, SN74LS153, SN74S153
DUAL 4-LINE TO 1-LINE DATA SELECTORS/MULTIPLEXERS

DECEMBER 1972 – REVISED MARCH 1988

- Permits Multiplexing from N lines to 1 line
- Performs Parallel-to-Serial Conversion
- Strobe (Enable) Line Provided for Cascading (N lines to n lines)
- High-Fan-Out, Low-Impedance, Totem-Pole Outputs
- Fully Compatible with most TTL Circuits

TYPE	TYPICAL AVERAGE PROPAGATION DELAY TIMES FROM DATA	FROM STROBE	FROM SELECT	TYPICAL POWER DISSIPATION
'153	14 ns	17 ns	22 ns	180 mW
'LS153	14 ns	19 ns	22 ns	31 mW
'S153	6 ns	9.5 ns	12 ns	225 mW

SN54153, SN54LS153, SN54S153 . . . J OR W PACKAGE
SN74153 . . . N PACKAGE
SN74LS153, SN74S153 . . . D OR N PACKAGE
(TOP VIEW)

Pin	Name	Pin	Name
1	$1\overline{G}$	16	V_{CC}
2	B	15	$2\overline{G}$
3	1C3	14	A
4	1C2	13	2C3
5	1C1	12	2C2
6	1C0	11	2C1
7	1Y	10	2C0
8	GND	9	2Y

SN54LS153, SN54S153 . . . FK PACKAGE
(TOP VIEW)

Pin	Name	Pin	Name
3	B	18	A
2	$1\overline{G}$	17	2C3
1	NC	16	NC
20	V_{CC}	15	2C2
19	$2\overline{G}$	14	2C1
4	1C3	9	1Y
5	1C2	10	GND
6	NC	11	NC
7	1C1	12	2Y
8	1C0	13	2C0

NC - No internal connection

description

Each of these monolithic, data selectors/multiplexers contains inverters and drivers to supply fully complementary, on-chip, binary decoding data selection to the AND-OR gates. Separate strobe inputs are provided for each of the two four-line sections.

FUNCTION TABLE

SELECT INPUTS		DATA INPUTS				STROBE	OUTPUT
B	A	C0	C1	C2	C3	$\overline{G}$	Y
X	X	X	X	X	X	H	L
L	L	L	X	X	X	L	L
L	L	H	X	X	X	L	H
L	H	X	L	X	X	L	L
L	H	X	H	X	X	L	H
H	L	X	X	L	X	L	L
H	L	X	X	H	X	L	H
H	H	X	X	X	L	L	L
H	H	X	X	X	H	L	H

Select inputs A and B are common to both sections.
H = high level, L = low level, X = irrelevant

absolute maximum ratings over operating free-air temperature range (unless otherwise noted)

Supply voltage, V_{CC} (See Note 1) . . . 7 V
Input voltage: '153, 'S153 . . . 5.5 V
'LS153 . . . 7 V
Operating free-air temperature range: SN54' . . . −55°C to 125°C
SN74' . . . 0°C to 70°C
Storage temperature range . . . −65°C to 150°C

NOTE 1: Voltage values are with respect to network ground terminal.

logic symbol†

†This symbol is in accordance with ANSI/IEEE Std. 91-1984 and IEC Publication 617-12.

logic diagrams (positive logic)

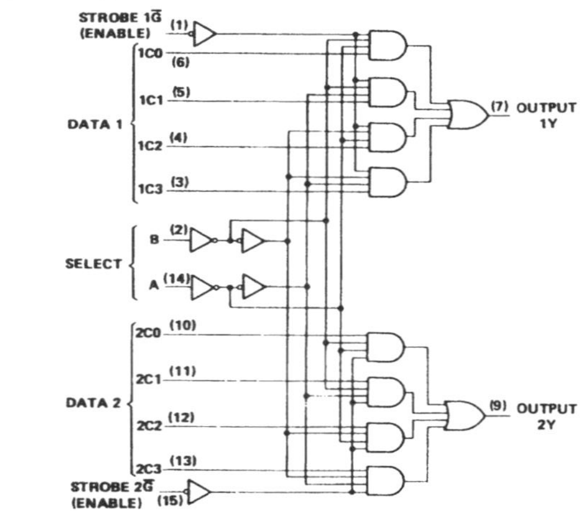

Pin numbers shown are for D, J, N, and W packages.

TYPES SN54174, SN54175, SN54LS174, SN54LS175, SN54S174, SN54S175, SN74174, SN74175, SN74LS174, SN74LS175, SN74S174, SN74S175 HEX/QUADRUPLE D-TYPE FLIP-FLOPS WITH CLEAR

DECEMBER 1972—REVISED DECEMBER 1983

'174, 'LS174, 'S174 . . . HEX D-TYPE FLIP-FLOPS
'175, 'LS175, 'S175 . . . QUADRUPLE D-TYPE FLIP-FLOPS

- '174, 'LS174, 'S174 Contain Six Flip-Flops with Single-Rail Outputs
- '175, 'LS175, 'S175 Contain Four Flip-Flops with Double-Rail Outputs
- Three Performance Ranges Offered: See Table Lower Right
- Buffered Clock and Direct Clear Inputs
- Individual Data Input to Each Flip-Flop
- Applications include:
  - Buffer/Storage Registers
  - Shift Registers
  - Pattern Generators

SN54174, SN54LS174, SN54S174 . . . J OR W PACKAGE
SN74174 . . . J OR N PACKAGE
SN74LS174, SN74S174 . . . D, J OR N PACKAGE
(TOP VIEW)

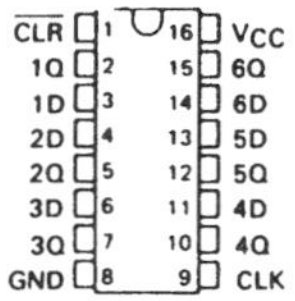

Pin	Name	Pin	Name
1	$\overline{CLR}$	16	V_{CC}
2	1Q	15	6Q
3	1D	14	6D
4	2D	13	5D
5	2Q	12	5Q
6	3D	11	4D
7	3Q	10	4Q
8	GND	9	CLK

SN54LS174, SN54S174 . . . FK PACKAGE
SN74LS174, SN74S174 . . . FN PACKAGE
(TOP VIEW)

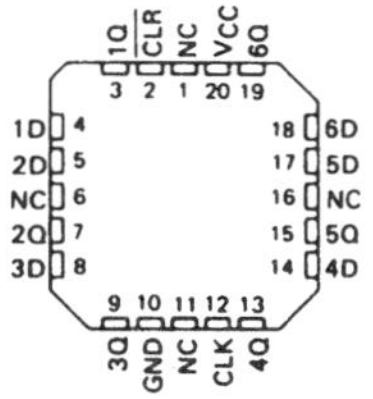

Top: 3 1Q, 2 $\overline{CLR}$, 1 NC, 20 V_{CC}, 19 6Q
Left: 4 1D, 5 2D, 6 NC, 7 2Q, 8 3D
Right: 18 6D, 17 5D, 16 NC, 15 5Q, 14 4D
Bottom: 9 3Q, 10 GND, 11 NC, 12 CLK, 13 4Q

description

These monolithic, positive-edge-triggered flip-flops utilize TTL circuitry to implement D-type flip-flop logic. All have a direct clear input, and the '175, 'LS175, and 'S175 feature complementary outputs from each flip-flop.

Information at the D inputs meeting the setup time requirements is transferred to the Q outputs on the positive-going edge of the clock pulse. Clock triggering occurs at a particular voltage level and is not directly related to the transition time of the positive-going pulse. When the clock input is at either the high or low level, the D input signal has no effect at the output.

These circuits are fully compatible for use with most TTL circuits.

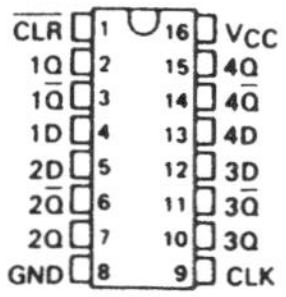

FUNCTION TABLE
(EACH FLIP-FLOP)

INPUTS			OUTPUTS	
CLEAR	CLOCK	D	Q	$\overline{Q}$†
L	X	X	L	H
H	↑	H	H	L
H	↑	L	L	H
H	L	X	Q_0	$\overline{Q}_0$

H = high level (steady state)
L = low level (steady state)
X = irrelevant
↑ = transition from low to high level
Q_0 = the level of Q before the indicated steady-state input conditions were established.
† = '175, 'LS175, and 'S175 only.

TYPES	TYPICAL MAXIMUM CLOCK FREQUENCY	TYPICAL POWER DISSIPATION PER FLIP-FLOP
'174, '175	35 MHz	38 mW
'LS174, 'LS175	40 MHz	14 mW
'S174, 'S175	110 MHz	75 mW

SN54175, SN54LS175, SN54S175 . . . J OR W PACKAGE
SN74175 . . . J OR N PACKAGE
SN74LS175, SN74S175 . . . D, J OR N PACKAGE
(TOP VIEW)

Pin	Name	Pin	Name
1	$\overline{CLR}$	16	V_{CC}
2	1Q	15	4Q
3	$\overline{1Q}$	14	$\overline{4Q}$
4	1D	13	4D
5	2D	12	3D
6	$\overline{2Q}$	11	$\overline{3Q}$
7	2Q	10	3Q
8	GND	9	CLK

SN54LS175, SN54S175 . . . FK PACKAGE
SN74LS175, SN74S175 . . . FN PACKAGE
(TOP VIEW)

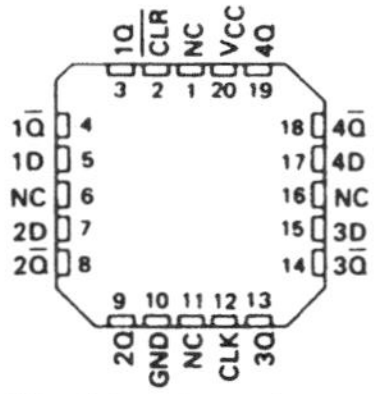

Top: 3 1Q, 2 $\overline{CLR}$, 1 NC, 20 V_{CC}, 19 4Q
Left: 4 $\overline{1Q}$, 5 1D, 6 NC, 7 2D, 8 $\overline{2Q}$
Right: 18 $\overline{4Q}$, 17 4D, 16 NC, 15 3D, 14 $\overline{3Q}$
Bottom: 9 2Q, 10 GND, 11 NC, 12 CLK, 13 3Q

NC — No internal connection

TEXAS INSTRUMENTS
POST OFFICE BOX 225012 • DALLAS, TEXAS 75265

TYPES SN54174, SN54175, SN54LS174, SN54LS175, SN54S174, SN54S175, SN74174, SN74175, SN74LS174, SN74LS175, SN74S174, SN74S175 HEX/QUADRUPLE D-TYPE FLIP-FLOPS WITH CLEAR

logic diagrams

'174, 'LS174, 'S174

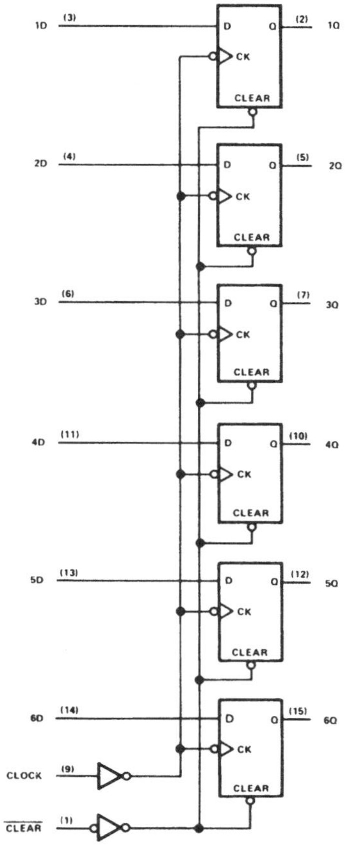

Inputs: 1D (3), 2D (4), 3D (6), 4D (11), 5D (13), 6D (14), CLOCK (9), $\overline{CLEAR}$ (1)
Outputs: 1Q (2), 2Q (5), 3Q (7), 4Q (10), 5Q (12), 6Q (15)

'175, 'LS175, 'S175

Inputs: 1D (4), 2D (5), 3D (12), 4D (13), CLOCK (9), $\overline{CLEAR}$ (1)
Outputs: 1Q (2), $\overline{1Q}$ (3), 2Q (7), $\overline{2Q}$ (6), 3Q (10), $\overline{3Q}$ (11), 4Q (15), $\overline{4Q}$ (14)

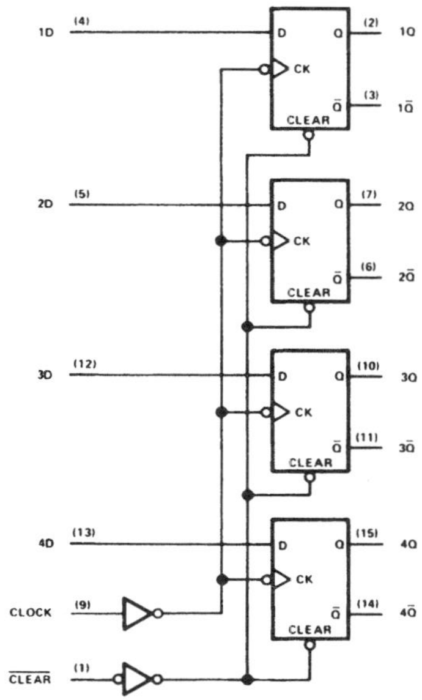

Pin numbers shown on logic notation are for D, J or N packages.

TEXAS INSTRUMENTS
POST OFFICE BOX 225012 • DALLAS, TEXAS 75265

National Semiconductor

Bipolar RAMs

DM54LS189/DM74LS189 low power 64-bit random access memories with TRI-STATE® outputs

general description

These 64-bit active-element memories are monolithic Schottky-clamped transistor-transistor logic (TTL) arrays organized as 16 words of 4 bits each. They are fully decoded and feature a chip enable input to simplify decoding required to achieve the desired system organization. This device is implemented with low power Schottky technology resulting in one-fifth power while retaining the speed of standard TTL.

The TRI-STATE output combines the convenience of an open-collector with the speed of a totem-pole output; it can be bus-connected to other similar outputs, yet it retains the fast rise time characteristics of the TTL totem-pole output. Systems utilizing data bus lines with a defined pull-up impedance can employ the open-collector DM54LS289.

Write Cycle: The complement of the information at the data input is written into the selected location when both the chip enable input and the read/write input are low. While the read/write input is low, the outputs are in the high impedance state. When a number of the DM54LS189 outputs are bus-connected, this high impedance state will neither load nor drive the bus line, but it will allow the bus line to be driven by another active output or a passive pull-up if desired.

Read Cycle: The stored information (complement of information applied at the data inputs during the write cycle) is available at the outputs when the read/write input is high and the chip enable is low. When the chip enable input is high, the outputs will be in the high impedance state.

features

- Schottky-clamped for high speed applications
  - Access from chip enable input—40 ns typ
  - Access from address inputs—60 ns typ
- TRI-STATE outputs drive bus-organized systems and/or high capacitive loads
- Low power—75 mW typ
- DM54LS189 is guaranteed for operation over the full military temperature range of −55°C to +125°C
- Compatible with most TTL and DTL logic circuits
- Chip enable input simplifies system decoding

connection diagram

Dual-In-Line and Flat Package

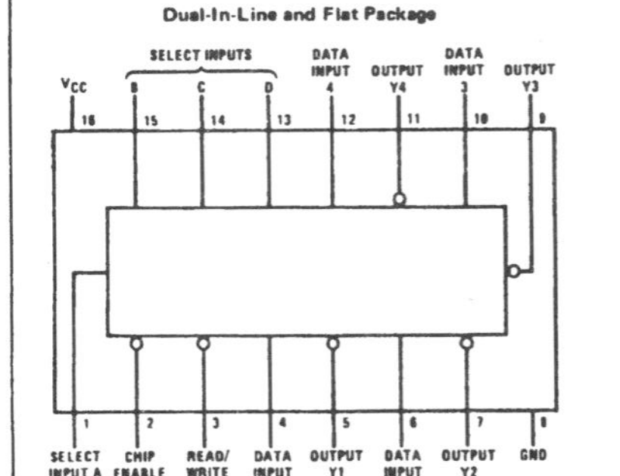

TOP VIEW

truth table

FUNCTION	INPUTS		OUTPUT
	CHIP ENABLE	READ/ WRITE	
Write (Store Complement of Data)	L	L	Hz
Read	L	H	Stored Data
Inhibit	H	X	Hz

H = high level
L = low level
X = don't care

Order Number DM54LS189J or DM74LS189J
See Package 10
Order Number DM74LS189N
See Package 15
Order Number DM54LS189W
See Package 28

absolute maximum ratings (Note 1)

Supply Voltage, V_{CC}	7V
Input Voltage	5.5V
Output Voltage	5.5V
Storage Temperature Range	−65°C to +150°C
Lead Temperature (Soldering, 10 seconds)	300°C

operating conditions

	MIN	MAX	UNITS
Supply Voltage (V_{CC})			
DM54LS189	4.5	5.5	V
DM74LS189	4.75	5.25	V
Temperature (T_A)			
DM54LS189	55	+125	°C
DM74LS189	0	+70	°C

electrical characteristics

Over recommended operating free-air temperature range (unless otherwise noted) (Notes 2 and 3)

PARAMETER		CONDITIONS		MIN	TYP	MAX	UNITS
V_{IH}	High Level Input Voltage			2			V
V_{IL}	Low Level Input Voltage					0.8	V
V_{OH}	High Level Output Voltage	V_{CC} = Min	I_{OH} = −2 mA	2.4	3.4		V
				2.4	3.2		
V_{OL}	Low Level Output Voltage	V_{CC} = Min	I_{OL} = 4 mA DM54LS189			0.45	V
			I_{OL} = 8 mA DM74LS189			0.5	
I_{IH}	High Level Input Current	V_{CC} = Max, V_I = 2.7				10	μA
I_I	High Level Input Current at Maximum Voltage	V_{CC} = Max, V_I = 5.5V				1.0	mA
I_{IL}	Low Level Input Current	V_{CC} = Max, V_I = 0.45V				−100	μA
I_{OS}	Short-Circuit Output Current (Note 4)	V_{CC} = Max, V_O = 0V		−30		−100	mA
I_{CC}	Supply Current (Note 5)	V_{CC} = Max			15	29	mA
V_{IC}	Input Clamp Voltage	V_{CC} = Min, I_I = −18 mA				−1.2	V
I_{OZH}	TRI-STATE Output Current, High Level Voltage Applied	V_{CC} = Max, V_O = 2.4V				40	μA
I_{OZL}	TRI-STATE Output Current, Low Level Voltage Applied	V_{CC} = Max, V_O = 0.45V				40	μA

switching time waveforms

Enable and Disable Time From Chip Enable

Access Time From Address Inputs

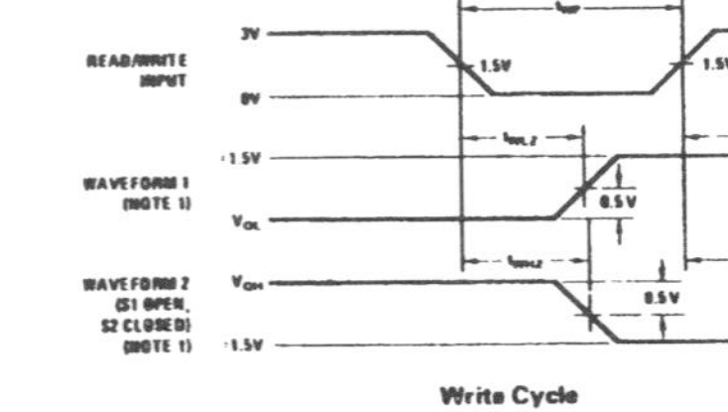

Write Cycle

FIGURE 1

Note 1: Waveform 1 is for the output with internal conditions such that the output is low except when disabled. Waveform 2 is for the output with internal conditions such that the output is high except when disabled.

Note 2. When measuring delay times from address inputs, the chip enable input is low and the read/write input is high.

Note 3: When measuring delay times from chip enable input, the address inputs are steady-state and the read/write input is high.

Note 4: Input waveforms are supplied by pulse generators having the following characteristics: $t_r \leq 2.5$ ns, $t_f \leq 2.5$ ns, PRR ≤ 1 MHz, and Z_{OUT} = 50Ω.

TYPES SN54190, SN54191, SN54LS190, SN54LS191, SN74190, SN74191, SN74LS190, SN74LS191
SYNCHRONOUS UP/DOWN COUNTERS WITH DOWN/UP MODE CONTROL

DECEMBER 1972—REVISED DECEMBER 1983

- Counts 8-4-2-1 BCD or Binary
- Single Down/Up Count Control Line
- Count Enable Control Input
- Ripple Clock Output for Cascading
- Asynchronously Presettable with Load Control
- Parallel Outputs
- Cascadable for n-Bit Applications

TYPE	AVERAGE PROPAGATION DELAY	TYPICAL MAXIMUM CLOCK FREQUENCY	TYPICAL POWER DISSIPATION
'190,'191	20ns	25MHz	325mW
'LS190,'LS191	20ns	25MHz	100mW

SN54190, SN54191, SN54LS190,
SN54LS191 . . . J OR W PACKAGE
SN74190, SN74191 . . . J OR N PACKAGE
SN74LS190, SN74LS191 . . . D, J OR N PACKAGE
(TOP VIEW)

Pin	Name	Pin	Name
1	B	16	VCC
2	QB	15	A
3	QA	14	CLK
4	CTEN	13	RCO
5	D/U	12	MAX/MIN
6	QC	11	LOAD
7	QD	10	C
8	GND	9	D

SN54LS190, SN54LS191 . . . FK PACKAGE
SN74LS190, SN74LS191 . . . FN PACKAGE
(TOP VIEW)

Pin	Name	Pin	Name
3	QB	4	QA
2	B	5	CTEN
1	NC	6	NC
20	VCC	7	D/U
19	A	8	QC
18	CLK	9	QD
17	RCO	10	GND
16	NC	11	NC
15	MAX/MIN	12	D
14	LOAD	13	C

NC - No internal connection

description

The '190, 'LS190, '191, and 'LS191 are synchronous, reversible up/down counters having a complexity of 58 equivalent gates. The '191 and 'LS191 are 4-bit binary counters and the '190 and 'LS190 are BCD counters. Synchronous operation is provided by having all flip-flops clocked simultaneously so that the outputs change coincident with each other when so instructed by the steering logic. This mode of operation eliminates the output counting spikes normally associated with asynchronous (ripple clock) counters.

The outputs of the four master-slave flip-flops are triggered on a low-to-high transition of the clock input if the enable input is low. A high at the enable input inhibits counting. Level changes at the enable input should be made only when the clock input is high. The direction of the count is determined by the level of the down/up input. When low, the counter count up and when high, it counts down. A false clock may occur if the down/up input changes while the clock is low. A false ripple carry may occur if both the clock and enable are low and the down/up input is high during a load pulse.

These counters are fully programmable; that is, the outputs may be preset to either level by placing a low on the load input and entering the desired data at the data inputs. The output will change to agree with the data inputs independently of the level of the clock input. This feature allows the counters to be used as modulo-N dividers by simply modifying the count length with the preset inputs.

The clock, down/up, and load inputs are buffered to lower the drive requirement which significantly reduces the number of clock drivers, etc., required for long parallel words.

Two outputs have been made available to perform the cascading function: ripple clock and maximum/minimum count. The latter output produces a high-level output pulse with a duration approximately equal to one complete cycle of the clock when the counter overflows or underflows. The ripple clock output produces a low-level output pulse equal in width to the low-level portion of the clock input when an overflow or underflow condition exists. The counters can be easily cascaded by feeding the ripple clock output to the enable input of the succeeding counter if parallel clocking is used, or to the clock input if parallel enabling is used. The maximum/minimum count output can be used to accomplish look-ahead for high-speed operation.

Series 54' and 54LS' are characterized for operation over the full military temperature range of −55°C to 125°C; Series 74' and 74LS' are characterized for operation from 0°C to 70°C.

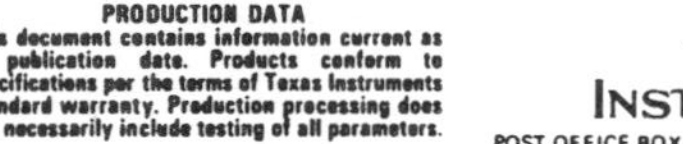

POST OFFICE BOX 225012 • DALLAS, TEXAS 75265

TYPES SN54191, SN54LS191, SN74191, SN74LS191
SYNCHRONOUS UP/DOWN COUNTERS WITH DOWN/UP MODE CONTROL

logic diagram

'191, 'LS191 BINARY COUNTERS

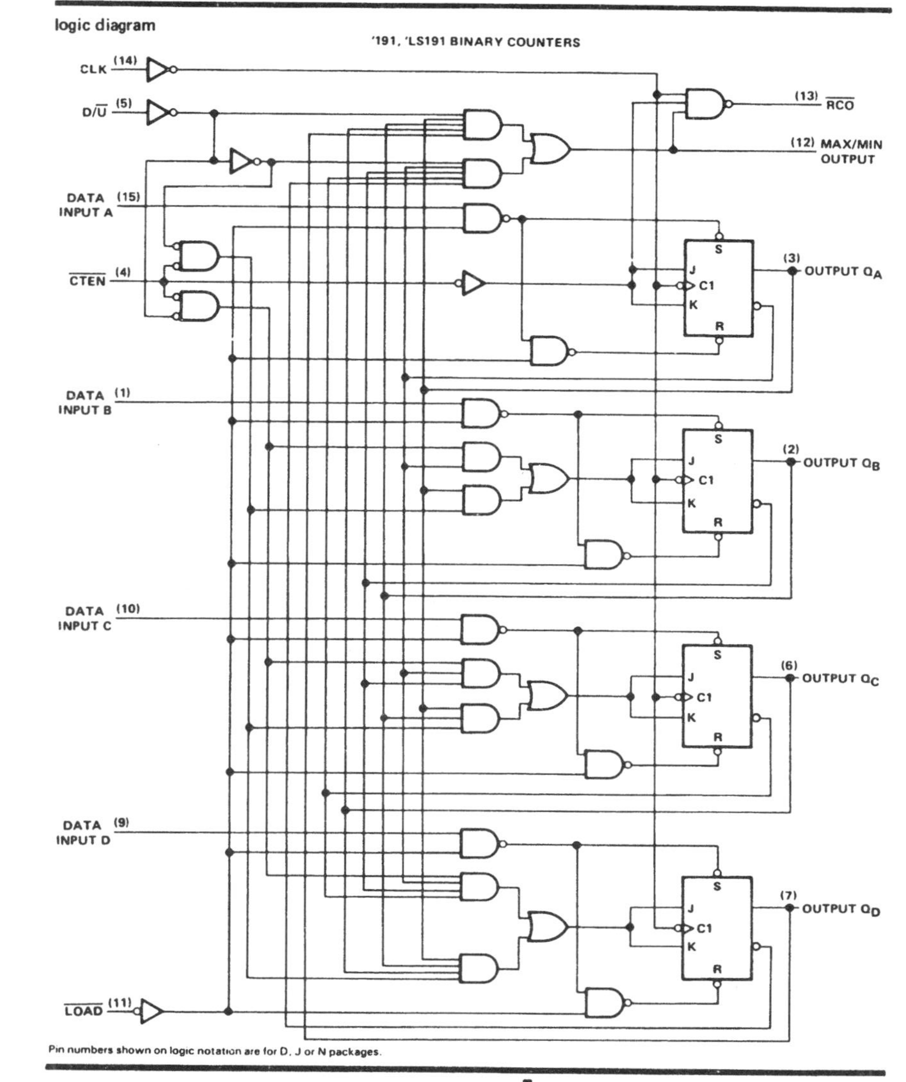

Pin numbers shown on logic notation are for D, J or N packages.

POST OFFICE BOX 225012 • DALLAS, TEXAS 75265

TYPES SN54195, SN54LS195A, SN54S195, SN74195, SN74LS195A, SN74S195 4-BIT PARALLEL-ACCESS SHIFT REGISTERS

MARCH 1974 REVISED APRIL 1985

- Synchronous Parallel Load
- Positive-Edge-Triggered Clocking
- Parallel Inputs and Outputs from Each Flip-Flop
- Direct Overriding Clear
- J and $\overline{K}$ Inputs to First Stage
- Complementary Outputs from Last Stage
- For Use in High Performance:
  - Accumulators/Processors
  - Serial-to-Parallel, Parallel-to-Serial Converters

SN54195, SN54LS195A, SN54S195 . . . J OR W PACKAGE
SN74195 . . . J OR N PACKAGE
SN74LS195A, SN74S195 . . . D, J OR N PACKAGE
(TOP VIEW)

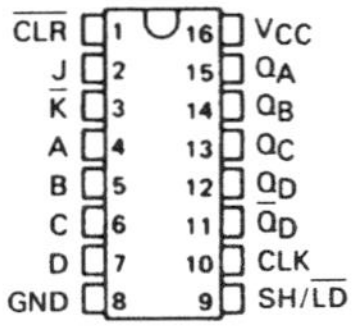

Pin	Name	Pin	Name
1	$\overline{CLR}$	16	V_{CC}
2	J	15	Q_A
3	$\overline{K}$	14	Q_B
4	A	13	Q_C
5	B	12	Q_D
6	C	11	$\overline{Q}_D$
7	D	10	CLK
8	GND	9	SH/$\overline{LD}$

SN54LS195, SN54S195 . . . FK PACKAGE
SN74LS195, SN74S195 . . . FN PACKAGE
(TOP VIEW)

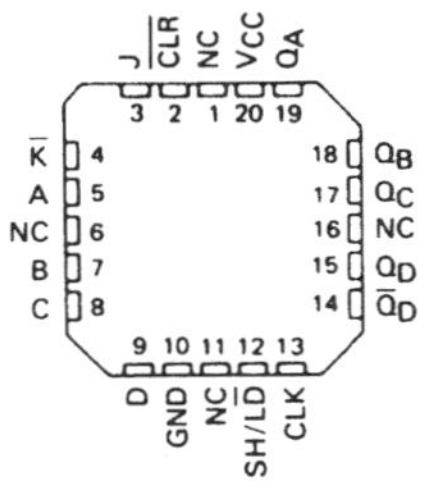

Pin	Name	Pin	Name
1	NC	11	NC
2	$\overline{CLR}$	12	SH/$\overline{LD}$
3	J	13	CLK
4	$\overline{K}$	14	$\overline{Q}_D$
5	A	15	Q_D
6	NC	16	NC
7	B	17	Q_C
8	C	18	Q_B
9	D	19	Q_A
10	GND	20	V_{CC}

NC - No internal connection

description

These 4-bit registers feature parallel inputs, parallel outputs, J-$\overline{K}$ serial inputs, shift/load control input, and a direct overriding clear. All inputs are buffered to lower the input drive requirements. The registers have two modes of operation:

Parallel (broadside) load
Shift (in the direction Q_A toward Q_D)

Parallel loading is accomplished by applying the four bits of data and taking the shift/load control input low. The data is loaded into the associated flip-flop and appears at the outputs after the positive transition of the clock input. During loading, serial data flow is inhibited.

Shifting is accomplished synchronously when the shift/load control input is high. Serial data for this mode is entered at the J-$\overline{K}$ inputs. These inputs permit the first stage to perform as a J-$\overline{K}$, D-, or T-type flip-flop as shown in the function table.

The high-performance 'S195, with a 105-megahertz typical maximum shift-frequency, is particularly attractive for very-high-speed data processing systems. In most cases existing systems can be upgraded merely by using this Schottky-clamped shift register.

TYPE	TYPICAL MAXIMUM CLOCK FREQUENCY	TYPICAL POWER DISSIPATION
'195	39 MHz	195 mW
'LS195A	39 MHz	70 mW
'S195	105 MHz	350 mW

FUNCTION TABLE

INPUTS									OUTPUTS				
CLEAR	SHIFT/LOAD	CLOCK	SERIAL J	SERIAL $\overline{K}$	PARALLEL A	B	C	D	Q_A	Q_B	Q_C	Q_D	$\overline{Q}_D$
L	X	X	X	X	X	X	X	X	L	L	L	L	H
H	L	↑	X	X	a	b	c	d	a	b	c	d	$\overline{d}$
H	H	L	X	X	X	X	X	X	Q_{A0}	Q_{B0}	Q_{C0}	Q_{D0}	$\overline{Q}_{D0}$
H	H	↑	L	H	X	X	X	X	Q_{A0}	Q_{A0}	Q_{Bn}	Q_{Cn}	$\overline{Q}_{Cn}$
H	H	↑	L	L	X	X	X	X	L	Q_{An}	Q_{Bn}	Q_{Cn}	$\overline{Q}_{Cn}$
H	H	↑	H	H	X	X	X	X	H	Q_{An}	Q_{Bn}	Q_{Cn}	$\overline{Q}_{Cn}$
H	H	↑	H	L	X	X	X	X	$\overline{Q}_{An}$	Q_{An}	Q_{Bn}	Q_{Cn}	$\overline{Q}_{Cn}$

H = high level (steady state)
L = low level (steady state)
X = irrelevant (any input, including transitions)
↑ = transition from low to high level
a, b, c, d = the level of steady state input at A, B, C, or D, respectively
Q_{A0}, Q_{B0}, Q_{C0}, Q_{D0} = the level of Q_A, Q_B, Q_C, or Q_D, respectively, before the indicated steady state input conditions were established
Q_{An}, Q_{Bn}, Q_{Cn} = the level of Q_A, Q_B, or Q_C, respectively, before the most-recent transition of the clock

logic diagram

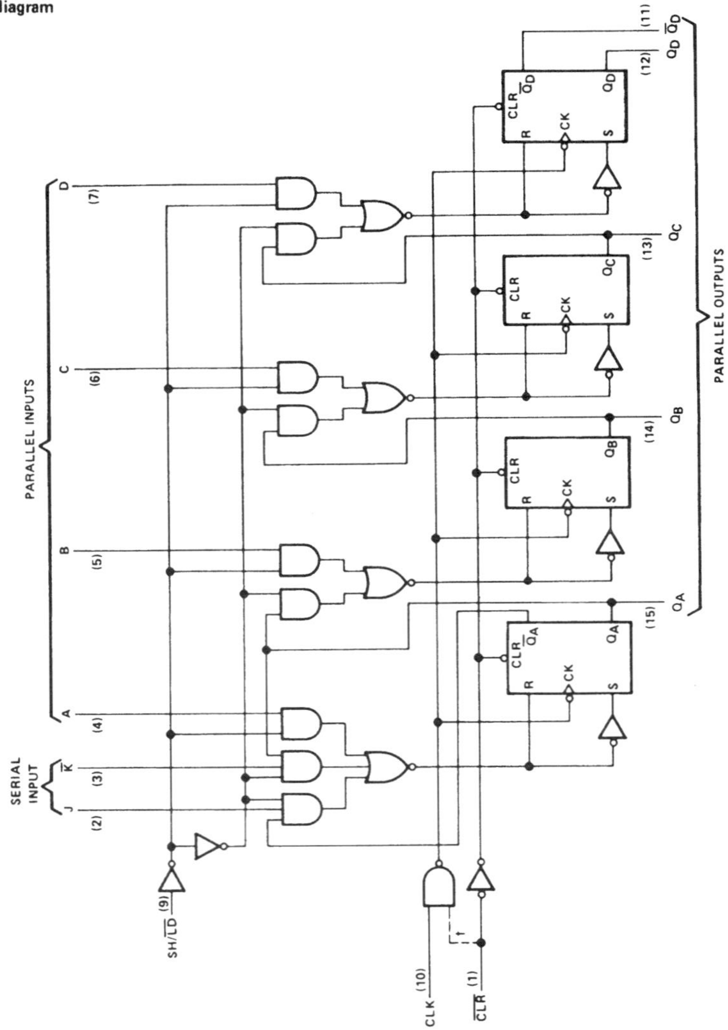

† This connection is made on '195 only.
Pin numbers shown on logic notation are for D, J or N packages.

National Semiconductor

CD4069M/CD4069C Inverter Circuits

General Description

The CD4069B consists of six inverter circuits and is manufactured using complementary MOS (CMOS) to achieve wide power supply operating range, low power consumption, high noise immunity, and symmetric controlled rise and fall times.

This device is intended for all general purpose inverter applications where the special characteristics of the MM74C901, MM74C903, MM74C907, and CD4049A Hex Inverter/Buffers are not required. In those applications requiring larger noise immunity the MM74C14 or MM74C914 Hex Schmitt Trigger is suggested.

All inputs are protected from damage due to static discharge by diode clamps to V_{DD} and V_{SS}.

Features

- Wide supply voltage range — 3.0V to 15V
- High noise immunity — 0.45 V_{DD} typ.
- Low power TTL compatibility — fan out of 2 driving 74L or 1 driving 74LS
- Equivalent to MM54C04/MM74C04

Schematic and Connection Diagrams

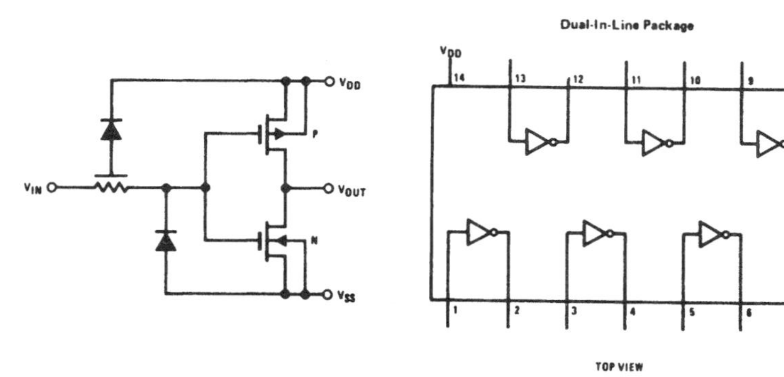

AC Test Circuits and Switching Time Waveforms

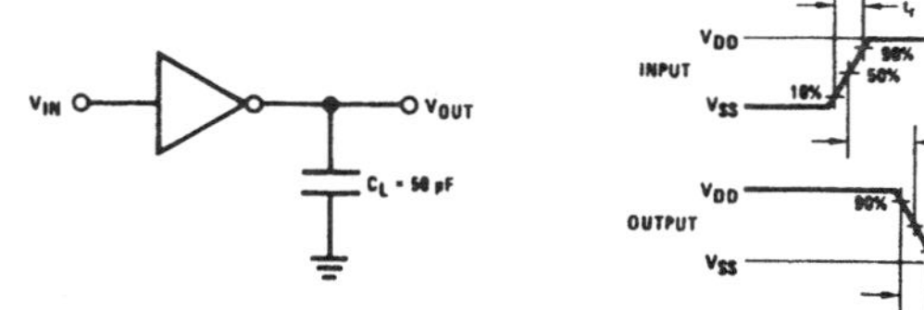

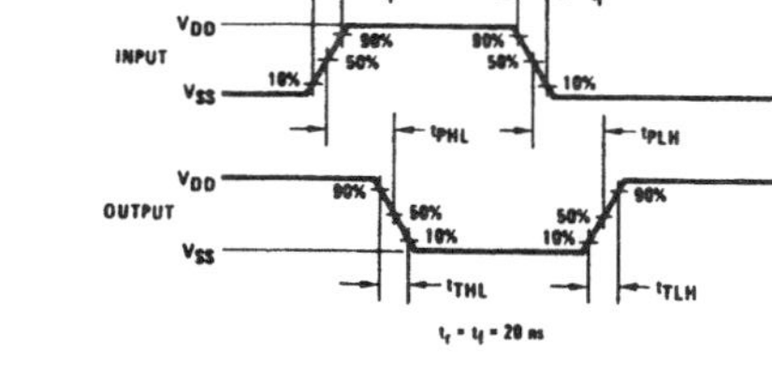

Absolute Maximum Ratings

(Notes 1 and 2)

V_{DD} dc Supply Voltage	−0.5 to +18 V_{DC}
V_{IN} Input Voltage	−0.5 to V_{DD} +0.5 V_{DC}
T_S Storage Temperature Range	−65°C to +150°C
P_D Package Dissipation	500 mW
T_L Lead Temperature (Soldering, 10 seconds)	300°C

Recommended Operating Conditions

(Note 2)

V_{DD} dc Supply Voltage	3 to 15 V_{DC}
V_{IN} Input Voltage	0 to V_{DD} V_{DC}
T_A Operating Temperature Range	
CD4069M	−55°C to +125°C
CD4069C	−40°C to +85°C

DC Electrical Characteristics

CD4069M (Note 2)

PARAMETER	CONDITIONS	−55°C MIN	−55°C MAX	25°C MIN	25°C TYP	25°C MAX	125°C MIN	125°C MAX	UNITS
I_{DD} Quiescent Device Current	V_{DD} = 5V		0.25			0.25		7.5	μA
	V_{DD} = 10V		0.5			0.5		15	μA
	V_{DD} = 15V		1.0			1.0		30	μA
V_{OL} Low Level Output Voltage	$\|I_O\|$ < 1μA								
	V_{DD} = 5V		0.05		0	0.05		0.05	V
	V_{DD} = 10V		0.05		0	0.05		0.05	V
	V_{DD} = 15V		0.05		0	0.05		0.05	V
V_{OH} High Level Output Voltage	$\|I_O\|$ < 1μA								
	V_{DD} = 5V	4.95		4.95	5		4.95		V
	V_{DD} = 10V	9.95		9.95	10		9.95		V
	V_{DD} = 15V	14.95		14.95	15		14.95		V
V_{IL} Low Level Input Voltage	$\|I_O\|$ < 1μA								
	V_{DD} = 5V, V_O = 4.5V		1.5			1.5		1.5	V
	V_{DD} = 10V, V_O = 9V		3.0			3.0		3.0	V
	V_{DD} = 15V, V_O = 13.5V		4.0			4.0		4.0	V
V_{IH} High Level Input Voltage	$\|I_O\|$ < 1μA								
	V_{DD} = 5V, V_O = 0.5V	3.5		3.5			3.5		V
	V_{DD} = 10V, V_O = 1V	7.0		7.0			7.0		V
	V_{DD} = 15V, V_O = 1.5V	11.0		11.0			11.0		V
I_{OL} Low Level Output Current	V_{DD} = 5V, V_O = 0.4V	0.64		0.51	0.88		0.36		mA
	V_{DD} = 10V, V_O = 0.5V	1.6		1.3	2.25		0.9		mA
	V_{DD} = 15V, V_O = 1.5V	4.2		3.4	8.8		2.4		mA
I_{OH} High Level Output Current	V_{DD} = 5V, V_O = 4.6V	−0.64		−0.51	−0.88		−0.36		mA
	V_{DD} = 10V, V_O = 9.5V	−1.6		−1.3	−2.25		−0.9		mA
	V_{DD} = 15V, V_O = 13.5V	−4.2		−3.4	−8.8		−2.4		mA
I_{IN} Input Current	V_{DD} = 15V, V_{IN} = 0V		−0.10		-10^{-5}	−0.10		−1.0	μA
	V_{DD} = 15V, V_{IN} = 15V		0.10		10^{-5}	0.10		1.0	μA

National Semiconductor

CD4071BM/CD4071BC Quad 2-Input OR Buffered B Series Gate
CD4081BM/CD4081BC Quad 2-Input AND Buffered B Series Gate

General Description

These quad gates are monolithic complementary MOS (CMOS) integrated circuits consructed with N- and P-channel enhancement mode transistors. They have equal source and sink current capabilities and conform to standard B series output drive. The devices also have buffered outputs which improve transfer characteristics by providing very high gain.

All inputs protected against static discharge with diodes to V_{DD} and V_{SS}.

Features

- Low power TTL compatibility — fan out of 2 driving 74L or 1 driving 74LS
- 5V-10V-15V parametric ratings
- Symmetrical output characteristics
- Maximum input leakage 1 μA at 15 V over full temperature range

Schematic and Connection Diagrams

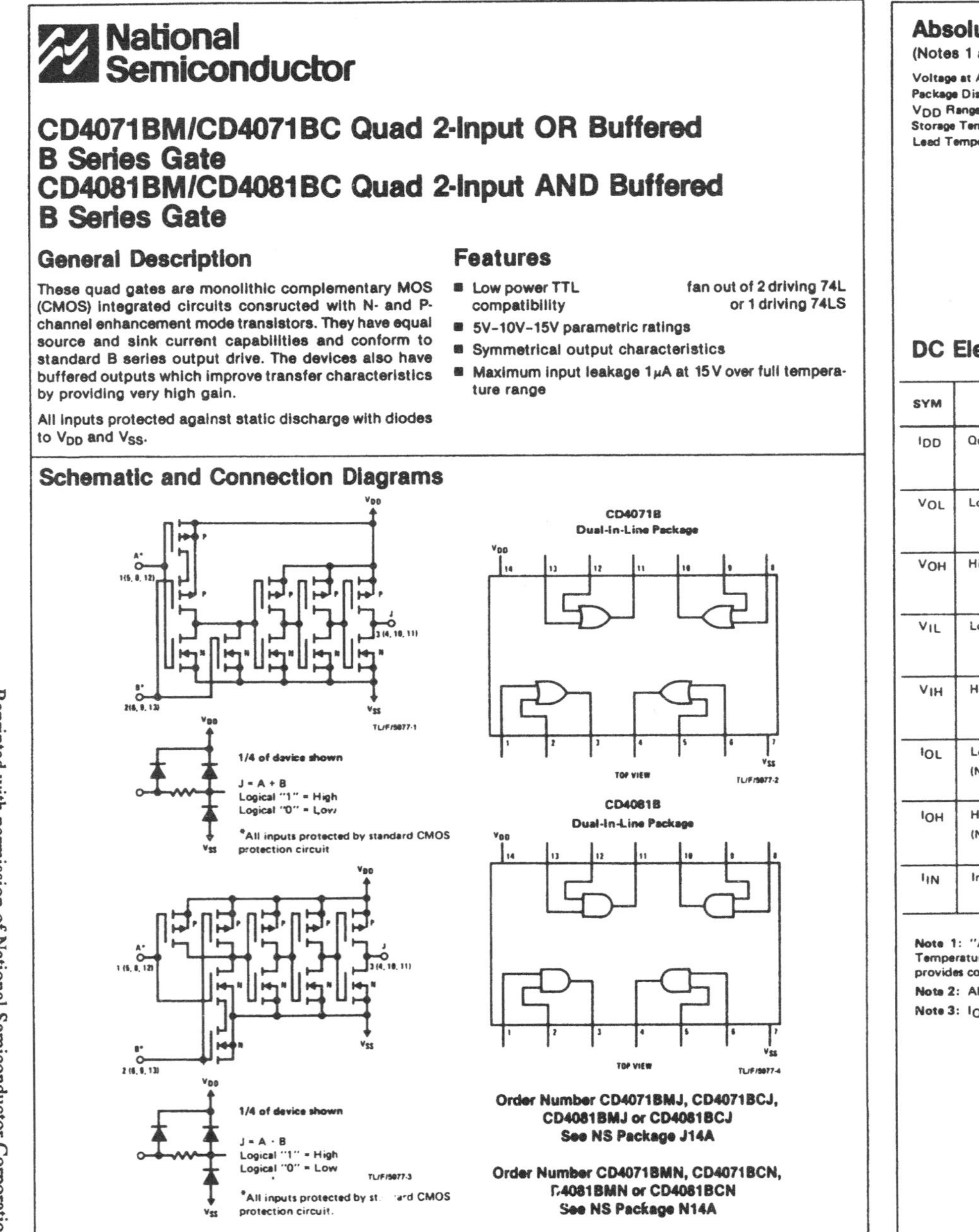

Absolute Maximum Ratings
(Notes 1 and 2)

Voltage at Any Pin	$-0.5V$ to $V_{DD}+0.5V$
Package Dissipation	500 mW
V_{DD} Range	$-0.5\ V_{DC}$ to $+18\ V_{DC}$
Storage Temperature	−65°C to +150°C
Lead Temperature (Soldering, 10 seconds)	260°C

Operating Conditions

Operating V_{DD} Range	$3\ V_{DC}$ to $15\ V_{DC}$
Operating Temperature Range	
CD4071BM, CD4081BM	−55°C to +125°C
CD4071BC, CD4081BC	−40°C to +85°C

DC Electrical Characteristics — CD4071BM/CD4081BM (Note 2)

SYM	PARAMETER	CONDITIONS	−55°C MIN	−55°C MAX	+25°C MIN	+25°C TYP	+25°C MAX	+125°C MIN	+125°C MAX	UNITS
I_{DD}	Quiescent Device Current	V_{DD} = 5V		0.25		0.004	0.25		7.5	μA
		V_{DD} = 10V		0.50		0.005	0.50		15	μA
		V_{DD} = 15V		1.0		0.006	1.0		30	μA
V_{OL}	Low Level Output Voltage	V_{DD} = 5V, $\lvert I_O\rvert < 1\mu A$		0.05		0	0.05		0.05	V
		V_{DD} = 10V, $\lvert I_O\rvert < 1\mu A$		0.05		0	0.05		0.05	V
		V_{DD} = 15V, $\lvert I_O\rvert < 1\mu A$		0.05		0	0.05		0.05	V
V_{OH}	High Level Output Voltage	V_{DD} = 5V, $\lvert I_O\rvert < 1\mu A$	4.95		4.95	5		4.95		V
		V_{DD} = 10V, $\lvert I_O\rvert < 1\mu A$	9.95		9.95	10		9.95		V
		V_{DD} = 15V, $\lvert I_O\rvert < 1\mu A$	14.95		14.95	15		14.95		V
V_{IL}	Low Level Input Voltage	V_{DD} = 5V, V_O = 0.5V		1.5		2	1.5		1.5	V
		V_{DD} = 10V, V_O = 1.0V		3.0		4	3.0		3.0	V
		V_{DD} = 15V, V_O = 1.5V		4.0		6	4.0		4.0	V
V_{IH}	High Level Input Voltage	V_{DD} = 5V, V_O = 4.5V	3.5		3.5	3		3.5		V
		V_{DD} = 10V, V_O = 9.0V	7.0		7.0	6		7.0		V
		V_{DD} = 15V, V_O = 13.5V	11.0		11.0	9		11.0		V
I_{OL}	Low Level Output Current (Note 3)	V_{DD} = 5V, V_O = 0.4V	0.64		0.51	0.88		0.36		mA
		V_{DD} = 10V, V_O = 0.5V	1.6		1.3	2.25		0.9		mA
		V_{DD} = 15V, V_O = 1.5V	4.2		3.4	8.8		2.4		mA
I_{OH}	High Level Output Current (Note 3)	V_{DD} = 5V, V_O = 4.6V	−0.64		−0.51	−0.88		−0.36		mA
		V_{DD} = 10V, V_O = 9.5V	−1.6		−1.3	−2.25		−0.9		mA
		V_{DD} = 15V, V_O = 13.5V	−4.2		−3.4	−8.8		−2.4		mA
I_{IN}	Input Current	V_{DD} = 15V, V_{IN} = 0V		−0.10		-10^{-5}	−0.10		−1.0	μA
		V_{DD} = 15V, V_{IN} = 15V		0.10		10^{-5}	0.10		1.0	μA

Note 1: "Absolute Maximum Ratings" are those values beyond which the safety of the device cannot be guaranteed. Except for "Operating Temperature Range" they are not meant to imply that the devices should be operated at these limits. The table of "Electrical Characteristics" provides conditions for actual device operation.

Note 2: All voltages measured with respect to V_{SS} unless otherwise specified.

Note 3: I_{OH} and I_{OL} are tested one output at a time.

DC Electrical Characteristics CD4071BC/CD4081BC (Note 2)

SYM	PARAMETER	CONDITIONS		-40°C		+25°C			+85°C		UNITS
				MIN	MAX	MIN	TYP	MAX	MIN	MAX	
I_{DD}	Quiescent Device Current	V_{DD} = 5V			1		0.004	1		7.5	μA
		V_{DD} = 10V			2		0.005	2		15	μA
		V_{DD} = 15V			4		0.006	4		30	μA
V_{OL}	Low Level Output Voltage	V_{DD} = 5V	$\|I_O\| < 1\mu A$		0.05		0	0.05		0.05	V
		V_{DD} = 10V			0.05		0	0.05		0.05	V
		V_{DD} = 15V			0.05		0	0.05		0.05	V
V_{OH}	High Level Output Voltage	V_{DD} = 5V	$\|I_O\| < 1\mu A$	4.95		4.95	5		4.95		V
		V_{DD} = 10V		9.95		9.95	10		9.95		V
		V_{DD} = 15V		14.95		14.95	15		14.95		V
V_{IL}	Low Level Input Voltage	V_{DD} = 5V, V_O = 0.5V			1.5		2	1.5		1.5	V
		V_{DD} = 10V, V_O = 1.0V			3.0		4	3.0		3.0	V
		V_{DD} = 15V, V_O = 1.5V			4.0		6	4.0		4.0	V
V_{IH}	High Level Input Voltage	V_{DD} = 5V, V_O = 4.5V		3.5		3.5	3		3.5		V
		V_{DD} = 10V, V_O = 9.0V		7.0		7.0	6		7.0		V
		V_{DD} = 15V, V_O = 13.5V		11.0		11.0	9		11.0		V
I_{OL}	Low Level Output Current (Note 3)	V_{DD} = 5V, V_O = 0.4V		0.52		0.44	0.88		0.36		mA
		V_{DD} = 10V, V_O = 0.5V		1.3		1.1	2.25		0.9		mA
		V_{DD} = 15V, V_O = 1.5V		3.6		3.0	8.8		2.4		mA
I_{OH}	High Level Output Current (Note 3)	V_{DD} = 5V, V_O = 4.6V		-0.52		-0.44	-0.88		-0.36		mA
		V_{DD} = 10V, V_O = 9.5V		-1.3		-1.1	-2.25		-0.9		mA
		V_{DD} = 15V, V_O = 13.5V		-3.6		-3.0	-8.8		-2.4		mA
I_{IN}	Input Current	V_{DD} = 15V, V_{IN} = 0V			-0.30		-10^{-5}	-0.30		-1.0	μA
		V_{DD} = 15V, V_{IN} = 15V			0.30		10^{-5}	0.30		1.0	μA

AC Electrical Characteristics CD4071BC/CD4071BM

T_A = 25°C, Input t_r; t_f = 20 ns. C_L = 50 pF. R_L=200KΩ Typical temperature coefficient is 0.3%/°C

SYMBOL	PARAMETER	CONDITIONS	TYP	MAX	UNITS
t_{PHL}	Propagation Delay Time, High-to-Low Level	V_{DD} = 5V	100	250	ns
		V_{DD} = 10V	40	100	ns
		V_{DD} = 15V	30	70	ns
t_{PLH}	Propagation Delay Time, Low-to-High Level	V_{DD} = 5V	90	250	ns
		V_{DD} = 10V	40	100	ns
		V_{DD} = 15V	30	70	ns
t_{THL}, t_{TLH}	Transition Time	V_{DD} = 5V	90	200	ns
		V_{DD} = 10V	50	100	ns
		V_{DD} = 15V	40	80	ns
C_{IN}	Average Input Capacitance	Any Input	5	7.5	pF
C_{PD}	Power Dissipation Capacity	Any Gate	18		pF

Note 1: "Absolute Maximum Ratings" are those values beyond which the safety of the device cannot be guaranteed. Except for "Operating Temperature Range" they are not meant to imply that the devices should be operated at these limits. The table of "Electrical Characteristics" provides conditions for actual device operation.

Note 2: All voltages measured with respect to V_{SS} unless otherwise specified.

Note 3: I_{OH} and I_{OL} are tested one output at a time.

AC Electrical Characteristics CD4081BC/CD4081BM

T_A = 25°C, Input t_r; t_f = 20 ns. C_L = 50 pF. R_L = 200K Typical temperature coefficient is 0.3%/°C

SYMBOL	PARAMETER	CONDITIONS	TYP	MAX	UNITS
t_{PHL}	Propagation Delay Time, High-to-Low Level	V_{DD} = 5V	100	250	ns
		V_{DD} = 10V	40	100	ns
		V_{DD} = 15V	30	70	ns
t_{PLH}	Propagation Delay Time, Low-to-High Level	V_{DD} = 5V	120	250	ns
		V_{DD} = 10V	50	100	ns
		V_{DD} = 15V	35	70	ns
t_{THL}, t_{TLH}	Transition Time	V_{DD} = 5V	90	200	ns
		V_{DD} = 10V	50	100	ns
		V_{DD} = 15V	40	80	ns
C_{IN}	Average Input Capacitance	Any Input	5	7.5	pF
C_{PD}	Power Dissipation Capacity	Any Gate	18		pF

Typical Performance Characteristics

FIGURE 1. Typical Transfer Characteristics

FIGURE 2. Typical Transfer Characteristics

FIGURE 3. Typical Transfer Characteristics

FIGURE 4. Typical Transfer Characteristics

FIGURE 5

FIGURE 6

MOTOROLA

MC14051B MC14052B MC14053B

CMOS MSI

(LOW-POWER COMPLEMENTARY MOS)

ANALOG MULTIPLEXERS/ DEMULTIPLEXERS

ANALOG MULTIPLEXERS/DEMULTIPLEXERS

The MC14051B, MC14052B, and MC14053B analog multiplexers are digitally-controlled analog switches. The MC14051B effectively implements an SP8T solid state switch, the MC14052B a DP4T, and the MC14053B a Triple SPDT. All three devices feature low ON impedance and very low OFF leakage current. Control of analog signals up to the complete supply voltage range can be achieved.

- Diode Protection on All Inputs
- Supply Voltage Range = 3.0 Vdc to 18 Vdc
- Analog Voltage Range ($V_{DD} - V_{EE}$) = 3 to 18 V
  Note: V_{EE} must be $\leq V_{SS}$
- Linearized Transfer Characteristics
- Low-Noise — 12 nV/$\sqrt{\text{Cycle}}$, f ≥ 1 kHz typical
- Pin-for-Pin Replacement for CD4051, CD4052, and CD4053
- For 4PDT Switch, See MC14551B
- For Lower R_{ON}, Use the HC4051, HC4052, or HC4053 High-Speed CMOS Devices

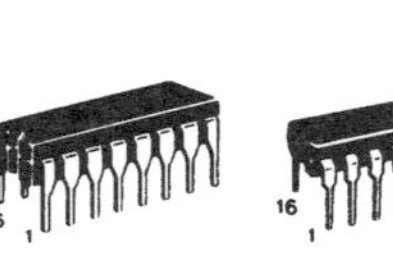

CASE 620 L SUFFIX CERAMIC PACKAGE

CASE 648 P SUFFIX PLASTIC PACKAGE

ORDERING INFORMATION

A Series: −55°C to +125°C
MC14XXXBAL (Ceramic Package Only)

C Series: −40°C to +85°C
MC14XXXBCP (Plastic Package)
MC14XXXBCL (Ceramic Package)

MAXIMUM RATINGS*

Symbol	Parameter	Value	Unit
V_{DD}	DC Supply Voltage (Referenced to V_{EE}, $V_{SS} \geq V_{EE}$)	−0.5 to +18.0	V
V_{in}, V_{out}	Input or Output Voltage (DC or Transient) (Referenced to V_{SS} for Control Inputs and V_{EE} for Switch I/O)	−0.5 to V_{DD} +0.5	V
I_{in}	Input Current (DC or Transient), per Control Pin	±10	mA
I_{sw}	Switch Through Current	±25	mA
P_D	Power Dissipation, per Package†	500	mW
T_{stg}	Storage Temperature	−65 to +150	°C
T_L	Lead Temperature (8-Second Soldering)	260	°C

*Maximum Ratings are those values beyond which damage to the device may occur.
†Temperature Derating: Plastic "P" Package: −12mW/°C from 65°C to 85°C
Ceramic "L" Package: −12mW/°C from 100°C to 125°C

MC14051B
8-Channel Analog Multiplexer/Demultiplexer

Controls: 6 — Inhibit; 11 — A; 10 — B; 9 — C
Switches In/Out: 13 — X0; 14 — X1; 15 — X2; 12 — X3; 1 — X4; 5 — X5; 2 — X6; 4 — X7
X — 3 Common Out/In

V_{DD} = Pin 16
V_{SS} = Pin 8
V_{EE} = Pin 7

MC14052B
Dual 4-Channel Analog Multiplexer/Demultiplexer

Controls: 6 — Inhibit; 10 — A; 9 — B
Switches In/Out: 12 — X0; 14 — X1; 15 — X2; 11 — X3; 1 — Y0; 5 — Y1; 2 — Y2; 4 — Y3
X — 13, Y — 3 Commons Out/In

V_{DD} = Pin 16
V_{SS} = Pin 8
V_{EE} = Pin 7

MC14053B
Triple 2-Channel Analog Multiplexer/Demultiplexer

Controls: 6 — Inhibit; 11 — A; 10 — B; 9 — C
Switches In/Out: 12 — X0; 13 — X1; 2 — Y0; 1 — Y1; 5 — Z0; 3 — Z1
X — 14, Y — 15, Z — 4 Commons Out/In

V_{DD} = Pin 16
V_{SS} = Pin 8
V_{EE} = Pin 7

Note: Control Inputs referenced to V_{SS}, Analog Inputs and Outputs reference to V_{EE}. V_{EE} must be $\leq V_{SS}$.

ELECTRICAL CHARACTERISTICS

Characteristic	Symbol	V_{DD}	Test Conditions	T_{low}* Min	T_{low}* Max	25°C Min	25°C Typ#	25°C Max	T_{high}* Min	T_{high}* Max	Unit
SUPPLY REQUIREMENTS (Voltages Referenced to V_{EE})											
Power Supply Voltage Range	V_{DD}	—	$V_{DD} - 3 \geq V_{SS} \geq V_{EE}$	3	18	3	—	18	3	18	V
Quiescent Current Per Package (AL Device)	I_{DD}	5	Control Inputs $V_{in} = V_{SS}$ or V_{DD},	—	5	—	0.005	5	—	150	µA
		10	Switch I/O $V_{EE} \leq V_{I/O} \leq V_{DD}$,	—	10	—	0.010	10	—	300	
		15	and $\Delta V_{switch} \leq$ 500 mV**	—	20	—	0.015	20	—	600	
Quiescent Current Per Package (CL/CP Device)	I_{DD}	5	Control Inputs $V_{in} = V_{SS}$ or V_{DD},	—	20	—	0.005	20	—	150	µA
		10	Switch I/O $V_{EE} \leq V_{I/O} \leq V_{DD}$,	—	40	—	0.010	40	—	300	
		15	and $\Delta V_{switch} \leq$ 500 mV**	—	80	—	0.015	80	—	600	
Total Supply Current (Dynamic Plus Quiescent, Per Package)	$I_{D(AV)}$	5	T_A = 25°C only				Typical (0.07 µA/kHz)f + I_{DD}				µA
		10	(The channel component,				Typical (0.20 µA/kHz)f + I_{DD}				
		15	$(V_{in} - V_{out})/R_{on}$, is not included.)				Typical (0.36 µA/kHz)f + I_{DD}				
CONTROL INPUTS — INHIBIT, A, B, C (Voltages Referenced to V_{SS})											
Low-Level Input Voltage	V_{IL}	5	R_{on} = per spec,	—	1.5	—	2.25	1.5	—	1.5	V
		10	I_{off} = per spec	—	3.0	—	4.50	3.0	—	3.0	
		15		—	4.0	—	6.75	4.0	—	4.0	
High-Level Input Voltage	V_{IH}	5	R_{on} = per spec,	3.5	—	3.5	2.75	—	3.5	—	V
		10	I_{off} = per spec	7.0	—	7.0	5.50	—	7.0	—	
		15		11.0	—	11.0	8.25	—	11.0	—	
Input Leakage Current (AL Device)	I_{in}	15	V_{in} = 0 or V_{DD}	—	±0.1	—	±0.00001	±0.1	—	±1.0	µA
Input Leakage Current (CL/CP Device)	I_{in}	15	V_{in} = 0 or V_{DD}	—	±0.3	—	±0.00001	±0.3	—	±1.0	µA
Input Capacitance	C_{in}	—		—	—	—	5.0	7.5	—	—	pF
SWITCHES IN/OUT AND COMMONS OUT/IN - X, Y, Z (Voltages Referenced to V_{EE})											
Recommended Peak-to-Peak Voltage Into or Out of the Switch	$V_{I/O}$	—	Channel On or Off	0	V_{DD}	0	—	V_{DD}	0	V_{DD}	V_{PP}
Recommended Static or Dynamic Voltage Across the Switch** (Figure 5)	ΔV_{switch}	—	Channel On	0	600	0	—	600	0	300	mV
Output Offset Voltage	V_{OO}	—	V_{in} = 0 V, No load	—	—	—	10	—	—	—	µV
ON Resistance (AL Device)	R_{on}	5	$\Delta V_{switch} \leq$ 500 mV**,	—	800	—	250	1050	—	1300	Ω
		10	$V_{in} = V_{IL}$ or V_{IH} (Control),	—	400	—	120	500	—	550	
		15	and V_{in} = 0 to V_{DD} (Switch)	—	220	—	80	280	—	320	
ON Resistance (CL/CP Device)	R_{on}	5	$\Delta V_{switch} \leq$ 500 mV**,	—	880	—	250	1050	—	1200	Ω
		10	$V_{in} = V_{IL}$ or V_{IH} (Control),	—	450	—	120	500	—	520	
		15	and V_{in} = 0 to V_{DD} (Switch)	—	250	—	80	280	—	300	
Δ ON Resistance Between Any Two Channels in the Same Package	ΔR_{on}	5		—	70	—	25	70	—	135	Ω
		10		—	50	—	10	50	—	95	
		15		—	45	—	10	45	—	65	
Off-Channel Leakage Current (AL Device) (Figure 10)	I_{off}	15	$V_{in} = V_{IL}$ or V_{IH} (Control) Channel to Channel or Any One Channel	—	±100	—	±0.05	±100	—	±1000	nA
Off-Channel Leakage Current (CL/CP Device) (Figure 10)	I_{off}	15	$V_{in} = V_{IL}$ or V_{IH} (Control) Channel to Channel or Any One Channel	—	±300	—	±0.05	±300	—	±1000	nA
Capacitance, Switch I/O	$C_{I/O}$	—	Inhibit = V_{DD}	—	—	—	10	—	—	—	pF
Capacitance, Common O/I	$C_{O/I}$	—	Inhibit = V_{DD} (MC14051B)	—	—	—	60	—	—	—	pF
			(MC14052B)				32				
			(MC14053B)				17				
Capacitance, Feedthrough (Channel Off)	$C_{I/O}$	—	Pins Not Adjacent	—	—	—	0.15	—	—	—	pF
		—	Pins Adjacent	—	—	—	0.47	—	—	—	

* T_{low} = −55°C for AL Device, −40° for CL/CP Device.
T_{high} = +125°C for AL Device, +85°C for CL/CP Device.
Data labeled "Typ" is not to be used for design purposes, but is intended as an indication of the IC's potential performance.
**For voltage drops across the switch (ΔV_{switch}) >600 mV (>300 mV at high temperature), excessive V_{DD} current may be drawn, i.e. the current out of the switch may contain both V_{DD} and switch input components. The reliability of the device will be unaffected unless the Maximum Ratings are exceeded. (See first page of this data sheet.)

MOTOROLA

MC14532B

8-BIT PRIORITY ENCODER

The MC14532B is constructed with complementary MOS (CMOS) enhancement mode devices. The primary function of a priority encoder is to provide a binary address for the active input with the highest priority. Eight data inputs (D0 thru D7) and an enable input (E_{in}) are provided. Five outputs are available, three are address outputs (Q0 thru Q2), one group select (GS) and one enable output (E_{out}).

- Diode Protection on All Inputs
- Supply Voltage Range = 3.0 Vdc to 18 Vdc
- Capable of Driving Two Low-power TTL Loads or One Low-Power Schottky TTL Load over the Rated Temperature Range

CMOS MSI

(LOW-POWER COMPLEMENTARY MOS)

8-BIT PRIORITY ENCODER

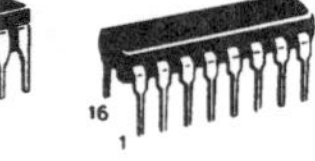

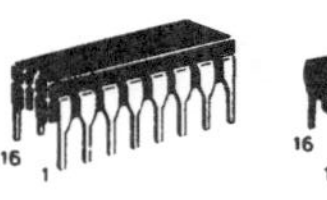

L SUFFIX
CERAMIC PACKAGE
CASE 620

P SUFFIX
PLASTIC PACKAGE
CASE 648

ORDERING INFORMATION

A Series: −55°C to +125°C
MC14XXXBAL (Ceramic Package Only)

C Series: −40°C to +85°C
MC14XXXBCP (Plastic Package)
MC14XXXBCL (Ceramic Package)

MAXIMUM RATINGS* (Voltages Referenced to V_{SS})

Symbol	Parameter	Value	Unit
V_{DD}	DC Supply Voltage	−0.5 to +18.0	V
V_{in}, V_{out}	Input or Output Voltage (DC or Transient)	−0.5 to V_{DD} +0.5	V
I_{in}, I_{out}	Input or Output Current (DC or Transient), per Pin	±10	mA
P_D	Power Dissipation, per Package†	500	mW
T_{stg}	Storage Temperature	−65 to +150	°C
T_L	Lead Temperature (8-Second Soldering)	260	°C

*Maximum Ratings are those values beyond which damage to the device may occur.
†Temperature Derating: Plastic "P" Package −12mW/°C from 65°C to 85°C
Ceramic "L" Package −12mW/°C from 100°C to 125°C

TRUTH TABLE

INPUT									OUTPUT				
E_{in}	D7	D6	D5	D4	D3	D2	D1	D0	GS	Q2	Q1	Q0	E_{out}
0	X	X	X	X	X	X	X	X	0	0	0	0	0
1	0	0	0	0	0	0	0	0	0	0	0	0	1
1	1	X	X	X	X	X	X	X	1	1	1	1	0
1	0	1	X	X	X	X	X	X	1	1	1	0	0
1	0	0	1	X	X	X	X	X	1	1	0	1	0
1	0	0	0	1	X	X	X	X	1	1	0	0	0
1	0	0	0	0	1	X	X	X	1	0	1	1	0
1	0	0	0	0	0	1	X	X	1	0	1	0	0
1	0	0	0	0	0	0	1	X	1	0	0	1	0
1	0	0	0	0	0	0	0	1	1	0	0	0	0

X = Don't Care

PIN ASSIGNMENT

Pin	Name	Pin	Name
1	D4	16	V_{DD}
2	D5	15	E_{out}
3	D6	14	GS
4	D7	13	D3
5	E_{in}	12	D2
6	Q2	11	D1
7	Q1	10	D0
8	V_{SS}	9	Q0

This device contains protection circuitry to guard against damage due to high static voltages or electric fields. However, precautions must be taken to avoid applications of any voltage higher than maximum rated voltages to this high-impedance circuit. For proper operation, V_{in} and V_{out} should be constrained to the range $V_{SS} \leq (V_{in}$ or $V_{out}) \leq V_{DD}$.

Unused inputs must always be tied to an appropriate logic voltage level (e.g., either V_{SS} or V_{DD}). Unused outputs must be left open.

ELECTRICAL CHARACTERISTICS (Voltages Referenced to V_{SS})

Characteristic	Symbol	V_{DD} Vdc	T_{low}* Min	T_{low}* Max	25°C Min	25°C Typ #	25°C Max	T_{high}* Min	T_{high}* Max	Unit
Output Voltage "0" Level V_{in} = V_{DD} or 0	V_{OL}	5.0	–	0.05	–	0	0.05	–	0.05	Vdc
		10	–	0.05	–	0	0.05	–	0.05	
		15	–	0.05	–	0	0.05	–	0.05	
V_{in} = 0 or V_{DD} "1" Level	V_{OH}	5.0	4.95	–	4.95	5.0	–	4.95	–	Vdc
		10	9.95	–	9.95	10	–	9.95	–	
		15	14.95	–	14.95	15	–	14.95	–	
Input Voltage "0" Level (V_O = 4.5 or 0.5 Vdc)	V_{IL}	5.0	–	1.5	–	2.25	1.5	–	1.5	Vdc
(V_O = 9.0 or 1.0 Vdc)		10	–	3.0	–	4.50	3.0	–	3.0	
(V_O = 13.5 or 1.5 Vdc)		15	–	4.0	–	6.75	4.0	–	4.0	
"1" Level (V_O = 0.5 or 4.5 Vdc)	V_{IH}	5.0	3.5	–	3.5	2.75	–	3.5	–	Vdc
(V_O = 1.0 or 9.0 Vdc)		10	7.0	–	7.0	5.50	–	7.0	–	
(V_O = 1.5 or 13.5 Vdc)		15	11.0	–	11.0	8.25	–	11.0	–	
Output Drive Current (AL Device) Source (V_{OH} = 2.5 Vdc)	I_{OH}	5.0	−3.0	–	−2.4	−4.2	–	−1.7	–	mAdc
(V_{OH} = 4.6 Vdc)		5.0	−0.64	–	−0.51	−0.88	–	−0.36	–	
(V_{OH} = 9.5 Vdc)		10	−1.6	–	−1.3	−2.25	–	−0.9	–	
(V_{OH} = 13.5 Vdc)		15	−4.2	–	−3.4	−8.8	–	−2.4	–	
Sink (V_{OL} = 0.4 Vdc)	I_{OL}	5.0	0.64	–	0.51	0.88	–	0.36	–	mAdc
(V_{OL} = 0.5 Vdc)		10	1.6	–	1.3	2.25	–	0.9	–	
(V_{OL} = 1.5 Vdc)		15	4.2	–	3.4	8.8	–	2.4	–	
Output Drive Current (CL/CP Device) Source (V_{OH} = 2.5 Vdc)	I_{OH}	5.0	−2.5	–	−2.1	−2.4	–	−1.7	–	mAdc
(V_{OH} = 4.6 Vdc)		5.0	−0.52	–	−0.44	−0.88	–	−0.36	–	
(V_{OH} = 9.5 Vdc)		10	−1.3	–	−1.1	−2.25	–	−0.9	–	
(V_{OH} = 13.5 Vdc)		15	−3.6	–	−3.0	−8.8	–	−2.4	–	
Sink (V_{OL} = 0.4 Vdc)	I_{OL}	5.0	0.52	–	0.44	0.88	–	0.36	–	mAdc
(V_{OL} = 0.5 Vdc)		10	1.3	–	1.1	2.25	–	0.9	–	
(V_{OL} = 1.5 Vdc)		15	3.6	–	3.0	8.8	–	2.4	–	
Input Current (AL Device)	I_{in}	15	–	±0.1	–	±0.00001	±0.1	–	±1.0	μAdc
Input Current (CL/CP Device)	I_{in}	15	–	±0.3	–	±0.00001	±0.3	–	±1.0	μAdc
Input Capacitance (V_{in} = 0)	C_{in}	–		–	–	5.0	7.5	–	–	pF
Quiescent Current (AL Device) (Per Package)	I_{DD}	5.0	–	5.0	–	0.005	5.0	–	150	μAdc
		10	–	10	–	0.010	10	–	300	
		15	–	20	–	0.015	20	–	600	
Quiescent Current (CL/CP Device) (Per Package)	I_{DD}	5.0	–	20	–	0.005	20	–	150	μAdc
		10	–	40	–	0.010	40	–	300	
		15	–	80	–	0.015	80	–	600	
Total Supply Current**† (Dynamic plus Quiescent, Per Package) (C_L = 50 pF on all outputs, all buffers switching)	I_T	5.0	I_T = (1.74 μA/kHz) f + I_{DD}							μAdc
		10	I_T = (3.65 μA/kHz) f + I_{DD}							
		15	I_T = (5.73 μA/kHz) f + I_{DD}							

*T_{low} = −55°C for AL Device, −40°C for CL/CP Device.
T_{high} = +125°C for AL Device, +85°C for CL/CP Device.

#Data labelled "Typ" is not to be used for design purposes but is intended as an indication of the IC's potential performance.

**The formulas given are for the typical characteristics only at 25°C.

†To calculate total supply current at loads other than 50 pF:

$$I_T(C_L) = I_T(50\ pF) + (C_L - 50)\ Vfk$$

where: I_T is in μA (per package), C_L in pF, V = (V_{DD} − V_{SS}) in volts, f in kHz is input frequency, and k = 0.005.

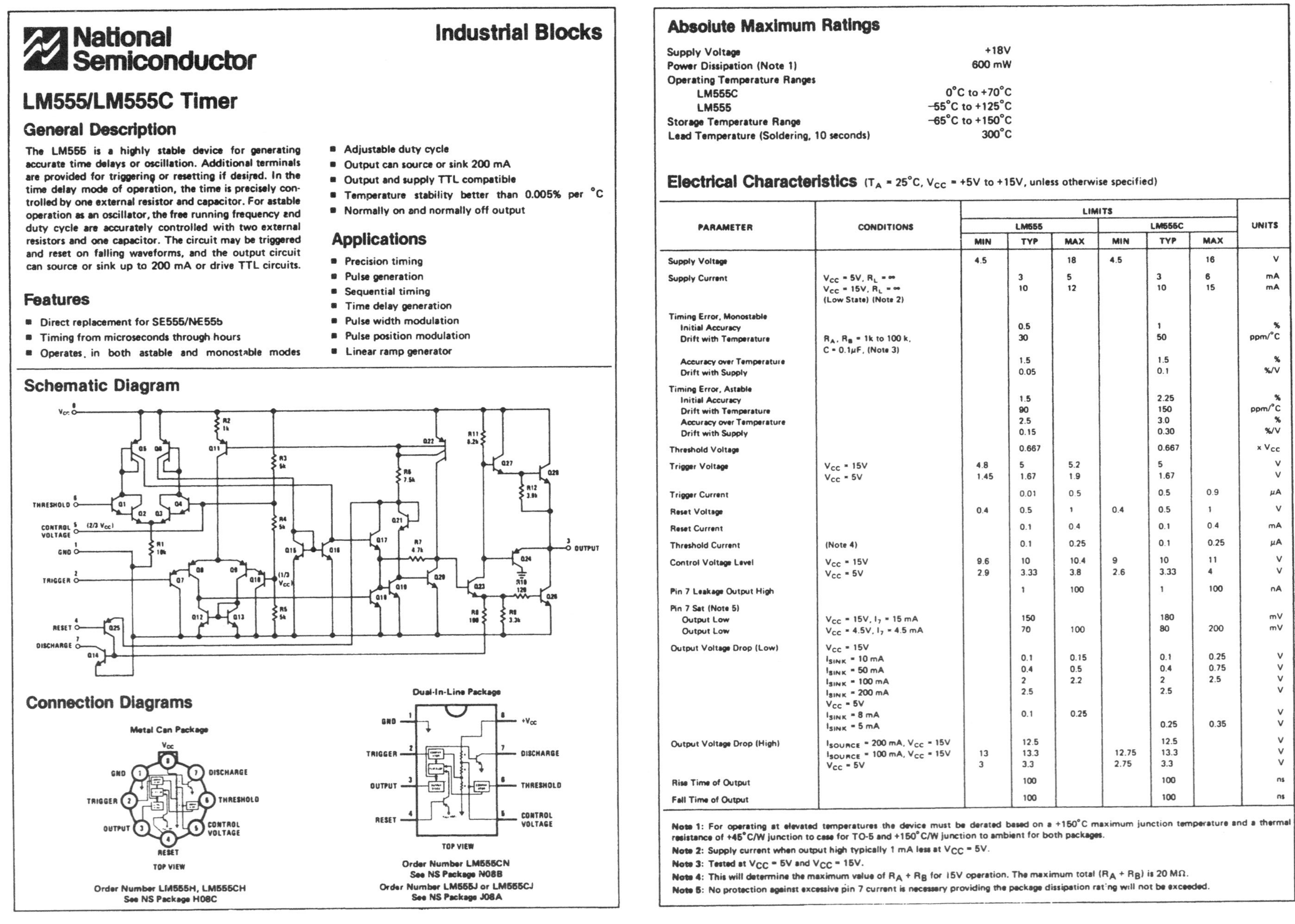

National Semiconductor

Industrial Blocks

LM555/LM555C Timer

General Description

The LM555 is a highly stable device for generating accurate time delays or oscillation. Additional terminals are provided for triggering or resetting if desired. In the time delay mode of operation, the time is precisely controlled by one external resistor and capacitor. For astable operation as an oscillator, the free running frequency and duty cycle are accurately controlled with two external resistors and one capacitor. The circuit may be triggered and reset on falling waveforms, and the output circuit can source or sink up to 200 mA or drive TTL circuits.

Features

- Direct replacement for SE555/NE555
- Timing from microseconds through hours
- Operates in both astable and monostable modes
- Adjustable duty cycle
- Output can source or sink 200 mA
- Output and supply TTL compatible
- Temperature stability better than 0.005% per °C
- Normally on and normally off output

Applications

- Precision timing
- Pulse generation
- Sequential timing
- Time delay generation
- Pulse width modulation
- Pulse position modulation
- Linear ramp generator

Schematic Diagram

Connection Diagrams

Metal Can Package

Order Number LM555H, LM555CH
See NS Package H08C

Dual-In-Line Package

Order Number LM555CN
See NS Package N08B
Order Number LM555J or LM555CJ
See NS Package J08A

Absolute Maximum Ratings

Supply Voltage	+18V
Power Dissipation (Note 1)	600 mW
Operating Temperature Ranges	
LM555C	0°C to +70°C
LM555	−55°C to +125°C
Storage Temperature Range	−65°C to +150°C
Lead Temperature (Soldering, 10 seconds)	300°C

Electrical Characteristics (T_A = 25°C, V_{CC} = +5V to +15V, unless otherwise specified)

PARAMETER	CONDITIONS	LIMITS LM555 MIN	LM555 TYP	LM555 MAX	LM555C MIN	LM555C TYP	LM555C MAX	UNITS
Supply Voltage		4.5		18	4.5		16	V
Supply Current	V_{CC} = 5V, R_L = ∞		3	5		3	6	mA
	V_{CC} = 15V, R_L = ∞ (Low State) (Note 2)		10	12		10	15	mA
Timing Error, Monostable								
Initial Accuracy			0.5			1		%
Drift with Temperature	R_A, R_B = 1k to 100 k, C = 0.1μF, (Note 3)		30			50		ppm/°C
Accuracy over Temperature			1.5			1.5		%
Drift with Supply			0.05			0.1		%/V
Timing Error, Astable								
Initial Accuracy			1.5			2.25		%
Drift with Temperature			90			150		ppm/°C
Accuracy over Temperature			2.5			3.0		%
Drift with Supply			0.15			0.30		%/V
Threshold Voltage			0.667			0.667		x V_{CC}
Trigger Voltage	V_{CC} = 15V	4.8	5	5.2		5		V
	V_{CC} = 5V	1.45	1.67	1.9		1.67		V
Trigger Current			0.01	0.5		0.5	0.9	μA
Reset Voltage		0.4	0.5	1	0.4	0.5	1	V
Reset Current			0.1	0.4		0.1	0.4	mA
Threshold Current	(Note 4)		0.1	0.25		0.1	0.25	μA
Control Voltage Level	V_{CC} = 15V	9.6	10	10.4	9	10	11	V
	V_{CC} = 5V	2.9	3.33	3.8	2.6	3.33	4	V
Pin 7 Leakage Output High			1	100		1	100	nA
Pin 7 Sat (Note 5)								
Output Low	V_{CC} = 15V, I_7 = 15 mA		150			180		mV
Output Low	V_{CC} = 4.5V, I_7 = 4.5 mA		70	100		80	200	mV
Output Voltage Drop (Low)	V_{CC} = 15V							
	I_{SINK} = 10 mA		0.1	0.15		0.1	0.25	V
	I_{SINK} = 50 mA		0.4	0.5		0.4	0.75	V
	I_{SINK} = 100 mA		2	2.2		2	2.5	V
	I_{SINK} = 200 mA		2.5			2.5		V
	V_{CC} = 5V							
	I_{SINK} = 8 mA		0.1	0.25				V
	I_{SINK} = 5 mA					0.25	0.35	V
Output Voltage Drop (High)	I_{SOURCE} = 200 mA, V_{CC} = 15V		12.5			12.5		V
	I_{SOURCE} = 100 mA, V_{CC} = 15V	13	13.3		12.75	13.3		V
	V_{CC} = 5V	3	3.3		2.75	3.3		V
Rise Time of Output			100			100		ns
Fall Time of Output			100			100		ns

Note 1: For operating at elevated temperatures the device must be derated based on a +150°C maximum junction temperature and a thermal resistance of +45°C/W junction to case for TO-5 and +150°C/W junction to ambient for both packages.

Note 2: Supply current when output high typically 1 mA less at V_{CC} = 5V.

Note 3: Tested at V_{CC} = 5V and V_{CC} = 15V.

Note 4: This will determine the maximum value of $R_A + R_B$ for 15V operation. The maximum total $(R_A + R_B)$ is 20 MΩ.

Note 5: No protection against excessive pin 7 current is necessary providing the package dissipation rating will not be exceeded.

![National Semiconductor logo] **National Semiconductor** — **Operational Amplifiers/Buffers**

LM741/LM741A/LM741C/LM741E Operational Amplifier

General Description

The LM741 series are general purpose operational amplifiers which feature improved performance over industry standards like the LM709. They are direct, plug-in replacements for the 709C, LM201, MC1439 and 748 in most applications.

The amplifiers offer many features which make their application nearly foolproof: overload protection on the input and output, no latch-up when the common mode range is exceeded, as well as freedom from oscillations.

The LM741C/LM741E are identical to the LM741/LM741A except that the LM741C/LM741E have their performance guaranteed over a 0°C to +70°C temperature range, instead of −55°C to +125°C.

Schematic and Connection Diagrams (Top Views)

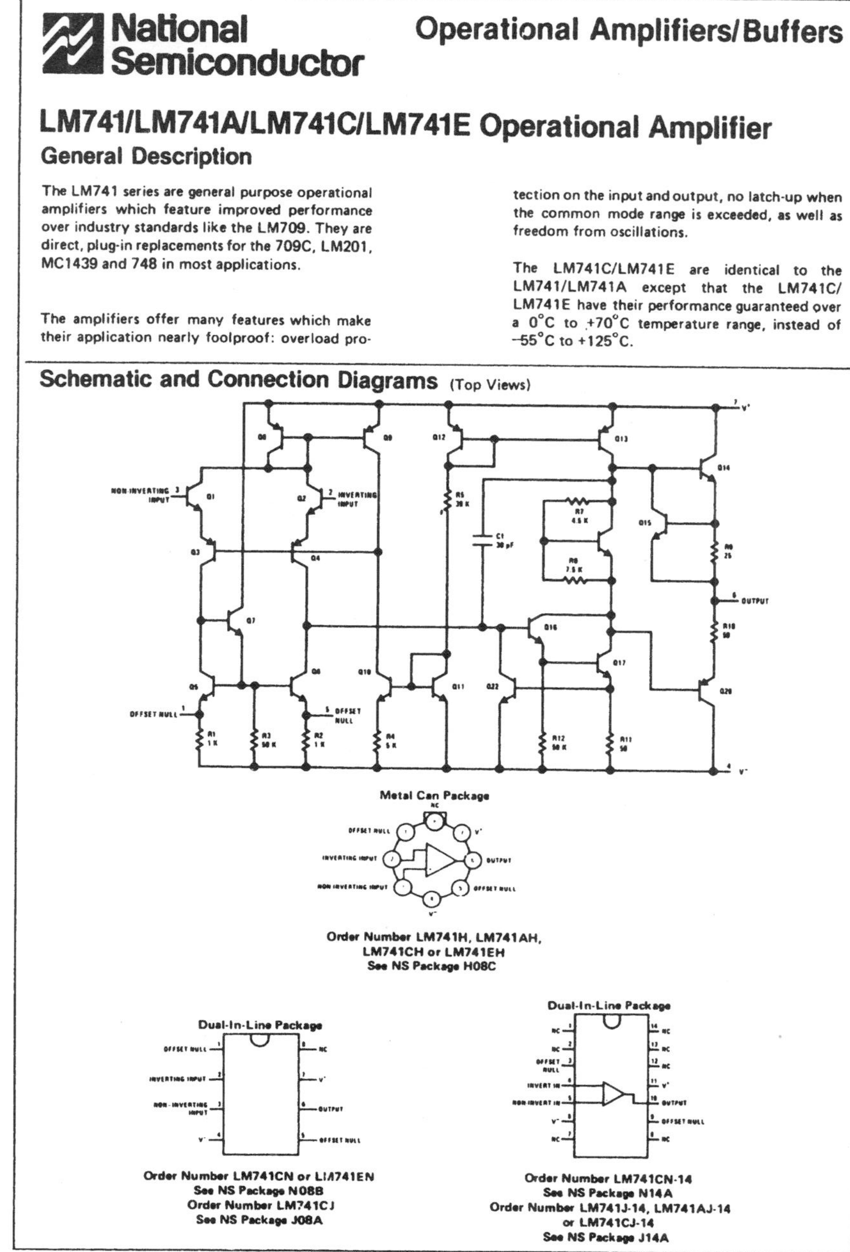

Metal Can Package

Order Number LM741H, LM741AH, LM741CH or LM741EH
See NS Package H08C

Dual-In-Line Package

Order Number LM741CN or LM741EN
See NS Package N08B
Order Number LM741CJ
See NS Package J08A

Dual-In-Line Package

Order Number LM741CN-14
See NS Package N14A
Order Number LM741J-14, LM741AJ-14 or LM741CJ-14
See NS Package J14A

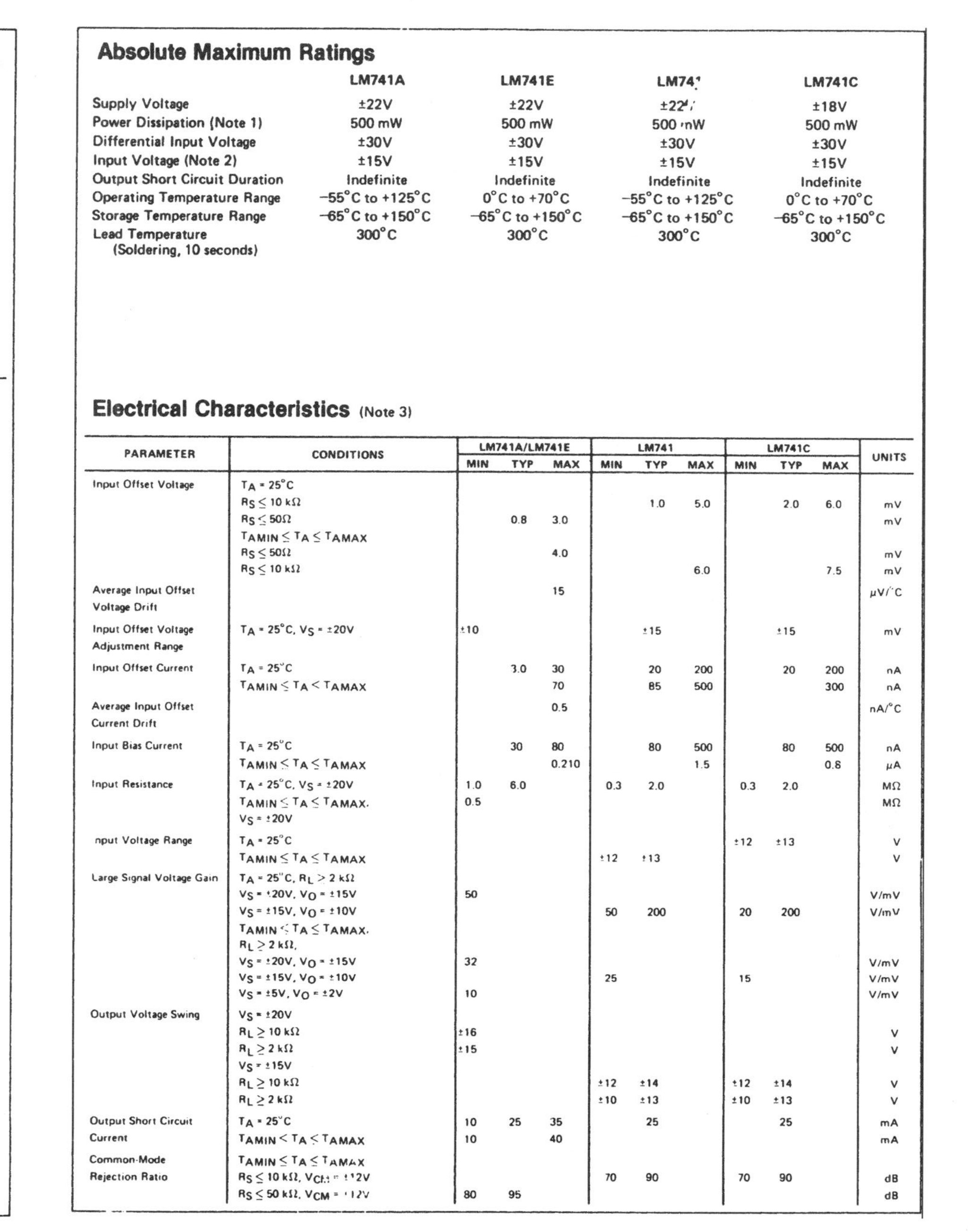

Absolute Maximum Ratings

	LM741A	LM741E	LM741	LM741C
Supply Voltage	±22V	±22V	±22V	±18V
Power Dissipation (Note 1)	500 mW	500 mW	500 mW	500 mW
Differential Input Voltage	±30V	±30V	±30V	±30V
Input Voltage (Note 2)	±15V	±15V	±15V	±15V
Output Short Circuit Duration	Indefinite	Indefinite	Indefinite	Indefinite
Operating Temperature Range	−55°C to +125°C	0°C to +70°C	−55°C to +125°C	0°C to +70°C
Storage Temperature Range	−65°C to +150°C	−65°C to +150°C	−65°C to +150°C	−65°C to +150°C
Lead Temperature (Soldering, 10 seconds)	300°C	300°C	300°C	300°C

Electrical Characteristics (Note 3)

PARAMETER	CONDITIONS	LM741A/LM741E			LM741			LM741C			UNITS
		MIN	TYP	MAX	MIN	TYP	MAX	MIN	TYP	MAX	
Input Offset Voltage	$T_A = 25°C$										
	$R_S \le 10\ k\Omega$					1.0	5.0		2.0	6.0	mV
	$R_S \le 50\Omega$		0.8	3.0							mV
	$T_{AMIN} \le T_A \le T_{AMAX}$										
	$R_S \le 50\Omega$			4.0							mV
	$R_S \le 10\ k\Omega$						6.0			7.5	mV
Average Input Offset Voltage Drift				15							µV/°C
Input Offset Voltage Adjustment Range	$T_A = 25°C$, $V_S = \pm 20V$	±10				±15			±15		mV
Input Offset Current	$T_A = 25°C$		3.0	30		20	200		20	200	nA
	$T_{AMIN} \le T_A < T_{AMAX}$			70		85	500			300	nA
Average Input Offset Current Drift				0.5							nA/°C
Input Bias Current	$T_A = 25°C$		30	80		80	500		80	500	nA
	$T_{AMIN} \le T_A \le T_{AMAX}$			0.210			1.5			0.8	µA
Input Resistance	$T_A = 25°C$, $V_S = \pm 20V$	1.0	6.0		0.3	2.0		0.3	2.0		MΩ
	$T_{AMIN} \le T_A \le T_{AMAX}$, $V_S = \pm 20V$	0.5									MΩ
Input Voltage Range	$T_A = 25°C$							±12	±13		V
	$T_{AMIN} \le T_A \le T_{AMAX}$				±12	±13					V
Large Signal Voltage Gain	$T_A = 25°C$, $R_L \ge 2\ k\Omega$										
	$V_S = \pm 20V$, $V_O = \pm 15V$	50									V/mV
	$V_S = \pm 15V$, $V_O = \pm 10V$				50	200		20	200		V/mV
	$T_{AMIN} \le T_A \le T_{AMAX}$, $R_L \ge 2\ k\Omega$,										
	$V_S = \pm 20V$, $V_O = \pm 15V$	32									V/mV
	$V_S = \pm 15V$, $V_O = \pm 10V$				25			15			V/mV
	$V_S = \pm 5V$, $V_O = \pm 2V$	10									V/mV
Output Voltage Swing	$V_S = \pm 20V$										
	$R_L \ge 10\ k\Omega$	±16									V
	$R_L \ge 2\ k\Omega$	±15									V
	$V_S = \pm 15V$										
	$R_L \ge 10\ k\Omega$				±12	±14		±12	±14		V
	$R_L \ge 2\ k\Omega$				±10	±13		±10	±13		V
Output Short Circuit Current	$T_A = 25°C$	10	25	35		25			25		mA
	$T_{AMIN} \le T_A \le T_{AMAX}$	10		40							mA
Common-Mode Rejection Ratio	$T_{AMIN} \le T_A \le T_{AMAX}$										
	$R_S \le 10\ k\Omega$, $V_{CM} = \pm 12V$				70	90		70	90		dB
	$R_S \le 50\ k\Omega$, $V_{CM} = \pm 12V$	80	95								dB

ADC0801/ADC0802/ADC0803/ADC0804/ADC0805 8-Bit μP Compatible A/D Converters

General Description

The ADC0801, ADC0802, ADC0803, ADC0804 and ADC0805 are CMOS 8-bit successive approximation A/D converters that use a differential potentiometric ladder—similar to the 256R products. These converters are designed to allow operation with the NSC800 and INS8080A derivative control bus with TRI-STATE® output latches directly driving the data bus. These A/Ds appear like memory locations or I/O ports to the microprocessor and no interfacing logic is needed.

Differential analog voltage inputs allow increasing the common-mode rejection and offsetting the analog zero input voltage value. In addition, the voltage reference input can be adjusted to allow encoding any smaller analog voltage span to the full 8 bits of resolution.

Features

- Compatible with 8080 μP derivatives—no interfacing logic needed - access time - 135 ns
- Easy interface to all microprocessors, or operates "stand alone"
- Differential analog voltage inputs
- Logic inputs and outputs meet both MOS and TTL voltage level specifications
- Works with 2.5V (LM336) voltage reference
- On-chip clock generator
- 0V to 5V analog input voltage range with single 5V supply
- No zero adjust required
- 0.3" standard width 20-pin DIP package
- 20-pin molded chip carrier or small outline package
- Operates ratiometrically or with 5 V_{DC}, 2.5 V_{DC}, or analog span adjusted voltage reference

Key Specifications

- Resolution 8 bits
- Total error ±¼ LSB, ±½ LSB and ±1 LSB
- Conversion time 100 μs

Typical Applications

TL/H/5671-1

8080 Interface

TL/H/5671-31

Part Number	Full-Scale Adjusted	$V_{REF}/2 = 2.500\ V_{DC}$ (No Adjustments)	$V_{REF}/2$ = No Connection (No Adjustments)
Error Specification (Includes Full-Scale, Zero Error, and Non-Linearity)			
ADC0801	±¼ LSB		
ADC0802		±½ LSB	
ADC0803	±½ LSB		
ADC0804		±1 LSB	
ADC0805			±1 LSB

Absolute Maximum Ratings (Notes 1 & 2)

If Military/Aerospace specified devices are required, please contact the National Semiconductor Sales Office/Distributors for availability and specifications.

Supply Voltage (V_{CC}) (Note 3)	6.5V
Voltage	
Logic Control Inputs	−0.3V to +18V
At Other Input and Outputs	−0.3V to (V_{CC}+0.3V)
Lead Temp. (Soldering, 10 seconds)	
Dual-In-Line Package (plastic)	260°C
Dual-In-Line Package (ceramic)	300°C
Surface Mount Package	
Vapor Phase (60 seconds)	215°C
Infrared (15 seconds)	220°C
Storage Temperature Range	−65°C to +150°C
Package Dissipation at T_A = 25°C	875 mW
ESD Susceptibility (Note 10)	800V

Operating Ratings (Notes 1 & 2)

Temperature Range	$T_{MIN} \le T_A \le T_{MAX}$
ADC0801/02LJ	$-55°C \le T_A \le +125°C$
ADC0801/02/03/04LCJ	$-40°C \le T_A \le +85°C$
ADC0801/02/03/05LCN	$-40°C \le T_A \le +85°C$
ADC0804LCN	$0°C \le T_A \le +70°C$
ADC0802/03/04LCV	$0°C \le T_A \le +70°C$
ADC0802/03/04LCWM	$0°C \le T_A \le +70°C$
Range of V_{CC}	4.5 V_{DC} to 6.3 V_{DC}

Electrical Characteristics

The following specifications apply for V_{CC} = 5 V_{DC}, $T_{MIN} \le T_A \le T_{MAX}$ and f_{CLK} = 640 kHz unless otherwise specified.

Parameter	Conditions	Min	Typ	Max	Units
ADC0801: Total Adjusted Error (Note 8)	With Full-Scale Adj. (See Section 2.5.2)			±¼	LSB
ADC0802: Total Unadjusted Error (Note 8)	$V_{REF}/2$ = 2.500 V_{DC}			±½	LSB
ADC0803: Total Adjusted Error (Note 8)	With Full-Scale Adj. (See Section 2.5.2)			±½	LSB
ADC0804: Total Unadjusted Error (Note 8)	$V_{REF}/2$ = 2.500 V_{DC}			±1	LSB
ADC0805: Total Unadjusted Error (Note 8)	$V_{REF}/2$-No Connection			±1	LSB
$V_{REF}/2$ Input Resistance (Pin 9)	ADC0801/02/03/05 ADC0804 (Note 9)	2.5 0.75	8.0 1.1		kΩ kΩ
Analog Input Voltage Range	(Note 4) V(+) or V(−)	Gnd−0.05		V_{CC}+0.05	V_{DC}
DC Common-Mode Error	Over Analog Input Voltage Range		±1/16	±⅛	LSB
Power Supply Sensitivity	V_{CC} = 5 V_{DC} ±10% Over Allowed $V_{IN}(+)$ and $V_{IN}(-)$ Voltage Range (Note 4)		±1/16	±⅛	LSB

AC Electrical Characteristics

The following specifications apply for V_{CC} = 5 V_{DC} and T_A = 25°C unless otherwise specified.

Symbol	Parameter	Conditions	Min	Typ	Max	Units
T_C	Conversion Time	f_{CLK} = 640 kHz (Note 6)	103		114	μs
T_C	Conversion Time	(Note 5, 6)	66		73	$1/f_{CLK}$
f_{CLK}	Clock Frequency Clock Duty Cycle	V_{CC} = 5V, (Note 5) (Note 5)	100 40	640	1460 60	kHz %
CR	Conversion Rate in Free-Running Mode	$\overline{INTR}$ tied to $\overline{WR}$ with $\overline{CS}$ = 0 V_{DC}, f_{CLK} = 640 kHz	8770		9708	conv/s
$t_{W(\overline{WR})L}$	Width of $\overline{WR}$ Input (Start Pulse Width)	$\overline{CS}$ = 0 V_{DC} (Note 7)	100			ns
t_{ACC}	Access Time (Delay from Falling Edge of $\overline{RD}$ to Output Data Valid)	C_L = 100 pF		135	200	ns
t_{1H}, t_{0H}	TRI-STATE Control (Delay from Rising Edge of $\overline{RD}$ to Hi-Z State)	C_L = 10 pF, R_L = 10k (See TRI-STATE Test Circuits)		125	200	ns
t_{WI}, t_{RI}	Delay from Falling Edge of $\overline{WR}$ or $\overline{RD}$ to Reset of $\overline{INTR}$			300	450	ns
C_{IN}	Input Capacitance of Logic Control Inputs			5	7.5	pF
C_{OUT}	TRI-STATE Output Capacitance (Data Buffers)			5	7.5	pF
CONTROL INPUTS [Note: CLK IN (Pin 4) is the input of a Schmitt trigger circuit and is therefore specified separately]						
V_{IN} (1)	Logical "1" Input Voltage (Except Pin 4 CLK IN)	V_{CC} = 5.25 V_{DC}	2.0		15	V_{DC}

MOTOROLA

MC1408
MC1508

Specifications and Applications Information

EIGHT-BIT MULTIPLYING DIGITAL-TO-ANALOG CONVERTER

. . . designed for use where the output current is a linear product of an eight-bit digital word and an analog input voltage.

- Eight-Bit Accuracy Available in Both Temperature Ranges
  Relative Accuracy: ±0.19% Error maximum
  (MC1408L8, MC1408P8, MC1508L8)
- Seven and Six-Bit Accuracy Available with MC1408 Designated by 7 or 6 Suffix after Package Suffix
- Fast Settling Time – 300 ns typical
- Noninverting Digital Inputs are MTTL and CMOS Compatible
- Output Voltage Swing – +0.4 V to -5.0 V
- High-Speed Multiplying Input
  Slew Rate 4.0 mA/μs
- Standard Supply Voltages: +5.0 V and -5.0 V to -15 V

EIGHT-BIT MULTIPLYING DIGITAL-TO-ANALOG CONVERTER

SILICON MONOLITHIC INTEGRATED CIRCUIT

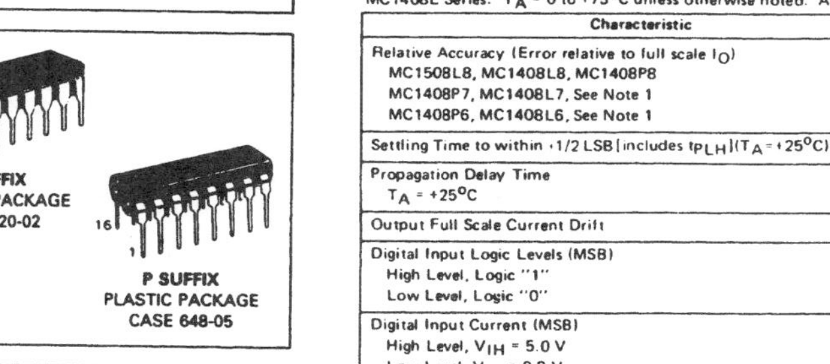

L SUFFIX
CERAMIC PACKAGE
CASE 620-02

P SUFFIX
PLASTIC PACKAGE
CASE 648-05

FIGURE 1 – D-to-A TRANSFER CHARACTERISTICS

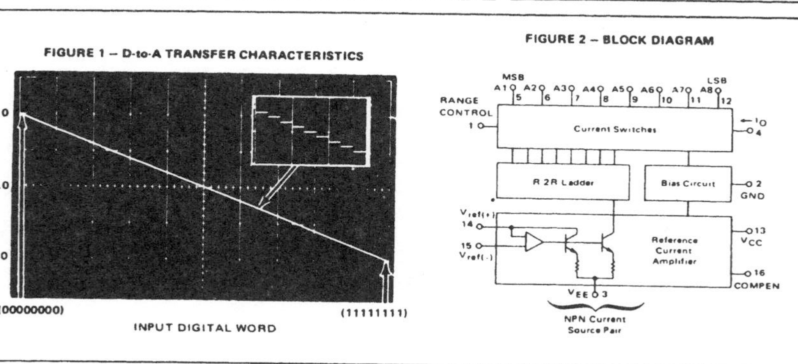

FIGURE 2 – BLOCK DIAGRAM

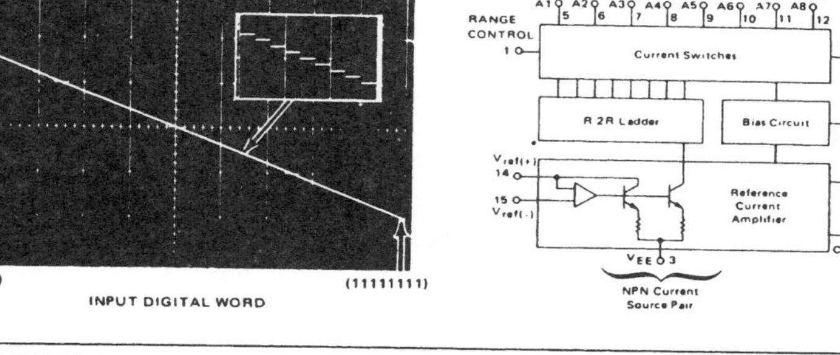

TYPICAL APPLICATIONS

- Tracking A-to-D Converters
- Successive Approximation A-to-D Converters
- 2 1/2 Digit Panel Meters and DVM's
- Waveform Synthesis
- Sample and Hold
- Peak Detector
- Programmable Gain and Attenuation
- CRT Character Generation
- Audio Digitizing and Decoding
- Programmable Power Supplies
- Analog-Digital Multiplication
- Digital-Digital Multiplication
- Analog-Digital Division
- Digital Addition and Subtraction
- Speech Compression and Expansion
- Stepping Motor Drive

MAXIMUM RATINGS (T_A = +25°C unless otherwise noted.)

Rating	Symbol	Value	Unit
Power Supply Voltage	V_{CC} V_{EE}	+5.5 -16.5	Vdc
Digital Input Voltage	V_5 thru V_{12}	0 to +5.5	Vdc
Applied Output Voltage	V_O	+0.5,-5.2	Vdc
Reference Current	I_{14}	5.0	mA
Reference Amplifier Inputs	V_{14},V_{15}	V_{CC},V_{EE}	Vdc
Operating Temperature Range MC1508 MC1408 Series	T_A	 -55 to +125 0 to +75	°C
Storage Temperature Range	T_{stg}	-65 to +150	°C

ELECTRICAL CHARACTERISTICS (V_{CC} = +5.0 Vdc, V_{EE} = -15 Vdc, $\frac{V_{ref}}{R14}$ = 2.0 mA, MC1508L8: T_A = -55°C to +125°C. MC1408L Series: T_A = 0 to +75°C unless otherwise noted. All digital inputs at high logic level.)

Characteristic	Figure	Symbol	Min	Typ	Max	Unit
Relative Accuracy (Error relative to full scale I_O) MC1508L8, MC1408L8, MC1408P8 MC1408P7, MC1408L7, See Note 1 MC1408P6, MC1408L6, See Note 1	4	E_r	 – – –	 – – –	 ±0.19 ±0.39 ±0.78	%
Settling Time to within ±1/2 LSB [includes t_{PLH}] (T_A = +25°C) See Note 2	5	t_S	–	300	–	ns
Propagation Delay Time T_A = +25°C	5	t_{PLH},t_{PHL}	–	30	100	ns
Output Full Scale Current Drift		TCI_O	–	-20	–	PPM/°C
Digital Input Logic Levels (MSB) High Level, Logic "1" Low Level, Logic "0"	3	 V_{IH} V_{IL}	 2.0 –	 – –	 – 0.8	Vdc
Digital Input Current (MSB) High Level, V_{IH} = 5.0 V Low Level, V_{IL} = 0.8 V	3	 I_{IH} I_{IL}	 – –	 0 -0.4	 0.04 -0.8	mA
Reference Input Bias Current (Pin 15)	3	I_{15}	–	-1.0	-5.0	μA
Output Current Range V_{EE} = -5.0 V V_{EE} = -15 V, T_A = 25°C	3	I_{OR}	 0 0	 2.0 2.0	 2.1 4.2	mA
Output Current V_{ref} = 2.000 V, R14 = 1000 Ω	3	I_O	1.9	1.99	2.1	mA
Output Current (All bits low)	3	$I_{O(min)}$	–	0	4.0	μA
Output Voltage Compliance (E_r ≤ 0.19% at T_A = +25°C) Pin 1 grounded Pin 1 open, V_{EE} below -10 V	3	V_O	 – –	 – –	 -0.55, +0.4 -5.0, +0.4	Vdc
Reference Current Slew Rate	6	$SR\ I_{ref}$	–	4.0		mA/μs
Output Current Power Supply Sensitivity		PSRR(–)	–	0.5	2.7	μA/V
Power Supply Current (All bits low)	3	I_{CC} I_{EE}	– –	+13.5 -7.5	+22 -13	mA
Power Supply Voltage Range (T_A = +25°C)	3	V_{CCR} V_{EER}	+4.5 -4.5	+5.0 -15	+5.5 -16.5	Vdc
Power Dissipation All bits low V_{EE} = -5.0 Vdc V_{EE} = -15 Vdc All bits high V_{EE} = -5.0 Vdc V_{EE} = -15 Vdc	3	P_D	 – – –	 105 190 90 160	 170 305 – –	mW

Note 1. All current switches are tested to guarantee at least 50% of rated output current.
Note 2. All bits switched.

부 록

B 실험 부품 목록

IC(Integrated Circuit, 집적 회로):

TTL

7400
7402
7404
7408
7432
7447A
7474
74LS76A
7483A
7485
7486

TTL

7492A
7493A
74121
74LS139A
74151A
74LS153
74175
74LS189
74191
74195

CMOS

4069
4071
4081
14051B
14532B

Linear

LM555
LM741
ADC0804
MC1408

디스플레이:

MAN-72 (또는 동급)

저항:

모두 1/4W의 저항 사용을 권장한다.
가장 많이 사용되는 저항은 330 Ω, 390 Ω, 1.0 kΩ, 2 kΩ, 10 kΩ, 100 kΩ이다.

커패시터:

0.01 μF 1개
0.1 μF 3개
1.0 μF 1개
100 μF 1개

기타 필요한 소자:

1 kΩ 전위차계(potentiometer) 1개
LED
신호 다이오드(1N914 또는 동급)
4조 DIP 스위치
SPST N.O. 푸시버튼 2개
CdS 포토셀 2개 (Jameco 120299 또는 동급)
브레드보드(Radio Shack #276-174 또는 동급)

역자소개

김정식(arius70@gtec.ac.kr)
경기과학기술대학교 컴퓨터모바일융합과 교수

김응성(imagecap@gtec.ac.kr)
경기과학기술대학교 컴퓨터모바일융합과 교수

김진홍(jinhkm@hansung.ac.kr)
한성대학교 컴퓨터공학과 교수

FLOYD
디지털공학실험

초판 1쇄 발행 2014년 3월 7일

지은이 David Buchla, Doug Joksch
옮긴이 김정식, 김응성, 김진홍
발행인 최규학

진행 고광노
표지 김남우
본문 늘푸른나무

발행처 도서출판 ITC
등록번호 제8-399호
등록일자 2003년 4월 15일
주소 경기도 파주시 문발로 115 307호
전화 031-955-4353(대표)
팩스 031-955-4355
이메일 itc@itcpub.co.kr

ISBN-13 978-89-6351-049-1 93560
ISBN-10 89-6351-049-2

값 20,000원

www.itcpub.co.kr